新手学编程 ABC 丛书

PHP 编程新手自学手册

谭贞军　等编著

机械工业出版社

PHP 是当今使用最广的 Web 编程语言之一，在项目开发领域占据重要的地位。本书循序渐进、由浅入深地讲解了 PHP 开发的核心技术，并通过具体实例的实现过程，演练了各个知识点的具体使用流程。全书分为 4 篇，共 23 章。其中 1~7 章是基础篇，讲解了 PHP 入门、开发必备知识、语法基础、流程控制、函数、数组、处理网页等知识；第 8~16 章是提高篇，讲解了操作字符串、文件操作、图像处理、PHP 面向对象、会话管理、正则表达式、错误调试、操作 XML Ajax 技术等知识；第 17~20 章是数据库篇，讲解了 MySQL 数据库、PHP 与 MySQL 的编程、PHP 对其他数据库操作、模板技术等知识；第 21~23 章是实例篇，分别通过图片管理系统、在线投票系统、在线留言系统项目的实现过程，讲解了 PHP 在日常项目开发中的综合应用流程。全书以日记为主线，以"一问一答"引出问题，并穿插了学习技巧和职场生存法则，引领读者全面掌握 PHP 语言。

本书不但适用于 PHP 初学者，也适用于有一定 PHP 编程基础的读者，还可供有一定造诣的程序员参考。

图书在版编目（CIP）数据

PHP 编程新手自学手册/谭贞军等编著. —北京：机械工业出版社，2012.8
（新手学编程 ABC 丛书）
ISBN 978-7-111-39239-2

Ⅰ．①P… Ⅱ．①谭… Ⅲ．①PHP 语言－程序设计 Ⅳ．①TP312

中国版本图书馆 CIP 数据核字（2012）第 178337 号

机械工业出版社（北京市百万庄大街 22 号　邮政编码 100037）
策划编辑：丁　诚　杨　硕
责任编辑：杨　硕
责任印制：杨　曦

保定市中画美凯印刷有限公司印刷

2012 年 10 月第 1 版·第 1 次印刷
184mm×260mm·35.25 印张·874 千字
0001－3500 册
标准书号：ISBN 978-7-111-39239-2
　　　　　ISBN 978-7-89433-654-5（光盘）
定价：89.90 元（含 1DVD）

凡购本书，如有缺页、倒页、脱页，由本社发行部调换

电话服务　　　　　　　　　　　　网络服务
社 服 务 中 心：(010) 88361066　　教 材 网：http://www.cmpedu.com
销 售 一 部：(010) 68326294　　机工官网：http://www.cmpbook.com
销 售 二 部：(010) 88379649　　机工官博：http://weibo.com/cmp1952
读者购书热线：(010) 88379203　　**封面无防伪标均为盗版**

丛 书 序

从《杜拉拉升职记》谈起

近年来，职场小说备受青睐，李可老师的《杜拉拉升职记》更是受到广大读者的喜爱，还被搬上了银幕。对许多人来说，职场生涯占据了整个人生的很大一部分时间，怎样才能在职场中如鱼得水，是人们必须认真思考的重要问题。即将走上程序员岗位的读者朋友们，请自问是否已经对未来的职场生涯胸有成竹？

本丛书不但可以帮助初学者提前演练职场生活，而且对在职人员也有借鉴意义。技术方面的知识就不用再多说了，每一页所包含的内容都是作者多年来的技术结晶。阅读本丛书后，希望读者们不但能学到编程技术，而且能够提前体验到职场中的一些常见场景，为将来的职场生涯做一些准备。希望本书能为读者们解惑，也希望能激励读者们在这个行业继续奋斗下去，迎接大家的将是明媚的阳光。

程序员的各个阶段

按照掌握技术的熟练程度来划分程序员的不同阶段，可以大体分为 5 个阶段。

1）初学者：处在此阶段的可能是一名在校学生，可能是应届毕业生，也可能是准备从其他行业向编程行业转行的人员。其共同特点是刚开始学习编程知识，对每一个知识点都充满了好奇，对未来充满期望。

2）菜鸟：这里的菜鸟可能是技术菜鸟，也可能是职场菜鸟。特点是某项技术的基本知识已经学习完毕，但是没有经过项目的洗礼，尚需要实战演练来磨练。这个阶段一般指处于试用期或者刚刚从事程序员工作的人员。

3）初级程序员：对项目开发的基本流程有了初步的认识，并通过工作实战演练了自己的技术。此阶段处于进一步与同事、上级、下级和客户交流的摸索阶段，也是逐渐融入职场的一个阶段。

4）高级程序员：开发经验丰富，技术扎实，对同事关系、上下级关系和客户关系已经如鱼得水，也是事业发展的瓶颈阶段。此阶段的程序员在职场中一般是软件高级工程师。

5）资深程序员：技术实力和人脉关系俱佳，一个项目任务能如探囊取物般轻松完成。但是也对自己的未来充满思索，想寻求待遇更好的职位，会考虑跳槽，也会考虑创业。为了表述得更加直观，下面通过一幅图来展示程序员的成长历程。

本丛书书目

根据综合考虑分析，本丛书首批书目如下。

C 语言编程新手自学手册

C#编程新手自学手册

Visual C++编程新手自学手册

Java Web 编程新手自学手册

Java 编程新手自学手册

PHP 编程新手自学手册

编程算法新手自学手册

技术菜鸟或职场菜鸟。特点是某项技术的基本知识已经学习完毕,但是没有经过项目的洗礼,尚需要实战演练来磨练。

处在此阶段的可能是一名在校学生,可能是应届毕业生,也可能是准备从其他行业向编程行业转行的人员。其共同特点是刚开始学习编程知识,对每一个知识点都充满了好奇,对未来充满期望。

对项目开发的基本流程有了自己的认识,并通过工作实战演练了初步的技术。此阶段处于进一步与同事、上级、下级和客户交流的摸索阶段,也是融入职场的一个阶段。

开发经验丰富,技术扎实,对同事关系、上下级关系和客户关系已经如鱼得水,但也是事业进一步发展的瓶颈阶段。

技术实力和人脉关系俱佳,一个项目任务能如探囊取物般轻松完成。对自己的未来充满思索,想寻求待遇更好的职位。会考虑跳槽,也会考虑创业。

致读者

学习程序开发之路是充满挑战之路,也是充满乐趣之路,这条路没有捷径可走。梦想像《天龙八部》中虚竹那样轻松获得一甲子功力,是不现实的。读者们要想真正学好编程,需要付出辛苦的汗水。根据笔者的亲身体会,替读者总结出3条学习编程的建议。

(1)培养兴趣

无论做什么事情,只要有了兴趣,就喜欢花费时间去做它。只要喜欢感受那调试成功的喜悦,就说明已经对编程产生了兴趣。这种喜悦会使自己更加喜欢编程,会带来成就感。闲暇时刻建议多去专业编程论坛逛一逛,灌灌水。论坛里的朋友们不但能帮助自己解决问题,而且还能带来其他非技术性的收获。

(2)脚踏实地

欲速则不达,学编程切忌有浮躁的心态。很多初学者刚学会了基本语法知识,调试成功了几段代码,就迫不及待大声宣布:"我精通 PHP 了"。但是当遇到问题之后才发现,自己学到的只是九牛一毛。常说"书山有路勤为径,学海无涯苦作舟",是很有道理的。

(3)多实践

程序开发很强调实践动手能力,所以实践就变得尤为重要。有前辈高人认为,学习编程的秘诀是"编程、编程、再编程,练习、练习、再练习",笔者深表赞同。学编程不仅要多实践,而且要快实践。在看书的时候,不要等到完全理解了才动手,而是应该在看书的同时敲代码,程序运行的各种情况可以让自己更快、更牢固地掌握知识点。

我们的服务邮箱是 150649826@qq.com,读者在阅读本丛书时,如果发现错误或遇到问题,可以发送电子邮件及时与我们联系,我们会尽快给予答复。

丛书编委会

前　　言

PHP 独特的语法混合了 C、Java、Perl 以及 PHP 自创新的语法。它可以比 CGI 或者 Perl 更快速地执行动态网页。与其他的编程语言相比，用 PHP 做出的动态页面是将程序嵌入到 HTML 文档中去执行，执行效率比完全生成 HTML 标记的 CGI 要高许多；PHP 还可以执行编译后的代码，编译可以达到加密和优化代码运行的效果，使代码运行更快。PHP 具有非常强大的功能，所有的 CGI 的功能 PHP 都能实现，而且几乎支持所有流行的数据库以及操作系统。

现在 PHP 已经是全球最普及、应用最广泛的互联网开发语言之一。PHP 语言具有简单、易学、源码开放，可操纵多种主流与非主流的数据库，支持面向对象的编程，支持多种开源框架，支持跨平台的操作，而且完全免费等特点，越来越受到广大程序员的青睐。

本书的最大特色是以日记为主线，用一问一答的模式引出知识点。本书讲解了一名大学生从学习编程开始，到顺利毕业并进入职场的成长历程，既讲授编程技术，也传授了职场经验。

本书作者遵循了理论加实践的写作模式，在每个知识点讲解完毕之后，都会用一个具体实例来演练知识点的用法。所有实例都是具有代表性的。

在配套光盘中不但有书中实例的源代码，而且有全程视频讲解的 PPT 电子教案。此光盘中还向读者提供了多个典型应用案例，并且为书中的项目案例都配备了详细的视频讲解。

参与本书编写的人员有：谭贞军，陈强，周秀，张兴建，王梦，管西京，张子言，朱万林，王孟，李强，陈德春，周涛，刘海洋，关立勋，孟娜，王石磊，徐亮，张储，蒋凯，扶松柏，唐凯，焦甜甜，张斌，杨国华，杨絮，张玲玲。

在编写本书的过程中，我们始终本着科学、严谨的态度，力求精益求精，但错误、疏漏之处在所难免，敬请广大读者批评指正。

编　者

目 录

丛书序
前言

第一篇　基础篇

第1章　PHP入门 ······ 1
- 1.1　认识PHP页面 ······ 2
- 1.2　PHP介绍 ······ 3
  - 1.2.1　PHP的发展 ······ 3
  - 1.2.2　PHP的功能特点 ······ 4
  - 1.2.3　我国使用PHP开发的网站 ······ 4
- 1.3　搭建开发环境 ······ 5
  - 1.3.1　Apache的下载、安装和配置 ······ 6
  - 1.3.2　PHP的下载、安装和配置 ······ 9
  - 1.3.3　安装MySQL ······ 11
  - 1.3.4　安装phpMyAdmin ······ 15
- 1.4　学习PHP应具备的知识 ······ 16
  - 1.4.1　HTML基础知识 ······ 16
  - 1.4.2　CSS基础知识 ······ 16
  - 1.4.3　JavaScript基础知识 ······ 16
- 1.5　快速搭建PHP运行环境 ······ 16
  - 1.5.1　PHPnow的安装 ······ 17
  - 1.5.2　XAMPP的安装 ······ 18
- 1.6　一个简单的PHP程序 ······ 20
- 1.7　疑难问题解析 ······ 21
- 职场点拨——看PHP的重要性 ······ 22

第2章　PHP开发必备知识 ······ 23
- 2.1　认识一个表单 ······ 23
- 2.2　HTML基础 ······ 24
- 2.3　文字的设置 ······ 25
  - 2.3.1　标题格式 ······ 25
  - 2.3.2　将文字加粗、倾斜和加底线 ······ 27
  - 2.3.3　设定文字的大小、颜色、字形 ······ 28
  - 2.3.4　在文字中插入空格和分段 ······ 29
- 2.4　标示标记的使用 ······ 30

2.5 表单 32
2.5.1 表单容器<form> 32
2.5.2 单行文本框 33
2.5.3 单选按钮 34
2.5.4 多行文本框和按钮 35
2.6 使用 Dreamweaver 创建 CSS 样式 36
2.6.1 创建 CSS 样式 36
2.6.2 应用 CSS 样式 38
2.7 使用 JavaScript 40
2.7.1 如何创建简单的 JavaScript 40
2.7.2 常用的 JavaScript 模块 41
2.8 疑难问题解析 48
职场点拨——怎样学编程 48

第 3 章 PHP 语法基础 50
3.1 认识一段 PHP 代码 50
3.2 PHP 的语法结构 52
3.2.1 PHP 文件构成 52
3.2.2 PHP 的标记 53
3.3 PHP 的页面注释 55
3.4 PHP 的变量 56
3.4.1 变量的定义 56
3.4.2 变量赋值与引用赋值 57
3.4.3 变量范围 57
3.4.4 可变变量 59
3.5 PHP 的常量 60
3.6 数据类型 61
3.6.1 简单类型 61
3.6.2 复合类型 65
3.6.3 特殊类型 65
3.7 运算符 65
3.7.1 算术运算符 65
3.7.2 赋值运算符 67
3.7.3 自增自减运算符 67
3.7.4 位运算符 69
3.7.5 逻辑运算符 69
3.7.6 字符串运算符 70
3.7.7 运算符的优先级别 71
3.8 表达式 72
3.9 疑难问题解析 73

职场点拨——面试经验谈 · 74

第4章 流程控制 76
4.1 认识一段语句 77
4.2 条件语句 77
4.2.1 if 条件语句 78
4.2.2 if…else 语句 78
4.2.3 多个 else 关键字 79
4.2.4 switch 语句 80
4.3 循环语句 81
4.3.1 while 语句 81
4.3.2 do…while 语句 83
4.3.3 for 语句 84
4.3.4 for 循环的嵌套语句 86
4.3.5 各个循环语句的区别 87
4.4 跳转语句 88
4.4.1 break 语句 88
4.4.2 continue 语句 89
4.4.3 return 跳转语句 90
4.5 疑难问题解析 92

职场点拨——谈职业规划 92

第5章 函数 94
5.1 认识函数 94
5.2 什么是函数 95
5.2.1 有条件的函数 95
5.2.2 函数中的函数 96
5.3 自定义函数 96
5.4 函数间传递参数 98
5.4.1 通过引用传递参数 98
5.4.2 按照默认值传递参数 98
5.4.3 使用非标量类型作为默认参数 99
5.4.4 函数返回值 100
5.5 文件包含 101
5.5.1 require 包含文件 101
5.5.2 include 包含文件 102
5.5.3 require 和 include 的区别 103
5.6 数学函数 104
5.6.1 数的基本运算 104
5.6.2 角度的运算 105
5.7 变量处理函数 105

5.8	日期和时间函数	106
5.9	使用 PHP 函数手册	107
	5.9.1 获得 PHP 函数手册	107
	5.9.2 使用 PHP 函数手册	110
5.10	疑难问题解析	112
	职场点拨——谈模块化设计思想	113

第 6 章 数组 115

6.1	认识数组	115
6.2	声明数组	117
	6.2.1 声明一维数组	117
	6.2.2 数组的定位	118
	6.2.3 二维数组	121
6.3	对数组进行简单的操作	121
	6.3.1 去掉数组重复的元素	121
	6.3.2 删除数组中的元素或删除整个数组	122
	6.3.3 遍历数组元素	123
	6.3.4 向数组中添加数据	125
	6.3.5 改变数组的大小	126
	6.3.6 合并两个数组	129
	6.3.7 反转一个数组	130
6.4	其他数组函数	131
	6.4.1 对数组所有的元素求和	131
	6.4.2 将一维数组拆分成多维数组	132
	6.4.3 对数组元素进行随机排序	132
6.5	疑难问题解析	133
	职场点拨——程序员必须具备与客户沟通的技巧	134

第 7 章 PHP 表单处理网页 135

7.1	认识表单	135
7.2	表单数据的提交方式	139
	7.2.1 GET 方法	139
	7.2.2 POST 方法	141
7.3	获取表单元素的数据	142
	7.3.1 获取按钮的数据	143
	7.3.2 获取文本框的数据	144
	7.3.3 获取单选按钮的数据	144
	7.3.4 获取复选框的数据	145
	7.3.5 获取列表框的数据	146
	7.3.6 获取隐藏字段的值	149
7.4	对表单传递的变量值进行编码与解码	150

7.5　疑难问题解析 ·· 151
职场点拨——如何成为一名优秀的程序员 ······························ 151
温故而知新——第一篇实战范例 ·· 153
　范例 1　搭建 PHP 的运行环境 ·· 153
　范例 2　HTML 的标签 ·· 153
　范例 3　运算 ··· 157
　范例 4　流程控制语句 ·· 158

第二篇　提高篇

第 8 章　操作字符串 ·· 160
8.1　认识字符串 ··· 161
8.2　将特殊字符去掉 ·· 161
　　8.2.1　去除多余字符 ··· 162
　　8.2.2　格式化字符串 ··· 163
8.3　单引号和双引号 ·· 164
8.4　字母大小写互相转换 ·· 165
　　8.4.1　将字符串转换成小写 ·· 165
　　8.4.2　将字符串转换成大写 ·· 166
　　8.4.3　将字符转换成大写 ··· 167
　　8.4.4　将字符每个单词的首字母转换成大写 ·························· 168
8.5　获取字符串长度 ·· 168
8.6　查找和替换字符串 ··· 170
　　8.6.1　查找字符串 ·· 170
　　8.6.2　定位字符串 ·· 173
　　8.6.3　字符串替换 ·· 175
8.7　ASCII 编码与字符串 ··· 178
　　8.7.1　chr()函数 ··· 178
　　8.7.2　ord()函数 ··· 179
8.8　分解字符串 ··· 180
8.9　加入和去除转义字符"\" ··· 181
8.10　疑难问题解析 ·· 182
职场点拨——和上级的沟通之道 ·· 182

第 9 章　文件操作 ·· 184
9.1　看一段代码 ··· 185
9.2　文件访问 ·· 186
　　9.2.1　判断文件或者目录是否存在 ······································· 186
　　9.2.2　打开文件 ··· 187
　　9.2.3　关闭文件 ··· 188
9.3　读/写文件 ··· 189

9.3.1 写入数据 ··· 189
9.3.2 读取数据 ··· 192
9.4 指针 ··· 197
9.5 目录操作 ·· 199
9.5.1 打开目录 ··· 199
9.5.2 遍历目录 ··· 200
9.5.3 目录的创建、合法性与删除 ··················· 202
9.5.4 其他文件处理函数 ··································· 205
9.6 疑难问题解析 ·· 206
职场点拨——做一个优秀的团队成员 ························· 207

第 10 章 图像处理 ·· 208
10.1 一段代码 ·· 208
10.2 图形图像的简单处理 ·· 209
10.2.1 画布的创建 ··· 209
10.2.2 设置图像的颜色 ····································· 210
10.2.3 创建图像 ··· 211
10.2.4 绘制几何图形 ··· 212
10.3 几何图形的填充 ·· 215
10.3.1 进行区域填充 ··· 215
10.3.2 矩形、多边形和椭圆形的填充 ············· 217
10.3.3 圆弧的填充 ··· 218
10.4 输出文字 ·· 221
10.4.1 输出英文 ··· 221
10.4.2 输出中文 ··· 222
10.5 复杂图形的处理 ·· 223
10.5.1 圆形的重叠 ··· 223
10.5.2 温度计的绘制 ··· 224
10.5.3 绘制销售报表 ··· 226
10.5.4 设置线型 ··· 229
10.6 疑难问题解析 ·· 230
职场点拨——何处寻兼职 ··· 231

第 11 章 PHP 面向对象 ······································ 232
11.1 看一段代码 ·· 232
11.2 使用类 ·· 234
11.2.1 创建一个简单的类 ································· 234
11.2.2 编写类的属性和方法 ····························· 234
11.3 构造函数和析构函数 ·· 236
11.4 实例化类 ·· 237
11.5 类的访问控制 ·· 237

- 11.6 类的基本操作 ·············· 238
  - 11.6.1 类方法的调用 ·············· 238
  - 11.6.2 创建一个完整的类 ·············· 239
- 11.7 面向对象的高级编程 ·············· 244
  - 11.7.1 类的继承 ·············· 244
  - 11.7.2 接口的实现 ·············· 246
  - 11.7.3 多态的实现 ·············· 247
  - 11.7.4 作用域分辨运算符"::" ·············· 247
  - 11.7.5 parent 关键字 ·············· 248
  - 11.7.6 final 关键字 ·············· 249
  - 11.7.7 static 关键字 ·············· 250
- 11.8 疑难问题解析 ·············· 251
- 职场点拨——兼职可靠吗？·············· 252

第 12 章 会话管理 ·············· 253
- 12.1 看一段会话管理代码 ·············· 253
- 12.2 什么是会话控制 ·············· 255
  - 12.2.1 Cookie 概述 ·············· 255
  - 12.2.2 会话控制 ·············· 255
- 12.3 简单操作 Cookie ·············· 255
  - 12.3.1 Cookie 的设置 ·············· 256
  - 12.3.2 删除 Cookie ·············· 256
  - 12.3.3 Cookie 数组 ·············· 257
  - 12.3.4 header 函数 ·············· 258
- 12.4 会话控制 ·············· 259
  - 12.4.1 会话的基本方式 ·············· 259
  - 12.4.2 创建会话 ·············· 260
- 12.5 会话的实际应用 ·············· 262
  - 12.5.1 禁止使用页面刷新 ·············· 262
  - 12.5.2 验证登录 ·············· 264
- 12.6 疑难问题解析 ·············· 266
- 职场人生——同事交往经验谈 ·············· 267

第 13 章 正则表达式 ·············· 268
- 13.1 看一段代码 ·············· 268
- 13.2 正则表达式概述 ·············· 269
  - 13.2.1 什么是正则表达式 ·············· 269
  - 13.2.2 正则表达式的专业术语 ·············· 270
- 13.3 正则表达式的组成元素 ·············· 270
  - 13.3.1 普通字符 ·············· 270
  - 13.3.2 特殊字符 ·············· 270

		13.3.3	限定符	271
	13.4	正则表达式的匹配		271
		13.4.1	搜索字符串	271
		13.4.2	从 URL 取出域名	273
	13.5	轻松匹配单个字符		273
	13.6	锚定一个匹配		274
		13.6.1	插入符"^"的应用	274
		13.6.2	符号"$"的应用	275
	13.7	替换匹配		276
	13.8	处理正则表达式的函数		276
		13.8.1	ereg()函数	276
		13.8.2	eregi()函数	277
		13.8.3	ereg_replace()函数	277
		13.8.4	split()函数	278
		13.8.5	eregi_replace()函数和 spliti()函数	278
	13.9	疑难问题解析		278
	职场点拨——同事之间的互补			279
第 14 章	错误调试			281
	14.1	认识错误调试		281
	14.2	错误类型		282
		14.2.1	语法错误	282
		14.2.2	运行错误	286
		14.2.3	逻辑错误	288
	14.3	PHP 的开发软件		288
		14.3.1	安装 Zend Studio	289
		14.3.2	EclipsePHP Studio 2008	294
	14.4	疑难问题解析		297
	职场点拨——程序员保持身心健康的 7 种方式			298
第 15 章	PHP 操作 XML			299
	15.1	认识 XML		299
	15.2	什么是 XML		300
	15.3	一个简单的 XML 文件		301
	15.4	深入认识 XML 文档		301
		15.4.1	XML 声明	302
		15.4.2	XML 标记与元素	303
		15.4.3	XML 属性	304
		15.4.4	XML 注释	305
		15.4.5	XML 处理指令	306
		15.4.6	XML CDATA 标记	307

15.5 与 XML 对象相关模型 ······ 308
　　15.5.1 DTD 文档类型定义 ······ 308
　　15.5.2 DTD 构建 XML ······ 309
　　15.5.3 文档对象模型 ······ 310
15.6 PHP 处理 XML ······ 312
　　15.6.1 打开与关闭 XML ······ 312
　　15.6.2 运用 DOM 读取数据 ······ 313
　　15.6.3 通过 DOM 操作数据 ······ 314
15.7 疑难问题解析 ······ 315
职场点拨——保证按时完成任务 ······ 315

第 16 章 Ajax 技术介绍 ······ 316

16.1 什么是 Ajax ······ 317
　　16.1.1 Ajax 适用场合 ······ 317
　　16.1.2 Ajax 不适用的场合 ······ 318
　　16.1.3 一个简单的 Ajax 程序 ······ 318
16.2 Ajax 的工作原理 ······ 324
16.3 PHP 与 Ajax 的应用 ······ 325
　　16.3.1 创建 XMLHttpRequest 对象 ······ 325
　　16.3.2 简单的服务器请求 ······ 326
　　16.3.3 对 HTML 和 XML 的读取 ······ 327
　　16.3.4 伪 Ajax 方式 ······ 330
16.4 疑难问题解析 ······ 332
职场点拨——程序员创业经验谈 ······ 333

温故而知新——第二篇实战范例 ······ 335

范例 1　PHP 对文件的处理 ······ 335
范例 2　PHP 对图形图像的处理 ······ 336
范例 3　PHP 操作 XML ······ 337
范例 4　Ajax 与 PHP ······ 343

第三篇　数据库篇

第 17 章 MySQL 数据库 ······ 346

17.1 认识 MySQL ······ 347
17.2 MySQL 数据库简介 ······ 347
17.3 MySQL 的基本操作 ······ 348
　　17.3.1 登录和退出 MySQL 数据库 ······ 348
　　17.3.2 表、字段、记录和键的概念 ······ 349
　　17.3.3 建立和删除数据库 ······ 350
　　17.3.4 表的建立 ······ 351
　　17.3.5 查看表的结构 ······ 353

17.4 对表中记录进行操作 ………………………………………………… 353
    17.4.1 插入数据 …………………………………………………… 354
    17.4.2 更新数据 …………………………………………………… 355
    17.4.3 删除数据 …………………………………………………… 356
    17.4.4 查询数据 …………………………………………………… 357
17.5 SQL 语句 ……………………………………………………………… 358
    17.5.1 对数据库的基础操作 ……………………………………… 358
    17.5.2 对数据库的高级操作 ……………………………………… 361
17.6 使用 phpMyAdmin 对数据库备份和还原 …………………………… 363
    17.6.1 对数据库进行备份 ………………………………………… 363
    17.6.2 对数据库进行还原 ………………………………………… 364
17.7 疑难问题解析 ………………………………………………………… 364
职场点拨——寻找更好的工作 …………………………………………… 365

第 18 章 PHP 与 MySQL 的编程 ……………………………………… 367
18.1 认识 PHP+MySQL ………………………………………………… 367
18.2 连接 MySQL 数据库 ………………………………………………… 368
18.3 简单操作数据库 ……………………………………………………… 370
    18.3.1 选择数据库 ………………………………………………… 370
    18.3.2 简易查询数据库 …………………………………………… 371
    18.3.3 显示查询结果 ……………………………………………… 372
    18.3.4 获取表的全部字段 ………………………………………… 373
    18.3.5 通过函数 mysql_fetch_array 获取记录 …………………… 374
    18.3.6 通过 mysql_fetch_assoc 获取记录 ………………………… 374
    18.3.7 获取被查询的记录数目 …………………………………… 375
18.4 管理 MySQL 数据库中的数据 ……………………………………… 377
    18.4.1 数据的插入 ………………………………………………… 377
    18.4.2 修改数据库中记录 ………………………………………… 378
    18.4.3 删除数据库中记录 ………………………………………… 379
18.5 疑难问题解析 ………………………………………………………… 381
职场点拨——处理同事关系 ……………………………………………… 382

第 19 章 PHP 操作其他数据库 ………………………………………… 383
19.1 认识 Access 数据库 ………………………………………………… 383
19.2 新建 Access 数据库 ………………………………………………… 384
19.3 新建 Access 数据库里的表 ………………………………………… 387
    19.3.1 创建表 ……………………………………………………… 387
    19.3.2 创建表中的记录 …………………………………………… 390
    19.3.3 使用加密方式让 Access 更安全 …………………………… 391
19.4 PHP 访问 Access 数据库 …………………………………………… 393
19.5 使用 SQL Sever 2000 ………………………………………………… 393

	19.5.1	创建数据库	394
	19.5.2	创建表	396
	19.5.3	创建记录	398
	19.5.4	创建存储过程	399
	19.5.5	PHP 连接 SQL Server 数据库	401
19.6	疑难问题解析		402
职场点拨——面对失业			403

第 20 章 模板技术 …… 404

- 20.1 认识 Smarty 模板 …… 405
- 20.2 认识 MVC …… 406
  - 20.2.1 MVC 与模板概念的理解 …… 406
  - 20.2.2 MVC 的工作方式 …… 406
  - 20.2.3 MVC 能给 PHP 带来什么 …… 407
  - 20.2.4 使用 MVC 的缺点 …… 408
- 20.3 Smarty 模板技术 …… 408
  - 20.3.1 什么是 Smarty …… 408
  - 20.3.2 Smarty 有哪些特点 …… 409
  - 20.3.3 获取 Smarty …… 409
  - 20.3.4 安装与配置 Smarty …… 410
- 20.4 Smarty 的基础知识 …… 413
  - 20.4.1 什么是 Smarty 的模板文件 …… 413
  - 20.4.2 注释 …… 413
  - 20.4.3 变量 …… 414
  - 20.4.4 内置函数 …… 416
- 20.5 疑难问题解析 …… 421
- 职场点拨——职场升职的技巧 …… 421

温故而知新——第三篇实战范例 …… 423

- 范例 1 使用 phpMyAdmin 软件创建一个数据库 …… 423
- 范例 2 使用 phpMyAdmin 备份数据库 …… 427
- 范例 3 使用 phpMyAdmin 还原数据库 …… 429
- 范例 4 PHP 连接 MySQL 语句 …… 432
- 范例 5 使用 Access 2007 创建一个数据库 …… 433
- 范例 6 使用 SQL Sever 2000 创建一个数据库 …… 436

第四篇 实例篇

第 21 章 图片管理系统 …… 441

- 21.1 效果展示 …… 441
- 21.2 网站的架构 …… 445
- 21.3 网站的配置 …… 445

21.4 网站的皮肤 …… 446
21.5 管理图片的功能设计 …… 450
 21.5.1 首页设计 …… 450
 21.5.2 单幅图片的展示 …… 459
 21.5.3 后台管理 …… 472

第 22 章 在线投票系统 …… 480
22.1 效果展示 …… 480
22.2 购房投票系统模块的实现 …… 482
 22.2.1 系统的布置 …… 482
 22.2.2 投票的首页 …… 482
 22.2.3 投票首页的处理 …… 485
22.3 Flash 投票模块 …… 488
 22.3.1 系统的布置 …… 489
 22.3.2 首页功能 …… 489
 22.3.3 后台处理首页 …… 490
 22.3.4 将数据写入文件 …… 493
 22.3.5 对输入的数据进行添加和修改 …… 496
 22.3.6 对投票的结果进行处理 …… 497
 22.3.7 对读取数据进行处理 …… 498
22.4 与数据有关的投票模块 …… 499
 22.4.1 新建数据库 …… 499
 22.4.2 还原数据库 …… 500
 22.4.3 投票模块首页 …… 501
 22.4.4 实现无刷新的功能 …… 501
 22.4.5 对数据库进行处理 …… 505

第 23 章 在线留言系统 …… 507
23.1 效果展示 …… 507
23.2 数据库 …… 510
 23.2.1 设计数据库 …… 510
 23.2.2 设置连接数据库配置 …… 512
23.3 留言功能的实现 …… 512
 23.3.1 首页 …… 512
 23.3.2 首页调进来的几个网页 …… 515
 23.3.3 首页导航菜单的实现 …… 518
 23.3.4 处理留言 …… 518
 23.3.5 后台登录 …… 524
 23.3.6 删除留言 …… 526
 23.3.7 编辑/回复留言 …… 527

23.3.8　管理员密码修改 …………………………………………………………… 529
　　23.3.9　对留言本进行设置 …………………………………………………………… 532
　　23.3.10　对数据库的操作 ……………………………………………………………… 535
温故而知新——第四篇实战范例 …………………………………………………… 537
　范例1　让网站统计在线人数 ………………………………………………………… 537
　范例2　文件上传 ……………………………………………………………………… 539

第一篇 基础篇

第1章 PHP入门

PHP 是一款优秀的网络编程语言,有着独立运行的环境,在学习 PHP 之前,首先需要明白什么是 PHP,它在怎样一个环境下运行。本章将向大家讲解学习 PHP 必须具备哪些基础知识,通过搭建一个 PHP 运行环境,讲解如何运行一个简单的 PHP 程序。通过本章能学到如下知识:

- 搭建 PHP 开发平台
- 一个简单的 PHP 程序
- 职场点拨——看 PHP 的重要性

小菜,21 岁,一个即将毕业的大四学生,正准备开始自学 PHP;
Wisdom,小菜的表哥,一个资深软件工程师。
2008 年 X 月 X 日,天气阴
今天老师建议我们选修 PHP。在过去三年我已经学过了 C 语言和 ASP,现在开始学习 PHP,对于我以后的职场生涯来讲,不知道还有必要吗……

一问一答

小菜:"我已经学过了 C 语言和 ASP,现在开始学习 PHP,还有用吗?"
Wisdom:"当然有必要,PHP 是当前最主流的 Web 开发技术之一。因为 PHP 是完全开源免费的,所以得到了全世界数以万计程序员的推崇。"
小菜:"我已经学过的 ASP 也是 Web 开发技术。"
Wisdom:"呵呵,ASP 已经是很老的技术了,微软公司现在已经推出了 ASP.NET 来代替它。当前最主流的 Web 开发技术是 PHP、ASP.NET 和 Java Web。"

1.1 认识 PHP 页面

要想 PHP 正常运行,一定要配置 PHP 的运行环境,配置完成后,一定要确保能浏览如图 1-1 所示的界面。

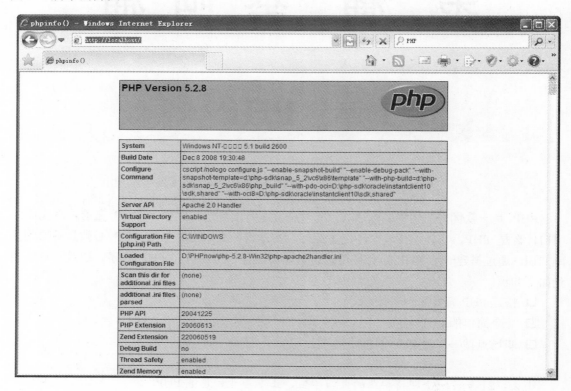

图 1-1 第一个 PHP 页面

PHP 通常与 MySQL 组合使用,用户一定要安装好 MySQL 以帮助我们存储信息,然后用管理软件管理这个 MySQL 数据库。管理 MySQL 数据库的软件很多,如 MySQLCC、SQLyog、PHPMyAdmin 等,在众多软件中,PHPMyAdmin 功能最为强大,是主流的 MySQL 管理工具。PHPMyAdmin 是通过 PHP 开发的,必须在 PHP 环境下才能运行,如图 1-2 所示。

本章主要涉及了下面的知识:
- 服务器的安装:用户要运行 PHP 必须安装一个服务器软件。
- PHP 的安装:要正常运行 PHP,必须正确安装 PHP。
- MySQL 的安装:MySQL 是 PHP 的黄金搭档。
- PHPMyAdmin 的安装:PHPMyAdmin 是功能最强大的 MySQL 管理软件,它具有能完成其他 MYSQL 管理软件能完成的全部功能。
- 环境的配置:用户必须正确配置 Apache。

除了上面的这些知识以外,本章还会向读者讲解学习 PHP 前必须具备的其他知识。

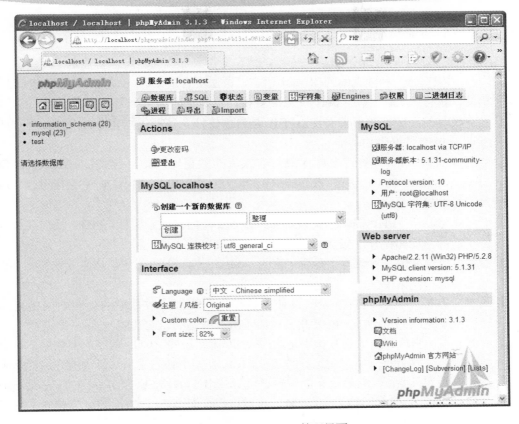

图 1-2　PHPMyAdmin 管理界面

1.2　PHP 介绍

PHP 是在服务器端运行的、跨平台的、HTML 嵌入式的脚本语言，它和大家所熟知的 ASP 一样，是一款常用于 Web 编程的语言。PHP 是一种免费软件，它能运行在包括 Windows、Linux 在内的绝大多数操作系统环境中，常与免费 Web 服务软件 Apache 和免费数据库 MySQL 配合使用于 Linux 平台上，具有最高的性能价格比。

1.2.1　PHP 的发展

PHP 的创始人是 Rasmus Lerdorf。1995 年发布了第一个公开版本 Personal Home Page Tools，这个版本的功能非常简单，包含了一个极其简单的分析引擎，只能理解一些主页后台的常见功能（如留言本、计数器等）和一些指定的宏。1995 年 Rasmus Lerdorf 重写了这个引擎并命名为 PHP/FI2.0 版本。此后，PHP/FI 便以惊人的速度传播开来。其后越来越多的人注意到了这种语言并对其扩展提出了各种建议。在许多程序员和电脑爱好者的无私奉献下，再加上这种语言源代码的自由性质，现在它已成为一种特点丰富的语言，而且还在成长中。

1.2.2 PHP 的功能特点

PHP 有着许多特点，正是因为这些特点，使它变得更加优秀。这些特点是：

- ❑ 快速：PHP 是一种强大的 CGI 脚本语言，语法混合了 C、Java、Perl 和 PHP 式的新语法，执行网页比 CGI、Perl 和 ASP 更快，这是它的第一个突出的特点。
- ❑ 具有很好的开放性和可扩展性：PHP 是自由软件，其源代码完全公开，任何程序员都可为 PHP 扩展附加功能。
- ❑ 数据库支持：PHP 支持多种主流与非主流的数据库，如 MySQL、Microsoft SQL Server、Solid、Oracle 8 和 PostgreSQL 等。其中 PHP 与 MySQL 是绝佳组合，这一对组合可以跨平台运行。
- ❑ 面向对象编程：PHP 提供了类和对象。为了实现面向对象编程，PHP4 及更高版本提供了新的功能和特性，包括对象重载、引用技术等。
- ❑ 版本更新速度快：与数年才更新一次的 ASP 相比，PHP 的更新速度要快得多（PHP 几周更新一次）。
- ❑ 具有丰富的功能：从对象式的设计、结构化的特性、数据库的处理、网络接口应用，到安全编码机制等，PHP 几乎涵盖了所有网站的一切功能。
- ❑ 可伸缩性：传统网页的交互作用是通过 CGI 来实现的。CGI 程序的伸缩性不是很理想，因为它要为每一个正在运行的 CGI 程序开一个独立进程。解决的方法就是将经常用来编写 CGI 程序的语言的解释器编译进我们的 Web 服务器(比如 mod_perl，JSP)。PHP 就可以以这种方式安装，虽然很少有人愿意以 CGI 方式安装它。内嵌的 PHP 可以具有更高的可伸缩性。
- ❑ 易学好用：学习 PHP 十分简单，只需要了解一些基本的语法和语言特色，就可以开始你的 PHP 编码之旅了。如果在编码的过程中遇到了什么麻烦，可以去翻阅相关文档，如同查找词典一样，十分方便。
- ❑ 学习时间快：只需 30 分钟就可以熟练掌握 PHP 的核心语言，PHP 代码在通常情况下是嵌入在 HTML 中，在设计和维护站点时，可以轻松地加入 PHP，使站点具有更好的动态特性。
- ❑ 功能全面：PHP 包括图形处理、编码与解码、压缩文件处理、XML 解析、支持 HTTP 的身份认证、Cookie、POP3、SNMP 等。你可以利用 PHP 连接包括 Oracle，MS-Access，MySQL 在内的大部分数据库。

1.2.3 我国使用 PHP 开发的网站

PHP 是一款十分优秀的网页编程语言，我国有许多网站都是使用 PHP 开发的，如百度、腾讯、新浪、搜狐、网易、淘宝、雅虎中国、Tom 等。我国最近两年新推出的 Web 2.0 网站中，有 80%使用了 PHP，如图 1-3 所示的新浪博客主页，就是使用 PHP 开发的。

年轻人都喜欢用"前程无忧"去找工作，此网站也是通过 PHP 开发的，如图 1-4 所示为"前程无忧"主页。

图 1-3 新浪博客首页

图 1-4 "前程无忧"主页

1.3 搭建开发环境

前面讲解了 Apache+PHP+MySQL 在网站开发方面有着很大的优势，本书将以 3 个软件进行讲解，下面将详细讲解如何搭建一个 PHP 运行环境。

1.3.1　Apache 的下载、安装和配置

Apache 是一款免费软件，用户可以去网站下载，按照安装向导进行安装，然后简单地配置虚拟目录。具体操作如下：

1）在浏览器中输入网站地址"http://httpd.apache.org/download.cgi"，如图 1-5 所示，单击图中的超级链接进行下载。

2）建立一个文件夹（如在 D 盘根目录下建立一个名为"PHPnow"文件夹），然后双击下载下来的 apache 文件，单击 Next> 按钮，如图 1-6 所示。

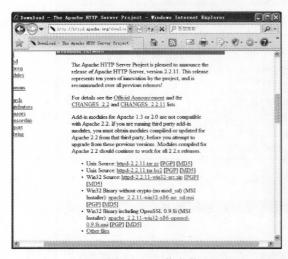

图 1-5　下载文件

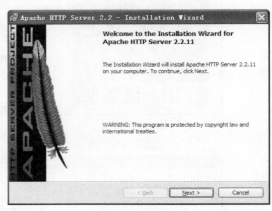

图 1-6　安装向导

3）在打开的协议对话框中单击 ⊙I accept the terms in the license agreement 按钮，单击 Next> 按钮，如图 1-7 所示。

4）在打开的对话框中单击 Next> 按钮，如图 1-8 所示。

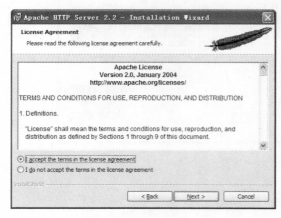

图 1-7　协议对话框

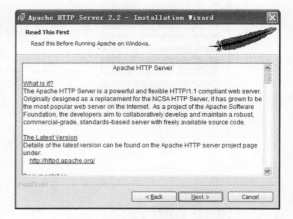

图 1-8　"Read This First"对话框

5）输入服务器的信息，包括网络域名、服务器名和管理员邮箱等，这里可以根据用户的情况输入。在该界面下方的单选按钮组中：选择第一项，表示任何用户都可连接或使用服

务器，同时设置服务器的侦听端口为"80"，单击 Next> 按钮，如图 1-9 所示。

6）在打开的对话框中，单击 Custom 按钮，然后单击 Next> 按钮，如图 1-10 所示。

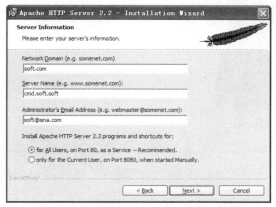
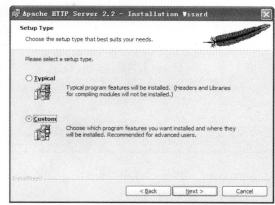

图 1-9　设置信息　　　　　　　　　　图 1-10　自定义

7）在打开的对话框中单击 Change... 按钮，打开对话框，指定一个路径，如"D:\phpnow\Apache2.2\"，如图 1-11 所示，确认后单击 Next> 按钮，如图 1-12 所示。

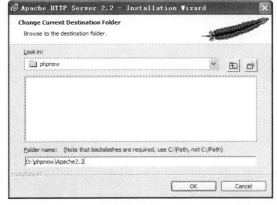

图 1-11　指定路径　　　　　　　　　　图 1-12　"Custom Setup"对话框

8）然后单击安装按钮进行安装，安装状态如图 1-13 所示，安装完成后，打开如图 1-14 所示的对话框。

9）在 D 盘根目录下的 PHPnow 文件夹中，新建一个名为"htdocs"的文件夹，这里可以设置为网站文件夹，如图 1-15 所示。

10）打开"D:\phpnow\Apache2.2\conf"文件夹，双击"httpd.conf"打开文件，如图 1-16 所示。

11）用记事本打开文件，然后在文件中查找"D:/phpnow/Apache2.2/htdocs"，然后将其修改为"D:/phpnow/htdocs"，如图 1-17 所示。

提示：在配置环境的文件下，要修改两次路径。

7

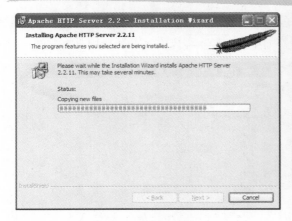 

图 1-13　安装过程　　　　　　　　图 1-14　安装完成

图 1-15　自定义一个目录　　　　　　图 1-16　双击配置文件

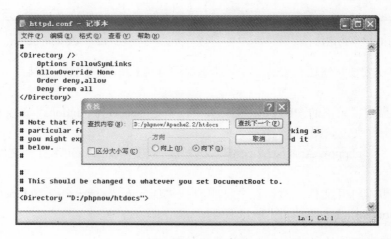

图 1-17　修改目录

12）在"D:\phpnow\htdocs"中新建一个记事本，然后在里面输入文字，如"我们已经成功安装好了apache，请看！"，然后将记事本文件名修改为"index.html"，如图1-18所示。

13）重新启动apache，在浏览器地址栏中输入"http://localhost/"，如图1-19所示。

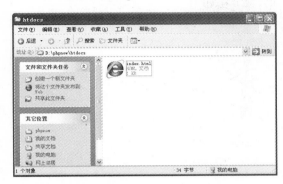

图1-18　新建一个网页文件　　　　　　　　图1-19　浏览页面

1.3.2　PHP的下载、安装和配置

成功安装了 Apache 后，要运行 PHP 网页，还必须安装 PHP。下载 PHP 后需要进行安装和配置。具体操作如下：

1）在浏览器地址栏中输入"http://www.php.net/downloads.php"，单击"PHP 5.2.9-1 zip package"超级链接，如图1-20所示。

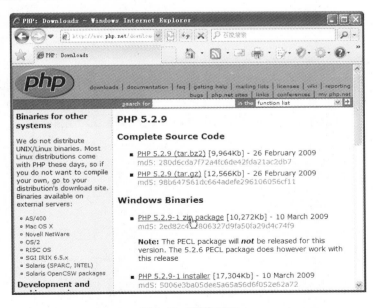

图1-20　下载PHP

2）将下载文件解压，然后复制到"D:\phpnow"，复制 D:\phpnow\php-5.2.9 目录下的.dll 文件到 C:\windows\ system32\（如果是 Windows 2000 操作系统，则为 C:\WINNT\ system32\）目录下，如图1-21所示。

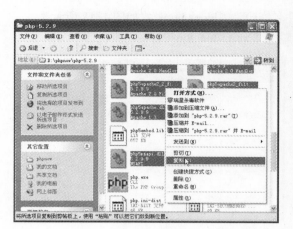 

图 1-21　复制文件

3）把 D:\phpnow\php-5.2.9 目录下的 php.ini-dist 文件复制到 C:\windows\（如果是 Windows 2000 操作系统，则为 C:\WINNT\）目录下。将 php.ini-dist 重命名为 php.ini，查找"register_globals = Off"，将 Off 改为 On；查找"extension_dir =".\"，将路径改为"D:\phpnow\php-5.2.9\ext"；查找到 Windows Extensions，然后把";extension=php_gd2.dll"和";extension=php_mysql.dll"前面的";"去掉就可以了。保存并关闭该文件。

4）在 htdocs 文件夹下新建"ceshi.php"，在里面输入：

```
<?php
    phpinfo()
?>
```

保存文件，然后输入地址"http：//localhost/ceshi.php"，运行浏览后得到如图 1-22 所示的结果。

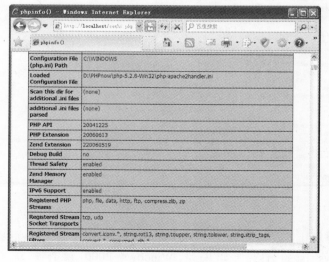

图 1-22　测试成功

1.3.3 安装 MySQL

MySQL 的安装文件可以去有关网站下载，然后进行安装，安装过程十分简单，其具体操作如下：

1）双击 MySQL 的安装文件，然后单击 Next> 按钮，如图 1-23 所示。

2）有三种安装模式，这里单击 Custom 按钮，然后单击 Next> 按钮，如图 1-24 所示。

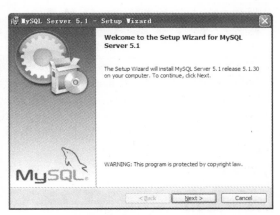

图 1-23　安装界面

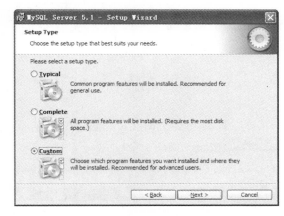

图 1-24　安装模式

3）打开"Custom Setup"对话框，单击 Change... 按钮，用户可根据情况选择安装路径，如图 1-25 所示。

4）在安装对话框中，单击 Install 按钮，安装 MySQL 文件，如图 1-26 所示。

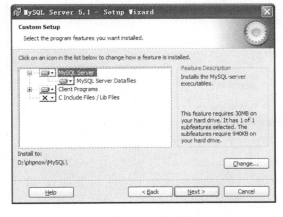

图 1-25　安装文件

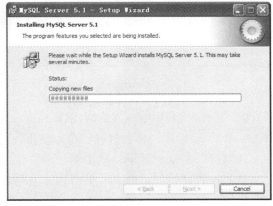

图 1-26　安装文件

5）在安装过程中将会弹出一个"My SQL Enterprise"对话框，单击 Next> 按钮，如图 1-27 所示。

6）打开"The MySQL Monitoring And Advisory Service"对话框，然后单击 Next> 按钮，如图 1-28 所示。

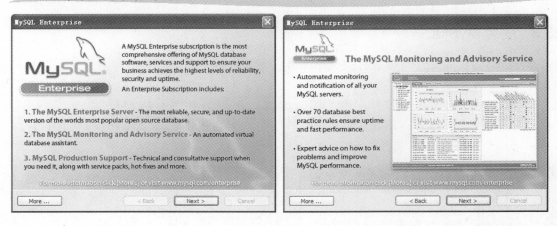

图 1-27 "My SQL Enterprise"对话框　　　　图 1-28 "The MySQL Monitoring And Advisory Service"对话框

7）打开"Wizard Completed"对话框，单击 ☑ Configure the MySQL Server now 按钮，单击 Finish 按钮，如图 1-29 所示。

8）在打开的新对话框中单击 Next> 按钮，如图 1-30 所示。

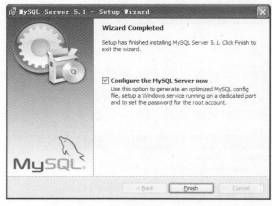
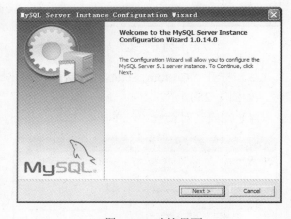

图 1-29　安装完成　　　　　　　　　　　图 1-30　欢迎界面

9）打开"Welcome to the MySQL Server Instance Configuration Wizard 1.0.14.0"对话框，单击 Next> 按钮，将会打开一个对话框，单击第一个单选按钮，如图 1-31 所示。

10）打开新的对话框，单击第三个单选按钮，单击 Next> 按钮，如图 1-32 所示。

11）在打开的对话框中，单击第三个单选按钮，然后单击 Next> 按钮，如图 1-33 所示，然后在打开的新对话框中单击第一个单选按钮，如图 1-34 所示。

12）在打开的对话框中，单击 Next> 按钮，如图 1-35 所示，然后在打开的新对话框中单击第三个单选按钮，如图 1-36 所示。

13）在打开的对话框中，设置 MySQL 服务器，如图 1-37 所示，然后在打开的新对话框中单击第三个单选按钮，在下拉列表中选择"gbk"选项，如图 1-38 所示。

14）在打开的对话框中，选择两个复选框，单击 Next> 按钮，如图 1-39 所示，设置密码，单击 Next> 按钮，如图 1-40 所示。

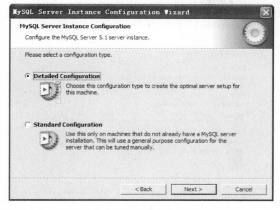

图 1-31　选择第二个单选按钮

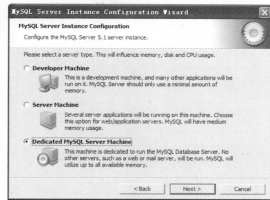

图 1-32　选择第三个单选按钮

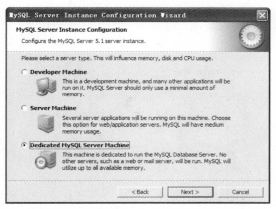

图 1-33　选择"Dedicated MySQL Server Machin"

图 1-34　"Multifunctional Database"

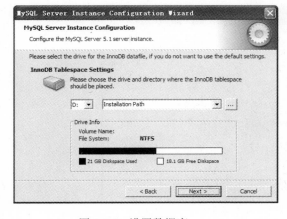

图 1-35　设置数据库

图 1-36　单击第三个单选按钮

15）在打开的对话框中，将显示安装的进程，如图 1-41 所示。

提示：在安装 MySQL 的时候，用户一定要关掉杀毒软件和防火墙，或者禁用杀毒软件和防火墙，否则不会安装成功。

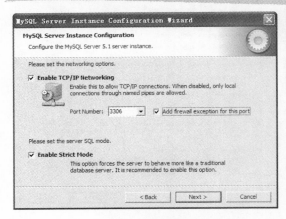
图 1-37 设置服务器

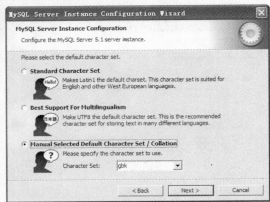
图 1-38 设置语言

图 1-39 选择复选框

图 1-40 设置密码

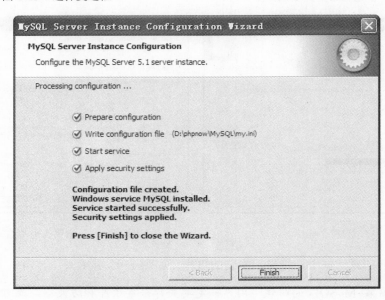
图 1-41 MySQL 安装完成

1.3.4 安装 phpMyAdmin

phpMyAdmin 是一个以 PHP 为基础，以 Web-Base 方式架构在网站主机上的 MySQL 的资料库管理工具。phpMyAdmin 可以管理整个 MySQL 服务器(需要超级用户)，也可以管理单个数据库。为了实现管理单个数据库的功能，需要合理设置 MySQL 用户，因为在默认情况下，MySQL 只能对允许的数据库进行读/写。我们可以在浏览器地址栏中输入 http://www.phpmyadmin.net/下载 MySQL，如图 1-42 所示。

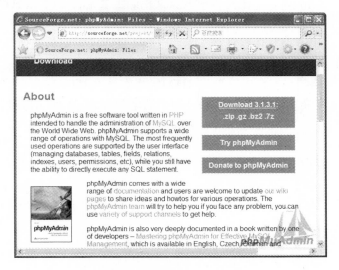

图 1-42　phpMyAdmin 官方下载

然后将这个软件放置到"D:\phpnow\htdocs"目录下，可以将文件名修改为"phpMyAdmin"，然后在浏览器中输入"http://localhost/phpMyAdmin/"，在如图 1-43 所示的界面中输入用户名和密码，进入管理页面，如图 1-44 所示。

图 1-43　输入用户名和密码

图 1-44　管理界面

1.4 学习 PHP 应具备的知识

在学习 PHP 前，必须具备一些简单的知识，如 HTML、CSS、JavaScript 等知识。

1.4.1 HTML 基础知识

HTML（HyperText Markup Language）即超文本标记语言或超文本链接标示语言，是目前网络上应用最为广泛的语言，也是构成网页文档的主要语言。应用 HTML 语言的目的是为了能把存放在一台电脑中的文本或图形与另一台电脑中的文本或图形方便地联系在一起，形成有机的整体，不用考虑具体信息是在当前电脑上还是在网络的其他电脑上。我们只需使用鼠标在某一文档中点取一个图标，Internet 就会马上转到与此图标相关的内容上去，而这些信息可能存放在网络的另一台电脑中。HTML 文本是由 HTML 命令组成的描述性文本，HTML 命令可以说明文字、图形、动画、声音、表格、链接等。HTML 的结构包括头部（Head）和主体（Body）两大部分，其中头部描述浏览器所需的信息，而主体则包含所要说明的具体内容。

另外，HTML 是网络的通用语言，是一种简单、通用的全置标记语言。它允许网页制作人建立文本与图片相结合的复杂页面，这些页面可以被网上任何人浏览到，无论使用的是什么类型的电脑或浏览器都可以看到。

1.4.2 CSS 基础知识

从 20 世纪 90 年代初 HTML 被发明开始，样式表就以各种形式出现了，不同的浏览器结合了它们各自的样式语言，读者可以使用这些样式语言来调节网页的显示方式。一开始样式表是给读者用的。最初的 HTML 版本只含有很少的显示属性，由读者来决定网页应该怎样被显示。但随着 HTML 的发展，为了满足设计师的要求，HTML 获得了很多显示功能。随着这些功能的增加，外来定义样式的语言越来越没有意义了。1994 年哈坤·利提出了 CSS 的最初建议，他和当时正在设计一个叫做 Argo 的浏览器的伯特·波斯（Bert Bos），他们决定一起合作设计 CSS。在 CSS 中，一个文件的样式可以从其他样式表中继承下来。

1.4.3 JavaScript 基础知识

JavaScript 是由 Netscape 公司的 LiveScript 发展而来的面向对象的客户端脚本语言，主要目的是为了解决服务器端语言（比如 Perl）遗留的速度问题，为客户提供更流畅的浏览效果。当时服务端需要对数据进行验证，由于网络速度相当缓慢，只有 28.8Kbit/s，验证步骤浪费的时间太多。于是 Netscape 的浏览器 Navigator 加入了 JavaScript，提供了数据验证的基本功能。

1.5 快速搭建 PHP 运行环境

在 1.3 节中所讲的配置 PHP 运行环境的方法，无疑是十分麻烦的，但是用户不必担心，有许多论坛和网站将 Apache、MySQL、PHP、PHPmyadmin 组合在一起，形成了新的软件，用户只需要按照安装向导操作即可。

1.5.1　PHPnow 的安装

PHPnow 用户可以去官方网站下载最新版本，网址为"http://www.phpnow.org/"，下载后用户将其解压，然后将它移动到 D 盘的根目录下，将文件修改为"phpnow"。具体操作如下：

1）打开 D 盘下的"phpnow"文件夹，双击"Setup.cmd"文件，然后输入 Apache 版本。笔者搭建时的最新版本是"22"，然后按〈Enter〉键，如图 1-45 所示。

2）在控制面板中输入 MySQL 的版本号，这里输入"51"，然后按〈Enter〉键，如图 1-46 所示。

图 1-45　安装 apache

图 1-46　安装 MySQL

3）在控制面板中初始化，这里输入"y"，然后按〈Enter〉键，如图 1-47 所示。

4）在控制面板中初始化设置 root 的密码，如设置"1234"，按〈Enter〉键，如图 1-48 所示。

图 1-47　初始化　　　　　　　　　　　　　　图 1-48　设置密码

5）按任意键，即打开测试页面，然后在用户密码中输入设置的密码，如图 1-49 所示。

6）在地址栏中输入"http://127.0.0.1/phpMyAdmin/"，打开 phpMyAdmin 管理 MySQL 的页面，如图 1-50 所示。

图 1-49 测试页面

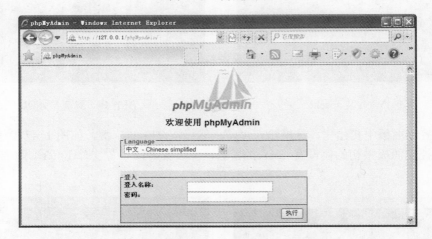

图 1-50 MySQL 的管理页面

1.5.2 XAMPP 的安装

XAMPP 是一款初学者应用较多的软件，此软件可去 http://www.apachefriends.org/下载属于自己的版本，如 Windows、Linux 等，下载后双击即可对它进行安装。具体操作如下：

1）双击安装文件，在弹出的对话框中单击 OK 按钮，单击 Next> 按钮，如图 1-51 所示。

2）在打开的对话框中的文本框中输入软件的安装位置，然后单击 Next> 按钮，如图 1-52 所示。

3）在新的对话框中单击 Install 按钮，如图 1-53 所示，完成后，单击 Finish 按钮，如图 1-54 所示。

4）在控制面板中单击 Status 按钮，如图 1-55 所示。

图 1-51　安装文件

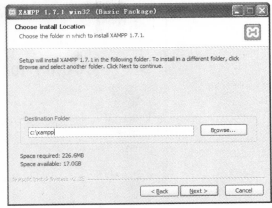
图 1-52　安装位置

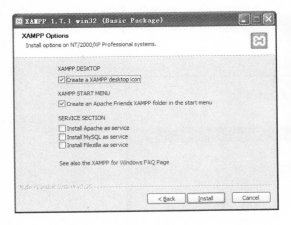
图 1-53　安装文件

图 1-54　安装完成

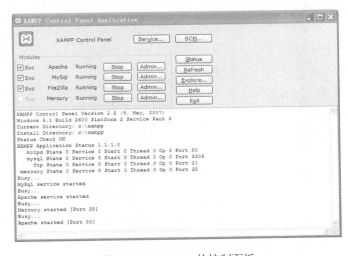
图 1-55　XAMPP 的控制面板

5）单击 Apache 对应的 Admin... 按钮，将会打开如图 1-56 所示的网页，用户可以单击左边的 "phpMyAdmin" 超级链接，如图 1-57 所示。

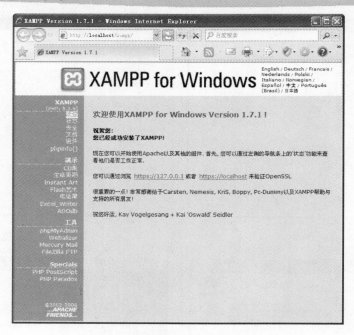

图 1-56 XAMPP 主页

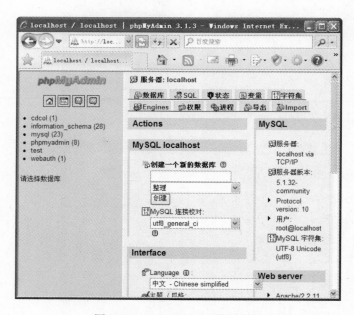

图 1-57 phpMyAdmin 管理页面

提示：XAMPP 并没有设置 MySQL 密码，用户可以通过 phpMyAdmin 的权限去设置密码。

1.6 一个简单的 PHP 程序

在搭建好一个运行环境后，我们就可编写一个简单的欢迎程序来体验 PHP 的魅力。其代码如下：

```html
<html>
<head>
<meta http-equiv="Content-Type" content="text/html; charset=gb2312">
<title>第一个 PHP 欢迎页面</title>
</head>
<body>
<?php
echo "欢迎你进入 PHP 的学习";
?>
</table>
</body>
</html>
```

将上述代码文件保存到服务器的环境下，运行浏览后得到如图 1-58 所示的结果。

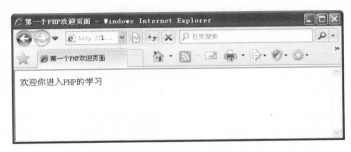

图 1-58　第一个 PHP 页面

1.7　疑难问题解析

本章介绍了 PHP 技术的入门知识，包括搭建开发环境和学习 PHP 应具备的知识。本节中，将对本章中比较难以理解的问题进行讲解。

读者疑问：前面提到了 MySQL 管理软件有很多种，我下载了一款进行管理，为什么会出现一些"？？？"符号？

解答：关于 MySQL 的知识这章只做简单了解，在第 3 篇将会详细讲解，MySQL 管理软件虽然很多，但是有许多软件在兼容性上会出现问题，容易出现乱码的现象。推荐大家使用 phpMyAdmin，它是目前最好的 MySQL 管理软件，能够解决这一问题。

读者疑问：在前面提到了 HTML、CSS、JavaScript，它们三者在网页中是如何分工的？

解答：HTML 是网页显示标记的集合，如表格标签；CSS 是负责 CSS 样式的，如文字的格式；而 JavaScript 是负责网页中的特效的，如表单中不能为空的弹出窗口。

职场点拨——看PHP的重要性

前面我们了解了PHP的基本知识，下面用一组具体的数据来说明PHP的重要性。表1-1给出了国外某编程社区做的2009~2010年语言使用率统计。

表1-1 2009~2010年语言使用率统计表

2010年排名	2009年排名	语言	2010年市场占有率(%)	和2009年相比(%)
1	2	C	18.058	+2.59
2	1	Java	18.051	-1.29
3	3	C++	9.707	-1.03
4	4	PHP	9.662	-0.23
5	5	Visual Basic	6.392	-2.70
6	6	C#	4.435	+0.38

由上表统计的数据可以看出，当前PHP应用非常广泛，和C++已经不分伯仲。在Web开发技术中，PHP只比Java排名低，并且在ASP.NET等之上。

究竟是什么原因让PHP这么受青睐呢？主要有以下4个原因：

（1）兼容C的语法，容易掌握

兼容C的语法保证了开发人员的稳定来源，因为几乎每个学计算机的人员都学习过C语言，所以他们完全能在一到两周左右快速掌握这个新的语言，然后经过简单的指导，就可以胜任初级的开发工作。单从程序本身的开发来看，有三年以上开发经验的程序员，和开发了半年以上PHP的程序员差别不是太大。

（2）运行快速

在当前Web开发技术中，PHP的运行速度和执行效率上乘，并且因为技术开源，所以深受商业站点的青睐。

（3）非常强的容错性，很好的灵活性

用过PHP的人员应该有这个感觉，当在申请一个PHP中的变量时，这个变量既可以做数字，也可以做数组，还可以做字符串。由此可见此语言编译器非常灵活。

（4）丰富的函数和简单的操作

拥有功能丰富的函数，大多数能想到的操作，都可以用现成的函数库来解决。

第 2 章　PHP 开发必备知识

HTML 是网页的根本，任何一种网页的功能，都会嵌套在 HTML 中，所以初学者，必须明白什么是 HTML。HTML 是一种十分简单的语言，用户只需要记住就可以，如标题的标签。本章将简单讲解一些常用的 HTML 标记，让用户更好地学习 PHP。通过本章能学到如下知识：

- HTML
- 标示标记的使用
- 表单
- Dreamweaver 创建 CSS 样式
- JavaScript
- 职场点拨——怎样学编程

2008 年 X 月 XX 日，天气阴

学习 PHP 有一段时间了，我感觉 PHP 语言很复杂，要想完全掌握需要付出很大的精力。当没有事情做的时候，我暗自琢磨：要是有一个快速学习 PHP 的方法就好了。

一问一答

小菜："有快速学习 PHP 的捷径吗？"
Wisdom："学习编程没有捷径，急功近利的结果会造成'欲速则不达'。"
小菜："一点捷径也没有吗？"
Wisdom："你应该端正学习态度，在本章最后我将重点介绍怎样学编程。"
小菜："嗯，本章将要讲的 PHP 开发必备知识是什么？"
Wisdom："都是 PHP 开发所必须具备的基础知识，主要包括 HTML、Dreamweaver 创建 CSS 样式和 JavaScript。"

2.1　认识一个表单

学 PHP 之前，最先需要掌握的基础知识是标记语言和脚本语言。用户浏览着漂亮的网页的时候，看着一些网页的特效的时候，是不是思考过这是什么东西做的，尤其是在线编辑器，当用户在写博客和邮件的时候，网页中的编辑，就像使用 Office 一样，方便快捷。其实这些都十分简单，下面将展示一个功能十分强大，样式类似于 Office 2007 的表单【光盘：源代码/第 2 章/biao/】，如图 2-1 所示。

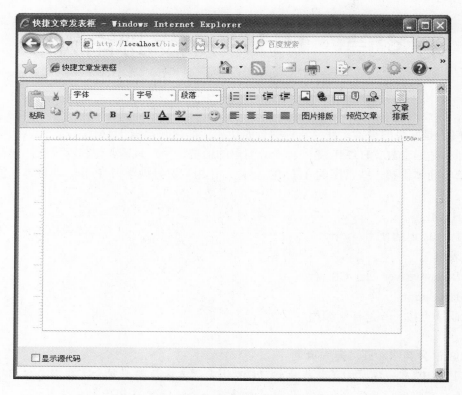

图 2-1 展示的表单

本章主要涉及下面的知识：
❑ HTML：标记。
❑ CSS 样式：美化的基石。
❑ JavaScript：网页特效必不可少的工具。

2.2 HTML 基础

HTML 是用来表示网页标记的语言，标记都用<>和</>括起来，每一个标签都有自己特殊功能。其代码如下：

```
<html>
<head>
<title>花开夜晚</title>
</head>
<body>
<h1>花开夜晚</h1>
<div>就在昨天夜里，南山上的花开了，开得十分漂亮……每一朵都散发着迷人的香气。</div>
```

```
        <body>
    </html>
```

上面这段是一组简单的 HTML 语言，其实就是一个很简单的网页，网页就是通过这种方式展现给浏览者的。浏览效果如图 2-2 所示。各个参数如下。

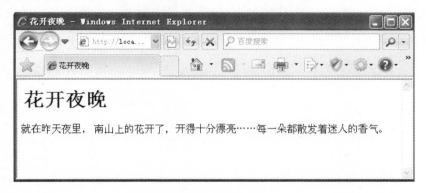

图 2-2　浏览效果

- <html>…</html>标签：这是 HTMl 标签，所有标记都要放在这里，<html>是开始标签，</html>是标签的结束。
- <head>…</head>标签：表示网页的头部。
- <title>…</ title >标签：表示网页的标题。
- <h1>…</h1>标签：表示第 1 级标题。
- <div>…</div>标签：层的标签。
- <body>…</body>标签：表示网页的内容。

提示：任何 HTML 标记都是在<html>、<body>和<head>中，还有 CSS 样式和 JavaScript 也是包含在这三个标签里，也就是说，CSS 样式和 JavaScript 也是嵌套在 HTML 代码中的。

2.3　文字的设置

文字是网页中最为常见的元素，下面将详细讲解文字的一些基本格式。

2.3.1　标题格式

在网页中，标题是用<h1>～<h6>表示的，下面通过一个实例讲解标题的设置。

实例 1：显示标题

标题是通过<h1>～<h6>来表示的，这 6 个标签有什么区别呢？下面通过一个实例来详细讲解，其代码【光盘：源代码/第 2 章/biao-1.html】如下：

```
<html>
    <head>
        <title>盛开不败，要精心灌溉</title>
    </head>
```

```
<body>
<!--以下代码用h1-h6标签，数字越大，标题字号越小-->
<h1>盛开不败，要精心灌溉</h1>
<h2>盛开不败，要精心灌溉</h2>
<h3>盛开不败，要精心灌溉</h3>
<h4>盛开不败，要精心灌溉</h4>
<h5>盛开不败，要精心灌溉</h5>
<h6>盛开不败，要精心灌溉</h6>
<body>
</html>
```

将上述代码文件保存到服务器的环境下，运行浏览后得到如图2-3所示的结果。

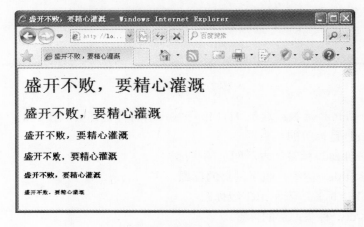

图2-3 标题

多学一招

通过学习上面的实例，读者可能已经发现，由<h1>、<h2>、<h3>、<h4>、<h5>和<h6>表示的标题文字都有自己的默认的大小。下面的代码实现了一个标题和正文，代码【光盘：源代码/第2章/biao-2.html】如下：

```
<html>
<head>
<meta http-equiv="Content-Type" content="text/html; charset=utf-8" />
<title>PHP 语言</title>
</head>
<body>
<h1>PHP 语言</h1>
PHP，是英文超级文本预处理语言 Hypertext Preprocessor 的缩写。PHP 是一种 HTML 内嵌式的语言，是一种在服务器端执行的嵌入 HTML 文档的脚本语言，语言的风格有类似于 C 语言，被广泛的运用。<body>
</html>
<html>
<head>
```

```
        <meta http-equiv="Content-Type" content="text/html; charset=utf-8" />
        <title>PHP 语言</title>
        </head>
        <body>
        <h1>PHP 语言</h1>
           PHP,是英文超级文本预处理语言 Hypertext Preprocessor 的缩写。PHP 是一种 HTML 内嵌式的语言,是一种在服务器端执行的嵌入 HTML 文档的脚本语言,语言的风格类似于 C 语言,被广泛地运用。
        <body>
        </html>
```

将上述代码文件保存到服务器的环境下,运行浏览后得到如图 2-4 所示的结果。

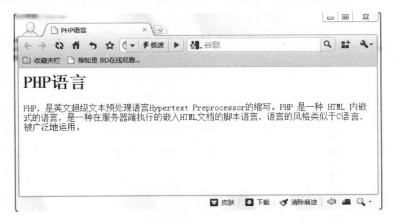

图 2-4 标题

2.3.2 将文字加粗、倾斜和加底线

网页中,将文字加粗、倾斜和加底线是常用的功能,用户可以通过一些标记语言来实现这些功能,下面通过一段 HTML 语言进行详细讲解,其代码【代码 1:光盘:源代码/第 2 章/2-3.html】如下:

```
        <html>
        <head>
        <title>沙漠中的红花</title>
        </head>
        <body>
        沙漠中的红花<br></br>
        <!--加粗标签-->
        <b>沙漠中的红花</b><br></br>
        <!--倾斜标签-->
        <I>沙漠中的红花</I><br></br>
        <!--加底线标签-->
        <u>沙漠中的红花/u><br></br>
        <body>
        </html>
```

将上述代码文件保存到服务器的环境下,运行浏览后得到如图 2-5 所示的结果。

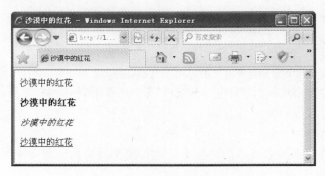

图 2-5　文字格式

提示:在网页中能让文字加粗的标签是<b>,能让文字倾斜的标签是<I>,加底线的标签是<u>。

2.3.3　设定文字的大小、颜色、字形

设定文字的大小,颜色和字形标记是网页设计中经常用到的,几乎所有网页都会设置这三种属性,它和前面有所不同,下面通过一段 HTML 代码来说明,其代码【代码 2:光盘:源代码/第 2 章/2-4.html】如下:

```
<html>
  <head>
    <title>那一天我们相爱</title>
  </head>
  <body>
<!--以下代码用 color 设置文本的颜色,用 size 设置字体大小,用 face 设置字体-->
    <font color="#C4200" size="4" face="隶书">天空是一片白色,万里无云,狂风。风横扫着划过大地,在天空里扯动出呼呼的破空声,街上无人,也没有落叶纸屑随着风打旋,这个世界很清明,仿佛只有风,疯狂的窜动在这广袤的空间。江山坐在宿舍里看电影,阳台上窗玻璃嘭嘭作响,就像风拼命要闯进来一样,那样的扯破天空的风声让人的心很难平静下来。</font>
  </body>
</html>
```

将上述代码文件保存到服务器的环境下,运行浏览后得到如图 2-6 所示的结果。

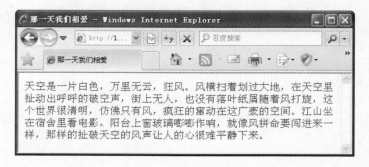

图 2-6　设置文字的格式

提示：在上面的代码中设置了文本的三个属性，分别是字体颜色，字体大小和字体，分别用代码 color=" "、size=" "和 face=" "来表示。

2.3.4　在文字中插入空格和分段

要将大段大段的文字排列整齐，只用上面的格式是不够的，因为这并不符合文章的安排，下面通过一个实例讲解插入空格和分段。

实例 2：插入空格和分段

下面代码会在网页中显示出一篇文章，其代码【光盘：源代码/第 2 章/2-5.html】如下：

```
<html>
  <head>
    <title>陪着你看流星雨</title>
  </head>
  <body>
    <h1>陪着你看流星雨</h1>
    <h3>作者：笨笨的猫猫</h3>
          <font color="#C4200" size="4" face="隶书">月，很羞涩，盖上薄薄的、透明的绸纱，像一位快出嫁的新娘。繁星，如宝石一样绣在漆黑色的天空中。</font>
    <br>
          <font color="#C4200" size="5"face="隶书">我和梦碟坐在木桥上，甩着双脚，看着星空。梦碟一向是多话的，今晚倒是安静，仰望着天空，什么也不说。清风吹来，梦碟的长发被吹乱，有少许惊扰着我的面庞，有点痒，也有点舒服。</font>
  </body>
</html>
```

将上述代码文件保存到服务器的环境下，运行浏览后得到如图 2-7 所示的结果。

图 2-7　空格和换行

上面的版式不是很完美，因为根据阅读习惯，标题一般居中排。请看下面的代码【光盘：源代码/第 2 章/2-6.html】：

```html
<html>
  <head>
    <title>陪着你看流星雨</title>
  </head>
  <body>
<center><h1>陪着你看流星雨</h1></center>
<center><h3>作者：笨笨的猫猫</h3></center>
<!--以下代码中， ；表示空格，<br>表示分段。-->
      <font color="#C4200" size="4" face="隶书">月，很羞涩，盖上薄薄的、透明的绸纱，像一位快出嫁的新娘。繁星，如宝石一样绣在漆黑色的天空中。</font>

<br>
      <font color="#C4200" size="4"face="隶书">我和梦碟坐在一个木桥上，甩着双脚，看着星空。梦碟一向是多话的，今晚倒是安静，仰望着天空，什么也不说。清风吹来，梦碟的长发被吹乱，有少许惊扰着我的面庞，有点痒，也有点舒服。</font>
  </body>
</html>
```

将上述代码文件保存到服务器的环境下，运行浏览后得到如图 2-8 所示的结果。

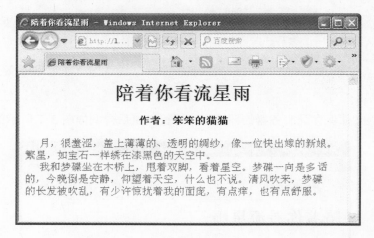

图 2-8　居中

2.4　标示标记的使用

HTML 语言中，标示标记也是一种十分重要的 HTML 标记，它使显示的文字更加工整，条理顺序更加清楚。

实例 3：使用标示标记

下面将通过一段代码讲解标示标记的用法，其代码【光盘：源代码/第 2 章/2-7.html】如下：

```html
<html>
  <head>
```

```
        <title>标示标记</title>
    </head>
    <body>
<!--li 表示项目标记-->
        <li>重庆
        <li>上海
        <li>北京
        <li>天津
<!--li 表示序列标记-->
    <ol type=I>
        <li>预习书本
        <li>认真读书
        <li>复习书本
    </ol>
<!--dl 定义列表标记>
    <DL>
        <DT>性别：<DD>男、女
        <DT>职业 :<DD>工程师、教师、程序员
    </DL>
    </body>
</html>
```

将上述代码文件保存到服务器的环境下，运行浏览后得到如图 2-9 所示的结果。

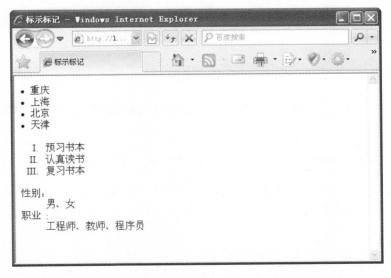

图 2-9 标示标记

多学一招

标示标记可以用来表示步骤和并列性的内容，下面通过代码来讲解其用法。其代码【光盘：源代码/第 2 章/2-8.html】如下：

```
<html>
  <head>
    <title>最优秀的唱片</title>
  </head>
  <body>
  <!--li 表示序列标记-->
    <li>刘德华  谢谢你的爱
    <li>周杰伦  稻香
    <li>张学友  雪狼湖
    <li>林俊杰  江南
  </body>
</html>
```

将上述代码文件保存到服务器的环境下,运行浏览后得到如图 2-10 所示的结果。

图 2-10 标示标记

2.5 表单

HTML 中的表单十分重要,它是服务器和浏览者交换的窗口,本节讲解表单的控件和表单的组件。

2.5.1 表单容器<form>

在 HTML 中,<form >…</form>表示表单的容器,它建立后,才能建立各个组件。读者可以把它想象成一个碟子,里面可以放各种水果。下面通过一段 HTML 代码进行讲解。

```
<html >
<head>
<meta http-equiv="Content-Type" content="text/html; charset=utf-8" />
<title>表单</title>
</head>
<body>
form 容器
<!--添加一个表单容器,分别设置其 name、method 和 action 属性值-->
```

```
<form id="form 的 ID 号" name="表单名称" method="提交方法" action="处理表单页面">
</form>
</body>
</html>
```

参数介绍：
- <form>：表单容器的标记。
- id="form1"：表单的 ID 名称，名称是 form1。
- name="form1"：表单名称。
- method="post"：数据的传送方式。
- action=""：传送页面的设置，用户可以设置一个 Java 的 Web 页面用来处理信息。

2.5.2 单行文本框

文本框是表单中最为常见的一种元素，下面创建一个单行文本框，其代码【代码 3：光盘：源代码/第 2 章/2-9.html】如下：

```
<html>
<head>
<meta http-equiv="Content-Type" content="text/html; charset=utf-8" />
<title>单行文本框</title>
</head>
<body>
<!--添加一个表单容器，分别设置其 name、method 属性值-->
<form id="form1" name="form1" method="post" action="">
 输入昵称：
        <!--添加一个单行文本框，其中 type 表示是文本框类型，name 表示文本框的名字，id 表示这个文本框的标识-->
        <input type="text" name="textname" id="textname" />
</form>
</body>
</html>
```

将上述代码文件保存到服务器的环境下，运行浏览后得到如图 2-11 所示的结果。

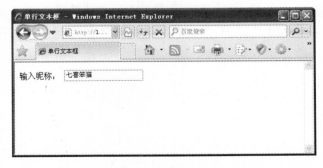

图 2-11　单行文本框

多学一招

单行文本框除了输入文字外,也能输入密码,密码是不想让人知道的,输入任何内容都以点或者星号代替,下面通过一段代码来实现这个功能,其代码【光盘:源代码/第 2 章/2-10.html】如下:

```
<html>
<head>
<meta http-equiv="Content-Type" content="text/html; charset=utf-8" />
<title>输入密码</title>
</head>
<body>
<form id="form1" name="form1" method="post" action="">
 输入密码:
    <input type="password" name="textname" id="textname" />
</form>
</body>
</html>
```

将上述代码文件保存到服务器的环境下,运行浏览后得到如图 2-12 所示的结果。

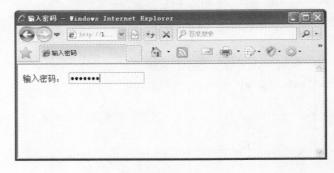

图 2-12 输入密码

2.5.3 单选按钮

单选按钮是组件的一种,单选按钮只能选择一个,单选按钮是如何实现的呢?下面通过一段代码进行讲解,其代码【代码 4:光盘:源代码/第 2 章/2-11.html】如下:

```
<html>
<head>
<meta http-equiv="Content-Type" content="text/html; charset=utf-8" />
<title>你喜欢吃什么菜</title>
</head>
<body>
<form id="form1" name="form1" method="post" action="">
    <p>
```

```
        <input type="radio" name="radio" id="D1" value="D1" />火锅
          <br />
            <input type="radio" name="radio" id="D2" value="D2" />泉水鸡
            <br />
            <input type="radio" name="radio" id="D3" value="D3" />
            回锅肉
        </form>
    </body>
</html>
```

在上述代码中,"<input type="radio" name="radio" id="D2" value="D2" />"表示单选按钮,单选按钮的名称依靠"ID"和"value"来区别,将上述代码文件保存到服务器的环境下,运行浏览后得到如图 2-13 所示的结果。

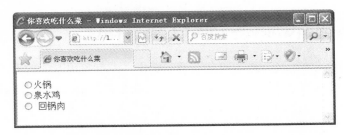

图 2-13　单选按钮

2.5.4　多行文本框和按钮

多行文本框和按钮在表单中的作用举足轻重,下面通过一段代码进行讲解。

```
<html >
<head>
<meta http-equiv="Content-Type" content="text/html; charset=utf-8" />
<title>输入你的文字</title>
</head>
<body>
<form id="form1" name="form1" method="post" action="">
<!--textarea 多行文本框标记-->
  <textarea name="Ri" cols="56" rows="10"></textarea>
  <br />
    <input type="submit" name="Tj" id="Tj" value="提交" />
    <input type="reset" name="Tj2" id="Tj2" value="重置" />
</form>
</body>
</html>
```

在上述代码中,"<textarea ></textarea>"表示文本框,"input"标签为按钮。将上述代码文件保存到服务器的环境下,运行浏览后得到如图 2-14 所示的结果。

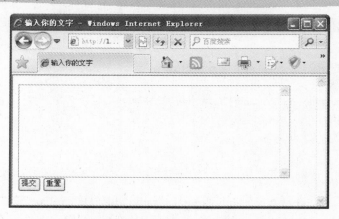

图 2-14　多行文本框和按钮

2.6　使用 Dreamweaver 创建 CSS 样式

前面讲解的 HTML 知识，都是通过纯手工操作，没有使用专业的开发工具，目的是让读者理解 HTML。对网页有所了解的读者，肯定会知道 Dreamweaver 是创建 HTML 最好的工具，CSS 是嵌套在 HTML 语言中的，它是网页格式的表现工具，下面将讲解使用 Dreamweaver 创建 CSS 样式的方法。

2.6.1　创建 CSS 样式

使用 Dreamweaver CS4 创建 CSS 样式是十分简单的，下面讲解如何创建 CSS 样式。操作步骤如下：

1）安装 Dreamweaver CS4 后，用户可以新建一个网页，并将其保存，然后随意输入一些文字，如图 2-15 所示。

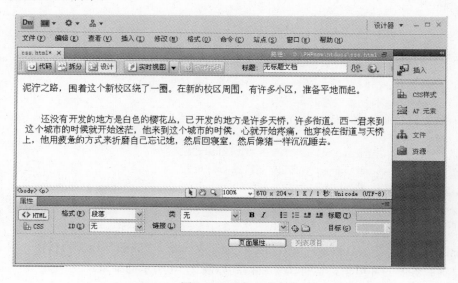

图 2-15　输入文字

2）单击右边的 CSS 样式栏，在打开的 CSS 面板中，单击"新建"按钮，如图 2-16 所示。

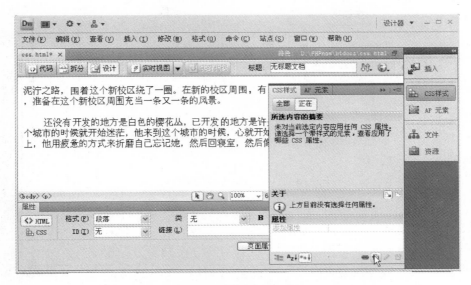

图 2-16 单击新建按钮

3）打开"新建 CSS 规则"对话框，在选择器类型下拉列表框中选择一个选项，然后在选择器名称中输入名称，如"nei"，在规则定义的下拉列表框中选择"仅限该文档"选项，单击 确定 按钮，如图 2-17 所示。

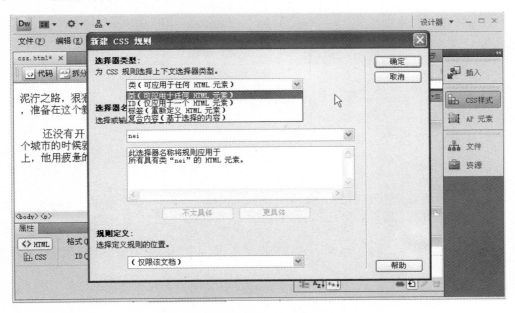

图 2-17 "新建 CSS 规则"对话框

4）打开"CSS 规则定义"对话框，在"font-size"下拉列表框选择"16"，再在其右边的下拉列表框中选择"px"，然后在"Color"的下拉列表框中选择一种颜色，如输入

"#F00",单击 确定 按钮,如图 2-18 所示。

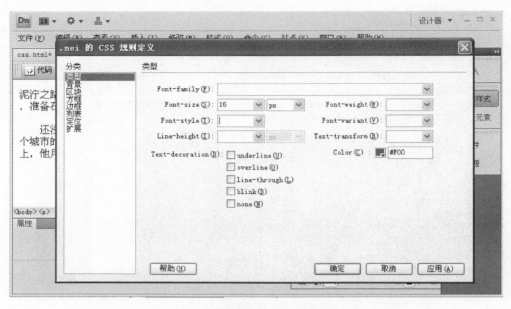

图 2-18 "CSS 规则定义"对话框

5)返回到编辑窗口,然后单击 代码 按钮,在<head>标签内就会发现新建设置的 CSS 样式表,如图 2-19 所示。

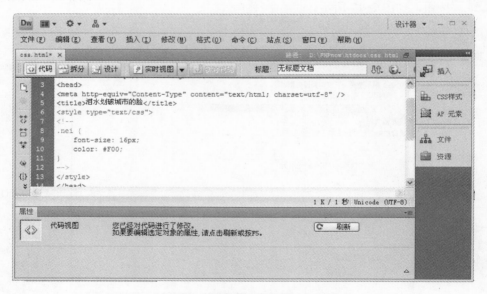

图 2-19 新建的 CSS 样式

2.6.2 应用 CSS 样式

创建 CSS 样式后需要应用,否则创建的 CSS 样式将没有任何意义。应用 CSS 样式的方法十分简单，其具体操作如下：

1）哪个标签需要调入 CSS 样式，只需要在前任的标签里调用它，因这里是新建的 CSS 类，所以只需要输入"class="nei""即可，如图 2-20 所示。

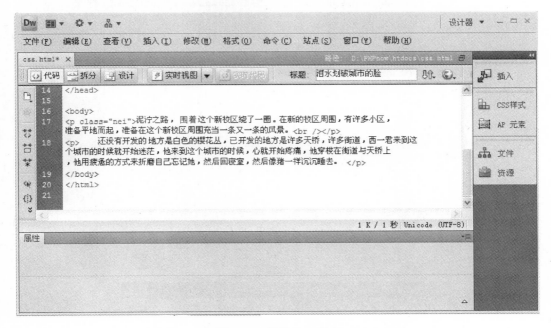

图 2-20　调用 CSS 样式

2）将其保存，然后进行浏览，会得到如图 2-21 所示的效果。

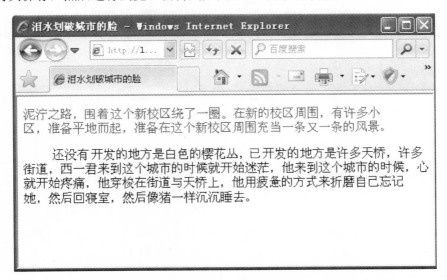

图 2-21　应用了 CSS 样式

3）其他标签还需要用同样的样式，也只需要输入"class="nei""，样式也会得应用，如图 2-22 所示。

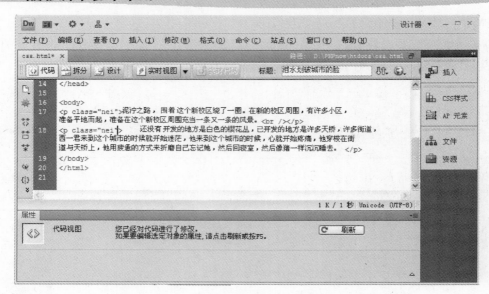

图 2-22　再次应用 CSS 样式

4）再次将其保存，然后进行浏览，会得到如图 2-23 所示的效果。

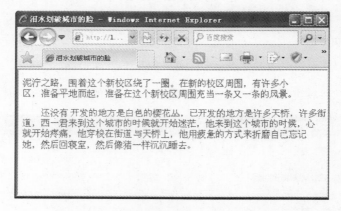

图 2-23　CSS 样式

2.7　使用 JavaScript

　　JavaScript 可以出现在 HTML 的任意地方。使用标记<script>…</script>，可以在 HTML 文档的任意地方插入 JavaScript，甚至可以在<HTML>之前插入。但是如果要在声明框架的网页（框架网页）中插入，务必在<frameset>之前插入，否则不会运行。

2.7.1　如何创建简单的 JavaScript

　　JavaScript 的基本格式如下：

　　<script>

```
<!--
...
(JavaScript 代码);
...
//-->
</script>
```

每一句 JavaScript 都有类似于以下的格式：

```
<语句>;
```

其中，分号";"是 JavaScript 语言作为一个语句结束的标识符。虽然现在很多浏览器都允许用回车充当结束符号，但是培养用分号作结束的习惯仍然是很好的。

语句块是用大括号"{}"括起来的一个或几个语句。在大括号里是几个语句，但是在大括号外边，语句块被当做一个语句。并且语句块可以嵌套，也就是说在一个语句块里可以再包含一个或多个语句块。

提示：JavaScprit 是一种十分有用的语言，特别是在网络特效领域，下面将讲解一些常用的语句。

2.7.2 常用的 JavaScript 模块

在一般的网页中，JavaScript 的使用比较少。在 PHP 的学习过程中，JavaScript 用得最多之处是表单，特别是判断表单元素是否为空等应用最为普遍。下面对这些知识进行详细讲解。

1. 验证表单是否为空

用户在浏览网页填写表单时，当有一项为空时，通常会弹出对话框提示用户输入信息，其实这是通过 JavaScript 实现的，下面通过一个段代码进行演示，代码【代码 5：光盘：源代码/第 2 章/2-b.html】如下：

```
<html>
<head>
<meta http-equiv="Content-Type" content="text/html; charset=gb2312">
<title>验证表单元素是否为空</title>
</head>
<script language="javascript">
// 检查表单元素是否为空
function check(form1){
    for(i=0;i<form1.length;i++){
        if(form1.elements[i].value == ""){           //form1 的属性 elements 的首字母 e 要小写
            alert(form1.elements[i].name + "不能为空!");
            form1.elements[i].focus();    //指定表单元素获得焦点
            return;
        }
    }
    form1.submit();
```

```
}
</script>

<body>
<table width="350" border="1" cellpadding="0" cellspacing="1" bordercolor="#6F0000" >
    <!--添加一个表单容器，分别设置其 name、method 属性值-->
    <form name="form1" method="post" action="11.php">
    <tr align="center">
        <td height="24" colspan="2"><span>给我留言</span></td>
    </tr>
    <tr align="center">
    </tr>
    <tr>
        <td width="77" height="22" align="center" >昵称:</td>
        <td width="267"><input name="text" type="text" id="text" size="25" maxlength="80"></td>
    </tr>
    <tr>
        <td align="center" >留言内容:</td>
        <td><textarea name="textarea" cols="31" rows="5"></textarea></td>
    </tr>
    <tr>
        <td align="center"> </td>
        <td><input type="submit" name="Submit" value="提交" onClick = "check(form1);">
        <input type="reset" name="Submit2" value="重置"></td>
    </tr>
    </form>
</table>
```

将上述代码文件保存到服务器的环境下，运行浏览后得到如图 2-24 所示的结果。

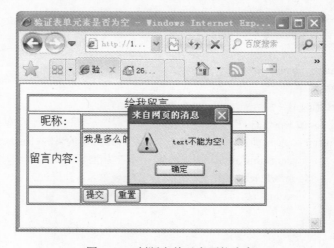

图 2-24　判断表单元素不能为空

2. 验证文本框中的值是否相等

在用户注册模块设置密码时，经常需要验证文本框中的值是否相等，下面通过一个实例进行讲解。

实例4：使用文本框

下面将通过一段代码讲解文本框的值是否一致，其代码【光盘：源代码/第 2 章/2-2b1.php】如下：

```
<script type="text/javascript">
function mengchi(){
var a=document.form1.mima1.value;
var b=document.form1.mima2.value;
//检查密码是否为空
   if (a==""){
      alert("请输入密码");
      return false;
   }
//检查确认密码是否为空
   if (b==""){
      alert("请输入确认密码");
      return false;
   }
//如果两次输入的密码不一致
   if (a!=b){
      alert("两次密码不一样");
      return false;
   }
//如果两次输入的密码一致
   alert("两次密码输入一致，检测通过");
}
</script>
<!--添加一个表单容器，分别设置其 name、method 属性值-->
<form name="form1" action="" method="post" onsubmit="return false" >
请输入密码：<input type="password" name="mima1" id="mima1">
<br>
再确认密码：<input type="password" name="mima2" id="mima2">
<br>
<input type="submit" value="提交" onClick="mengchi();">
</form>
```

将代码文件保存到服务器的环境下，运行浏览后得到如图 2-25 所示的结果。

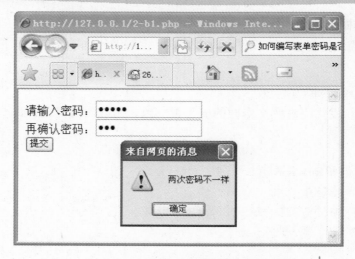

图 2-25　判断文本框是否一致

上面的代码比较单一，在编写程序时考虑有点欠周到。用户可以修改上面的代码，让它变得更为完善。修改后的代码【光盘：源代码/第 2 章/2-2b2.php】如下：

```
<script type="text/javascript">
function mengchi(){
var a=document.form1.mima1.value;
var b=document.form1.mima2.value;
    if (a==""){
            tishi.innerHTML="<font color=\"red\">请输入密码</font>";
            return false;
    }
    if (b==""){
            tishi.innerHTML="<font color=\"red\">请输入确认密码</font>";
            return false;
    }
    if (a!=b){
            tishi.innerHTML="<font color=\"red\">两次密码不一样</font>";
            return false;
    }
    tishi.innerHTML="<font color=\"red\">两次密码输入一致，检测通过</font>";
}
</script>
<div id="tishi"></div>
<form name="form1" action="" method="post" onsubmit="return false" >
请输入密码：<input type="password" name="mima1" id="mima1"
```

```
onBlur="mengchi();">
<br>
再确认密码：<input type="password" name="mima2" id="mima2"
onBlur="mengchi();">
<br>
<input type="submit" value="提交" onClick="mengchi();">
</form>
```

3．验证文本框中的值是否在有效范围内

验证文本框中的值是否在有效范围内这一应用十分常见，常常用于商业网站和银行网站，如产品价格和银行交易金额等，下面通过一段代码【代码 6：光盘：源代码/第 2 章/yz.php】进行讲解。

```
<html>
<head>
<meta http-equiv="Content-Type" content="text/html; charset=gb2312">
<title>验证输入的数值是否在指定范围内</title>
<!--设置网页内元素的显示样式-->
<style type="text/css">
<!--
.style1 {font-size: 13px}
.style2 {font-size: 12px;
color: #FF0000;
}
.style3 {font-size: 12px}
-->
</style>
</head>
<script language="javascript">
//JavaScript 验证函数，验证输入数据的合法性
function checknumber(){
        if (form1.number.value.length!=6) //如果不是正确的 6 位编号
    {
            alert("请您输入正确的 6 位编号！");
        form1.number.focus();
        return (false);
    }
        for (i=1;i<form1.number.value.length;i++){
                ct=form1.number.value.charAt(i);
                if (!(ct>='0'&&ct<='5'))//如果输入的不是 0-5 之间的数字
            {
                alert("个人编号只允许输入 0-5 之间的数字");
                form1.number.focus();
                return(false);
            }
```

```
            }
        }
    </script>
    <body>
    <table width="450" border="1" cellpadding="0" cellspacing="0">
        <!--添加一个表单容器,分别设置其 name、method 属性值-->
        <form name="form1" method="post" action="">
            <tr align="center">
                <td height="24" colspan="2" class="style1">验证输入的数值是否在指定范围内</td>
            </tr>
            <tr>
                <td width="100" height="20" align="center" class="style1">用户名:</td>
                <td width="344" class="style3"><input name="user" type="text" id="user" size="20" maxlength="50">
                </td>
            </tr>
            <tr>
                <td height="20" align="center" class="style1">个人编号:</td>
                <td class="style3">        <input name="number" type="text" id="number2" size="20" maxlength="50">
                    <span class="style2"> * 限制在 0-5 之间的 6 位数字组合</span>        </td>
            </tr>
            <tr>
                <td height="20" align="center" class="style1">密码:</td>
                <td class="style3"><input name="pass" type="password" id="pass2" size="20" maxlength="50">
                    <span class="style2">*请输入密码</span></td>
            </tr>
            <tr>
                <td height="20" align="center" class="style1">联系地址:</td>
                <td class="style3"><input name="address" type="text" id="address" size="30" maxlength="100"></td>
            </tr>
            <tr>
                <td height="24" align="center"> </td>
                <td class="style3"><input type="submit" name="Submit" value=" 提 交 " onClick="checknumber();">
                    <span class="style2"> (*为必填项目)</span>
                    <input type="reset" name="Submit2" value="重置">
                </td>
            </tr>
        </form>
    </table>
    </body>
</html>
```

将代码文件保存到服务器的环境下,运行浏览后得到如图 2-26 所示的结果。

图 2-26　验证文本框

4. 验证文本框中的值是否为特殊号码

在文本框中常常需要输入一些特殊的数字，如身份证号码、护照号码、学生证号、车牌号等。下面的代码将验证文本框中的值是否合法，其代码【代码 7：光盘：源代码/第 2 章/y1.php】如下：

```
<script language="javascript">
function check(){
    var value=form1.carnumber.value;
    if(form1.carnumber.value==""){
        alert("请输入车牌号码!");form1.carnumber.focus();return;
    }
    if(form1.carnumber.value.length!=8||isNaN(value.substr(3,4))){
        alert("您输入的车牌号码不正确!");form1.carnumber.focus();return;
    }
    if(!checkNo(form1.carnumber.value)){
        alert("您输入的车牌号码不正确!");form1.carnumber.focus();return;
    }
    form1.submit();
}
</script>
<script language="javascript">
function checkNo(str){
    var Expression=/^[\u4E00-\u9FA5]?[a-zA-Z]-\w{5}$/;
    var objExp=new RegExp(Expression);
    return objExp.test(str);
}
</script>
```

将代码文件保存到服务器的环境下，运行浏览后得到如图 2-27 所示的结果。

图 2-27　验证特殊格式文本

2.8　疑难问题解析

本章详细介绍了 PHP 开发必须具备的基本知识。本节将对本章中比较难以理解的问题进行讲解。

读者疑问：在编写网页时，可能会遇到编写很多 JavaScript 的情况，这时候如果遇到困难该怎么办？

解答：初学者其实不必考虑这么多，一般的验证代码，网上都可以找到，如果实在找不到，读者可以到 www.csdn.net 发帖讨论。如果想进行更加深入的学习，可以买本相关的教材学习。

读者疑问：在编写网页时，会出现大量的 CSS 样式代码，怎样才能让代码既简短，又实用呢？

解答：其实要想 CSS 简短，只要遵循一个原则：把相同的代码写在一起。如果它们有不同的样式，可以用","隔开，将不同的特性分开写，这样就会减少 CSS 代码。当然用户可以使用 CSS 样式工具编写代码，但用工具编写后，要记得整理代码，这样就可达到既快速又完美的效果。

职场点拨——怎样学编程

学习软件开发之路是充满挑战之路，也是充满乐趣之路，学习 PHP 也是如此。笔者根据个人的学习经历，并结合前辈们给出的肺腑之言，总结出如下 7 条学习编程的经验：

1）打好基础，学好本质的东西，分清什么是科学，什么是技术，什么是应用。最上层的东西是会经常变化的，不要把时间花在那上面。

2）精通并不是什么都知道，却什么也不熟悉。只有学以致用，才有可能从程序员过渡到技术主管或者研发核心人员。

3）不要总用别人的东西，要有自己的成果。

4）学计算机不要急，慢慢来，一步一步，不要追求新技术名词，以为会几个新名词就了不得了，高手对底层都很熟悉的，急功近利会造成欲速则不达。

5）要理论联系实际，学到的理论要知道有什么应用和怎么实现，要动手编程。

6）要有毅力，真正的工作很枯燥，但如果你投入进去就会很有趣，要珍惜每一分每一秒。

7）要学精，而不要学杂。作为纷杂的编程技术，你起码得精通一门到两门编程语言，而不要见了什么都要学，否则最终什么也不精通。

第 3 章　PHP 语法基础

一个 PHP 源程序一般包括标识符、注释、输出语句、变量、常量等元素，通过这些元素的自由组合就形成了 PHP 程序。本章将带领初学者认识 PHP 程序，详细讲解变量、常量、数据类型和关系运算符等知识。通过本章能学到如下知识：
- PHP 的语法结构
- PHP 的页面注释
- PHP 的变量、常量
- 数据类型
- 运算符
- 表达式
- 职场点拨——面试经验谈

2009 年 XX 月 X 日，天气阴

马上就要毕业了，今天收到一家公司的面试通知。我要好好准备一番，争取面试成功。

一问一答

小菜："明天去面试了，真希望自己能够成功！"
Wisdom："你要相信自己的实力，希望本章最后的'面试经验谈'能对你有所帮助！"
小菜："嗯，言归正传，本章将要讲的语法基础很重要吗？"
Wisdom："当然重要，任何一门编程语言都有语法，语法是学习编程的基础。只有语法学好了，才能进一步学习高级编程的知识。"

3.1　认识一段 PHP 代码

本章主要讲解 PHP 的入门语法，包括变量、常量、数据类型、关系运算符等知识。这些知识至关重要，它们都是紧密相连的元素，例如变量、常量如果单独出现在程序中没有任何意义，它们通过组合才能实现一些功能。下面的一段代码实现了一个简单的计数功能：

```php
<?php
//选择显示统计数据的颜色
//$color_name="black_white";
$color_name="white_black";
//$color_name="black_transparent";
//只读方式打开文件
$fp=fopen("counter.txt","r");
//读取数据
$counter=fgets($fp,1024);
//关闭文件
fclose($fp);
//计数器增加 1
$counter++;
//可写方式打开文件
$fp=fopen("counter.txt","w");
//将新的统计数据写入文本文件
fputs($fp,$counter);
//关闭文件
fclose($fp);
//为了防止其他用户此时也访问了该页面,文件内容被改变
//重新打开文件读取最新统计数据
$fp=fopen("counter.txt","r");
$counter=fgets($fp,1024);
fclose($fp);
//循环将统计数据用图像显示出来
    //不同的数字针对不同的图像
    //如数字 1，则用图像 1.gif 来显示
    for ($i=0;$i<strlen($counter);$i++)
    {
            $result=$counter[$i];

            switch($result)
            {
                    case "0": $ret[$i]="0.gif"; break;
                    case "1": $ret[$i]="1.gif"; break;
                    case "2": $ret[$i]="2.gif"; break;
                    case "3": $ret[$i]="3.gif"; break;
                    case "4": $ret[$i]="4.gif"; break;
                    case "5": $ret[$i]="5.gif"; break;
                    case "6": $ret[$i]="6.gif"; break;
                    case "7": $ret[$i]="7.gif"; break;
                    case "8": $ret[$i]="8.gif"; break;
                    case "9": $ret[$i]="9.gif"; break;
            }
    }
        echo "该页面的总访问次数为：";
```

```
        //循环输出图像
        for ($i=0;$i<sizeof($ret);$i++)
            echo "<img border=\"0\" src=\"$color_name/$ret[$i]\" width= \"8\" height=\"11\">";
?>
```

上面这段代码的功能,就是在网页中实现计数功能,访问一次后计数自动加一次,这个数将被累加到名为 counter.txt 的记事本里,然后在三个文件夹里寻找素材图片,以图片的方式显示出来,用户可将光盘文件【代码 8:光盘:源代码/第 3 章/01/】复制出来进行调试,得到如图 3-1 所示的效果。

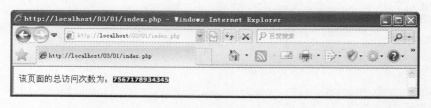

图 3-1　计数器

本章主要涉及下面的知识:
- 注释:注释在程序中不会起任何作用,它只是为用户更好地维护和修改代码提供方便。
- 变量:变量是传递数据的重要工具。
- 输出语句:输出语句在程序中最为常用,它可以输出变量和常量。
- 数据类型:每一个变量或常量都有属于自己的数据类型,只要有常量和变量,用户就有必要定义它的数据类型。
- 运算符:PHP 的运算符和数学运算符十分类似,另外还增加了一些运算符,这使 PHP 的运算功能更加强大。

除了上面的这些知识以外,上述代码还涉及了文件的操作、循环语句等知识。这些知识在后面的章节中还会详细讲解。在程序里已经注释了各部分的功能,用户只需要理解它是什么功能就可以了。

3.2　PHP 的语法结构

在前面两章中,我们已经知道 PHP 是嵌套在 HTML 中的,可能有的读者会问哪些是 HTML 语句?哪些是 PHP 语句?一个完整的 PHP 语句是由哪些构成的呢?在本节中将讲解 PHP 的语法结构。

3.2.1　PHP 文件构成

PHP 文件就是一个简单的文本文件,因此用户可以使用任何文本工具对它编写,如记事本、Dreamweaver 等工具,然后将其保存为 "*.php" 文件。当编辑好文件后,用户只需要将文件复制到第 1 章所配置的环境目录中,就可以通过浏览器浏览文件了。一个 PHP 文件通常是由以下元素构成的:

- HTML 代码。
- PHP 标记。
- PHP 代码。
- 注释。
- 空格。
- 其他元素。

实例 5：在浏览器中显示文字

本实例的功能是在浏览器中显示"PHP 欢迎你"，代码【光盘：源代码/第 3 章/hi.php】如下：

```
<Html>
<head>
<title>PHP 欢迎你! </title>
</head>
<body>
<!--开始 PHP 代码-->
<?php
    //输出 PHP 欢迎你
    echo "PHP 欢迎你";
?>
</body>
</html>
```

将上述代码文件保存到服务器的环境下，运行浏览后得到如图 3-2 所示的结果。

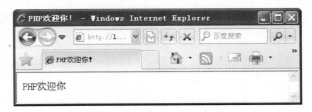

图 3-2　运行浏览后得到的 PHP 文件

多学一招

通过上面的实例学习，用户可能会想，用第 2 章中学习的知识，也可以制作出同样的效果，何必这样麻烦？实际上两者之间是有很大区别的，用 HTML 语言写出同样功能的语句，只能算是静态网页，双击打开后也会得到同样的效果。两个实例不同之处在于，前者是显示出来的，而后者是输出出来的，它只能在符合 PHP 运行条件时才能得到上面的效果图，双击是无法打开看到效果的。

3.2.2　PHP 的标记

前面已经多次提到，PHP 是嵌套在 HTML 中的，HTML 中有多种元素，如文本，还有许多的标记元素，如<h1>我最大</h1>，是用来标记一级标题的标记符号，那么 PHP 用什么标记来区分呢？在通常情况下，用户可以用以下几种标记来标识 PHP 代码，具体说明如下：

- <?php…?>
- <?…?>
- <script language="php">…</script>
- <%…%>–

通常情况下，人们都使用第一种标记。<?…?>是 XML 标记，有时可能会和 XML 发生冲突，<script language="php">…</script>是脚本语言的标记，<%…%>是 ASP 的语法风格，如果要使用需要对 php.ini 进行设置，本书推荐第一种标记<?php…?>，它是 PHP 的标准分隔符。

实例 6：用 4 种分隔符显示一段文字

下面用 4 种分隔符显示一段文字，代码【光盘：源代码/第 3 章/biao.php】如下：

```
<?php echo("第一种书写方法!\n");
?>

<script language="php">
    echo ("script 书写方法!");
</script>
<!--显示一段文字>
<%
    echo("这是 ASP 的标记输出");
%>
<!--显示一段文字>
<?
    echo("这是 PHP 的的简写标记输出");
?>
```

将上述代码文件保存到服务器的环境下，运行浏览后得到如图 3-3 所示的结果。

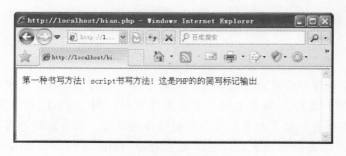

图 3-3　PHP 的分隔符

在实例中，ASP 的分隔符，并没有输出任何东西，这是因为用户没有对 php.ini 进行设置，如果用户要用 ASP 分隔符风格编写 PHP，必须修改 php.ini 文件的文本，将 php.ini 的如下文本：

```
;Allow ASP-style<% %> tags.
Asp_tags=off
```

修改成：

```
;Allow ASP-style<% %> tags.
Asp_tags=ON
```

然后重新启动服务器软件，即可运行。

3.3　PHP 的页面注释

注释是每一种程序都离不开的元素，它是对代码的解释和说明。JSP、ASP.NET、PHP 等程序都离不开注释，注释能帮助开发者进行后期维护。良好的代码注释对后期的维护、升级能够起到非常重要的作用。PHP 是一门的优秀的网络编程设计语言，它的注释风格和 C 语言大致相同。目前为止，PHP 支持 3 种风格的程序注释，介绍如下：

- //：C++风格的单行注释以"//"开始，到该行结束或者 PHP 标记结束之前的内容都是注释。
- #：Shell 脚本注释以"#"开始，到该行结束或者 PHP 标记结束之前的内容都是注释。
- /*和*/：C 风格的多行注释。

实例 7：使用 PHP 注释

下面通过一个例子来讲解 PHP 中的各个注释类型，其代码【光盘：源代码/第 3 章/zhu1.php】如下：

```php
<?php
    echo "我是C++语言注释的方法    // <br>"; // 采用 C++的注释方法

    /* 多行注释
       对于大段的注释很有用 */

    echo "我是 C 语言注释的方法，对于多行注释十分有用  /*...*/ <br>";
    echo "我是 UNIX 的注释方法    # <br>"; # 使用 UNIX Shell 语法注释
?>
```

将上述代码文件保存到服务器的环境下，运行浏览后得到如图 3-4 所示的结果。

多学一招

PHP 支持多行注释的功能，/* */可以注释多行，但是不能嵌套，下面将通过一个代码进行讲解，其代码【光盘：源代码/第 3 章/qian.php】如下：

```php
<?php
    echo "不能嵌套使用多行注释符号\n";
```

```
/*
echo "不能嵌套使用多行注释符号\n"; /* 嵌套使用会出错 */
*/
?>
```

将上述代码文件保存到服务器的环境下,运行浏览后得到如图3-5所示的结果。

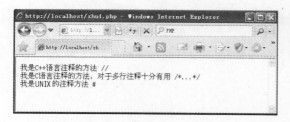

图3-4 注释

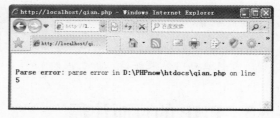

图3-5 嵌套注释

3.4 PHP 的变量

PHP 的变量与很多语言不同,在 PHP 中使用变量之前不需要声明变量,只需为变量赋值后即可使用。本节将详细讲解 PHP 变量的基本知识。

3.4.1 变量的定义

PHP 中的变量名用$和标识符表示,并遵循如下的规定:
- 在 PHP 中的变量名是区分大小写的。
- 变量名必须是以符号($)开始。
- 变量名开头可以以下划线开始。
- 变量名不能以数字字符开头。
- 变量名可以是中文。
- 变量名可以包含一些扩展字符(如重音拉丁字母),但不能包含非法扩展字符(如汉字字符和汉字字母)。

下面通过一个代码,对变量进行讲解,其代码如下:

```
<?php
$var = 'Bob';
$Var = 'Joe';
echo "$var, $Var";              // 输出 "Bob, Joe"
$4site = 'not yet';             // 非法变更名:以数字开头
$_4site = 'not yet';            // 合法变量名:以下划线开头
$i 站点 is = 'mansikka';         // 合法变量名:可以用中文
?>
```

变量不可以与已有的变量重名,否则将引起冲突。在给变量命名的时候,最好让变量有一定的含义，因为这样利于阅读代码，同时也有利于对变量名的引用。

3.4.2 变量赋值与引用赋值

变量赋值是指赋予变量具体的数据。从 PHP 4.0 开始，PHP 不但可以对变量赋值，还可以对变量赋予一个变量地址，即引用赋值。下面通过一个代码进行讲解，其代码如下：

```php
<?php
$foo = 'Bob';                   //变量赋值
$bar = &$foo;                   //变量赋值
$bar = "My name is $bar";       //变量引用赋值
echo $bar;
echo $foo;
?>
```

这段代码运行后，会输出两次"My name is Bob"，因为在第 3 行代码中变量$bar 通过引用赋值得到了变量$bar 的内存地址，所以在第 4 行改变 bar 的值时，$ foo 的值也发生了变化。

3.4.3 变量范围

在使用变量时，一定要符合变量的规则。变量必须在有效范围内使用，如果变量超出有效范围，就失去其意义了。变量范围有如下三种：

1）局部变量：即在函数的内部定义的变量，其作用域是所在函数。

2）全局变量：即被定义在所有函数以外的变量，其作用域是整个 PHP 文件，但是在用户自定义函数内部是不可用的。想在用户自定义函数内部使用全局变量，要使用 global 关键词声明。

3）超级变量：在任何位置都可用的特定数量的变量，并且可以从脚本的任何位置访问它们。

下面来看一个代码，以帮助读者更好地理解变量的范围，其代码如下：

```php
<?php
//变量 a 的范围是全局
$a = 1;
function Test()
{
    echo $a;
}
Test();
?>
```

这段代码不会有任何输出，因为 echo 语句引用了一个局部版本的变量$a，而且在这个范围内，它并没有被赋值。你可能注意到 PHP 的全局变量和 C 语言有一点不同。因为在 C 语言中，全局变量在函数中自动生效，除非被局部变量覆盖。这可能引起一些问题，有些人可能漫不经心地改变一个全局变量。PHP 中全局变量在函数中使用时必须申明为全局。

实例 8：访问全局变量

在局部范围内访问全局变量时，需要使用一个关键字，下面通过一个代码来演示此功能，其代码【光盘：源代码/第3章/bian.php】如下：

```php
<?php
$a = 1;
$b = 2;
function Sum()
{
//访问全局变量
    global $a, $b;

    $b = $a + $b;
}

Sum();
echo $b;
?>
```

将上述代码文件保存到服务器的环境下，运行浏览后得到如图3-6所示的结果。

图3-6　变量

除了上面方法可以访问全局变量之外，用户还可以通过$GLOBALS['b']方式访问全局变量，$GLOBALS 之所以在全局范围内存在，是因为 $GLOBALS 是一个超全局变量，请看下面的代码【光盘：源代码/第3章/bian1.php】：

```php
<?php
$a = 1;
$b = 2;

function Sum()
{
//访问全局变量
    $GLOBALS['b'] = $GLOBALS['a'] + $GLOBALS['b'];
}

Sum();
echo $b;
```

?>

上面的程序运行后，得到的效果和实例中的效果一样，这就是超全局变量的魅力。再看下面的一段代码，让读者对超全局变量有更深层次的理解。其代码【光盘：源代码/第 3 章/bian2.php】如下：

```php
<?php
function test_global(){
// 大多数的预定义变量并不 "super"，它们需要用 'global' 关键字来使它们在函数的本地区域中有效
    global $HTTP_POST_VARS;
    echo $HTTP_POST_VARS['name'];
// Superglobals 在任何范围内都有效，它们并不需要'global'声明。Superglobals 是在 PHP 4.1.0 引入的
    echo $_POST['name'];
}
?>
```

3.4.4 可变变量

可变变量是一种独特的变量，它允许动态改变一个变量名称。其工作原理是，该变量的名称由另外一个变量的值来确定，一个普通的变量通过声明来设置，例如下面的代码：

```php
<?php
$a = 'hello';
?>
```

一个可变变量获取了一个普通变量的值作为这个可变变量的变量名。在上面的例子中 hello 使用了两个$符号以后，就可以作为一个可变变量了，例如下面的代码：

```php
<?php
$$a = 'world';
?>
```

这时，两个变量都被定义了：$a 的内容是"hello"，并且 $hello 的内容是"world"。因此，可以表述为：

```php
<?php
echo "$a ${$a}";
?>
```

它的标准写法如下：

```php
<?php
echo "$a $hello";
?>
```

读者看了上面的讲解，应该对可变变量有了一个大体的认识，但是可变变量究竟是怎么一回事呢？可变变量本身就是一个变量，它在一些特殊的情况下，会给程序员带来很大的方

便，下面通过一个具体实例进行讲解。

实例9：使用可变变量

实现代码【光盘：源代码/第 3 章/kebian.php】如下：

```php
<?php
$a = 'hello';
$$a = 'world';
//使用可变变量
echo "$a ${$a}";
echo "$a $hello";
?>
```

将上述代码文件保存到服务器的环境下，运行浏览后得到如图 3-7 所示的结果。

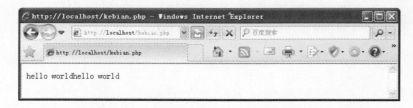

图 3-7 可变变量

本实例只是将上面所设计的代码融合在一起，形成了一个整体的代码。

可变变量通常会用到数组中，数组的知识将会在后面的章节中讲解。如果读者学习了后面的数组后，再将可变变量用于数组，需要解决一个模棱两可的问题。即当写下$$a[1]时，解析器需要知道是想要$a[1]作为一个变量呢，还是想要 $$a 作为一个变量并取出该变量中索引为[1]的值。解决此问题的方法是，对第一种情况用${$a[1]}，第二种情况用${$a}[1]。

3.5 PHP 的常量

常量可以理解为其值不变的变量，常量值被定义后，在脚本的其他任何地方都不能改变。常量通常具有如下的属性：

- 常量前面没有符号$。
- 常量只能用 define() 函数定义。
- 常量可以不用理会变量范围的规则而在任何地方定义和访问。
- 常量一旦定义就不能被重新定义或者取消定义。
- 常量的值只能是标量。

定义常量十分简单，其格式如下：

```
bool define ( string   name, mixed   value [,bool case_insensitive]);
```

参数介绍如下：

define 函数有 3 个参数,第一个参数为常量名称,即标识符,第二个参数为常量的值,第三个参数指定是否对大小写敏感,设定为 True,表示不敏感。

我们可以通过指定其名字来取得常量的值,切记不要在常量前面加符号$。如果要在程序中动态获取常量值,可以使用 constant()函数。constant()函数要求一个字符串作为参数,并返回该常数的值。如果要判断一个常量是否已经定义,可以使用 defined()函数,该函数也需要一个字符串参数,该参数为需要检测的常量名称,若该常量已经定义则返回 True;如果想获取所有当前已经定义的常数列表,可以使用 get_defined_constants()函数来实现。

下面是一个获取定义常量的代码,其代码如下:

```
<?php
//定义一个常量
define("CONSTANT", "Hello world.");
echo CONSTANT;
?>
```

用户可以将代码文件服务器设定的地方,得到如图 3-8 所示的结果。

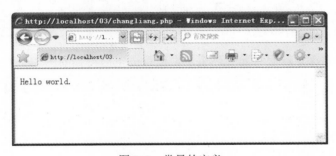

图 3-8　常量的定义

3.6　数据类型

不管是变量、常量,还是在以后要学习的数组,都有属于自己的数据类型。在 PHP 中,支持 8 种数据类型,这 8 种数据类型又可以分为三类,分别是简单类型、复合类型和特殊类型,下面对它们进行详细讲解。

3.6.1　简单类型

在数据类型中,简单类型又包括 4 种,分别是布尔型、整型、浮点型和字符串,下面对 4 种类型数据进行详细讲解。

1. 布尔型

布尔变量是 PHP 中最简单的,它保存了一个 True 或者 False 值。其中 True 或者 False 是 PHP 的内部关键字。设定一个布尔型的变量后,只需将 True 或者 False 赋值给该变量即可,并不区分大小写。定义布尔型的方法很简单,下面通过一个代码进行讲解,其代码如下:

```
<?php
$foo = True;
```

?>
```

### 2. 整型

整数数据类型只能包含整数。这些数据类型可以是正数或负数。在 32 位的操作系统中，有效范围是-2 147 483 648～+2 147 483 647。在给一个整型变量或者常量赋值时，可以采用十进制、十六进制或者八进制，下面通过一段代码进行讲解，其代码【**代码 10**：光盘：源代码/第 3 章/int.php】如下：

```
<?php
    $int_D=2009483648;              //十进制赋值
    echo($int_D);
    echo("<br>");
    $int_H=0x7AAAFFFFAA;            //十六进制赋值
    echo($int_H);
    echo("<br>");
    $int_O=016666667766;            //八进制赋值
    echo($int_O);
    echo("<BR>");
?>
```

将上述代码文件保存到服务器的环境下，运行浏览后得到如图 3-9 所示的结果。

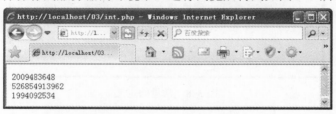

图 3-9　整型

3. 浮点型

浮点型数据类型是用来存储数字的，也可以用来保存小数，它提供的精度比整型数据大得多。在 32 位的操作系统中，有效范围是 1.7E-308～1.7E+308，给浮点数据类型赋值的方法也很多，下面通过一段代码进行讲解，其代码【**代码 11**：光盘：源代码/第 3 章/fu.php】如下：

```
<?php
//定义浮点型数据
    $float_1=90000000000;
    echo($float_1);
    echo("<br>");
    $float_2=9E10;
    echo($float_2);
    echo("<br>");
    $float_3=9E+10;
    echo($float_3);
?>
```
```

将上述代码文件保存到服务器的环境下,运行浏览后得到如图 3-10 所示的结果。
4．字符串
字符串是连续的字符序列,字符串中的每个字符只占用一个字节。在 PHP 中,定义字符串有 3 种方式,具体说明如下:

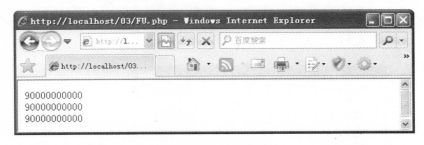

图 3-10　浮点数据

❑ 单引号方式。
❑ 双引号方式。
❑ Heredoc 方式。

实例 10:使用字符串

下面通过一个例子讲解定义字符串的方式,实现代码【光盘:源代码/第 3 章/zifu.php】如下。

```
<?php
$single_str='我被单引号括起来了!<br>';
    echo $single_str;
    $single_str='输出单引号:  \'嘿嘿,我在单引号里面\'<br>';
    echo $single_str;
    $single_str='输出双引号:"我在双引号里面"<br>';
    print $single_str;
    $single_str='输出美元符号:$';
    print $single_str;

    $Double_str="我被双引号括起来了!<br>";
    $single_str="输出单引号:'嘿嘿,我在单引号里面'<br>";        //不需要转义符
    echo $single_str;
    $single_str="输出双引号:\"我在双引号里面\"<br>";           //需要转义符
    print $single_str;
    $single_str="输出美元符号:\$ <br>";                        //需要转义符
    print $single_str;
    $single_str="输出反斜杠 : \\ <br>";                       //需要转义符
    print $single_str;

    $heredoc_str =<<<heredoc_mark
    你好<br>
    美元符号    $ <br>
```

```
        反斜杠    \<br>
        "我爱你"<br>
        '我恨你'
heredoc_mark;
        echo $heredoc_str;
    ?>
```

将上述代码文件保存到服务器的环境下，运行浏览后得到如图3-11所示的结果。

图3-11 字符串

字符串是简单数据类型中比较复杂的一种，它不但具备上面的功能，它还可以在字符串中包含变量，在 PHP 中，有两种方法可以包含其他变量，直接将变量名插入到字符串中，这种方法十分简单，还有一种是将变量用大括号括起来，下面通过一段代码进行讲解，其代码【光盘：源代码/第 3 章/zifu1.php】如下：

```
    <?php
        $str_1 = "我是变量的值!";
        $str_2 = "str_1 : $str_1<br>";         //双引号字符串中包含变量$str_1
        echo $str_2;

        $str_1 = '我是变量的值';
        $str_2 = 'str_1 : $str_1<br>';          //单引号中包含字符串的值
        echo $str_2;

        $str_1 = "我是变量的值!";
        $str_2 = "str_1 : ${str_1}2 <br>";      //引用的变量名后，多了个字符2 即$str_12
        echo $str_2;
    ?>
```

将上述代码文件保存到服务器的环境下，运行浏览后得到如图3-12所示的结果。

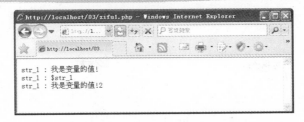

图 3-12　字符串中包含变量

3.6.2　复合类型

复合数据类型包括数组，数组实际上是一个有序图。是一种把 values 映射到 keys 的类型。此类型在很多方面做了优化，因此可以把它当成真正的数组来使用，或列表（矢量）、散列表（是图的一种实现）、字典、集合、栈、队列以及更多可能性。因为数组可以用另一个 PHP 数组作为值，所以可以很容易地模拟树，数组的知识将会在本书第 6 章进行详细讲解，这里不再赘述。

3.6.3　特殊类型

特殊数据类型包括 Resource（资源）和 Null 两种。

Resource（资源）：资源是 PHP 内的几个函数所需要的特殊数据类型，由编程人员来分配。

Null（空值）：是最简单的数据类型，表示没有为该变量设置任何值，并且空值（Null）不区分大小写。

3.7　运算符

运算符是对变量、常量或者数据进行计算的符号，它对一个值和一组值执行一个指定的操作，PHP 中的运算符包括算术运算符、复制运算符、逻辑运算符、比较运算符、字符串运算、逻辑运算符、递增\递减运算符、位运算符、执行运算符和错误控制运算符，下面对它进行详细的讲解。

3.7.1　算术运算符

算术运算符号，是处理四则运算的符号，是最简单的，也使用频率最高的运算符，尤其是对数字的处理。常用的算术运算符如表 3-1 所示。

表 3-1　算术运算符

名　　称	操　作　符	示　　例
加法运算	+	$a + $b
减法运算	−	$a−$b
乘法运算	*	$a * $b
除法运算	/	$a / $b
取余数运算	%	$a % $b
累加	++	$a ++
递减	−−	$a−−

实例 11：使用算术运算符

下面通过一个例子讲解算术运算符的运用流程，代码【光盘：源代码/第 3 章/suanshu.php】如下：

```php
<?php
    $a= 21;
    $b= 22;
    $c= 23;
    echo $a+$b ."<br>";         //加
    echo $a-$b ."<br>";         //减
    echo $a*$b ."<br>";         //乘
    echo $a/$b ."<br>";         //除
    echo$a%$b."<br>";           //取余数
?>
```

将上述代码文件保存到服务器的环境下，运行浏览后得到如图 3-13 所示的结果。

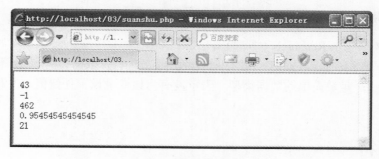

图 3-13　算术运算符

多学一招

上面的程序中只是运算符中小数的运算，其实还有另外几种运算，下面通过一个代码进行讲解，其代码【光盘：源代码/第 3 章/suanshu1.php】如下：

```php
<?php
    $a= 211;
    $b= 222;
    $c= 233;
    echo $a+(++$b) ."<br>";     //加
    echo $a-$b ."<br>";         //减
    echo $a*++$b ."<br>";       //乘
    echo $a/$b ."<br>";         //除
    echo$a%$b."<br>";           //取余数
?>
```

将上述代码文件保存到服务器的环境下，运行浏览后得到如图 3-14 所示的结果。

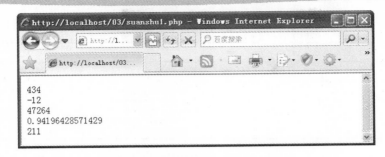

图 3-14　算术运算符

3.7.2　赋值运算符

赋值运算符是把基本赋值运算符（"="）右边的值赋给左边的变量或者常量，常用的赋值运算符如表 3-2 所示。

表 3-2　赋值运算符

操 作	符 号	示 例	展 开 形 式	意 义
赋值	=	$a=b	$a=3	将右边的值赋给左边
加	+=	$a+=b	$a=$a + b	将右边的值加到左边
减	-=	$a-=b	$a=$a - b	将右边的值减到左边
乘	*=	$a*=b	$a=$a * b	将左边的值乘以右边
除	/=	$a/=b	$a=$a / b	将左边的值除以右边
连接字符	.=	$a.=b	$a=$a. b	将右边的字串加到左边
取余数	%=	$a%=b	$a=$a % b	将左边的值对右边取余数

基本的赋值运算符是"="，读者一开始可能会以为它是"等于"，它实际上意味着把右边表达式的值赋给左边的运算数。

赋值运算表达式的值也就是所赋的值，例如"$a = 3"的值是 3。例如下面的代码：

```
<?php
$a = ($b = 4) + 5;    // $a 现在成了 9，而$b 成了 4。
echo $a;
echo $b;
?>
```

执行后，会得到下面的结果：
a=9
b=4

3.7.3　自增自减运算符

自增自减运算符有两种使用方法，一种是先将变量增加或者减少 1，再将值赋给原变量，称为前置递增或递减运算符；另一种是将运算符放在变量后面，即先返回变量的当前值，然后变量的当前值增加或者减少 1，称为后置递增或递减运算符，如表 3-3 所示。

表 3-3　自增自减运算符

操　　作	符　　号	示　　例	展 开 形 式	意　　义
前加加	++	++$a	$a=++$a+1	$a 的值加1，然后返回 $a。
后加加	++	$a++	$a=($a ++) –b	返回 $a，然后将 $a 的值加1
前减减	– –	– –$a	$a=– –$a–b	$a 的值减1，然后返回 $a
后减减	– –	$a– –	$a=($a– –) * b	返回 $a，然后将 $a 的值减1

下面通过一段代码来讲解自增自减运算符的用法，其代码【代码 12：光盘：源代码/第 3 章/zeng.php】如下：

```php
<?php
echo "<h3>Postincrement</h3>";
$a = 5;//变量 a 初始值为 5
echo "Should be 5: " . $a++ . "<br />\n";//对 a 自增运算
echo "Should be 6: " . $a . "<br />\n";//没有对 a 自增运算
echo "<h3>Preincrement</h3>";
$a = 5;
echo "Should be 6: " . ++$a . "<br />\n";//对 a 自增运算
echo "Should be 6: " . $a . "<br />\n";//没有对 a 自增运算
echo "<h3>Postdecrement</h3>";
$a = 5;
echo "Should be 5: " . $a-- . "<br />\n";//对 a 自减运算
echo "Should be 4: " . $a . "<br />\n";//没有对 a 自减运算
echo "<h3>Predecrement</h3>";
$a = 5;
echo "Should be 4: " . --$a . "<br />\n";//对 a 自减运算
echo "Should be 4: " . $a . "<br />\n";//没有对 a 自减运算
?>
```

将上述代码文件保存到服务器的环境下，运行浏览后得到如图 3-15 所示的结果。

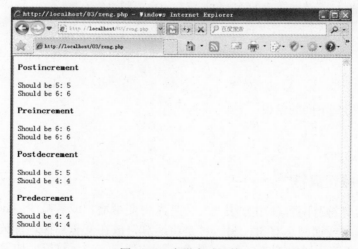

图 3-15　自增自减运算

3.7.4 位运算符

位逻辑运算符是指对二进制位从低位到高位对齐后进行运算，如检测、移位等，PHP 提供的位运算如表 3-4 所示。

表 3-4 位运算符

符　号	作　用	示　例
&	按位与	$m & $n
|	按位或	$m | $n
^	按位异或	$m ^ $n
~	按位取反	$m ~ $n
<<	向左移位	$m << $n
>>	向右移位	$m >> $n

下面通过一段代码讲解位逻辑运算符的用法，其代码【代码 13：光盘：源代码/第 3 章/wei.php】如下：

```
<?php
    $a= 23;
    $b= 124;
    $myVal=      $a & $b;              //位与
    echo   $myVal. "<br>";
    $myVal=$a | $b;                    //位或
    echo   $myVal. "<br>";
    $myVal= $a ^ $b;                   //位异或
    echo   $myVal. "<br>";
    $myVal= ~$a;                       //为取反
    echo   $myVal. "<br>";
?>
```

将上述代码文件保存到服务器的环境下，运行浏览后得到如图 3-16 所示的结果。

图 3-16 位运算符

3.7.5 逻辑运算符

逻辑运算符用来组合逻辑运算的结果，是程序设计中一组非常重要的运算符，如表 3-5 所示，逻辑运算符表对程序中的抉择十分有用。

表 3-5　逻辑运算符

运算符	示　例	结果为真
<	$m<$n	当$m 的值小于$n 的值时
>	$m>$n	当$m 的值大于$n 的值时
<=	$m<=$n	当$m 的值小于或等于$n 的值时
>=	$m>=$n	当$m 的值大于或等于$n 的值时
==	$m==$n	当$m 的值等于$n 的值时
===	$m===$n	当$m、$n 的类型和值都相等时
!=	$m!=$n	当$m 的值不等于$n 的值时
&&或 and	$m and $n	当$m 为真并且$n 都为真时
‖或 or	$m ‖ $n	当$m 为真或者$n 都为真时
Xor	$m xor $n	当$m、$n 真假值不同时
!	!$m	当$m 为假时

3.7.6　字符串运算符

PHP 中有两个字符串运算符，第一个是连接运算符 "."，它返回其左右参数连接后的字符串。第二个是连接赋值运算符 ".="，它将右边参数附加到左边的参数后。其代码【代码14：光盘：源代码/第 3 章/zifuyun.php】如下：

```
<?php
$m = "欢迎你，";
$n = "真心的欢迎你";
$mn = $m . $n."<br>" ;                    //字符串连接符号
echo $mn ;
$m = "67 加上 14" + 14 ;
echo $m . "<br>" ;
$m = "67 加上 14" + 4 ;
echo $m . "<br>" ;
$m = "200 乘法" . 4 ;
echo $m . "<br>" ;
?>
```

将上述代码文件保存到服务器的环境下，运行浏览后得到如图 3-17 所示的结果。

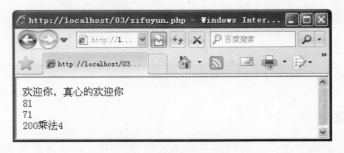

图 3-17　位运算符

3.7.7 运算符的优先级别

所谓运算符的优先级别，是指在应用中哪一个运算符先计算，哪一个后计算，这和数学中的运算十分类似。在数学中，有"先乘除，后加减"的运算法则。在 PHP 的运算符在运算中遵循的规则是：优先级高的操作先做，优先级低的操作后做，同一优先级的操作按照从左到右的顺序进行。也可以像四则运算那样使用小括号，括号内的运算最先进行，优先级别如表 3-6 所示。

表 3-6 运算符的优先级

优先级别	运算符
1	Or，and，xor
2	赋值运算符
3	||，&&
4	|，^
5	&，.
6	+，-（递增或递减运算符）
7	/，*，%
8	<<，>>
9	++，--
10	+，-（正、负号运算符），!，~
11	==，!=，<>
12	<，<=，>，>=
13	?:
14	->
15	=>

实例 12：运算符的优先级别

下面通过一个例子讲解运算符的优先级别，其代码【光盘：源代码/第 3 章/youxian.php】如下：

```
<?php
//运算符的优先级与数字运算符十分类似
$a = 3 * 3 % 5; // (3 * 3) % 5 = 4
$b = true ? 0 : true ? 1 : 2; // (true ? 0 : true) ? 1 : 2 = 2

$c = 1;
$d = 2;
$e = $c += 3; // $c = ($d += 3) -> $c = 5, $d = 5
echo $a;
echo " <br>";
echo $b;
echo " <br>";
echo $c;
```

```
echo "<br>";
echo $d;
echo "<br>";
echo $e;
?>
```

将上述代码文件保存到服务器的环境下，运行浏览后得到如图3-18所示的结果。

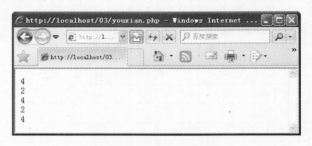

图3-18　运算符优先级

优先级对初学者来说，有点复杂，运算符优先级和一些变量和常量组合成了表达式，希望用户对运算符优先级仔细体会。

3.8　表达式

表达式是PHP中最重要的基石。在PHP中，几乎所写的任何代码都是一个表达式。对表达式简单却最精确的定义是"任何有值的东西"。最基本的表达式形式是常量和变量。当键入"$a=5"，即将值"5"分配给变量$a。"5"的值为5，换句话说"5"是一个值为5的表达式（在这里，"5"是一个整型常量）。赋值之后，所期待情况是$a的值为5，因而如果写下$b=$a，期望的是它犹如$b=5一样。换句话说，$a是一个值也为5的表达式。如果一切运行正确，那这正是将要发生的正确结果。

表达式是通过具体的代码来实现的，是一个个符号集合起来组成的代码，而这些符号只是一些对PHP解释程序有具体含义的原子单元。它们可以是变量名、函数名、运算符、字符串、数值和括号等。例如下面的代码：

```
<?php
"fine";
//下面一行是最简单的表达式
$a = "word";
?>
```

这就是由两个表达式组成的一个PHP代码，即"fine"和"$a="word""。

在PHP的代码中，使用分号（"；"）来区分表达式，表达式也可以包含在括号内。可以这样理解，一个表达式加上一个分号后就是一条PHP语句。

利用表达式能够做很多事情，如调用一个数组、创建一个类、给变量赋值等。

运算符的优先级决定了表达式的计算顺序，运算符的结合原则对表达式的计算也有影响。如果低优先级的运算符要优先计算，就要使用括号。

提示：在编写程序时，应该注意表达式后面的分号";"，不要漏写，这是一个出现频率很高的错误。

3.9 疑难问题解析

本章详细介绍了 PHP 语法的基本知识。本节将对本章中比较难以理解的问题进行讲解。

读者疑问：在学习 PHP 时，常听人说静态变量，什么是静态变量，它又是如何定义的呢？为什么前面没有讲解它呢？

解答：在前面已经讲解它了，实际上静态变量是变量中的一种，它是指函数在执行时所产生的变量，在函数结束时就消失。有时因为程序的需要，函数在循环中，如果不希望变量在每次执行完函数就消失，可以使用静态变量（Static）。静态变量仅在局部函数域中存在，但当程序执行离开此作用域时，其值并不丢失。如下面的代码：

```php
<?php
function Test() {
$a = 0;
echo $a;
$a++;
}
?>
<?php
function &get_instance_ref() {
    static $obj;

    echo 'Static object: ';
    var_dump($obj);
    if (!isset($obj)) {
            $obj = &new stdclass;                    // 将一个引用赋值给静态变量
    }
    $obj->property++;
    return $obj;
}

function &get_instance_noref() {
    static $obj;

    echo 'Static object: ';
    var_dump($obj);
```

```
        if (!isset($obj)) {
            $obj = new stdclass;              // 将一个对象赋值给静态变量
        }
        $obj->property++;
        return $obj;
}

$obj1 = get_instance_ref();
$still_obj1 = get_instance_ref();
echo "n";
$obj2 = get_instance_noref();
$still_obj2 = get_instance_noref();
?>
```

读者疑问：在本章中讲解了数据类型，曾经讲解了一个名为 NULL 的类型，它是什么意思，它又有什么用处呢？

解答：特殊的 Null 值表示一个变量没有值。Null 类型惟一可能的值就是 NULL，Null 类型只有一个值，就是大小写敏感的关键字 Null。在下列情况下，一个变量被认为是 Null 值：

- 被赋值为 Null。
- 尚未被赋值。
- 被 unset()。

如下面的例子:

```
<?php
$var = NULL;
?>
```

读者疑问：我在网上看到这样一个表达式，$first ? $second : $third，请问它是什么意思，它能做些什么呢？

解答：如果用户没有学习过其他语言的话，看到这样一个表达式一定会觉得很奇怪，它是三元条件运算符，如果第一个子表达式的值是 TRUE（非零），那么计算第二个子表达式的值，其值即为整个表达式的值。否则，将是第三个子表达式的值。

 # 职场点拨——面试经验谈

面试，是步入职场的必经之路。所以每一位面试者都会小心翼翼，争取展现给面试官一个好的印象。笔者在此总结了几条面试经验，希望对广大读者有所帮助。

1. 面试的注意事项

1）要事先对公司和可能要用到的技术有所了解，可以到网站上查。

2）着装：程序员面试不需要着正装，但一定要整洁干净！一定不能穿短裤和拖鞋，不要有头屑，身上应无异味。特别是将来在公司实习时，一定要勤换衣洗澡，否则公司员工将不愿意接近你，可能希望你早点离开。公司毕竟不同于学校，不能太随意。

3）时间一定要合理安排开，不要迟到。至少应提前 15 分钟到达，万一不能及时赶到，一定要立即给公司打电话告知。

4）语言与节奏：面试时一定要心情平淡，就像平常一样，并充满自信。

5）眼神与表情：在面试时眼睛应很自然地看着面试官，听其讲话，绝对不能低着头或环顾四周，这一点非常非常重要。如果不敢看，说明你很不自信。我们的眼睛不仅要看着面试官，而且应不时地点点头，表示您对面试官的观点表示认同和尊重。

6）礼貌：面试结束离开时，要轻轻关门。

2．面试前的准备

（1）心理准备

先要避免面试时紧张。很多人面试时会出现紧张，紧张的原因是多方面的，最关键的因素就在于你不自信。你可能担心不知道面试官会问你什么问题，你也不知道自己会不会回答得体，你不知道你前后的应聘者会不会表现得比你更优秀……确实，对于刚接到面试通知的你来说，一切都是未知数。但是，记住一点，把你所能够掌控的准备到最充足，那么和其他的面试者相比，你就有了更多的胜算，你也就会更自信。机会是给有准备的人的，这句话永远也不会错。

面试时的心态非常重要，面试时很显然应一直面带微笑，透出真诚和自信，一切都自然而然。

（2）资料准备

学校的毕业证书和学位证书，英语等级证书，个人简历等，还需要有离职证明，户口簿第一页对应的复印件，如有需要，准备好原公司名称、地址、证明人等资料。

（3）对公司的充分了解

准备一个笔记本和笔，随时记录下面试的电话和地址。要大概了解这个公司是做什么业务的，比如说 OA 或电子商务。

第4章 流程控制

通常情况下，程序总是从第一行执行到最后一行，但是这样不一定能满足现实的需求。用户可通过各种控制语句，让程序根据情况执行，如循环执行、跳转几行执行和忽然结束程序等，在本章中将介绍 for 循环语句、while 循环语句和跳转语句等内容。通过本章能学到如下知识：

- 条件语句
- 循环语句
- 跳转语句
- 数据类型
- 职场点拨——谈职业规划

2009 年 X 月 X 日，周六，天气晴

今天好累啊，刚参加了户外俱乐部的登山运动！一大早就跟着浩浩荡荡的队伍上山了。路上的岔路真多，经过一路疯狂拔高后，忽然看见前面的队伍停止了，我心中一阵窃喜，心想终于到达终点了。可是上来一看，原来前面有 3 道岔路，向导也不知该走哪条路……

一问一答

小菜："爬山好累啊，中途迷路了，当时感觉很害怕！"

Wisdom："那你们怎么走出来的？"

小菜："向导让我们在岔路口等候，他选了一条路走下去，走到一半发现错了，然后原路返回，然后继续走另外一条，发现又错了，原路返回，剩余那条就是正确的了！"

Wisdom："排查法找路！你们选择路的过程还真像本章将要学的'流程控制语句'！"

小菜："流程控制语句？"

Wisdom："对，爬山需要选择正确的道路，而 PHP 程序执行时也需要选择将要执行的语句，这个选择过程就需要流程控制来实现！"

4.1 认识一段语句

流程控制是 PHP 程序的基石，可以说如果没有流程控制，就没有 PHP 的强大功能。PHP 的流程控制语句包括 if 语句、while 语句、switch 语句等，下面将通过一段代码进行讲解，其代码如下：

```php
<?php
$i = 1;
while ($i <= 10) {
    echo $i++;
}
$i = 1;
//while 循环语句开始
while ($i <= 10):
    print $i;
    $i++;
endwhile;
?>
```

上面这段代码实现的功能很简单，循环一次，然后输出一次值，直到循环结束，用户可以将代码【代码 15：光盘：源代码/第 4 章/01/】复制出来，进行调试，得到如图 4-1 所示的效果。

图 4-1 循环

在上面的例子只是程序控制的一种，本章内容主要涉及下面的知识：

- if 语句：如果是正确的路，我们就选择这条。
- while 语句：如果不是正确的路，则继续探索另一条路，还是不正确，则继续探索另外的路，一直循环下去。
- do…while 语句：do…while 和 while 循环非常相似，区别在于表达式的值是在每次循环结束时检查，而不是在开始时。
- for 语句：我们需要千辛万苦的探索，才能找到登顶的正确路线。
- switch 语句：眼前很多岔路，第一条可以到达南山顶，第二条可以到达北山顶，第三条可以到达。
- 跳转语句：顺路行走已经不能最快的到达目标，我们可以抄近路直接登顶。

4.2 条件语句

在 PHP 程序中，我们经常需要选择要执行的语句。在程序的设计过程中，常常需要测试一个条件，并且根据条件返回的结果采取对应的措施，可以使用条件语句来完成任务。在条件语句中，表达式经过计算，并且根据表达式返回的结果判断真假，PHP 中的条件语句有 if 语句、else…if 语句等知识，下面对它们进行详细讲解。

4.2.1 if 条件语句

在 if 语句前面有一个条件，满足条件则执行里面的代码，不满足则不执行。if 语句的格式如下：

```
<?php
if (expression)
    statement
?>
```

明白了 if 语句是怎么回事后，下面将通过一个简单的代码进行讲解。其代码【代码 16：光盘：源代码/第 4 章/4-2.php】如下：

```
<?php
$a=3;
$b=1;
if($a>$b)
    echo "a 是大于 b 的";
if ($a > $b) {
    echo "a 肯定大于 b";
    $b = $a;
}
?>
```

将上述代码文件保存到服务器的环境下，运行浏览后得到如图 4-2 所示的结果。

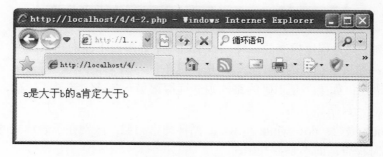

图 4-2 if 语句

4.2.2 if…else 语句

在编程时经常需要在满足某个条件时执行一条语句，而在不满足该条件时执行其他语句，这正是 else 的功能。else 延伸了 if 语句的功能，可以在 if 语句中的表达式的值为 False 时执行语句。下面通过一段代码进行讲解，其代码【代码 17：光盘：源代码/第 4 章/4-3.php】如下：

```
<?php
$a=3;
$b=1;
//判断变量a、b的大小
//如果a小于b
if ($a<$b) {
    echo "a 小于 b";
} else {
    echo "a 不会小于 b";
}
?>
```

将上述代码文件保存到服务器的环境下，运行浏览后得到如图4-3所示的结果。

图 4-3 使用 else 关键字

4.2.3 多个 else 关键字

在编程时，如果一段程序中可以出现多个 if 和 else，此时可以让 if 语句有多个条件进行选择。下面通过一段程序来演示多个 else 和 if 的用法，其代码【代码 18：光盘：源代码/第 4 章/4-4.php】如下：

```
<?php
$chengji=91;
if ($chengji<60)
    echo "加油啊，你还不及格";
elseif ($chengji>=60 && $chengji<70)
    echo "恭喜你，你刚刚及格了";
elseif ($chengji>=70 && $chengji<80)
    echo "再加把劲，你得了良好，再冲就是优秀了";
elseif ($chengji>=80 && $chengji<90)
    echo "你太棒了，加油!";
else
    echo "你真的是太棒了!"
?>
```

将上述代码文件保存到服务器的环境下，运行浏览后得到如图4-4所示的结果。

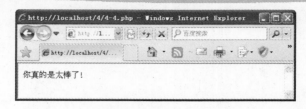

图 4-4　多个 else

4.2.4　switch 语句

switch 语句和具有同样表达式的一系列的 if 语句相似。很多场合下需要把同一个变量（或表达式）与很多不同的值比较，并根据它等于哪个值来执行不同的代码，这正是 switch 语句的用途。就像探路一样，每一条路都通往一个目的地，每个 switch 中的 case 也代表一个结果。

实例 13：使用 switch 语句

下面通过一个例子来演示 switch 语句的使用方法，其代码【光盘：源代码/第 4 章/4-5.php】如下：

```php
<?php
//多条件判断语句
switch (date("D")) {
    case "Mon":                //如果是周一
        echo "今天星期一";
        break;
    case "Tue":                //如果是周二
        echo "今天星期二";
        break;
    case "Wed":                //如果是周三
        echo "今天星期三";
        break;
    case "Thu":                //如果是周四
        echo "今天星期四";
        break;
    case "Fri":                //如果是周五
        echo "今天星期五";
        break;
    default:                   //周末
        echo "今天放假";
        break;
}
?>
```

将上述代码文件保存到服务器的环境下，运行浏览后得到如图 4-5 所示的结果。

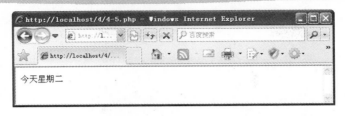

图 4-5 switch 语句

switch 语句里面有一个 break 关键字,实际上它是跳转的意思,在本章的后面将会讲解。其实上一节的 if 语句的代码,也可以通过 switch 语句实现,其代码【光盘:源代码/第 4 章/4-6.php】如下:

```php
<?php
$chengji=91;
switch ($chengji) {
    case $chengji<60:
    echo "加油啊,你还不及格";
        break;
    case $chengji>=60 && $chengji<70:
        echo "恭喜你,你刚刚及格了";
        break;
    case $chengji>=70 && $chengji<80:
        echo "再加把劲,你得了良好,再冲就是优秀了";
        break;
    case $chengji>=80 && $chengji<90:
        echo "你太棒了,加油!";
        break;
    default:
        echo "你真的是太棒了!";
        break;
}
?>
```

4.3 循环语句

我们探路的过程是:探索第一条路,不对则返回起点重新探索另一条路,依次类推,直到找到正确的路。这里的循环语句就是一种反复执行的一系列语句,直到条件表达式保持真值,下面对循环语句的进行讲解。

4.3.1 while 语句

while 语句是循环中比较简单的一种,只要 while 表达式的值为 True 就重复执行嵌套中的语句，如果 while 表达式的值一开始就是 False，则循环语句一次也不执行。

　　while 语句的定义格式如下：

```
while (expr):
    statement
    ...
endwhile;
```

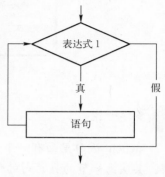

　　看了上面的格式，读者朋友可能还不知道 while 语句是如何执行的，下面通过一个示意图进行描述，如图 4-6 所示。下面通过一个实例进行讲解。

　　实例 14：使用 while 语句

　　下面通过例子来演示 while 语句的使用方法，其代码【光盘:源代码/第 4 章/4-7.php】如下：

图 4-6　while 语句

```php
<?php
$a=0;
$y=0;
while( $a<90 ){
    $y=$y+($a+1);
    $a++;    }
echo $y;                          //输出 1～100 的总和
echo "<br>";
?>
```

　　将上述代码文件保存到服务器的环境下，运行浏览后得到如图 4-7 所示的结果。

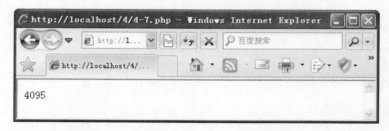

图 4-7　while 循环

 多学一招

　　while 语句在数据的加减中的使用最为常见，下面通过具体代码来讲解 while 语句的深层次应用，其代码【光盘：源代码/第 4 章/4-8.php】如下：

```php
<?php
/* 应用 1 */
$i = 1;
while ($i <= 10) {
        print $i++ . "-";
```

```
}
print "<br>";
/* 应用 2 */

$i = 1;
while ($i <= 10):
         print $i . "-";
         $i++;
endwhile;
print "<br>";
/* 应用 3 */
$i = 1;
while ($i<20):
         print $i . "-";
         $i++;
         if ($i>10) break;
endwhile;
?>
```

4.3.2 do…while 语句

do…while 和 while 循环非常相似，区别在于表达式的值是在每次循环结束时检查而不是开始时。和正规的 while 循环的主要区别是，do…while 的循环语句保证会执行一次（表达式的真值在每次循环结束后检查），然而在正规的 while 循环中就不一定了（表达式真值在循环开始时检查，如果一开始就为 FALSE 则整个循环立即终止），其格式如下：

```
do
{
}
While（condition）
```

以上循环将正好运行一次，因为经过第一次循环后，当检查表达式的真值时，其值为 False（$i 不大于 0）而导致循环终止。

提示：学习了 while 语句和 do…while 语句，用户肯定会有疑问，在什么时候该应用 while 语句，什么时候应用 do…while 语句，其实这没有严格的要求，用户可以根据自己的需要进行选择。但是一定要明白它们的特点：while 语句是先判断再执行，do…while 语句是先执行表达式一次，再对条件进行判断，也就是说 do…while 语句至少执行一次。

那么 do…while 语句如何执行呢？下面通过一个简单的流程图进行讲解，如图 4-8 所示。

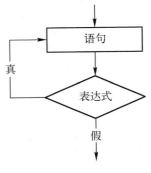

图 4-8 do…while 循环控制语句的流程图

do…while 语句是 PHP 重点的循环语句，下面通过一段代码来讲解 do…while 语句的使用方法，其代码【代码 19：光盘：源代码/第 4 章/ 4-9.php】如下：

```php
<?php
$i=1;
do {
    if ($i < 10) {
        echo "now out put $i <br>";
    }
    $i++;
    if ($i >10) {
        break;
    }
} while(1);
?>
```

将上述代码文件保存到服务器的环境下，运行浏览后得到如图 4-9 所示的结果。

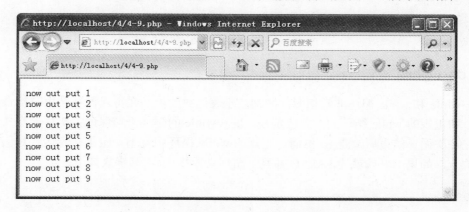

图 4-9　运行 do…while 语句后的结果

4.3.3　for 语句

面前有 3 条岔路，先判断第一条路，正确则继续前进；如果错误，则马上停止，转向另外的路。上述处理过程可以用 for 循环来实现。for 循环是 PHP 中最复杂的循环结构，for 循环语句由 3 个部分组成，变量的声明和初始化、布尔表达式、循环表达式，每一部分都用分号分隔。for 循环的执行过程是，循环启动后，最先开始执行的是初始化部分（求解表达式 1），然后紧接着执行布尔表达式（表达式 2）的值，如果符合条件，则执行循环，不符合条件，则跳出循环。

for 循环的语法是：

```
for (expr1; expr2; expr3)
    statement
```

参数介绍如下：

- 声明和初始化（expr1）：for 语句中的第一部分是关键字 for 之后的括号内的声明和初始化变量，声明和初始化发生在 for 循环内任何操作前，声明和初始化只在循环开始时发生一次。
- 条件表达式（expr2）：执行的下一部分是条件表达式，它的计算结果必须是布尔值，在 for 循环中，只能有一个表达式。
- 循环表达式（expr3）：在 for 循环体每次执行后，都执行循环表达式，它设置该循环在每次循环之后要执行的操作，它永远在循环体运行后执行。

for 循环的执行流程图如图 4-10 所示。

实例 15：使用 for 语句

下面通过一个例子来演示 for 语句的使用方法，其代码【光盘：源代码/第 4 章/4-10.php】如下：

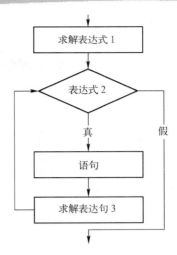

图 4-10　for 循环执行流程图

```php
<?php
/* 应用 1，每个条件都有 */

for ($i = 1; $i <= 10; $i++) {
    print $i. "-";
}

/* 应用 2，省略第 2 个表达式 */
print "<br>";
for ($i = 1; ; $i++) {
    if ($i > 10) {
        break;
    }
    print $i. "-";
}
print "<br>";
/* 应用 3，省略 3 个表达式 */

$i = 1;
for (;;) {
    if ($i > 10) {
        break;
    }
    print $i. "-";
    $i++;
}
print "<br>";
/* 应用 4 */
```

```
for ($i = 1; $i <= 10; print $i. "-", $i++);
print "<br>";

/* 应用5 */
for ($i = 1; $i <= 10; $i++) :print $i;print "-";endfor;
?>
```

将上述代码文件保存到服务器的环境下，运行浏览后得到如图4-11所示的结果。

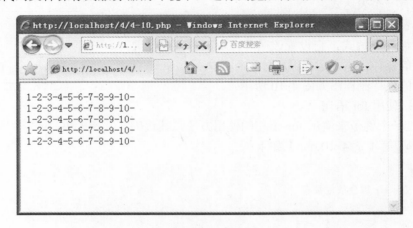

图4-11　for循环语句

多学一招

for 循环除了这样的单一循环外，其实还有许多种奇怪的用法，网上许多人把这些叫做 for 语句的"变态"，就是用法奇怪，但是语法成立，也能做一些事情，例如如下代码【光盘：源代码/第 4 章/4-11.php】：

```
<?php
for (;;) {//如果是公元2199年，则跳出循环
  if (date('Y') == '2199') {
    break;
  }
}
?>
```

提示：这样的循环建议用户不要调试，因为不满足条件，是一个死循环，直到执行到用户死机为止，才能跳出循环。

4.3.4　for循环的嵌套语句

在程序的设计中，单循环当然是不能满足要求的，需要多次循环，下面以打印一个九九乘法表的代码为例，演示 for 循环的嵌套语句的用法，其代码【代码20：光盘：源代码/第 4 章/4-12.php】如下：

```php
<?php
//循环条件
  for ($i=1;$i<=9;$i++)
{
    /* 符合要求,将执行循环体 */
echo '<table border="1" cellpadding="1" cellspacing="1" bordercolor="#FFFFFF" bgcolor="#666666">';

        echo "<tr>";
//循环条件
  for ($j=1;$j<=$i;$j++){
/* 符合要求,将执行循环体 */
        echo '<td bgcolor="#FFFFFF">';
        echo $i*$j ;
        echo "</td>";
        }
      echo "</tr>";
      echo "</table>";
  }
?>
```

将上述代码文件保存到服务器的环境下,运行浏览后得到如图 4-12 所示的结果。

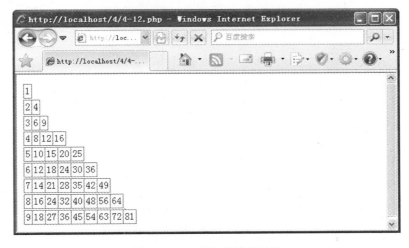

图 4-12 for 语句的嵌套结果

提示：嵌套语句,它是外循环执行一次,内循环则执行到最大值,除了 for 语句可以编写嵌套循环语句以外,其他的循环也可以进行嵌套,只是在编写程序的过程中,人们习惯了使用 for 循环语句嵌套。

4.3.5 各个循环语句的区别

要正确使用循环语句,就必须明白各个循环语句的区别,下面将 3 个循环进行比较。

❑ 三种循环都可以用来处理同一问题,一般情况下它们可以互相代替。
❑ while 和 do…while 循环,只在 while 后面指定循环条件,在循环体中包含应反复执行的操作语句，包括使循环趋于结束的语句（如 i++，或 i+=1 等）。
- for 循环可以在表达式 3 中包含使循环趋于结束的操作，甚至可以将循环体中的操作全部放到表达式 3 中。因此 for 语句的功能更强，凡用 while 循环能完成的，用 for 循环都能实现。
- 用 while 和 do…while 循环时，循环变量初始化的操作应在 while 和 do…while 语句之前完成。而 for 语句可以在表达式 1 中实现循环变量的初始化。
- while 和 for 循环是先判断表达式，后执行语句；而 do…while 循环是先执行语句，后判断表达式。

4.4 跳转语句

爬山和走路一样，也可以走捷径，虽然捷径不好走，但是却能够事半功倍。跳转语句也是控制语句的重点部分，下面对 PHP 的跳转语句进行讲解。

4.4.1 break 语句

我们在行走的过程中可以随时判断路的正确性，一旦判断出当前的路是错误的，可以及时改正，避免继续错误下去。这里的改正和退出一样，PHP 中是用 break 语句随时退出一个操作程序的。break 语句是一种常见的跳转语句，它用来结束 for、foreach、while、do…while 或者 switch 结构的执行，如图 4-13 所示为 break 语句。

在程序的设计中，用户可以使用 break 满足一些要求，下面通过一段代码来讲解，其代码【代码 21：光盘：源代码/第 4 章/4-13.php】如下：

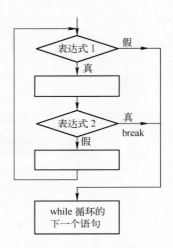

图 4-13 break 语句

```php
<?php
//break 语句的应用
$i=0;
    while(++$i){
        switch($i){
            case 3:
                echo "3 跳出循环<br>";
                break 1;                //跳出循环
            case 6:
                echo "6 跳出循环<br>";
                break 2;                //跳出 2 层
            default :
                break;  }
    }
?>
```

将上述代码文件保存到服务器的环境下，运行浏览后得到如图 4-14 所示的结果。

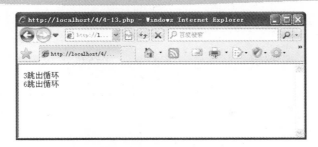

图 4-14　break 语句结果

4.4.2　continue 语句

旅途中会有一个个路标，一个路标代表了一个位置区域。如果我们在旅途中看了路标后发现当前路是错误的，我们要马上退出。PHP 中的 continue 和路标一样，起到了一个标记功能。continue 语句只能用于循环语句，遇到 continue 语句就表示不执行后面的语句，直接转到下一次循环的开始，俗称"半途而废，从头再来"，在 PHP 程序中，只有三个循环语句，换句话说，这个 continue 语句只能在循环语句下应用，其他的地方都不能用。如图 4-15 所示为 continue 在各个循环语句的执行的流程图。

提示：尽管 break 和 continue 语句都能实现跳转的功能，但是它们的区别很大，continue 只是退出本次循环，并不是终止整个程序的运行，而 break 语句则是结束整个循环语句的运行。

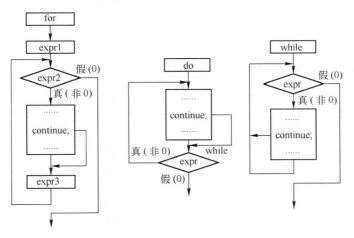

图 4-15　continue 执行流程图

下面通过一段代码来讲解 continue 语句，以 while 循环语句为例，其代码【代码 22：光盘：源代码/第 4 章/4-14.php】如下：

```
<?php
for($k=0;$k<2;$k++)
{//第一层循环
    for($j=0;$j<2;$j++)
        {//第二层循环
```

```
            for($i=0;$i<4;$i++)
             {//第三层循环
        if($i>2)
        continue 2;
        echo "$i\n";
            }
        }
    }
    ?>
```

将上述代码文件保存到服务器的环境下,运行浏览后得到如图4-16所示的结果。

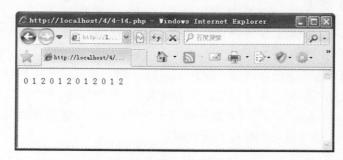

图4-16 continue 语句运行结果

4.4.3 return 跳转语句

如果在一个函数中调用 return() 语句,将立即结束此函数的执行并将它的参数作为函数的值返回。return() 也会终止,如果在全局范围中调用,则当前脚本文件中止运行。return 语句应用于许多程序中,下面将通过一个例子进行讲解,其代码【代码 23:光盘:源代码/第4章/4-15.php】如下:

```
<?php
function returnfalse()
    {
      return false;
    }
function returntrue()
    {
      return true;
    }
$i = returntrue();
    if ($i['private'])
    {
        echo ("<p>As true statement returns true.</p>");
    }
    else
    {
```

```
          echo ("<p>As true statement returns false.</p>");
       }

    if ($i)
       {
          echo ("<p>As true statement returns true.</p>");
       }
    else
       {
          echo ("<p>As true statement returns false.</p>");
       }

    $i = returnfalse();

    if ($i['private'])
       {
          echo ("<p>Statment returned as true.</p>");
       }
     else
       {
          echo ("<p>Statment returned as false.</p>");
       }
    if ($i)
       {
          echo ("<p>Statement returned as true.</p>");
       }
    else
       {
          echo ("<p>Statement returned as false.</p>");
       }
?>
```

将上述代码文件保存到服务器的环境下，运行浏览后得到如图 4-17 所示的结果。

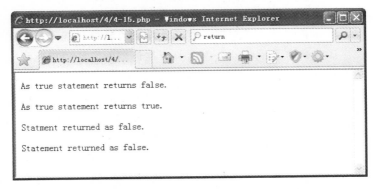

图 4-17　return 语句运行结果

4.5 疑难问题解析

本章详细介绍了 PHP 中流程控制语句的基本知识。本节将对本章中比较难以理解的问题进行讲解。

读者疑问：return 是不是函数？什么时候用括号去括一个参数？

解答：这个问题是很多初学者遇到的问题，既然 return() 是语言结构而不是函数，仅在参数包含表达式时才需要用括号将其括起来。当返回一个变量时通常不用括号，也建议不要用，因为这样会降低 PHP 的负担。当用引用返回值时永远不要使用括号，只能通过引用返回变量，而不是语句的结果。如果使用 return($a); 时，其实不是返回一个变量，而是表达式 ($a) 的值（当然，此时该值也正是 $a 的值）。

读者疑问：听朋友讲起，除了本章讲解的三种循环语句之外，还有一种循环语句 foreach，它和本章讲解的三个有什么不同呢？

解答：foreach 的确有循环功能，但它不是循环语句，它是 PHP 4.0 引入的，和 Perl 以及其他语言很像。这只是一种遍历数组的简便方法。foreach 仅能用于数组，当试图将其用于其他数据类型或者一个未初始化的变量时会产生错误。有两种语法，第二种比较次要但却是第一种的有用的扩展。当 foreach 开始执行时，数组内部的指针会自动指向第一个单元。这意味着不需要在 foreach 循环之前调用 reset()。除非数组被引用，foreach 所操作的是指定数组的一个拷贝，而不是该数组本身。因此数组指针不会被 each() 结构改变，对返回的数组单元的修改也不会影响原数组。不过原数组的内部指针的确在处理数组的过程中向前移动了。假定 foreach 循环运行到结束，原数组的内部指针将指向数组的结尾。

职场点拨——谈职业规划

说起职业规划，首先得联系到具体专业。读者在选择专业时都必须对所选专业有清晰的认识，这是对自己未来所要从事的职业的初始判断。简单来说就是以下两点。

1）所学的编程技术或专业是否有长远的就业前景和发展前景。

2）所学专业是否符合自己的兴趣。

所谓职业规划，求职是目的，规划则是打开成功大门的那把钥匙。合理的职业规划，包括全面的职业认识、认真的自我剖析、合理的长短期计划和完备的职业规划书四个要素。

（1）全面的职业认识

明确了职业目标其实是不够的，对这个职业有一个全面的认识，才能让我们不盲目。有人一心想去网站做编辑，结果学了 Dreamweaver 并考过了计算机三级，企业要的反而是 Photoshop 技术员。这些都是没有全面认识想要从事的职业的后果。

（2）认真的自我剖析

喜欢这个职业，但是自己究竟能不能胜任这个职业呢？这就要求对自我有一个认真的剖析、判断。喜欢做营销，但是自己身体不好，或是性格内向，就未必能胜任营销这个行业；喜欢做导游，但是性格太过直爽、容易冲动，也就做不好导游了。自己的性格、所学的知识和想要从事的职业交集到底有多大？有没有大到能够游刃有余的地步？如果能有一个对自我的完整的认识的话，自然能有利于"集中优势兵力"，用我所长了。

（3）合理的长短期计划

针对自己的职业诉求，对四年的大学生涯做合理的长短期计划，可以让自己的学习生活有条不紊、充实而不乏动力。计划未必非要做到年、月、周、天那样的全面，但是一定要有持续性和可行性。比如你决定了毕业后要自主创业，那么整个大学时期就是你的创业准备期。在大一大二的时候计划就要明确，要掌握有关经营和管理方面的知识，并结合社会实践，有空的时候进行市场调研等。大三开始计划就要更加明确，选定行业，以至到每天都要有具体详细的计划，为毕业后创业做好充分的准备。人生重在守恒，坚持自己的计划，大学期间必然能积累下足够的职业资本。

（4）完备的职业规划书

写在纸上的东西往往比记在脑海里的东西来得深刻，完备的职业规划书不仅能给我们带来一个宏观的职业规划呈现，更能起到一种鞭策作用。一个完备的职业规划书应该包括以下五个部分：

- ❏ 对职业规划的认识。
- ❏ 对自我的剖析。
- ❏ 对所学专业的认识。
- ❏ 对职业方向的探索。
- ❏ 确定目标、制定计划。

第 5 章 函 数

魔术盒是一个十分有趣的东西，在魔术师手里，想要什么就能拿出什么。函数就是 PHP 程序的魔术盒，要实现什么功能，都需要函数，它是 PHP 重要的奠基石。PHP 中的函数有很多种，用户可以根据自己需要自定义函数，然后利用函数去解决一些现实问题，本章将详细讲解 PHP 函数的基本知识。通过本章能学到如下知识：

- 自定义函数
- 函数间传递参数
- 文件包含
- 数学函数
- 职场点拨——谈模块化设计思想

2009 年 X 月 XX 日，晴，最厉害的武器

武侠小说是成年人的童话。我今天看了一本精彩的武侠小说，里面的主人公有一个神秘的箱子，能够根据不同的对手迅速组装一个武器。我也很想拥有这么一口箱子啊。

一问一答

小菜：“刚看了一本很精彩的武侠小说，我很希望拥有那个神秘的箱子。”

Wisdom：“呵呵，武侠毕竟是虚构的，你还是好好学习吧！”

小菜：“我有个问题想问你，我见过市场上很多和模块相关的书籍，模块和本章将要讲解的函数有关系吗？”

Wisdom：“两者的原理是一样的，一个函数是为了实现某个功能而定义的；一个模块是为了实现一个功能而编写的。模块设计的好处多多，它的原理和小说中的神秘箱子类似。模块就仿佛这个神秘的箱子，能够为了满足某个功能而设计一段代码，这样当程序中需要实现这个功能时，在使用时直接调用此模块即可实现这个功能。”

5.1 认识函数

什么是函数，也许读者还不太清楚，其实读者朋友们在前面几章中已经使用过函数，下面将通过一段代码进行讲解，其代码【代码 24：光盘：源代码/第 5 章/01/5-1.php】

如下:

```php
<?php
function foo($arg_1, $arg_2, ..., $arg_n)
{
    echo "Example function.\n";
    return $retval;
}
?>
```

上面的功能虽然十分简单，但说明了一个问题，任何有效的 PHP 代码都有可能出现在函数内部，甚至包括其他函数。

5.2 什么是函数

函数是代表一组语句的标识符，它能够实现程序模块化的策略。要完成一个模块化的策略就需要定义一个函数。

5.2.1 有条件的函数

在 PHP 中，有条件的函数是常见的，例如在下面的代码中，如果一个函数以下面两个范例的方式有条件地定义，其定义必须在调用之前完成，其代码【代码 25：光盘：源代码/第 5 章/5-1.php】如下：

```php
<?php
$makefoo = true;
bar();
if ($makefoo) {
    function foo()
    {
        echo "有条件函数.\n";
    }
}
if ($makefoo) foo();
//定义条件函数
function bar()
{
    echo "有条件函数.\n";
}
?>
```

将上述代码文件保存到服务器的环境下，运行浏览后得到如图 5-1 所示的结果。

图 5-1　有条件函数

5.2.2　函数中的函数

函数像循环语句一样，也可以嵌套，这一点可以更能说明 PHP 的灵活性与功能的强大。下面通过一段代码讲解函数的嵌套用法，其代码【代码 26：光盘：源代码/第 5 章/5-2.php】如下：

```php
<?php
function foo()
{
//函数内的函数
  function bar()
  {
    echo "我是函数中的函数.\n";
  }
}
foo();
bar();
?>
```

将上述代码文件保存到服务器的环境下，运行浏览后得到如图 5-2 所示的结果。

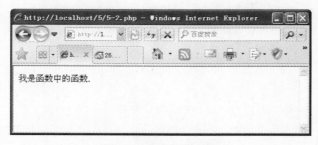

图 5-2　函数中的函数

5.3　自定义函数

通过上一节的学习，用户已经认识了常用的函数。究竟如何定义一个函数，这将是本节的问题。本节将详细讲解如何定义函数，要完成一个模块化的策略就需要定义一个函数。

定义函数的语法格式如下：

```
function function_name ($arg_1,$arg_2, ... , $arg_n)
{
code  函数要执行的代码 ；
    return 返回的值;
        }
```

参数介绍：

❑ Function 关键字：用于声明自定义函数。
❑ function_name：是要创建的函数的名称，是有效的 PHP 标识符，函数名称是惟一的，其命名遵守与变量命名相同的规则，只是它不能以$开头；$arg 是要传递给函数的值，它可以有多个参数，中间用逗号分隔，参数的类型不必指定，在调用函数时只要是 PHP 支持的类型都可以使用。
❑ code：是函数被调用时执行的代码，要使用大括号"{}"括起来。
❑ return：返回调用函数的代码需要的值，并结束函数的运行。

下面通过一段代码来讲解如何自定义函数，其代码【代码 27：光盘：源代码/第 5 章/5-3.php】如下：

```
<?php

function zidingyi ( $x )
{                                    // 定义一个简单的函数
    echo "$x<br>" ;
}
    zidingyi ( 7 ) ;                 // 调用函数 zidingyi
function shi ( $x )
{                                    // 定义一个函数 shi
    $num=1;
    for ( $i=$x ; $i>0 ; $i-- ){
    $num*= $i ; }
    echo "$x!= $num<br>" ;
}
    shi ( 3 ) ;                      // 调用函数 shi
?>
```

将上述代码文件保存到服务器的环境下，运行浏览后得到如图 5-3 所示的结果。

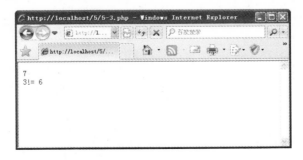

图 5-3 自定义函数

5.4 函数间传递参数

在调用函数时，需要向函数传递参数，被传入的参数称为实参，而函数定义的参数为形参。

5.4.1 通过引用传递参数

在默认情况下，函数是通过参数值传递的。所以即使在函数内部改变参数的值，也不会改变函数外部的值。如果希望允许函数修改它的参数值，必须通过引用传递参数。如果想要函数的一个参数总是通过引用传递，可以在函数定义中在该参数的前面预先加上符号&。

提示：参数传递的方式有两种，分别是传值方式和传址方式。将实参的值复制到对应的形参中，在函数内部的操作针对形参进行，操作的结果不会影响到实参，即函数返回后，实参的值不会改变；实参的内存地址传递到形参中，在函数内部的所有操作都会影响到实参的值，即返回后，实参的值会相应发生变化。在传址时只需要在形参前加&号。

下面通过一段代码讲解引用传递参数的用法，其代码【代码 28：光盘：源代码/第 5 章/5-4.php】如下：

```php
<?php
//定义函数
function add_some_extra(&$string)
{
    $string .= '加一个.';
}
$str = '我很好, ';
//添加一个实例
add_some_extra($str);
echo $str;
?>
```

将上述代码文件保存到服务器的环境下，运行浏览后得到如图 5-4 所示的结果。

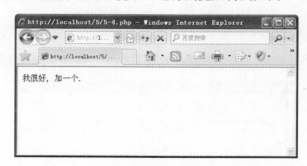

图 5-4　引用传递

5.4.2 按照默认值传递参数

PHP 的函数可以像 C++一样用标量参数默认值，其传递方式也十分有用，下面通过一段代码进行讲解，其代码【代码29：光盘：源代码/第5章/5-5php】如下：

```php
<?php
function makecoffee($type = "你哪里呢？")
{
    return "今天天气很好$type.\n";
}
echo makecoffee();
echo makecoffee("，明天天气也很好");
?>
```

将上述代码文件保存到服务器的环境下，运行浏览后得到如图5-5所示的结果。

5.4.3 使用非标量类型作为默认参数

除了上面的两种传递方式以外，PHP函数通常还通过非标量的传递方式传递数值，下面通过一个程序进行讲解，其代码【代码30：光盘：源代码/第5章/5-6.php】如下：

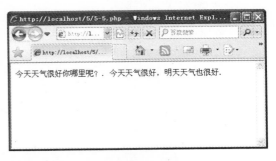

图5-5 按照默认值传递参数

```php
<?php
function makecoffee($types = array("cappuccino"), $coffeeMaker = NULL)
{
    $device = is_null($coffeeMaker) ? "hands" : $coffeeMaker;
    return "Making a cup of ".join(", ", $types)." with $device.\n";
}
echo makecoffee();
echo makecoffee(array("cappuccino", "lavazza"), "teapot");
?>
```

将上述代码文件保存到服务器的环境下，运行浏览后得到如图5-6所示的结果。

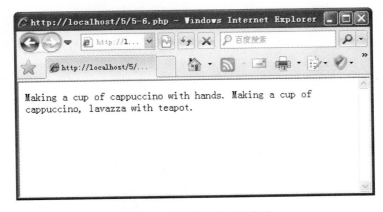

图5-6 使用非标量参数传递

5.4.4 函数返回值

函数返回值可以使用可选的返回语句返回，任何类型都可以返回，其中包括列表和对象。当有函数返回值时，会导致函数立即结束运行，并且将控制权传递回它被调用的行。函数返回值使用 return 关键字实现，下面通过一个实例进行讲解。

实例 16：函数返回值

本实例讲解了函数返回值的使用方法，其代码【光盘：源代码/第 5 章/5-7-.php】如下：

```php
<?php
function square($num)
{
//返回函数值
    return $num * $num;
}
echo square(4);
?>
```

将上述代码文件保存到服务器的环境下，运行浏览后得到如图 5-7 所示的结果。

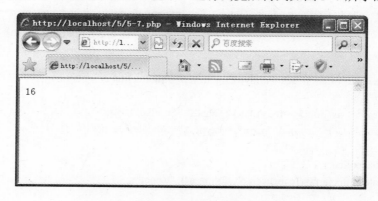

图 5-7　函数返回值

多学一招

函数除了可以返回一个值外，还可以返回一个列表，也可以从函数返回一个引用，但是必须在函数声明和指派返回值给一个变量时都使用引用操作符 &，其代码【光盘：源代码/第 5 章/5-8.php】如下：

```php
<?php
//定义函数
function small_numbers()
{
    return array (0, 1, 2);
}
//使用引用操作符
list ($zero, $one, $two) = small_numbers();
```

```
//使用引用操作符
function &returns_reference()
//使用引用操作符
{
    return $someref;
}

$newref =& returns_reference();
?>
```

5.5 文件包含

在文件包含中有两个关键字十分重要,即 require 和 include,它是做什么的呢?下面对它们进行详细的讲解,让读者领悟其真正含义。

5.5.1 require 包含文件

require()语句用于包含要运行的指定文件,换句话说,这个关键字可以从外部调用一个 PHP 文件或其他文件,调入进来并运行它,可以得到相应的结果。下面通过一段代码讲解 require 包含文件的使用方法,其代码【代码 31:光盘:源代码/第 5 章/5-1/】如下:

```
<?php
require '1.php';
require ('1.txt');
?>
```

文件 1.php 的代码如下:

```
<?php
    echo "我是 C++语言注释的方法    // <br>";
    echo "我是 C 语言注释的方法,对于多行注释十分有用  /*...*/ <br>";
    echo "我是 UNIX 的注释方法    # <br>";# 使用 UNIX Shell 语法注释
?>
```

记事本文件 1.txt 的内容如下:

```
有雾的日子
我特爱出门
特爱走些并不太熟悉的路
不为别的
只因为有很多人在雾中穿行
只因为有很多人在十字路口徘徊
徘徊   又彷徨
左边   右边   还是前边
```

将上述代码文件保存到服务器的环境下,运行浏览后得到如图 5-8 所示的结果。

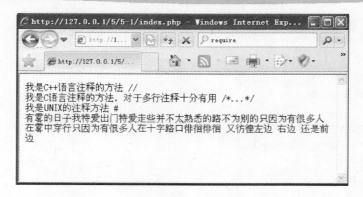

图 5-8 require 的用法

5.5.2 include 包含文件

除了上面的包含文件，还有一个关键字也可以实现包含功能，即 include 关键字，下面通过一个实例来讲解 include 关键字的用法。

实例 17：使用 include 包含

下面通过一个例子讲解 include 包含文件的用法，其代码【光盘：源代码/第 5 章/5-2/】如下：

```php
<?php
//使用 include 包含引用文件 vars.php
include 'vars.php';
echo "A $color $fruit"; // A green apple
?>
```

文件 vars.php 的代码如下：

```php
<?php
$color = 'green';
$fruit = 'apple';
?>
```

将上述代码文件保存到服务器的环境下，运行浏览后得到如图 5-9 所示的结果。

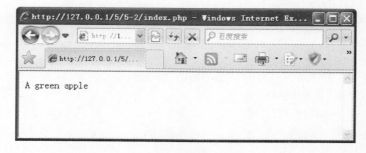

图 5-9 include 包含文件

包含在实际应用最为常见,那么包含是如何在函数中实现的呢?它在函数中与普通的包含文件有什么不同呢?下面通过一个代码进行讲解,其代码【光盘:源代码/第 5 章/5-3/】如下:

```php
<?php
function foo()
{
    global $color;
    //使用 include 包含引用文件 vars.php
    include 'vars.php';
    echo "A $color $fruit";
}
foo();
echo "A $color $fruit";
?>
```

文件 vars.php 的代码如下:

```php
<?php
$color = 'green';
$fruit = 'apple';
?>
```

将上述代码文件保存到服务器的环境下,运行浏览后得到如图 5-10 所示的结果。

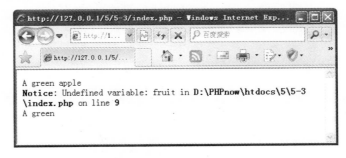

图 5-10 函数中应用 include

提示:如果 include 出现于调用文件的一个函数里,则被调用的文件中所包含的所有代码将表现得如同它们是在该函数内部定义的一样。所以它将遵循该函数的变量范围,在上面的程序中出现了一个错误,就是因为它在函数外面,不能够使用。

5.5.3 require 和 include 的区别

PHP 的 require()性能与 include()类似,两者最大的区别是两者能够提供不同的使用弹性,在 PHP 语句中有不同的执行方式。具体说明如下。

(1) require 的使用方法如 require("MyRequireFile.php");。这个函数通常放在 PHP 程序的最前面,PHP 程序在执行前,就会先读入 require 所指定引入的档案,使它变成 PHP 程序网页的一部分。常用的函数也可以用这个方法将它引入网页中。

（2）include 使用方法如 include("MyIncludeFile.php");。这个函数一般放在流程控制的处理区段中。PHP 程序网页在读到 include 的档案时，才将它读进来。这种方式可以把程序执行时的流程简单化。

5.6 数学函数

数学函数是用来处理一些数学问题的。例如，一个数的绝对值。在 PHP 中，数学函数大约有 50 个之多，它们可以解决不同的数学问题，下面将分类进行讲解。

5.6.1 数的基本运算

只用前面介绍的运算符运算是不能满足用户的需求的，在 PHP 中还有对数的操作，如数的绝对值、数的最大值、数的最小值等。下面以数的绝对值为例，通过一段代码讲解绝对值函数的应用，其代码【代码32：光盘：源代码/第 5 章/5-9php】如下：

```php
<?php
$abs = abs(-4.2);
$abs2 = abs(5);
$abs3 = abs(-5);
echo $abs;
echo "</br>";
echo $abs2;
echo "</br>";
echo $abs3;
?>
```

将上述代码文件保存到服务器的环境下，运行浏览后得到如图 5-11 所示的结果。

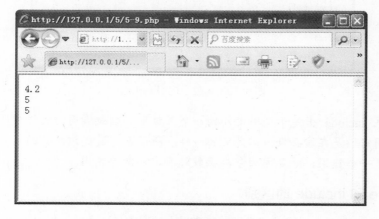

图 5-11 数的基本运算

提示： 数学函数的使用十分简单，只要在特殊关键字后面跟参数就可以了。其他数学函数的用法，用户可以查阅函数手册。至于如何使用函数手册，将会在本章的最后一节中讲解。

5.6.2 角度的运算

角度运算主要包括角的正弦值、余弦值、正切值和余切值等内容，下面通过一个代码进行讲解，其代码【代码33：光盘：源代码/第 5 章/5-10.php】如下：

```
<?php
echo sin(deg2rad(60));      // 0.866025403 ...
echo "</br>";
echo sin(60);               // -0.304810621 ...
?>
```

将上述代码文件保存到服务器的环境下，运行浏览后得到如图 5-12 所示的结果。

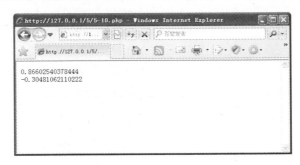

图 5-12 求正弦得到的结果

5.7 变量处理函数

变量是 PHP 程序必不可少的，当然有许多函数对变量进行各种各样的处理，以让变量符合自己的要求。在 PHP 中，大约有 17 个处理变量的函数，例如获取变量的类型和转换变量的数据类型等，下面将对常用的变量处理函数进行介绍。

- gettype：取得变量的类型。
- intval：变量转成整数类型。
- doubleval：变量转成倍浮点数类型。
- empty：判断变量是否已配置。
- is_array：判断变量类型是否为数组类型。
- is_double：判断变量类型是否为倍浮点数类型。
- is_float：判断变量类型是否为浮点数类型。
- is_int：判断变量类型是否为整数类型。
- is_integer：判断变量类型是否为长整数类型。
- is_long：判断变量类型是否为长整数类型。
- is_object：判断变量类型是否为类类型。
- is_real：判断变量类型是否为实数类型。
- is_string：判断变量类型是否为字符串类型。

- isset：判断变量是否已配置。
- settype：配置变量类型。
- strval：将变量转成字符串类型。
- unset：删除变量。

下面通过一个代码来讲解变量处理函数的用法，其代码【代码 34：光盘：源代码/第 5 章/5-11.php】如下：

```
<?php
$a = "test";
echo isset($a); // 正确
unset($a);
echo isset($a); //错误
?>
```

这段代码能够判断变量是否已配置。若已存在则返回 1，其他情形则返回空代码。将文件保存到服务器的环境下，运行浏览后得到如图 5-13 所示的结果。

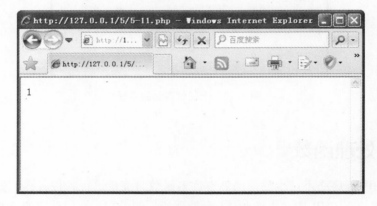

图 5-13　判断变量结果

5.8　日期和时间函数

任何程序都离不开日期和时间处理，PHP 也一样。日期和时间函数是 PHP 编程中的重要组成部分，应用广泛。如显示当前时间、将时间保存到数据库、从数据库中调出时间等。在日期与时间函数库中一共有 12 个函数，下面通过一段代码进行讲解，其代码【代码 35：光盘：源代码/第 5 章/5-12.php】如下：

```
<?php
echo date("M-d-Y", mktime(0, 0, 0, 12, 32, 1997));    //输出日期
echo "</br>";
echo date("M-d-Y", mktime(0, 0, 0, 13, 1, 1997));     //输出日期
echo "</br>";
echo date("M-d-Y", mktime(0, 0, 0, 1, 1, 1998));      //输出日期
echo "</br>";
```

```
echo date("M-d-Y", mktime(0, 0, 0, 1, 1, 98));          //输出日期
echo "</br>";

$lastday = mktime(0, 0, 0, 3, 0, 2000);
echo "</br>";
echo strftime("Last day in Feb 2000 is: %d", $lastday); //输出最后一天
echo "</br>";
$lastday = mktime(0, 0, 0, 4, -31, 2000);
echo "</br>";
echo strftime("Last day in Feb 2000 is: %d", $lastday); //输出最后一天
?>
```

将上述文件保存到服务器的环境下，运行浏览后得到如图 5-14 所示的结果。

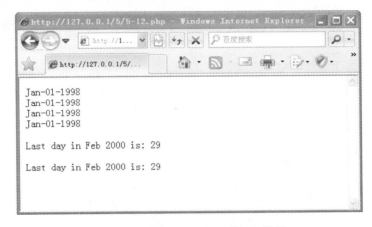

图 5-14　日期时间处理函数运行结果

5.9　使用 PHP 函数手册

PHP 的函数之多，是没有人能完全背诵下来的。其实不需要完全记住，我们只需获得一本函数手册，就可以方便地查找自己需要的函数。

5.9.1　获得 PHP 函数手册

下面将讲解让用户轻松获得函数手册的方法，其具体操作步骤如下：

1）启动浏览器，在浏览器中输入网址 www.php.net，也就是 PHP 的官方网站，然后单击导航中的"fag"超级链接，如图 5-15 所示。

2）在打开的页面中的左边单击"PHP Manual"超级链接，如图 5-16 所示。

3）单击超级链接后打开函数手册页面，如图 5-17 所示。

提示：上面讲解的是英文版的在线手册，其实用户可以用中文版的帮助手册，用户只需要在浏览器地址栏输入 http://cn.php.net/manual/zh/即可，如图 5-18 所示。

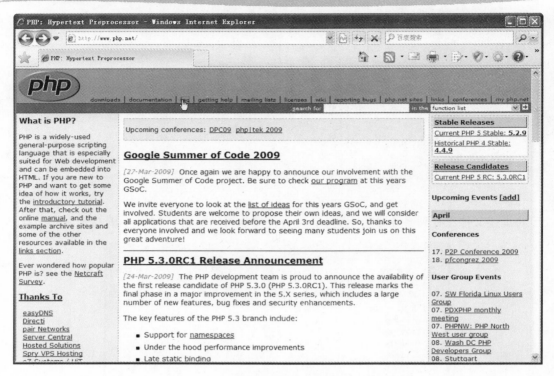

图 5-15　PHP 首页

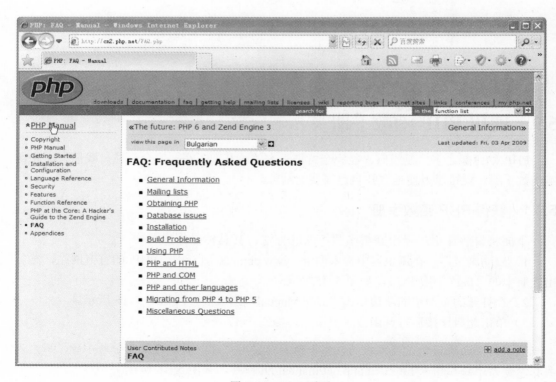

图 5-16　FAQ 页面

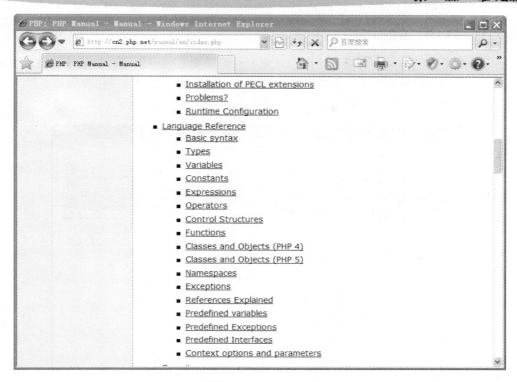

图 5-17　PHP 帮助页面

图 5-18　PHP 中文函数手册

5.9.2 使用 PHP 函数手册

使用函数手册的方法十分简单，用户只需要根据需要寻找一个适合的函数即可，下面将以"返回给定的日期与地点的日出时间"为例进行详细讲解，其具体操作步骤如下：

1）启动浏览器，在浏览器中输入 PHP 手册网址，如图 5-19 所示。

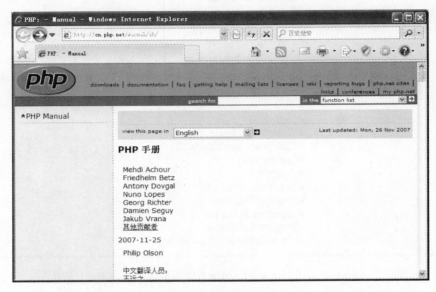

图 5-19　PHP 中文手册

2）拖动鼠标寻找日期和时间处理的函数，用户在函数手册看到有一个"Date/Time — Date/Time 日期/时间函数"，单击这个超级链接，如图 5-20 所示。

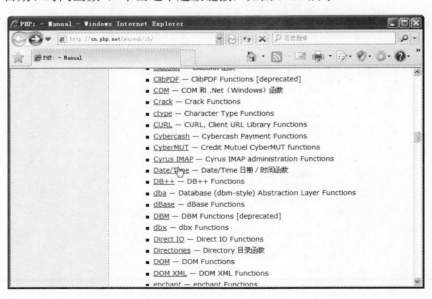

图 5-20　寻找到大类

3）打开页面后，将会看到对这类函数的介绍，滚动滑动条，然后寻找到自己需要的函数，"date_sunrise —— 返回给定的日期与地点的日出时间"，单击超级链接，如图5-21所示。

图5-21 寻找到的函数

4）打开页面后，将会看到这个函数的使用介绍和参数介绍，并在下面有举例，讲解如何使用这个函数，如图5-22所示。

图5-22 查找到的函数

5）上面的例子中计算了葡萄牙的日出时间。下面编一段程序，计算北京的日出时间【代码36：光盘：源代码/第5章/5-13.php】，其代码如下：

```
<?php
/* 计算中国北京的日出时间
Latitude:   北纬 39.56 度
Longitude: 东经 116.20 度
Zenith ~= 97
offset: +8 GMT(时区)
*/
echo date("D M d Y"). ', sunrise time : ' .date_sunrise(time(),
SUNFUNCS_RET_STRING, 39.56, 116.20, 97, 8);

?>
```

执行结果，得到如图5-23所示的效果。

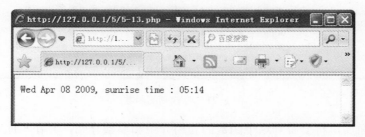

图5-23　计算出的时间

5.10　疑难问题解析

本章详细介绍了 PHP 函数的基本知识。本节将对本章中比较难以理解的问题进行讲解。

读者疑问：在学习 PHP 时，怎样才能记住更多、更全的函数呢，因为记住越多的函数，就是对 PHP 越熟悉？

解答：原则上是这样的，但是去死记硬背不是本书推荐的，本章 5.9 节的目的是引导读者去使用函数手册。在开始的时候，用户只能记住比较少的函数。但是随着学习的深入，常用的函数自然被记住。这就好比学认字一样，只需要记住常用的字就可以了。

读者疑问：PHP 手册方便是方便，但是必须要连接网络才能使用，在一个没有网络的环境中，我怎么查看 PHP 手册呢？

解答：这个问题很好解决，因为现在有许多程序员也遇到类似的情况，所以他们制作了一个格式为 chm 的电子图书，可以在网络中通过输入 "PHP 手册" 关键字进行搜索，然后将其下载。

职场点拨——谈模块化设计思想

模块是指程序中的一段代码，该段代码能实现程序中的某一功能并能独立或半独立运行。在大型程序编写中，模块化的运用是必须的。从面向对象编程思想被推出后，模块设计思想就成为了一个主流的软件开发模式。

（1）从一个例子说起

例如你打开一个典型的 Web 站点，你会发现整个站点是由不同功能的模块构成的。一个典型项目程序的基本结构如图 5-24 所示。

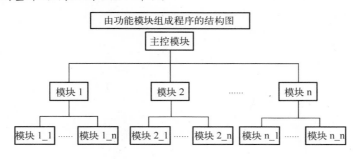

图 5-24　Web 站点结构

再打个比方，有一个最基本的会员登录系统，可以由以下模块构成：

1）表单模块：显示用户的登录表单。

2）登录验证模块：验证用户输入的信息是否合法。

当以后系统升级时，例如验证选项的变化，就只需对某一处进行修改即可。这样便减轻了后期维护负担，提高了工作效率。而在编程语言中，函数就是一个能够完成某个功能的模块。

（2）再看实例代码中的函数

假如有一个题目：计算两个数的和。根据面向对象的思想，需要将功能和实现分离，即先编写一个函数实现两个数的计算，然后将计算的结果单独输出。在具体实现上，我们可以编写一个 sum()函数来实现，这个函数是完全独立的，输出结果是通过在主函数中调用 sum()实现的。在此，sum()函数能够实现求和功能，我们可以将其称为一个模块。这样当我们以后遇到求和问题时，可以直接将此函数调用。这将大大提高编程效率。

在日常学习和工作过程中，建议读者收集一些有用的、能够完成某些功能的代码模块和函数，特别是常用的用户登录验证、留言板、新闻日志、信息管理等模块。这样在日后的项目工作中，可以直接拿来用，也可以稍作修改后使用，从而提高了开发效率。具体怎样用这些收集的模块呢，看下面的例子。

（3）应用

如果你接了一个企业站点项目，客户肯定会要求实现如下功能：

1）企业信息显示。

2）会员登录管理。

3）留言系统。

4）后台信息管理。

上述 4 个功能，企业信息显示和新闻显示模块实现原理一样，会员登录管理和用户登录验证管理模块原理一样，留言系统可以在网络中随处找到，后台管理无非是对这些信息的添加、删除和编辑等处理。如果你已经收集了这些模块的代码，就可以直接借鉴，甚至直接拿来套用，你惟一需要做的工作是对这些模块进行稍微修改和修饰。

当然，我们没有必要将一个程序的所有代码都模块化，这样往往会适得其反。什么代码段应该模块化呢，我认为应该具有以下条件：

❑ 大量在多个页面或程式中重复使用的代码段。
❑ 有待进一步研发的代码段。
❑ 程式中的关键功能、核心内容。
❑ 能扩展第三方插件的代码段。

第 6 章 数 组

所谓的数组，实际上是一个有序图，把具有相同类型的若干变量按有序的形式组织起来。数组属于构造数据类型。一个数组可以分解为多个数组元素，这些数组元素可以是基本数据类型或是构造类型。通过本章能学到如下知识：

- 声明数组
- 对数组的操作
- 职场点拨——程序员必须具备客户沟通的技巧

小菜已经上班 3 个月，试用期满。
2009 年 X 月 X 日，天气阴转晴
今天，我开始学习数组。我很不明白，已经有了变量和常量了，推出数组有什么用呢？我决定明天向表哥请教。

一问一答

小菜："PHP 中的数组究竟有什么作用，不是已经有变量和常量了吗？"

Wisdom："当时我学习时也有这个疑问。现在我明白了，是为了实现某种用途，我们必须将变量和常量等数据包装一下，以一种新的面貌展现在我们面前。"

小菜："数组很重要吗？"

Wisdom："当然重要了！数组是 PHP 中最重要的组成部分，数组属于构造数据类型。一个数组可以分解为多个数组元素，这些数组元素可以是基本数据类型或是构造类型。因此按数组元素的类型不同，数组又可分为数值数组、字符数组、指针数组、结构数组等各种类别。"

6.1 认识数组

在 PHP 中的一种元素也能以另外的样式出现。例如已经有了变量和常量了，还要数组有什么用呢？答案是为了实现某种用途，我们必须将变量和常量等数据包装一下，以一种新的面貌展现在我们面前。数组实际上就是把相同类型的数据放在一起，这样就形成了数组，数组可以方便、快速地处理大量相同类型的数据，下面将通过一段具体代码，展开本章知识，其代码【代码37：光盘：源代码/第6章/6-1.php】如下：

```php
<?php
// 创建一个简单的数组
$array = array(1, 2, 3, 4, 5);
print_r($array);

// 现在删除其中的所有单元，但保持数组本身的结构
foreach ($array as $i => $value) {
    unset($array[$i]);
}
print_r($array);

// 添加一个单元（注意新的键名是 5，而不是你可能以为的 0）
$array[] = 6;
print_r($array);

// 重新索引：
$array = array_values($array);
$array[] = 7;
print_r($array);

?>
```

上面代码实现的功能十分简单，执行结果如图6-1所示。

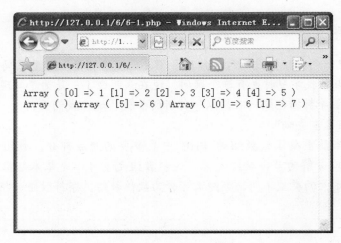

图6-1 数组

在本章的内容中，将会涉及下面的知识。
- 一维数组：它是数组中最简单的数组。
- 二维数组：它是PHP中最常用的数组，使用频率十分高。
- 数组的操作：PHP中有许多函数是可以用来对数组进行控制的，让PHP的功能更为强大。

❑ PHP 全局数组：PHP 全局数组是一个十分怪异的数组，它可以获取大量与环境有关的信息，例如应用这些数组获取当前用户对话。

6.2 声明数组

在 PHP 中，一维数组是最为简单的数组，实质上一维数组就是一组相同类型的数据的线性集合，当在程序中碰到需要处理一组数据时，或者传递一组数据时，可以应用到这种类型的数组。

6.2.1 声明一维数组

声明数组也十分简单，格式如下：

```
array array ( [mixed ...] )
```

语法"index => values"，用逗号分开，定义了索引和值。索引可以是字符串或数字。如果省略了索引，会自动产生从 0 开始的整数索引。如果索引是整数，则下一个产生的索引将是目前最大的整数索引加 1。注意，如果定义了两个完全一样的索引，则后面一个会覆盖前一个。

实例 18：使用一维数组

下面通过一个例子讲解一维数组的用法，其代码【光盘：源代码/第 6 章/6-2.php】如下：

```php
<?php
//定义一维数组
$array=array("0"=>"中","1"=>"华","2"=>"大","3"=>"团","4"=>"结");
//打印全部数组
print_r($array);
echo "<br>";
//输出数组元素
echo $array[0];
echo "<br>";
echo $array[1];
echo "<br>";
echo $array[2];
echo "<br>";
echo $array[3];
echo "<br>";
echo $array[4];
?>
```

将上述代码文件保存到服务器的环境下，运行浏览后得到如图 6-2 所示的结果。

上面讲解了一维数组的声明，并赋值打印输出。希望读者明白以下三点：

1）数组 a 的底标是从 0 开始，也就说，数组底标为 0 的是数组的第一个元素，以此类推。

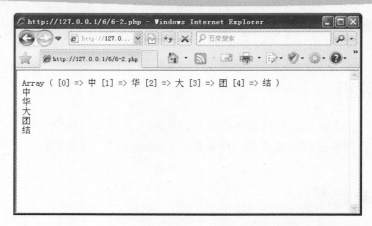

图 6-2　声明数组

2）通过"index => values"赋值。
3）数组可以不赋值，也可以赋值一部分。

 多学一招

在上述实例中的数组是一个拥有 5 个元素的数组，并且每一个数组都为其赋值，用户可以对数组进行赋值，它是如何实现的呢。其实只需写出赋值底标和值就可以，如下面的代码【光盘：源代码/第 6 章/6-3.php】：

```php
<?php
//定义数组
$b=array("0"=>"中","2"=>"大","4"=>"结");
//打印数组
print_r($b);
//输出数组元素
echo "<br>";
echo $b[0];
echo "<br>";
echo $b[2];
echo "<br>";
echo $b[4];
?>
```

6.2.2　数组的定位

在 PHP 中，通常为了提高 PHP 的开发效率，程序员提供了大量与数组操作有关的函数，接下来讲解几个常用的函数。

1．返回数组中所有的键名

返回数组中的所有键名（底标）是常有的事情，因为数组的底标可以不写，所以在很多元素中的数组看上去难免有点混乱，这时用户就可以使用返回数组的所有键名，看到键名可以对应具体的值。返回数组中所有的键名的格式如下：

array array_keys (array input [, mixed search_value [, bool strict]])

array_keys()返回 input 数组中的数字或者字符串的键名。如果指定了可选参数 search_value，则只返回该值的键名。否则 input 数组中的所有键名都会被返回。自 PHP 5.0 起，可以用 strict 参数进行全等比较（===）。下面通过一个例子讲解返回数组中的键名的方法，其代码如下【代码 38：光盘：源代码/第 6 章/6-4.php】：

```
<?php
$array = array(0 => 100, "color" => "red");
//打印数组坐标
print_r(array_keys($array));
//在数组中存储不同的颜色值
$array = array("blue", "red", "green", "blue", "blue");
print_r(array_keys($array, "blue"));

$array = array("color" => array("blue", "red", "green"),
               "size"  => array("small", "medium", "large"));
print_r(array_keys($array));
?>
```

将上述代码文件保存到服务器的环境下，运行浏览后得到如图 6-3 所示的结果。

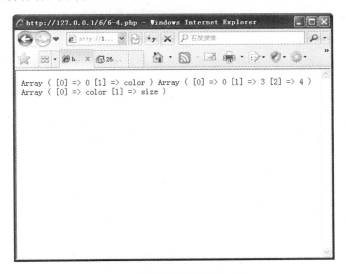

图 6-3　返回数组中所有键名

2．定位数组元素

在 PHP 的开发过程中，肯定离不开定位数组元素，用户可以利用 in_array()实现。其格式如下：

bool in_array (mixed needle, array haystack [, bool strict])

在 haystack 中搜索 needle，如果找到则返回 True，否则返回 False。如果第三个参数 strict 的值为 True，则 in_array()函数还会检查 needle 的类型是否和 haystack 中的相同。下面通过一段代码来讲解定位数组元素。其代码【代码39：光盘：源代码/第6章/6-5.php】如下：

```php
<?php
$os = array("Mac", "NT", "Irix", "Linux");
//定义数组元素
if (in_array("Irix", $os)) {
    echo "Got Irix";
}
if (in_array("mac", $os)) {
    echo "Got mac";
}
?>
```

将上述代码文件保存到服务器的环境下，运行浏览后得到如图6-4所示的结果。

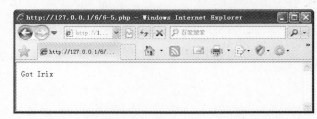

图6-4 定位数组元素

3. 返回数组中的所有元素值

函数 array array_values () 可以返回数组中所有元素的值，其格式如下：

```
array array_values ( array input )
```

array_values()返回 input 数组中所有的值并给其建立数字索引，下面通过一段代码来讲解其用法。其代码【代码40：光盘：源代码/第6章/6-6.php】如下：

```php
<?php
$array = array("size" => "XL", "color" => "gold");
//返回数组的所有元素
print_r(array_values($array));
?>
```

将上述代码文件保存到服务器的环境下，运行浏览后得到如图6-5所示的结果。

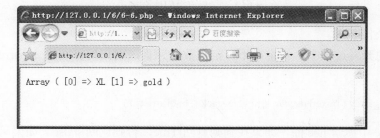

图6-5 返回数组中的所有元素值

6.2.3 二维数组

二维数组在 PHP 中经常用到,但是它通常是和循环有联系,认识了一维数组后,二维数组就非常简单了。二维数组中键名是两个元素组成的,二维数组元素就像一个围棋棋盘,元素放在棋盘的交叉点,要指出某个元素必须指出元素的坐标,二维数组就是利用这个原理定义的。下面通过一个代码来讲解二维数组的用法,其代码【代码 41:光盘:源代码/第 6 章/6-7.php】如下:

```
<?php
$fruits = array (
    "fruits"  => array("a"=>"orange", "b" => "banana", "c" => "apple"),
    "numbers" => array(1, 2, 3, 4, 5, 6),
    "holes"   => array("first", 5 => "second", "third")
);
print_r(array_values($fruits));
?>
```

将上述代码文件保存到服务器的环境下,运行浏览后得到如图 6-6 所示的结果。

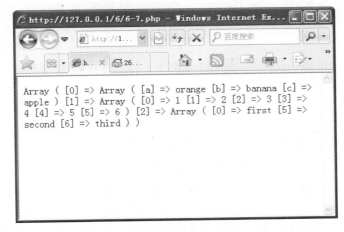

图 6-6 二维数组

提示:二维数组实际上就是一维数组的嵌套。

6.3 对数组进行简单的操作

在上面一节中,讲解了数组和数组定位的基本知识,本节将讲解操作数组的基本知识。

6.3.1 去掉数组重复的元素

在数组中,常常有许多元素出现重合。实际上只需要一个就可以了,这时我们需要把多余的元素删除。在 PHP 数组中可以使用 array_unique()函数去掉数组中重复的元素。array_unique()函数的语法如下:

```
array array_unique ( array array ) ;
```

array_unique()函数接受 array 作为输入并返回没有重复值的新数组，其键名保留不变。array_unique()先将值作为字符串排序，然后对每个值只保留第一个遇到的键名，忽略所有后面的键名。下面通过一段代码来讲解 array_unique()的用法，其代码【代码 42：光盘：源代码/第 6 章/6-8.php】如下：

```
<?php
//定义二维数组
$a = array ("1" => "苹果", "橘子","鸭梨","a" => "橘子","香蕉","苹果") ;
//去掉数组重复的元素
$b = array_unique ( $a ) ;
print_r ( $a ) ;
echo "<br>";
print_r ( $b ) ;
?>
```

将上述代码文件保存到服务器的环境下，运行浏览后得到如图 6-7 所示的结果。

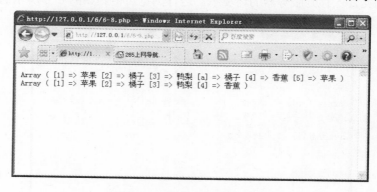

图 6-7　去掉重复的数组元素

6.3.2　删除数组中的元素或删除整个数组

在 PHP 的编程过程中，常常需要删除数组变量中的元素。用 unset()函数可以释放各种指定的变量和数组的值，其格式如下：

```
unset (mixed var [,mixed var [, ...]]) ;
```

参数介绍：

- ❏ 其中第一个参数为要删除的变量名。
- ❏ 第二个参数为要指定删除的数组元素。它可以删除单个变量和单个数组元素，也可以删除多个变量和多个数组元素。

下面通过一段代码来讲解 unset()函数的用法，其代码【代码 43：光盘：源代码/第 6 章/6-9.php】如下：

```php
<?php
$shucai = array ("番茄","萝卜","黄瓜") ;          //声明数组
print_r ($shucai );
echo "<br>";
Unset ($shucai[1] ) ;                            //删除单个数组元素
print_r ( $shucai ) ;
echo "<br>" ;
foreach ($shucai as $i=>$value){
    unset ($shucai[$i]) ;
}                                                //删除所有元素,但保持数组本身的结构
print_r ($shucai );
?>
```

将上述代码文件保存到服务器的环境下,运行浏览后得到如图 6-8 所示的结果。

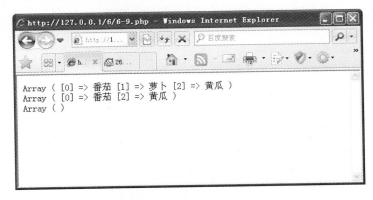

图 6-8　删除数组元素

删除数组的其代码如下：

```php
<?php
$shi = array ("苹果","橘子","葡萄") ;            //声明数组
unset ( $shi );                                  //删除整个数组
print_r ( $shi ) ;
?>
```

6.3.3 遍历数组元素

遍历数组元素,就是在数组中寻找自己需要的元素,就像去商场找东西,寻找商品的过程就相当于遍历数组的操作。在 PHP 中使用 array_walk()函数遍历整个数组,其函数格式如下:

array_walk (array array, callback function [, mixed userdata]) ;

参数介绍:

- ❑ Array_walk()对第一个参数传递过来的数组中的每个元素执行回调。
- ❑ 执行第二个参数定义的函数 function()。典型情况下 function()接受两个参数,其中,

数组名 array 的值为第一个参数，而数组下标或下标名为第二个参数。
- 如果提供可选参数 userdata，将作为第 3 个参数传递给 function()。函数执行成功返回 True，否则返回 False。

实例 19：遍历数组元素

下面通过一段代码来讲解 array_walk() 函数的用法，其代码【光盘：源代码/第 6 章/6-10.php】如下：

```php
<?php
//定义表示水果的数组
$fruits = array("d" => "lemon", "a" => "orange", "b" => "banana", "c" => "apple");
function test_alter(&$item1, $key, $prefix)
{
    $item1 = "$prefix: $item1";
}
function test_print($item2, $key)
{
    echo "$key. $item2<br />\n";
}
echo "Before ...:\n";
//遍历数组元素
array_walk($fruits, 'test_print');
array_walk($fruits, 'test_alter', 'fruit');
echo "... and after:\n";
array_walk($fruits, 'test_print');
?>
```

将上述代码文件保存到服务器的环境下，运行浏览后得到如图 6-9 所示的结果。

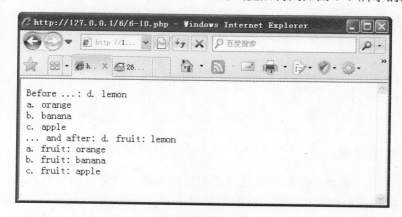

图 6-9　遍历数组

在遍历 Function() 函数过程中，要改变数组元素的值，则其参数传递方式应使用引用传递。这样，Function() 函数对数组的操作才能真正引起数组元素值的改变。但是，不能在函数

function()中改变该数组本身的结构，如增加数据元素等，否则函数 array_walk()会因其作用的数组被 function()改变而引起错误，如下面的代码【光盘：源代码/第 6 章/6-11.php】：

```php
<?php
//声明数组
$gua = array ("1"=>"冬瓜","2"=>"西瓜","3"=>"南瓜") ;
//自定义函数，改变数组中元素的值
function xungua (&$my_gua, $key)
{
    if ($my_gua == "南瓜")
            $my_gua = "$my_gua:就是它" ;
//在元素"南瓜"的值后面加上"：就是它"
            echo "($key) $my_gua <br>" ;
}            //输出元素值
array_walk ($gua,"xungua") ;
 //使用 array_walk()遍历整个数组，完成 walk()函数功能
?>
```

将上述代码文件保存到服务器的环境下，运行浏览后得到如图 6-10 所示的结果。

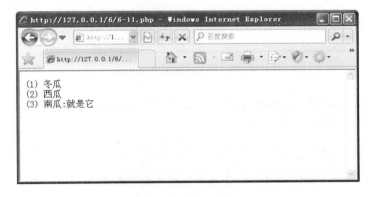

图 6-10　遍历数组

6.3.4　向数组中添加数据

在编程过程中经常需要向数组中添加数据，可以通过两种方法向数组添加数据，一种是向数组中直接添加数据，新元素的下标是从原数组下标最大值之后开始的。PHP 通过 array_unshift()函数在数组的开头添加一个或多个元素，其格式如下：

```
int array_unshift ( array &array, mixed var [,mixed ...]) ;
```

参数介绍如下：

array_unshift()将传入的元素插入到 array 数组的开头。元素是作为整体被插入的，传入元素将保持同样的顺序。所有的数值键名将从 0 开始重新计数，文字键名保持不变。下面通过一段代码进行讲解，其代码【代码 44：光盘：源代码/第 6 章/6-12.php】如下：

```php
<?php
```

```
//定义一个数组
$queue = array("orange", "banana");
//输出数组内元素的值
print_r ( $queue );
echo "<br>";
//将传入的新元素插入到 array 数组的开头
array_unshift($queue, "apple", "raspberry");
print_r ( $queue );
?>
```

将上述代码文件保存到服务器的环境下,运行浏览后得到如图 6-11 所示的结果。

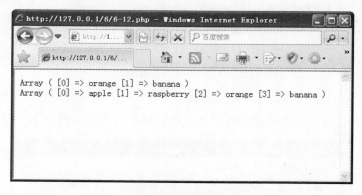

图 6-11　向数组中添加数据

提示：除了上面的 array_unshift()函数外,还有一个 array_push()函数,它可以将数组的元素添加到数组的末尾,它的格式如下：

　　int array_push (array &array, mixed var [, mixed ...]) ;

array_push()将 array 当成一个栈,并将传入的变量添加到 array 的末尾。该函数返回数组新的单元总数。

6.3.5　改变数组的大小

在定义数组的时候,用户可以将数组进行初始化,但是在使用的过程中,发现数组的大小不符合自己的要求,需要改变一下数组的值,这个功能可以通过函数实现。在 PHP 中,提供了 array_pad()函数和 array_splice()函数,它们都可以改变数组的大小,下面分别对它们进行详细讲解。

1. array_pad()函数

array_pad()函数的语法格式如下：

　　array array_pad (array input,int pad_size,mixed pad_value) ;

参数介绍如下：

❏ 第一个参数是要操作的数组。
❏ 第二个参数 pad_size 是增加后的数组长度,如果 pad_size 为正,则数组被填补到右侧，如果为负则从左侧开始填补。
- 第三个参数 pad_value 给出所要增加的数据的值。函数执行后返回被更改以后的 input 数组。

下面通过一段代码来讲解 array_pad()函数的用法，其代码【代码 45：光盘：源代码/第 6 章/6-13.php】如下：

```
<?php
  // 输出变量
$input = array ( 4,5,9 ,09) ;
print_r($input) ;
echo "<br>" ;
//操作数组$input,增加后的长度-5,要增加的数值-7
$result = array_pad ($input,-5,-7) ;        //输出变量$result
print_r($result) ;
echo "<br>" ;
//增加后的长度 5,要增加的数值 noop
$result = array_pad ($input,7,"noop" ) ;
print_r ( $result ) ;
 ?>
```

将上述代码文件保存到服务器的环境下，运行浏览后得到如图 6-12 所示的结果。

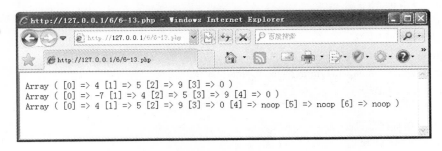

图 6-12　改变数组

2. array_splice()函数

array_splice()函数的主要功能就是实现数组中的删除功能，并用其他值代替，其格式如下：

> array array_splice (array &input, int offset [, int length [, array replacement]])

参数介绍如下：
- input 是要操作的数组。
- offset 是要删除的数组元素的起始下标，如果为空，则从第一个元素开始，如果 offset 为正，则从 input 数组中该值指定的偏移量开始移除。如果 offset 为负，则从 input 末尾倒数该值指定的偏移量开始删除。
- length 指出要删除掉多少元素，如果为空，则删除掉从 offset 到数组的最后一个元素，如果指定了 length 并且为正值，则删除与 length 值同等个数的单元。如果指定了 length 为负值，则删除从 offset 到数组末尾倒数 length 个单元。
- replacement 用于替换被删除的那部分数组。函数执行后返回被更改以后的 input 数组。

下面通过一段代码来讲解 array_splice()函数的用法，其代码【代码 46：光盘：源代码/第 6 章/6-14.php】如下：

```php
<?php
//定义一个数组
$input = array("red", "green", "blue", "yellow");
//去掉数组元素，并进行替换
array_splice($input, 2);
print_r ($input);
echo "<br>" ;
$input = array("red", "green", "blue", "yellow");
//去掉数组元素，并进行替换
array_splice($input, 1, -1);
print_r ($input);
echo "<br>" ;
$input = array("red", "green", "blue", "yellow");
array_splice($input, 1, count($input), "orange");
print_r ($input);
echo "<br>" ;
//保存颜色的数组
$input = array("red", "green", "blue", "yellow");
array_splice($input, -1, 1, array("black", "maroon"));
print_r ($input);
echo "<br>" ;
//换行显示数组颜色
$input = array("red", "green", "blue", "yellow");
array_splice($input, 3, 0, "purple");
print_r ($input);
?>
```

将上述代码文件保存到服务器的环境下，运行浏览后得到如图 6-13 所示的结果。

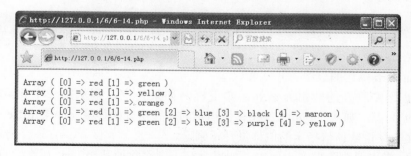

图 6-13　array_splice()函数

6.3.6 合并两个数组

有两个相同类型的数组，如果需要合并在一起，在 PHP 中可以通过使用 array_merge()函数和 array_merge_recursive()函数实现此功能，下面详细讲解这两个函数的用法。

1. array_merge()函数

array_merge()函数的语法格式为：

```
array array_merge (array array1,array array2 [,array...]) ;
```

功能介绍：

array_merge() 将一个或多个数组的单元合并起来，一个数组中的值附加在前一个数组的后面。返回作为结果的数组。如果输入的数组中有相同的字符串键名，则该键名后面的值将覆盖前一个值。然而，如果数组包含数字键名，后面的值将不会覆盖原来的值，而是附加到后面，下面通过一段代码来讲解 array_merge()函数的用法，其代码【代码 47：光盘：源代码/第 6 章/6-15.php】如下：

```
<?php
$array1 = array("color" => "red", 2, 4);
$array2 = array("a", "b", "color" => "green", "shape" => "trapezoid", 4);
//在第一个数组后面追加第二个数组的所有元素
$result = array_merge($array1, $array2);
print_r($result);
?>
```

将上述代码文件保存到服务器的环境下，用 array_merge_recursive()将一个或多个数组的单元合并起来，一个数组中的值附加在前一个数组的后面。返回作为结果的数组。运行浏览后得到如图 6-14 所示的结果。

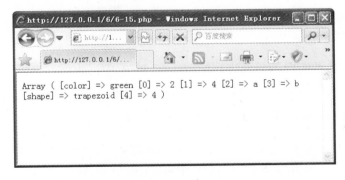

图 6-14　array_merge()函数

2. array_merge_recursive()函数

array_merge_recursive()函数的功能是将一个或多个数组的单元合并起来，一个数组中的值附加在前一个数组的后面。返回作为结果的数组，它的功能和 array_merge()函数相似，但是它可以保留同时出现在两个数组中相同字符键值上的元素。它的格式如下：

```
array array_merge_recursive ( array array1 [, array ...] )
```

提示：如果输入的数组中有相同的字符串键名，则这些值会被合并到一个数组中去，这个操作将递归下去，因此如果一个值本身是一个数组，本函数将按照相应的条目把它合并为另一个数组。但如果数组具有相同的数组键名，后一个值将不会覆盖原来的值，而是附加到后面。

下面通过一段代码来讲解 array_merge_recursive()函数的用法，其代码【代码 48：光盘：源代码/第 6 章/6-16.php】如下：

```
<?php
$ar1 = array("color" => array("favorite" => "red"), 5);
$ar2 = array(10, "color" => array("favorite" => "green", "blue"));

$result = array_merge_recursive($ar1, $ar2);
print_r ($result);
?>
```

将上述代码文件保存到服务器的环境下，运行浏览后得到如图 6-15 所示的结果。

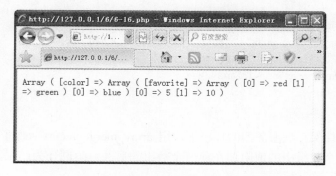

图 6-15 array_merge_recursive()函数

6.3.7 反转一个数组

反转数组就是将数组中的元素进行颠倒。在 PHP 中，为用户提供了 array_reverse()函数，它可以实现反转数组功能，其格式如下：

Array array_reverse (array array [, bool preserve_keys]) ;

如果参数 preserve_keys 为 True，则保留原来的键名；否则键名和值将同时对应反转。

下面通过一个例子来讲解 array_reverse()函数的用法，其代码【代码 49：光盘：源代码/第 6 章/6-17.php】如下：

```
<?php
    $input = array ("php5",5.1,array ("1","2")) ;
//将数组的元素反转过来
    $result = array_reverse ( $input ) ;
//输出结果
    print_r ( $result ) ;
```

```
        echo "<br>" ;

        $result_keys = array_reverse ( $input,TRUE ) ;
        print_r ( $result_keys ) ;
    ?>
```

将上述代码文件保存到服务器的环境下,运行浏览后得到如图 6-16 所示的结果。

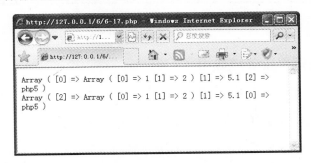

图 6-16　反转数组

6.4　其他数组函数

除了上面的函数,PHP 中还有许多操作数组的函数。下面讲解几个常用的函数,让读者深入体会操作数组的基本知识。

6.4.1　对数组所有的元素求和

在数组中一般存储了大量相同类型的数据。用户可以方便地算出它们的总和,其函数格式如下:

> number array_sum (array array)

array_sum()函数能够将数组中所有值的和以整数或浮点数的结果返回。

下面通过一段代码来讲解 array_sum()函数的用法,其代码【代码 50:光盘:源代码/第 6 章/6-18.php】如下:

```
<?php
$a = array(2, 4, 6, 8);
//对数组中的所有元素进行求和
echo "sum(a) = " . array_sum($a) . "\n";

$b = array("a" => 1.2, "b" => 2.3, "c" => 3.4);
//对数组中的所有元素进行求和
echo "sum(b) = " . array_sum($b) . "\n";
?>
```

将上述代码文件保存到服务器的环境下,运行浏览后得到如图 6-17 所示的结果。

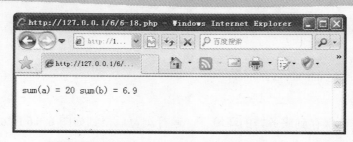

图 6-17　计算数组中的元素和

6.4.2　将一维数组拆分成多维数组

将一维数组拆成多维数组的格式如下：

array array_chunk (array input, int size [, bool preserve_keys])

array_chunk()函数能够将一个数组分割成多个数组，其中每个数组的单元数目由 size 决定。最后一个数组的单元数目可能会少几个。得到的数组是一个多维数组中的单元，其索引从零开始，将可选参数 preserve_keys 设为 True，可以使 PHP 保留输入数组中原来的键名。如果指定了 False，则每个结果数组将用从零开始的新数字索引，默认值是 False。

下面通过一段代码来讲解 array_chunk()函数的用法，其代码【代码 51：光盘：源代码/第 6 章/6-19.php】如下：

```
<?php
$input_array = array('a', 'b', 'c', 'd', 'e');
//将一维数组变为多维数组
print_r(array_chunk($input_array, 2));
print_r(array_chunk($input_array, 2, true));
?>
```

将上述代码文件保存到服务器的环境下，运行浏览后得到如图 6-18 所示的结果。

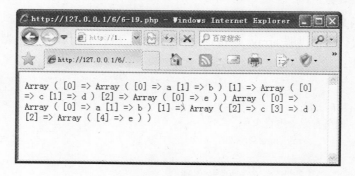

图 6-18　拆分成多维数组

6.4.3　对数组元素进行随机排序

在编写网页时，常常会遇到这样的情况，比如腾讯 QQ 的密码保护功能，用户设置了多个"我的问题",在需要更改密码时,系统将随机抽取一个当初设置的问题。在 PHP 中,提供了实现随机功能的函数 bool shuffle (),其格式如下:

bool shuffle (array input-array)

input-array 是要进行随机排序的数组。

下面通过一段代码来讲解函数 bool shuffle()的用法,其代码【代码 52:光盘:源代码/第 6 章/6-20.php】如下:

```
<?php
    $b=array("1","2","3","4","A","B","D","H","J","L","5");    //设置随机数组中的元素
    shuffle($b);
    for($i=0;$i<count($b);$i++){
        echo $b[$i]."  ";
    }
?>
```

将上述代码文件保存到服务器的环境下,运行浏览后得到如图 6-19 所示的结果。
刷新页面打开后显示如图 6-20 所示的效果。

提示:随机产生的数组元素,很难让两次相同的结果放在一起,同样的代码,执行的结果也不会相同。

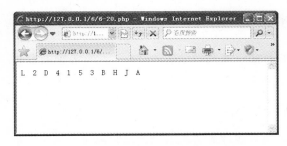

图 6-19　随机产生的数组元素

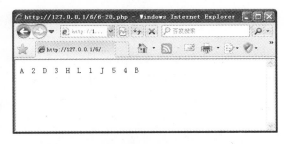

图 6-20　刷新页面后随机产生的数组元素

6.5　疑难问题解析

本章详细介绍了 PHP 中数组的基本知识。本节将对本章中比较难以理解的问题进行讲解。

读者疑问:在本章讲解了一维数组,二维数组,请问除此之外,还有其他的什么数组吗?

解答:除了这两种数组,还有三维数组和四维数组。在前面一章已经讲解了数据类型,数组实际上也是一种数据类型,它只是把相同属性的数据放在一起,在 PHP 开发中,一般都是使用一维数组、二维数组,很少使用多维数组。

读者疑问：除了前面讲解的这些函数可以对数组进行操作外，还有没有函数能对数组进行操作，我该如何操作它呢？

解答：在前面一章中，我们已经为读者讲解了 PHP 函数手册的使用方法，操作数组的函数自然很多，用户如果需要可以去查找。

职场点拨——程序员必须具备与客户沟通的技巧

程序员并不是100%地做技术，很多情况下还要和客户交流、沟通。当然如果有专门掌握需求编写技术和经验的需求工程师作为客户和程序员之间的桥梁，是最理想的状态。但是在当前实际情况下，每个项目组都配有需求工程师的并不多。因此，无论是从现实出发，还是从程序员自身提高的角度出发，正确地帮客户表达需求、正确地理解需求就成了程序员的基本素质之一。能帮助客户正确提出需求是程序员自身的修炼之一，此种修炼肯定能在当今的环境下，提高程序员自身的能力和素养，可见在程序员内部已就此达成了相当的共识。现在绝大多数程序员都已经认识到，帮助客户完善需求会节省双方的时间和精力。

那么如何才能提高自己的需求分析能力呢？以下分享4个有关需求的技巧。

（1）尽量提高自己的表达和沟通能力

良好的表达和沟通能力能在客户不能清楚表达需求时，融入到客户组织内部，了解客户的工作流程，帮助客户更准确地定义和分析需求。

（2）应用多种方式了解需求

了解需求的常用方法有问题分析法和建模分析法以及几种方法的结合。比如在问题分析法中应用面向对象的思想，与客户的员工谈话，访谈首先要面向工作流程，面向任务，面向角色，也就是用面向对象的思想帮助客户理清思路。

（3）不臆测需求

在编码过程中当遇见需求不明确时，必须与项目经理或需求工程师及时沟通，程序员不能自作主张地猜测客户的需求。

（4）不过度承诺

有的程序员为了拿到项目，向客户大包大揽，甚至完全不顾现有开发能力向客户承诺很多功能。在定义需求阶段，一定要向客户说明"什么是我们能做的，什么是我们应该做的，什么是我们不能做的"。客户付了钱就应该得到相应的产品，很多时候过度承诺导致了新功能无法实现的同时，原有功能也受到影响。过度承诺而无法完成相应功能，大多数程序员认为，正确地认识到对客户提出的不合理需求，拒绝得当也是程序员内在修炼的一个重要方面。

第 7 章 PHP 表单处理网页

使用 PHP 处理网页，实际就是使用 PHP 获取 HTML 制作的表单数据。在前面的章节中已经讲过，表单是浏览者和服务器的对话窗口，浏览者常常通过表单提交自己的数据，PHP 需要获取这些数据，然后存储在数据库里，本章将重点讲解 PHP 如何获取表单数据的知识。通过本章能学到如下知识：

- ❑ 表单数据的提交方式
- ❑ 获取表单元素的数据
- ❑ 对表单传递的变量值进行编码与解码
- ❑ 职场点拨——如何成为一名优秀的程序员

2007 年 X 月 X 日，天气阴

今天我做了一个 PHP 项目，但是在调试时总是提示编译错误。无奈之下只好向大学老师请教，老师看后感觉很好笑，说"你的变量定义错了，竟然犯这样的毛病，看来基础不够扎实啊！"

一问一答

小菜："今天真丢人，一个不经意的粗心，浪费了半天时间才调试成功！"

Wisdom："呵呵，程序开发是一个细心的工作，哪怕是错一个字符，程序都不会成功运行！"

小菜："嗯，言归正传，本章的表单处理很重要吗？"

Wisdom："当然了，表单由多个元素组成，如文本框、单选钮、复选框、下拉列表框等。PHP 是通过表单来实现网页数据的动态交换的。"

7.1 认识表单

表单由多个元素组成，如文本框、单选钮、复选框、下拉列表框等，用户可以根据自己的需要来设计。在设计的时候，需要注意各个元素的名称，获取的名称和表单元素相关。下面通过一段代码【代码 53：光盘：源代码/第 7 章/7-1/】进行讲解，其表单页面

代码如下：

```html
<html>
<head>
<title>
调查表
</title>
</head>
<body>
输入您的个人资料：<br>
<!--表单-->
<form method=post action="showdetail.php">
<!--文本框表单元素的书写-->
帐号：<INPUT maxLength=25 size=16 name=login><br>
姓名：<INPUT type=password size=19 name=yourname ><br>
密码：<INPUT type=password size=19 name=passwd ><br>
确认密码：<INPUT type=password size=19 name=passwd ><br>
查询密码问题：<br>
<!--下拉列表框表单元素的填写-->
<select name=question>
    <option selected value="">--请您选择--</option>
    <option value="我的宠物名字？">我的宠物名字？</option>
    <option value="我最好的朋友是谁？">我最好的朋友是谁？</option>
    <option value="我最喜爱的颜色？">我最喜爱的颜色？</option>
    <option value="我最喜爱的电影？">我最喜爱的电影？</option>
    <option value="我最喜爱的影星？">我最喜爱的影星？</option>
    <option value="我最喜爱的歌曲？">我最喜爱的歌曲？</option>
    <option value="我最喜爱的食物？">我最喜爱的食物？</option>
    <option value="我最大的爱好？">我最大的爱好？</option>
</select>
<br>
查询密码答案：<input name=question2 size=18><br>
出生日期：
            <select name="byear" id="BirthYear" tabindex=8>
                <script language="JavaScript">
                    var tmp_now = new Date();
                    for(i=1930;i<=tmp_now.getFullYear();i++){
                        document.write("<option value='"+i+"'
"+(i==tmp_now.getFullYear()-24?"selected":"")+">"+i+"</option>")
                    }
                </script>
            </select>
            年
            <select name="bmonth">
            <option value="01" selected>1</option>
            <option value="02">2</option>
            <option value="03">3</option>
            <option value="04">4</option>
```

```html
            <option value="05">5</option>
            <option value="06">6</option>
            <option value="07">7</option>

            <option value="08">8</option>
            <option value="09">9</option>
            <option value="10">10</option>
            <option value="11">11</option>
            <option value="12">12</option>
        </select>
        月
<select name=bday tabindex=10   alt="日:无内容">
            <option value="01" selected>1</option>
            <option value="02">2</option>
            <option value="03">3</option>
            <option value="04">4</option>
            <option value="05">5</option>
            <option value="06">6</option>
            <option value="07">7</option>
            <option value="08">8</option>
            <option value="09">9</option>
            <option value="10">10</option>
            <option value="11">11</option>
            <option value="12">12</option>
            <option value="13">13</option>
            <option value="14">14</option>
            <option value="15">15</option>
            <option value="16">16</option>
            <option value="17">17</option>
            <option value="18">18</option>
            <option value="19">19</option>
            <option value="20">20</option>
            <option value="21">21</option>
            <option value="22">22</option>
            <option value="23">23</option>
            <option value="24">24</option>
            <option value="25">25</option>
            <option value="26">26</option>
            <option value="27">27</option>
            <option value="28">28</option>
            <option value="29">29</option>
            <option value="30">30</option>
            <option value="31">31</option>
        </select>
    <br>
    性别：<input type="radio" name="gender" value="1" checked>
        男
        <input type="radio" name="gender" value="2" >
```

```
            女
        <br>

        请选择你的爱好：
        <!--多选项目组-->
        <br>
        <input type="checkbox" name="hobby[]" value="dance" >跳舞<br>
        <input type="checkbox" name="hobby[]" value="tour" >旅游<br>
        <input type="checkbox" name="hobby[]" value="sing" >唱歌<br>
        <input type="checkbox" name="hobby[]" value="dance" >打球<br>
        <input type="submit"    value="提交">
        <input type="reset"    value="重填">
        <br>
        </body>
        <html>
```

这是表单页面，但是 PHP 页面并没有获取它，如果要获取数据，必须再用 PHP 编写一个处理页面，其代码如下：

```
<?php
    echo("你的帐号是：" . $_POST['login']);                              //输出帐号
    echo("<br>");
    echo("你的姓名是：" .$_POST['yourname'] );                           //输出姓名
    echo( "<br>");
    echo("你的密码是：" . $_POST['passwd']   );                          //输出密码
    echo("<br>");
    echo("你的查询密码问题是：" . $_POST['question']   );                //查询密码问题
    echo("<br>");
    echo("你的查询密码答案是：" . $_POST['question2']   );               //查询密码答案
    echo("<br>");
    echo("你的出生日期是：" . $_POST['byear'] ."年". $_POST['bmonth'] . "月". $_POST['bday'] . "日"   );
                                                                        //出生日期
    echo("<br>");
    echo("你的性别是：" . $_POST['gender']);                             //性别
    echo("<br>");
    echo("你的爱好是：<br>"   );                                         //爱好
    foreach ($_POST['hobby'] as $hobby)
            echo($hobby . "<br>");
?>
```

将上述代码文件保存到服务器的环境下，然后在浏览器地址栏输入相应的地址进行浏览，得到如图 7-1 所示的结果。

填写完表单信息后可以提交给处理网页，单击提交按钮后会打开如图 7-2 所示的网页。

上面的功能展示了一个表单数据获取，实际上编写网页程序，就是处理页面信息，用户获取表单数据是其功能之一，在实际的过程中，还需要将数据赋值给变量，然后提交给数据库，将变量赋值给数据库将在第 3 篇进行讲解。

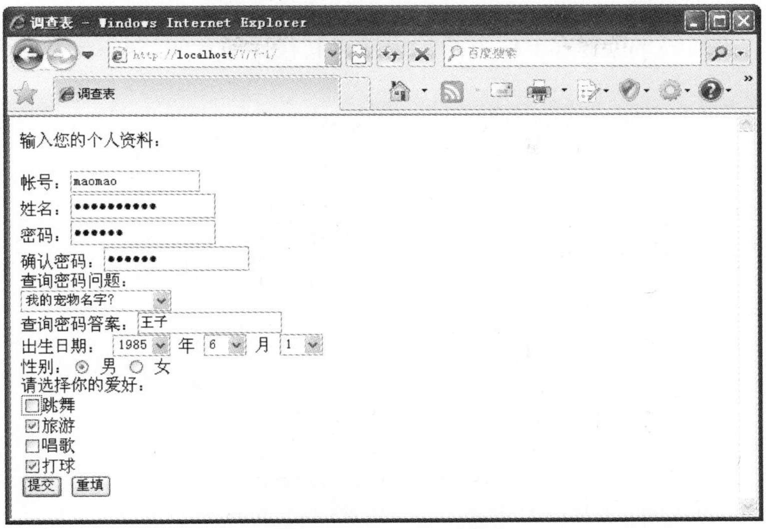

图 7-1　表单页面

图 7-2　获取表单数据

7.2　表单数据的提交方式

表单通常用两种方式来提交数据，分别是 GET 方法和 POST 方法，其中最常用的是 POST 方法，下面对它们进行详细讲解。

7.2.1　GET 方法

GET 方法本质上是将数据通过链接地址的形式传递到下一个页面，实现 GET 提交方法有两种途径，一种是通过表单的方式，一种是通过直接书写超级链接的方式。语法格式如下：

```
<form method=post action="index.php">
```

参数介绍：

❏ Method：提交方式。
❏ Action：处理页面。

下面通过一段代码来讲解 GET 方法的用法，其代码【代码 54：光盘：源代码/第 7 章/7-2/】如下：

```
<html>
<head>
<title>
GET 提交
</title>
</head>
<body>
请输入帐号和密码：<br>
<!--get 方法处理表单-->
<form method=get action="get.php">
帐号：<INPUT maxLength=25 size=16 name=login ><br>
密码：<INPUT type=password size=19 name=passwd ><br>
<input type="submit" name="submit" value="提交">
<input type="reset" name="reset" value="重填">
<br>
</body>
<html>
```

上面是表单页面，下面是处理页面，处理页面的实现代码如下：

```
<html>
<head>
<title>
get 提交
</title>
</head>
<body>
要相信我啊，我是通过 GET 方法提交过来的！
</body>
<html>
```

将上述代码文件保存到服务器的环境下，运行浏览后得到如图 7-3 所示的结果。

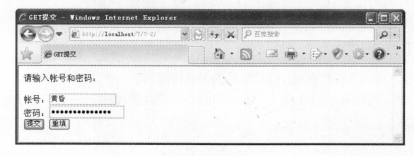

图 7-3 处理页面

单击提交按钮后，将会打开处理页面，如图 7-4 所示。

图 7-4　GET 方法

上述实例并没有讲解如何获取表单元素的方法，这里只是提交并没有获取它的值，通过这种方法提交后，浏览器的地址栏将会发生变化，地址将变为：

　　http://localhost/7/7-2/get.php?login=%BB%C6%BB%E8&　passwd=111111111111　11&submit=%CC%E1%BD%BB。

读者在使用此方法时，一定要注意地址栏的变化。

7.2.2　POST 方法

GET 方法可以通过链接提交数据，而 POST 方法则不可以，它只能通过表单提交数据，这也是 PHP 经常使用的方法，下面通过一段代码来讲解 POST 方法，其代码【代码 55：光盘：源代码/第 7 章/7-3/】如下：

```
<html>
<head>
<title>
POST 方法
</title>
</head>
<body>
请输入帐号和密码：<br>
<!--post 方法处理表单-->
<form method=post action="post.php">
帐号：<INPUT maxLength=25 size=16 name=login ><br>
密码：<INPUT type=password size=19 name=passwd ><br>
<input type="submit" name="submit" value="提交">
<input type="reset" name="reset" value="重填">
<br>
</body>
<html>
```

提交的页面，其代码如下：

```
<html>
<head>
<title>
POST 提交
</title>
</head>
<body>
POST 方法提交表单大量数据的利器,一定要相信我哟!
</body>
<html>
```

将上述代码文件保存到服务器的环境下,运行浏览后得到如图 7-5 所示的结果。

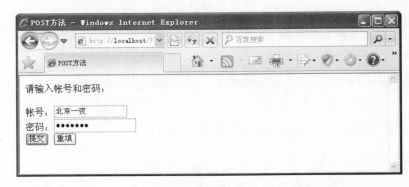

图 7-5 表单页面

提交数据后将会打开如图 7-6 所示的页面。

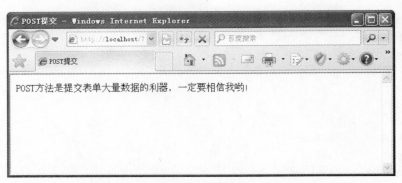

图 7-6 提交后的页面

POST 方法提交的都是数据块,其本质是将所有的数据作为一个单独的数据块提交到服务器,并且每个字段间会有特定的分隔符。

7.3 获取表单元素的数据

在 PHP 中,将表单提交后一定要获取表单的数据,否则表单将没有任何意义。下面将讲解如何获取各种表单数据。

7.3.1 获取按钮的数据

在表单中，按钮通常有两种功能，一种是重置按钮，一种是提交按钮。实际上在上一节的内容中，用户已经接触到按钮的相关知识。下面通过一段代码【代码 56：光盘：源代码/第 7 章/7-1.php】来讲解获取按钮的数据的方法。

```html
<html xmlns="http://www.w3.org/1999/xhtml">
<head>
<meta http-equiv="Content-Type" content="text/html; charset=gb2312" />
<title>重置按钮和提交按钮的应用</title>
<style type="text/css">
<!--
body,td,th {
    font-size: 12px;
}
-->
</style>
<script>
    function chg(){
            document.form1.content.value="我要改变信息";
            return false;
        }
</script>
</head>
<body>
<center>
<form name="form1" method="get" action="index.php">
    <input type="text" name="content" value="请输入信息" />
    <input type="button" name="change" value="提交" onclick="return chg();"/>
    <input type="reset" name="rest" value="重置" />
</form>
</center>
</body>
</html>
```

将上述代码文件保存到服务器的环境下，运行浏览后得到如图 7-7 所示的结果。

图 7-7　运行的结果

在文本框中输入信息，单击"提交"按钮，将会打开图 7-8 所示的信息。

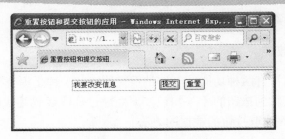

图 7-8　提交后的信息

单击重置按钮，将会产生和图 7-6 一样的结果，因为重置的意义就是将表单回到初始化状态。

7.3.2　获取文本框的数据

文本框是表单中最为常见的元素，只需要在提交处理页面输入下面的代码即可获取文本框的数据。

```php
<?php
if($Submit=="提交"){
$username=$_POST[username];
}
```

参数介绍：$username 是文本的变量名。
然后用户输入下面的代码，就可以将变量名显示出来

```php
<?php
echo "管理员:$username"
?>
```

提示：这种提交的方法必须是 POST。

7.3.3　获取单选按钮的数据

单选按钮一般是由多个按钮组成的，具有相同的 name 值，和不同的 value 值。单选按钮表示从多个选项中选择一个。在一般情况下，同一组单选按钮的名称是一样的，假如有多个单选按钮，在实际提交的数据的时候，PHP 只会分配一个变量给该组单选按钮，看下面的代码：

```html
<input type="radio" name="RadioGroup1" value="1" id="RadioGroup1_0" />
<input type="radio" name="RadioGroup1" value="2" id="RadioGroup1_1" />
```

以上代码创建了一组两个单选按钮，按钮的名称"RadioGroup1"，但是 Value 的值有两个，分别为"1"和"2"，提交后，假如用户选择了"1"，则该变量的值就是 1，如果为"2"，则该变量值为 2，依此类推。要获取单选按钮的值可采用下面的两种方法：

❑ 用 GET 方法提交的表单数据：通过"$_GET["RadioGroup1"]"获取单选按钮的值。
❑ 用 POST 方法提交的表单数据：通过"$_POST["RadioGroup1"]"获取单选按钮的值。

7.3.4 获取复选框的数据

复选框允许浏览多个选项，用户可以根据自己的需要选择选项。同一组复选框的名称是不一样的，但也可以都一样。下面通过一段代码来讲解获取复选框的数据的方法，其代码【代码57：光盘：源代码/第 7 章/7-4/】如下：

```
<html>
<head>
<title>
您喜欢吃什么水果
</title>
</head>
<body>
你爱的水果：<br>
<form method=get action="showcheckbox.php">
<input type="checkbox" name="dance" value="苹果" >苹果<br>
<input type="checkbox" name="tour" value="梨" >梨<br>
<input type="checkbox" name="sing" value="桃子" >桃子<br>
<input type="checkbox" name="ball" value="栗子" >栗子<br>
<input type="submit" name="submit" value="提交">
<input type="reset" name="reset" value="重填">
<br>
</body>
<html>
```

这是表单页面，该如何获取它的信息呢？读者在此需要注意，它需要用条件语句 if 来实现，其代码如下：

```
<?php
if (!empty($_GET['dance']))          //如果 dance 框的值不为空则获取选项值
    echo $_GET['dance'] . "<br>";
if (!empty($_GET['tour']))           //如果 tour 框的值不为空则获取选项值
    echo $_GET['tour'].    "<br>";
if (!empty($_GET['sing']))           //如果 sing 框的值不为空则获取选项值
    echo $_GET['sing'] . "<br>";
if (!empty($_GET['ball']))           //如果 ball 框的值不为空则获取选项值
    echo $_GET['ball'] . "<br>";
?>
```

将上述代码文件保存到服务器的环境下，运行浏览后得到如图 7-9 所示的结果。

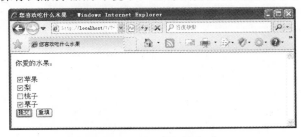

图 7-9　选择自己的选项

选择后单击"提交"按钮，将会打开如图 7-10 所示的页面。

提示：在复选框中，用户千万不能写成像获取文本框一样，例如写成下面的代码：

```
<?php
echo $_GET['dance'];
echo $_GET['tour'];
echo $_GET['sing'];
echo $_GET['ball'];
?>
```

这是错误的，因为它没有判断复选框是不是为空，只有上面的处理才是正确，因为它判断了复选框的选项是不是为空，获取复选框的值的关键也在这。

图 7-10　复选框的数据

7.3.5　获取列表框的数据

列表框能够让用户进行单项选择或者多项选择，在 PHP 中可以通过 select 或 option 关键字来创建一个列表框，下面通过一个实例进行讲解。

实例 20：获取列表框的数据

本实例演示了获取列表框数据的方法，其代码【光盘：源代码/第 7 章/7-5/】如下：

```
<html>
<head>
<title>
列表框
</title>
</head>
<body>
选择月份：<br>
<form method=post action="showselect.php">
        <select name="bmonth">

        <option value="01" selected>1</option>
        <option value="02">2</option>
        <option value="03">3</option>
        <option value="04">4</option>
        <option value="05">5</option>
        <option value="06">6</option>
```

```
            <option value="07">7</option>
            <option value="08">8</option>
            <option value="09">9</option>

            <option value="10">10</option>
            <option value="11">11</option>
            <option value="12">12</option>
           </select>
<input type="submit" name="submit" value="提交">
<input type="reset" name="reset" value="重填">
<br>
</body>
<html>
```

处理页面的实现代码如下：

```
<?php
    echo "你选择的月份是：<BR>";
    echo $_POST['bmonth'] . " 月";
?>
```

将上述代码文件保存到服务器的环境下，运行浏览后得到如图 7-11 所示的结果。

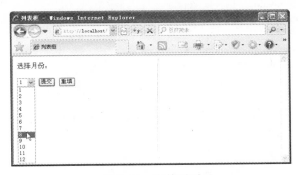

图 7-11　表单页面

选择后进行提交，提交后的页面如图 7-12 所示。

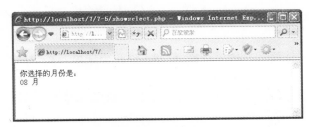

图 7-12　得到的结果

通过上述实例，读者已经掌握了获取列表框选择单项数据的方法。那么应该如何获取选择多项数据呢？其实在列表框中，很多时候是多项选择。下面通过一段代码来讲解获取选择多项数据的方法，其代码【光盘：源代码/第 7 章/7-6/】如下：

```html
<html>
<head>
<title>
列表框的多项选择
</title>
</head>
<body>
选择月份：<br>
        <form method=post action="showselect.php">
        <select name="bmonth[]" multiple size=12>
        <option value="01" selected>1</option>
        <option value="02">2</option>
        <option value="03">3</option>
        <option value="04">4</option>
        <option value="05">5</option>
        <option value="06">6</option>
        <option value="07">7</option>
        <option value="08">8</option>
        <option value="09">9</option>
        <option value="10">10</option>
        <option value="11">11</option>
        <option value="12">12</option>
        </select>
<input type="submit" name="submit" value="提交">
<input type="reset" name="reset" value="重填">
<br>
</body>
<html>
```

处理页面的代码如下：

```php
<?php
echo "你选择的月份是：<BR>";
if (!empty($_POST['bmonth']))
foreach ($_POST['bmonth'] as $Mon)
    echo($Mon . "月<br>");
?>
```

在服务器环境中进行调试，如果选择 1、3、5 几个选项，提交后将会显示如图 7-13 所示效果。

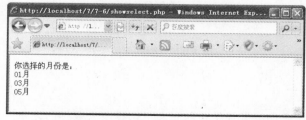

图 7-13　下拉列表框的多项选择

7.3.6 获取隐藏字段的值

隐藏字段是允许用户把辅助信息附加到窗体上的完全不可见的控件，也就是说隐藏字段将出现在浏览器窗口中，但用户无法修改。下面通过一段代码来讲解获取隐藏字段的值的方法，其代码【代码 58：光盘：源代码/第 7 章/7-7/】如下：

```
<html>
<head>
<title>
隐藏字段
</title>
</head>
<body>
<?php
    $username="dog";
?>
<form method=get action="showhide.php">
帐号：<INPUT maxLength=25 size=16 name=login ><br>
<input type="hidden" name="hidename" value="<?php print 'hello'; ?>">
<input type="submit" name="submit" value="提交">
<input type="reset" name="reset" value="重填">
</body>
<html>
```

处理页面的代码如下：

```
<?php
    //获取隐藏字段信息
    echo "你的隐藏字段信息为：<br>";
    echo $_GET['hidename'] ;
?>
```

将上述代码文件保存到服务器的环境下，运行浏览后得到如图 7-14 所示的结果。

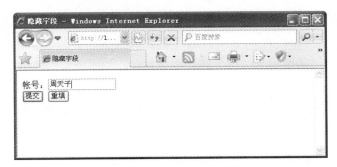

图 7-14　获取隐藏字段

单击提交后，将会打开如图 7-15 所示的效果。

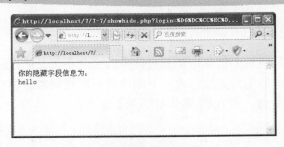

图 7-15　获取隐藏域的值

7.4　对表单传递的变量值进行编码与解码

国内网站的网上信息大多数使用汉字，但是 HTTP 在传送数据的时候，只能识别 ASCII 码，如果是空格、标点或者汉字被传递，很可能会发生不可预知的错误。为了保障信息能够得到正常的传输，需要在 PHP 网页中使用 URL 编码和 BASE64 编码，下面分别对这两种编码进行讲解。

URL 编码是一种浏览器用来打包表单输入数据的格式，是对用地址栏传递参数的一种编码规则，例如在参数中带有空格，则传递参数时就会发生错误，而用 URL 编码处理后，空格变成了 20%，这样错误就不会发生了。用户在进行编码的时候，可以使用 UrlEncode 函数，其格式如下：

```
string UrlEncode ( string str ) ;
```

UrlEncode 函数返回的字符串中除了"￣—."之外，所有非字母数字字符都被替换成百分号（%）后跟两位十六进制数的格式，空格被编码为加号（+）。此函数便于将字符串编码并将其用于 URL 的请求部分，同时还便于将变量传递给下一页。

下面通过一段代码讲解使用 UrlEncode 函数的方法，具体代码如下：

```
<?php
echo ' < a href = " # ? lmbs = ', urlencode ( " 李四 " ) , ' " > 李四 </a> ' ;
?>
```

在上面的代码中，在执行结果中看不到编码的效果。在查看该页的源代码时，会看到关键字"李四"已经被编码了，将上述代码文件保存到服务器的环境下，运行浏览后得到如图 7-16 所示的结果。

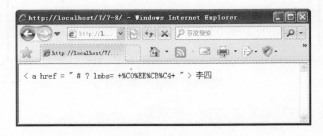

图 7-16　URL 编码与解码

提示：除了上面的编码和解码函数外，用户还可以用 UrlDecode 函数，其格式如下：

　　String urldecode (string str) ;

7.5　疑难问题解析

　　本章详细介绍了 PHP 处理网页的基本知识。本节将对本章中比较难以理解的问题进行讲解。

　　读者疑问：本章讲解了提取表单的两种方法，一种是 GET 方法，一种是 POST 方法。什么时候用 POST 方法呢？什么时候用 GET 方法呢？对于初学者来讲，应该如何灵活应用这两种方法呢？

　　解答：在网站的开发过程中，很少使用 GET 方法，绝大多数使用 POST 方法提交数据。因为 GET 方法在提交表单数据中的数据比较多的时候，特别容易出问题，所以建议初学者使用 POST 方法来提交表单。

　　读者疑问：在实际的开发过程中，是不是获取表单数据也是跟本章介绍的一样，然后将它显示出来，这样做有什么意义呢？

　　解答：这个问题问得很好，实际开发过程中并不是这样的，在本章将表单元素的数据显示出来，主要是让读者能够看到效果。在实际的开发过程中，当然有的时候也会显示，但通常是用变量去接收每一个表单的元素的值，然后连接数据库、打开数据库中的表，将表单中的数据进行处理，添加到数据库中去。PHP 与 MYSQL 是黄金搭档，通常是将表单数据添加到 MySQL 数据中去，这些知识将在本书第三篇讲解。

　　读者疑问：在表单元素中，复选框的功能和列表框有相似之处，是不是可以随意应用？

　　解答：这个答案是肯定的，一个设计者在设计网站时，需要用这样的方式去思考问题：这个功能怎么实现，用哪种实现的方法更好。这两个表单元素各有千秋，用户可根据自己的需要随意使用。

职场点拨——如何成为一名优秀的程序员

　　作为程序员，肯定都希望自己工作优秀。但是怎样才能成为一名优秀的程序员呢？如果能养成下面五个良好的习惯，那么才能真正算得上是优秀程序员。

　　（1）学无止境

　　就算是有了 10 年以上的程序员经历，也得要不断地学习，因为你工作在计算机这个充满创造力的领域，每天都会有很多的新事物出现。需要跟上时代的步伐，需要去了解新的程序语言，以及了解正在发展中的程序语言，以及一些编程框架。还需要去阅读一些业内的新闻，并到一些热门的社区去参与在线的讨论，这样你才能明白和了解整个软件开发的趋势。

　　（2）成为一个优秀的团队成员

　　今天已经很少有一个成熟的软件是一个人独立完成的，可能是一个团队中最牛的那一个，但这并不意味着就是好的团队成员。能力只有放到一个团队中才能施展开来。你在和你的团队成员交流中有礼貌吗？你是否经常和他们沟通，并且大家都喜欢和你在一起讨论问题？想想一个足球队吧，你是这个队中好的成员吗？当别人看到你在场上的跑动时，当别人看到你的传球、接球和抢断时，你的团员成员能因为你的动作受到鼓舞吗？

（3）设计要足够灵活

可能需求说明书只会要求实现一个固定的东西，但是，作为一个优秀的程序，应该随时在思考这个固定的东西是否可以有灵活的一面，比如把一些参数变成可以配置的，把一些公用的东西形成你的函数库以便以后重用。

（4）不要搬起石头砸自己的脚

程序员总是有一种不好的习惯，那就是总想赶快地完成自己手上的工作。但事实往往是越想做得快，就越是容易出问题。最终程序改过来改过去，最后花费的时间和精力反而更多。优秀程序员的习惯是前面多花一些时间多作一些调查，试验一下不同的解决方案，如果时间允许，一个好的习惯是，每4个小时的编程，需要一个小时的休息，然后又是4个小时的编程。

（5）使用版本管理工具管理你的代码

无论是个人，还是团队，在开发源代码时一定要用一个版本管理系统。使用什么样的版本管理工具依赖于团队的大小和地理分布，你也许正在使用最有效率或最没有效率的工具来管理源代码。但一个优秀的程序员总是会使用一款源码版本管理工具来管理自己的代码。

温故而知新——第一篇实战范例

第 1 篇是非常基础的内容，主要讲解了 Java 起步知识，主要目的是为第二篇的学习打下坚实的基础。JavaWeb 的开发离不开 Java 基础知识，但若是已理解了 Java 知识的读者，可以跳过第 1 篇直接进入第 2 篇的学习，下面通过范例回忆一下学过的知识。

范例1　搭建 PHP 的运行环境

PHP 环境十分重要，但是 PHP 运行环境的搭建十分简单，也不用每一个软件进行独自安装，用户完全可以使用一个傻瓜软件，安装 PHPnow，就能看到如实战图 1-1 所示的界面。

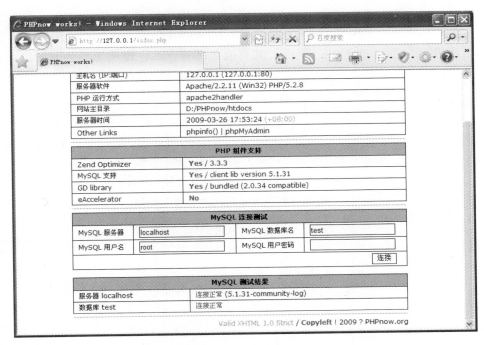

实战图 1-1　安装 PHPnow

范例2　HTML 的标签

学习 PHP，必须要懂 HTML 语言、JavaScript 和 CSS 样式表、PHP 最常用的表单、通过 CSS 样式和 JavaScipt 去美化表单。本范例将用 HTML 编写一个简单的表单。

新建一个 index.html，输入下面【光盘：源代码/温 1/01/】代码：

```html
<html>
<head>
<meta http-equiv="Content-Type" content="text/html; charset=gb2312" />
<title>网易编辑器用法演示</title>
<style type="text/css">
body{font-size:12px;color:#333333;}
</style>
</head>
<body>
<form name="form1" method="post" action="">
<input type="hidden" name="content" id="content" value="<div> 这是隐藏表单的内容</div>">
<iframe src="editor/editor.html?id=content" frameborder="0" scrolling="no" width="700" height="320"></iframe>
<br><br>
<input type="button" value="查看隐藏表单的内容" onClick="alert (content. value);">
</form>
</body>
</html>
```

然后再新建一个 editot.html 页面，其页面代码有点多，现将重要的罗列出来，其代码如下：

```css
style type="text/css">
a {font-size:12px;}
img {border:0;}
td.icon {width:24px;height:24px;text-align:center;vertical-align:middle;}
td.sp {width:8px;height:24px;text-align:center;vertical-align:middle;}
td.xz {width:47px;height:24px;text-align:center;vertical-align:middle;}
td.bq {width:49px;height:24px;text-align:center;vertical-align:middle;}
div a.n {height:16px; line-height:16px; display:block; padding:2px; color:#000000; text-decoration:none;}
div a.n:hover {background:#E5E5E5;}
</style>
<style>
#magicface{}
#magicface td{ height:29px; width:29px; background-color:#F8F8F8; text-align:center;}
#magicface td onmouseover{background-Color:#FFcccc;}
.mf_nowchose{ height:30px; background-color:#DFDFDF;border:1px solid #B5B5B5; border-left:none;}
.mf_other{ height:30px;border-left:1px solid #B5B5B5; }
.mf_otherdiv{ height:30px; width:30px;border:1px solid #FFF; border-right-color:#D6D6D6; border-
```

```css
bottom-color:#D6D6D6; background-color:#F8F8F8;}
    .mf_otherdiv2{ height:30px; width:30px;border:1px solid #B5B5B5; border-left:none; border-top:none;}
    .mf_link{ font-size:12px; color:#000000; text-decoration:none;}
    .mf_link:hover{ font-size:12px; color:#000000; text-decoration: underline;}

</style>
<style type="text/css">
<!--
    .ico {     height: 24px;   width: 24px; vertical-align:middle; text-align: center;
    }
    .ico2 {    height: 24px;   width: 27px; vertical-align:middle; text-align:center;
    }
    .ico3 {    height: 24px;   width: 25px; vertical-align:middle; text-align:center;
    }
    .ico4 {    height: 24px;   width: 8px; vertical-align:middle; text-align:center;
    }
    body {
        margin-left: 0px;
        margin-top: 0px;
        margin-right: 0px;
        margin-bottom: 0px;
    }
    .icons{ width:20px; height:20px; background-image:url(images/ mtoolallbg.gif); background-repeat:no-repeat; margin-top:2px}
    .icoCut{ background-position:0 0}.icoCpy{ background-position:-28px 0}.icoPse{ background-position:-56px 0}
.icoFfm{ background-position:-82px 0}. icoFsz{ background-position:-110px 0}.icoWgt{ background-position:-140px 0}.icoIta{ background-position:-168px 0}
.icoUln{ background-position:-196px 0}.icoAgn{ background-position:-224px 0}
.icoLst{ background-position:-252px 0}.icoLst{ background-position:-252px 0}
.icoOdt{ background-position:-280px 0}.icoIdt{ background-position:-308px 0}
.icoFcl{ background-position:-335px 0}.icoBcl{ background-position:-362px 0}
.icoUrl{ background-position:-392px 0}.icoImg{ background-position:-420px 0}
.icoMfc{ background-position:-447px 0}
    -->
</style>
```

上面是重要的 CSS 样式,虽然很多,但是实际上很简单。除此之外,这个页面还在外部调用 JavaScript,这 3 个 JavaScript 放在 script 文件夹,用户可以自行阅读。

插入表情,这个页面为 portraitSelect.htm,其页面的重要代码如下:

```
<style>
```

```
#magicface{}
#magicface td{ height:29px; width:29px; background-color:#F8F8F8; text-align:center;}
#magicface td onmouseover{background-Color:#FFcccc;}
#nav td{font-size:12px;}
.mf_nowchose{ height:30px; background-color:#DFDFDF;border:1px solid #B5B5B5; border-left: none;}
.mf_other{ height:30px;border-left:1px solid #B5B5B5; }
.mf_otherdiv{ height:30px; width:30px;border:1px solid #FFF; border-right-color:#D6D6D6; border-bottom-color:#D6D6D6; background-color: #F8F8F8; padding-top:10px;cursor: hand;}
.mf_otherdiv2{ height:30px; width:30px;border:1px solid #B5B5B5; border-left:none; border-top: none;}
.mf_link{ font-size:12px; color:#000000; text-decoration:none;}
.mf_link:hover{ font-size:12px; color:#000000; text-decoration: underline;}

</style>
```

这段代码是这个页面的样式，用户可以打开光盘中的完整代码，这个页面的功能，主要是编辑出如实战图 1-2 所示的内容。

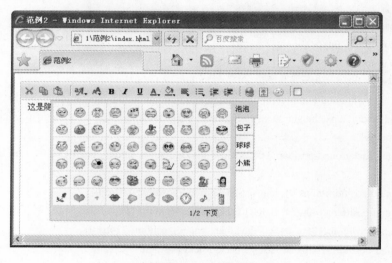

实战图 1-2　表情页面

整个代码运行完后，如实战图 1-3 所示。

本范例，涉及如下知识点：
- HTML 代码。
- JavaScript 语言。
- CSS 样式。
- 表单的信息获取。

提示：一个优秀的在线编辑器的编写需要很长的时间，这对初学者是不大可能完成的。这里主要让读者熟悉以前所学的知识，将这个源代码奉献给大家，以方便读者使用，读者不必理解如何完整写出这些代码，只需要明白大概意思即可。

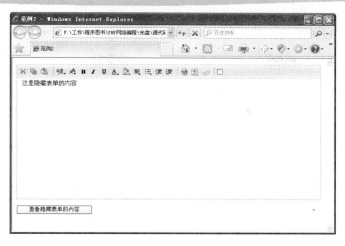

实战图 1-3　最终效果

范例 3　运算

在一个程序中，运算是必不可少的内容，下面将通过一段代码讲解 PHP 中的运算，其代码【光盘：源代码/温 1/3.php】如下：

```
<?php
    $a= 2;
    $a +=3;    //$a=$a+3，值为 5
    echo $a . "<br>";
    $a -=3;    //$a=$a-3，值为 2
    echo $a . "<br>";
    $a *=3;    //$a=$a*3，值为 6
    echo $a . "<br>";
    $a /=3;    //$a=$a/3，值为 2
    echo $a . "<br>";
?>
```

将代码文件保存到服务器的环境下，用户可以进行浏览，得到如实战图 1-4 所示的结果。

实战图 1-4　运算

本范例，涉及如下知识点：

- ❏ 变量
- ❏ 运算符
- ❏ 输出语句
- ❏ 注释语句
- ❏ 数据类型

范例 4　流程控制语句

任何一种设计语言，在默认情况下，执行程序都是从第一行执行到最后一行，但这不一定能满足用户的设计需求，流程控制语句主要是添加控制语句和循环语句。下面通过一段代码进行回顾，其代码如下：

```php
<?php
 echo "这是"if"语句结果：";
 echo "<br/>";
 $p=5;
 if($p==5):                           //左括号换成冒号
   echo "m 等于 5";
 elseif($p==10):
   echo "m 等于 10";
 else:
   echo "m 不等于 5 也不等于 10";
 endif;                               //右括号换成 endif
 echo "<br/>";
 if($p=5):                            //左括号换成冒号?>
 <?php endif;                         //右括号换成 endif
 echo "<br/><br/>";
//while 语句
 echo "这是"while"语句结果：";
 echo "<br/>";
 while($p<10):
   echo $p;
   $p++;
 endwhile;                            //右括号变成 endwhile
   echo "<br/><br/>";
//for 语句
 echo "这是"for"语句结果：";
 echo "<br/>";
 for($n=0;$n<$p;$n++):
   echo $n;
 endfor;
   echo "<br/><br/>";
 echo "这是"foreach"语句结果：";
 echo "<br/>";
 $num=array(1,2,3,4,5,6,7,8,9);
 foreach($num as $value):
```

```
        echo "$value";
      endforeach;
        echo "<br/><br/>";
    //switch 语句
      echo "这是"switch"语句结果：";
      echo "<br/>";
      switch(2):
        case 0:
          echo "m=0";
        break;
        case 1:
          echo "m=1";
        break;
        case 2:
          echo "m=2";
        break;
      endswitch;
    ?>
```

将代码文件保存到服务器的环境下，用户可以进行浏览，得到如实战图 1-5 所示的结果。

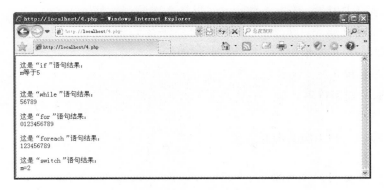

实战图 1-5　流程控制语句

本范例，涉及到如下知识点：
- 条件语句
- While 语句
- For 语句
- foreach 语句
- Switch 语句

第二篇　提　高　篇

第 8 章　操作字符串

在前面的章节中,已经讲解了字符串的知识。本章将讲解如何操作字符串,如何让丰富多彩的字符串符合 PHP 的多种要求。本章将详细讲解如何操作字符串的知识,通过本章能学到如下知识:

- 将特殊字符去掉
- 单引号和双引号
- 字母大小写互相转换
- 求字符串长度
- ASCII 编码与字符串
- 分解字符串
- 职场点拨——和上级的沟通之道

2009 年 XX 月 X 日,天气阴

今天十分郁闷,领导让我晚上加班,估计得忙到半夜。但是很早就答应同学 A 去喝他的喜酒,真是左右为难啊!

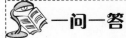一问一答

小菜:"我真的很为难啊,恨不能把自己掰成两半,一半去喝喜酒,一半去加班,这样就谁也得罪不了!"

Wisdom:"呵呵,在生活中我们总会遇到很多烦心事,职场中也不例外。此时你需要冷静下来想出一个好的解决办法。希望本章最后的'和上级的沟通之道'能对你有帮助"

小菜:"嗯,言归正传,本章我们学习的字符串有什么用?"

> Wisdom:"职场中的你需要每天面对同事和领导,同样在 PHP 程序中,也需要面对各种不同的数据类型。读者可能会问:"能否有一种好的方法,能够轻松地操作这些字符串呢?你只需看完本章内容,就会发现字符串操作不过如此!"

8.1 认识字符串

字符串是数据类型的一种,在前面的章节中已经讲解过相关的知识,本章将向读者介绍如何操作字符串。下面讲解一段普通的字符串代码,希望能起到抛砖引玉的作用,代码【代码 59:光盘:源代码/第 8 章/8-1.php】如下:

```php
<?php
//只过滤默认字符,点不会被过滤掉
$text = "\t\t 我的最爱  :) ...    ";

echo trim($text);              // 输出"These are a few words :) ..."
echo "<BR>";
//过滤掉/t 和.
echo trim($text, " \t.");      // 输出"These are a few words :)"

// 可以使用下面语句取出二进制数据的前后控制字符
// (从 0 到 31)
//$clean = trim($binary, "\x00..\x1F");

?>
```

上面的功能是十分简单,执行结果如图 8-1 所示。

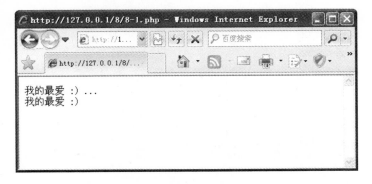

图 8-1 去除不需要的字符

8.2 将特殊字符去掉

在 PHP 中可以将一些不必要的字符串去掉。下面将详细讲解这方面的知识。

8.2.1 去除多余字符

在输入信息的过程中，常常会无意地输入一些空格，有时字符串不允许出现空格。此时就需要使用 trim()函数和 ltrim()函数来去掉这些空格。trim()的格式如下：

> string trim (string str [, string charlist])

默认情况下，trim()函数能将下面的字符去掉：
- " " (ASCII 32 (0x20))：空格。
- "\t" (ASCII 9 (0x09))：tab 字符。
- "\n" (ASCII 10 (0x0A))：换行符。
- "\r" (ASCII 13 (0x0D))：回车符。
- "\0" (ASCII 0 (0x00))：空字节。
- "\x0B" (ASCII 11 (0x0B))：垂直制表符。

ltrim()函数能够去除字符串左边的空格或指定的字符串，默认情况和 trim()函数一样，其格式如下：

> string ltrim (string str [, string charlist]);

下面通过一段代码来讲解函数 ltrim()的用法，代码【代码 60：光盘：源代码/第 8 章/8-2.php】如下：

```php
<?php
//删除左边默认字符
$text = "   ...我喜欢你，你不知道吗 :) ...";
$trimmed = ltrim($text);
echo $trimmed;
echo "<br>";
//要删除.和空格
$trimmed = ltrim($text, ". ");
echo $trimmed;
?>
```

将上述代码文件保存到服务器的环境下，运行浏览后得到如图 8-2 所示的结果。

图 8-2　去除特殊字符

8.2.2 格式化字符串

在 PHP 的开发过程中，经常需要按照指定的格式输出一些字符。在 PHP 中可以使用 sprintf()函数，向网页中输出一个格式化字符串。其函数声明如下：

string spintf(string format,mixed[args]…);

参数介绍：

format 用于指定输出字符串的格式，该参数由普通字符和格式转换符组成，普通字符按原样输出，格式转换符以"%"开头，格式化字符则由后面的参数替代输出。

需要删掉一些字符，必须要使用一些符号，这些符号如 8-1 表所示。

表 8-1 类型描述

符 号	说 明
%	表示不需要参数
b	参数被转换成二进制整型
c	参数被转变成整型，且以 ASCII 码显示
d	参数被转换为十进制整型
f	参数被转换为浮点型
o	参数被转换为八进制整型

下面通过一个例子来讲解 sprintf()函数的用法，其代码【代码 61：光盘：源代码/第 8 章/8-3.php】如下：

```
<?php
//定义四个不同的量
$name= "重庆工商大学";
$xue= 4500.56;
$za= 2388.45;
$zong= $xue+$za;
//格式化输出字符串
echo sprintf("%s 您应交的费用总额￥%0.01f 元",$name,$zong);
?>
```

将上述代码文件保存到服务器的环境下，运行浏览后得到如图 8-3 所示的结果。

图 8-3 去除多余的符号

8.3 单引号和双引号

在 PHP 中,字符串常常以串的整体作为操作对象,一般用双引号或者单引号的方式来标识一个字符串,实际上这两种方式在使用上是有一定的区别的。下面通过一段代码【代码62:光盘:源代码/第 8 章/8-4.php】来说明。

```
<html>
<head>
<meta http-equiv="Content-Type" content="text/html; charset=gb2312">
<title>单引号和双引号的输出</title>
</head>
<body>
<?php
$strs = "深爱着 PHP";                    //应用双引号定义一个字符串
$stres = '深爱着 PHP 这门语言';           //应用单引号定义一个字符串
echo $strs;
echo "<br>";                             //输出双引号中的字符串
echo $stres;                             //输出单引号中的字符串
?>
</body>
</html>
```

将上述代码文件保存到服务器的环境下,运行浏览后得到如图 8-4 所示的结果。

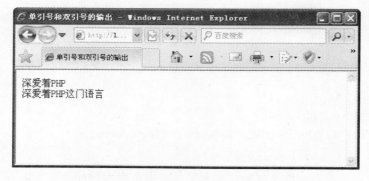

图 8-4　单引号和双引号

在普通文件中,双引号和单引号是看不出太大区别的,倘若是通过变量处理,却有着很大的区别。下面通过一段代码【光盘:源代码/第 8 章/8-5.php】来说明区别。

```
<html>
<head>
<meta http-equiv="Content-Type" content="text/html; charset=gb2312">
```

```
<title>单引号和双引号的区别</title>
</head>

<body>
<?php
$test = "他的国";
$strs = "我期待《.$test.》的问世";
$stres = '我期待$test 的问世';
echo $strs;
echo "<br>";                    //输出双引号中的字符串
echo $stres;                    //输出单引号中的字符串
?>

</body>
</html>
```

将上述代码文件保存到服务器的环境下，运行浏览后得到如图 8-5 所示的结果。

图 8-5　单引号和双引号

8.4　字母大小写互相转换

字符串中有许多大小写字母，很多时候需要将大写字母转换为小写，或将小写字母转换为大写。下面将详细讲解在 PHP 中实现字母大小转换的操作过程。

8.4.1　将字符串转换成小写

在 PHP 中可以使用 strtolower()函数将传入的所有的字符串全部转换成小写，并以小写形式返回这个字符串。该函数声明如下：

```
string strtolower(string str)
```

下面通过一段代码来讲解 strtolower()函数的用法，其代码【代码 63：光盘：源代码/第 8 章/8-6.php】如下：

```
?php
```

```
$str = "I want To FLY";
//原样输出 str 的值
echo $str;
echo "<br>";
//使用小写形式输出 str 的值
$str = strtolower($str);
echo $str;
?>
```

将上述代码文件保存到服务器的环境下，运行浏览后得到如图 8-6 所示的结果。

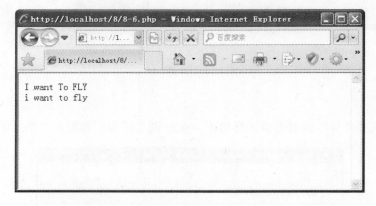

图 8-6　转换成小写

8.4.2　将字符串转换成大写

有时需要将所有字母转换成大写，在 PHP 中可以通过 strtoupper()函数将传入的所有的字符串全部转换成大写，并以大写形式返回这些字符串。strtoupper()函数的声明格式如下：

```
string strtoupper(string str)
```

下面通过一段代码进行讲解 strtoupper()函数的用法，其代码【代码 64：光盘：源代码/第 8 章/8-7php】如下：

```
<?php
$str = "I love you";
//原样输出 str 的值
echo $str;
echo "<br>";
//使用大写形式输出 str 的值
$str = strtoupper($str);
echo $str;
?>
```

将上述代码文件保存到服务器的环境下，运行浏览后得到如图 8-7 所示的结果。

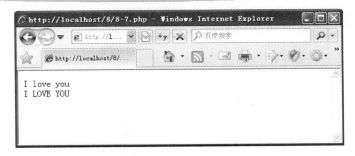

图 8-7 转换成大写

8.4.3 将字符转换成大写

在 PHP 中，可以使用 ucfirst()函数将字符串的第一个字符转换成大写，并返回首字符大写的字符串。该函数声明格式如下：

> string ucfirst(string str)

下面将通过一段代码来讲解 ucfirst()函数的用法，其代码【代码 65：光盘：源代码/第 8 章/8-8.php】如下：

```
<?php
//原来首字符小写
$foo = 'hello world!';
$foo = ucfirst($foo);                    //输出 Hello world!
echo $foo . "<br>";
//首字符大写，则不改变
$bar = 'HELLO WORLD!';
$bar = ucfirst($bar);                    //输出 HELLO WORLD!
echo $bar . "<br>";
//将所有字符变成小写后，再将首字符变成大写
$bar = ucfirst(strtolower($bar));        //输出 Hello world!
echo $bar . "<br>";
?>
```

将上述代码文件保存到服务器的环境下，运行浏览后得到如图 8-8 所示的结果。

图 8-8 将字符串首字母转换成大写

8.4.4 将字符每个单词的首字母转换成大写

在 PHP 中，可以使用 ucwords（）将字符串中的每个单词的首字符转换成大写，并返回每个单词首字符大写的字符串。该函数声明如下：

string ucwords(string str)

下面将通过一段代码来讲解，其代码【代码 66：光盘：源代码/第 8 章/8-9.php】如下：

```php
<?php
$foo = 'hello world!';
$foo = ucwords($foo);                   //输出 Hello World!
echo $foo . "<BR>";

$bar = 'HELLO WORLD!';
$bar = ucwords($bar);                   // 输出 HELLO WORLD!
echo $bar . "<BR>";
//全部转换成小写再将首字符转换成大写
$bar = ucwords(strtolower($bar));       // 输出 Hello World!
echo $bar . "<BR>";
?>
```

将上述代码文件保存到服务器的环境下，运行浏览后得到如图 8-9 所示的结果。

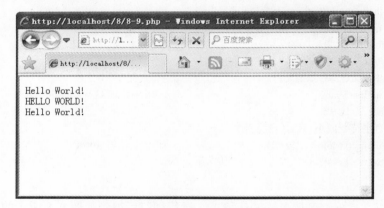

图 8-9　将每个字母的大小写进行转换

8.5　获取字符串长度

在 PHP 的编程过程中，很多时候需要知道字符串的长度。比如在注册页面信息时，需要获取用户输入的相关数据信息。而这些相关的信息中可能有中文、英文以及数字。那么如何才能更准确地计算出这些文件内容的长度呢？在 PHP 中可以通过 strlen()函数准确地计算出字符串的实际长度。此函数的格式如下：

int strlen(string str);

该函数的主要功能是返回字符串 str 的长度，下面通过一个实例来讲解此函数的用法。

实例 21：求字符串的长度

下面讲解通过函数 strlen()函数获取字符串长度的方法，其代码【光盘：源代码/第 8 章 8-10.php】如下：

```php
<?php
//定义 str 的值为"abcde"
$str = 'abcdef';
//输出 str 的的长度
echo strlen($str); // 6
echo "<br>";
//定义 str 的值有空格
$str = ' ab cd ';
//输出 str 的的长度
echo strlen($str); // 7
?>
```

将上述代码文件保存到服务器的环境下，运行浏览后得到如图 8-10 所示的结果。

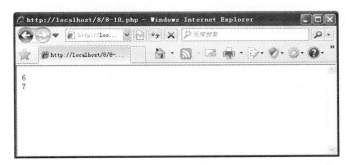

图 8-10　求字符串长度

多学一招

这个函数可以计算英文字母和汉字的长度，因为汉字也是字符串。下面通过一段代码进行讲解，其代码【光盘：源代码/第 8 章/8-11.php】如下：

```php
<?php
$str="地上本没有路，走的人多了，便成了路。";
echo $str;
echo "<br>";
echo strlen($str);
?>
```

将上述代码文件保存到服务器的环境下，运行浏览后得到如图 8-11 所示的结果。

提示：汉字的计算和字母、数字不同，一个汉字相当于两个字符，在上述实例中有 18 个汉字，有 36 个字符。读者一定要注意，数字、字母默认情况是半角，如果不小心弄成全角，那么一个字母也相当于两个字符。例如"1"、"1"，前者是全角，是两个字符，后者是半角,是一个字符。

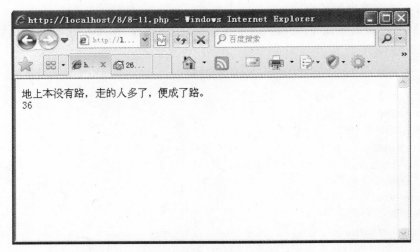

图 8-11　求汉字的长度

8.6　查找和替换字符串

相信读者一定用过记事本和 Word 软件,这些软件提供了字符串的查找和搜索功能,本节将详细介绍如何在 PHP 中实现字符串的查找与替换功能。

8.6.1　查找字符串

很多时候需要对一些字符串进行特别的编辑,用户需要用到一些特定的办法找到这些字符串。PHP 中提供了许多方便的字符查找函数,下面将详细讲解。

1. strstr()函数

strstr()函数的主要功能是,在一个字符串中查找匹配的字符串,其函数的格式如下:

```
string strstr ( string haystack, string needle )
```

参数介绍:

❑ stringhaystack:表示需要查找的字符串。
❑ string needle:查找的关键字。

实例 22:通过函数查找字符串

通过本实例讲解 strstr()函数查找字符串的方法,其代码【光盘:源代码/第 8 章/8-12.php】如下:

```
<?php
//定义 email 的值
$email = 'user@example.com';
//在 email 值中查找字符"@"
$domain = strstr($email, '@');
echo $domain;
```

```
?>
```

将上述代码文件保存到服务器的环境下，运行浏览后得到如图 8-12 所示的结果。

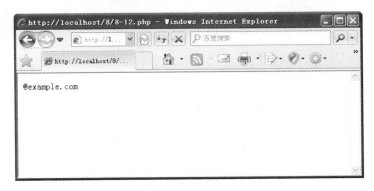

图 8-12　查找字符串

多学一招

上面的实例主要是为了使用户对查找函数有一定的认识。下面将介绍这个函数查找功能，其代码【光盘：源代码/第 8 章/8-13.php】如下：

```
<?php
$piece     = 6;
$data      = 'djhfoldafg9d7yfr3nhlrfkhasdfgd';
$piece1    = substr($data,0,$piece);
$piece2    = strstr($data,substr($data,$piece,$piece));
echo '$piece1 :'.$piece1;
echo "<br>";
echo '$piece2 :'.$piece2;
?>
```

将上述代码文件保存到服务器的环境下，运行浏览后得到如图 8-13 所示的结果。

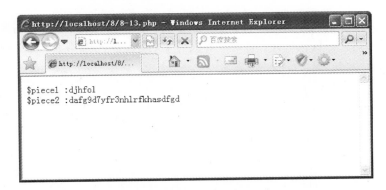

图 8-13　查找字符串

2. stristr()函数

前面的 strstr()函数虽然有查找功能,但是它对大小写十分敏感,而函数 stristr()对大小写无区别,其函数格式如下:

```
string stristr ( string haystack, string needle )
```

参数介绍:
- Stringhaystack:表示需要查找的字符串。
- String needle:查找的关键字。

实例 23:使用 stristr()查找指定字符串

本实例讲解用 stristr()函数查找字符串的方法,其代码【光盘:源代码/第 8 章/8-14.php】如下:

```php
<?php
    $email = 'USER@EXAMPLE.com';
    echo stristr($email, 'e');
?>
```

将上述代码文件保存到服务器的环境下,运行浏览后得到如图 8-14 所示的结果。

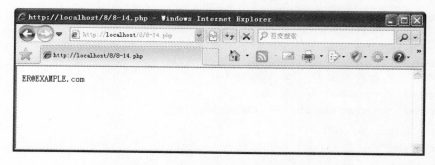

图 8-14　不区分大小写查找字符串

上述实例实现了在指定字符串中查找指定的字符,如果查找的字符在字符串中没有时,该如何显示呢?下面通过一段代码进行讲解,其代码【光盘:源代码/第8章/8-15.php】如下:

```php
<?php
    $string = 'Hello World!';
    if(stristr($string, 'earth') === FALSE) {
        echo '"earth" not found in string';
    }
?>
```

将上述代码文件保存到服务器的环境下,运行浏览后得到如图 8-15 所示的结果。

3. strrchr()函数

strrchr()函数的用法和前面的函数大致相同,只是这个函数从最后一个被搜索到的字符

串中开始返回,其格式如下:

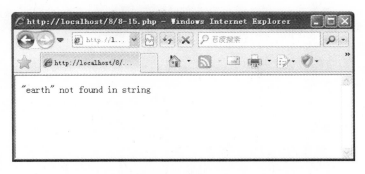

图 8-15 查找字符串

```
string strrchr ( string haystack, string needle )
```

参数介绍如下:
- stringhaystack:表示需要查找的字符串。
- string needle:查找的关键字。

8.6.2 定位字符串

在上一节介绍的字符串函数中,函数的执行结果都是返回字符串。接下来介绍的函数虽然也是查找字符串的,但是函数返回的是字符串所在的位置。下面将详细讲解这些函数的基本知识。

1. strpos()函数

用 strpos()函数在原始字符串中查找目标子字符串第一次出现的位置,其格式如下:

```
int strpos ( string haystack, mixed needle [, int offset] )
```

needle 第一次出现的参数,如果没有找到,则返回 False,其中参数 offset 表示从原始字符串 haystack 的第 offset 个字符开始搜索,下面通过一段代码来讲解 strpos()函数的用法,其代码【代码 67:光盘:源代码/第 8 章/8-16.php】如下:

```php
<?php
$mystring = 'abc';
$findme   = 'a';
$pos = strpos($mystring, $findme);

// 注意判断返回值,要用恒等表达式===
//因为如果查找到为第1个字符,其位置索引为0,和 false 是一样的
if ($pos === false) {
    echo "没有找到字符串 $findme";
} else {
    echo "找到子字符串$findme";
    echo " 其位置为 $pos<br>";
}
```

```
// 设定起始搜索位置
$newstring = 'abcdef abcdef';
$pos = strpos($newstring, 'a', 1); // $pos = 7
echo "设定初始查询位置：";
echo $pos;
?>
```

将上述代码文件保存到服务器的环境下，运行浏览后得到如图 8-16 所示的结果。

2. 返回最后一个被查询字符串的位置

定位字符用于检索某个字符在字符串中最先出现的位置，在 PHP 中可以通过 strrpos()函数来实现此功能。strrpos()的语法格式如下：

> int **strrpos** (string haystack, string needle [, int offset]

实例 24：使用 strrpos()函数

本实例通过 strrpos()返回最后一个被查询字符串的位置，其代码【光盘：源代码/第 8 章/8-17.php】如下：

```
<?php
$mystring="adsfdgq4ertadbasdbbasdb";
//查询 mystring 值中最后一个字符"b"的位置
$pos = strrpos($mystring, "b");
if ($pos === false) //如果没有找到字符"b"
    echo "没有找到字符 b";
else//找到字符"b"则输出其位置
    echo "b 最后出现的位置为 $pos";
?>
```

将上述代码文件保存到服务器的环境下，运行浏览后得到如图 8-17 所示的结果。

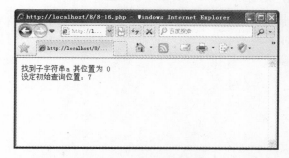

图 8-16　定位字符串

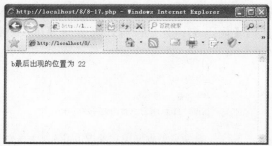

图 8-17　定位字符串

提示：在查询的字符串中，如果被查询的字符串不在原始字符串中，strpos()和 strrpos() 函数都会返回 False，因为 PHP 中 False 等价于 0，也就是说，字符串的第一个字符，为了避免这个问题，采用 "===" 来测试返回值，判断返回是否为 False，即 "if ($result===False)"。

3. strripos()函数

strripos()函数返回最后一次出现查询字符串的位置,该函数区分大小写,其格式如下:

```
int strripos ( string haystack, string needle [, int offset] )
```

下面用一段代码来讲解 strripos()函数的用法,其代码【代码 68:光盘:源代码/第 8 章/8-18.php】如下:

```php
<?php
$haystack = 'ababcd';
$needle   = 'aB';
//在 haystack 值中查找字符"ab"最后出现的位置
$pos      = strripos($haystack, $needle);
//如果没有发现字符"ab"
if ($pos === false) {
    echo "Sorry, we did not find ($needle) in ($haystack)";
} else {//如果发现字符"ab"则输出其位置
    echo "Congratulations!\n";
    echo "We found the last ($needle) in ($haystack) at position ($pos)";
}
?>
```

将上述代码文件保存到服务器的环境下,运行浏览后得到如图 8-18 所示的结果。

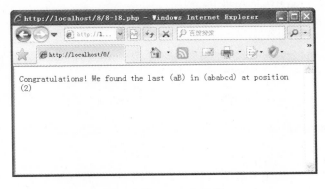

图 8-18　Strripos()函数

8.6.3　字符串替换

字符串替换,就是将查找到的内容进行改变,下面将详细讲解字符串替换的基本知识。

1. str_replace()函数

str_replace()函数能够用新的子字符串替换原始字符串中被指定的字符串,其格式如下:

```
mixed str_replace ( mixed search, mixed replace, mixed subject [, int &count] )
```

参数介绍:

- search:表示要替换的目标字符串。

- replace：表示替换后的新字符串。
- subject：表示原始字符串。
- &count：表示被替换的次数。

提示

在使用这个函数的时候，用户一定要注意下面的情况：
- secarh 是数组，replace 是字符串，使用 str_replace 函数将会用 replace 替换 secrch 数组中的所有成员。
- search、replace 都是数组，则会替换数组中的成员。

下面通过一段代码来讲解 str_replace()函数的用法，其代码【代码 69：光盘：源代码/第 8 章/8-19.php】如下：

```php
<?php
$var = 'ABCDEFGH:/MNRPQR/';
echo "原始字符串 : $var<hr />\n";

/* 下面两句替换整个字符串 */
echo substr_replace($var, 'bob', 0) . "<br />";
echo substr_replace($var, 'bob', 0, strlen($var)) . "<br />";

/* 在句首插入字符串，即被替换的字符串为空 */
echo substr_replace($var, 'bob', 0, 0) . "<br />";

/* 下面两句用'bob'替换'MNRPQR' */
echo substr_replace($var, 'bob', 10, -1) . "<br />";
echo substr_replace($var, 'bob', -7, -1) . "<br />";

/* 删除'MNRPQR' */
echo substr_replace($var, '', 10, -1) . "<br />";
?>
```

将上述代码文件保存到服务器的环境下，运行浏览后得到如图 8-19 所示的结果。

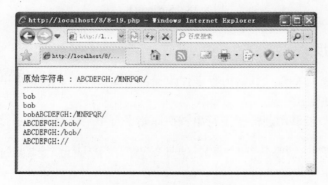

图 8-19　字符串替换

2. substr_replace()函数

substr_replace()函数的功能和上面的函数十分相似，只是该函数增加了限制的条件，将用户原始字符串中的部分子字符进行查找和替换。该函数的格式如下：

> mixed substr_replace (mixed string, string replacement, int start [, int length])

参数介绍如下：
- string：表示原始字符串。
- replacement：表示替换后的新字符串。
- start：表示要替换的目标字符串的起始位置。
- length：表示被替换的字符串的长度。

其中，start 和 length 可以是负数，如果 start 表示正数，则表示从字符串的开始处计算；如果是一个负数，则表示从末尾开始的一个偏移量；length 如果为整数，则表示从 start 开始的被替换字符串的长度；如果为负数，则表示从原始字符串末尾开始到第 length 个字符串停止替换。

下面通过一段代码来讲解 substr_replace()函数的用法，其代码【代码 70：光盘：源代码/第 8 章/8-20.php】如下：

```php
<?php
$var = 'ABCDEFGH:/MNRPQR/';
echo "原始字符串 : $var<hr />\n";

/* 下面两句替换整个字符串 */
echo substr_replace($var, 'bob', 0) . "<br />";
echo substr_replace($var, 'bob', 0, strlen($var)) . "<br />";

/* 在句首插入字符串，即被替换的字符串为空 */
echo substr_replace($var, 'bob', 0, 0) . "<br />";

/* 下面两句用'bob'替换'MNRPQR' */
echo substr_replace($var, 'bob', 10, -1) . "<br />";
echo substr_replace($var, 'bob', -7, -1) . "<br />";

/* 删除'MNRPQR' */
echo substr_replace($var, '', 10, -1) . "<br />";
?>
```

将上述代码文件保存到服务器的环境下，运行浏览后得到如图 8-20 所示的结果。

3. str_ireplace()函数

str_ireplace()函数同 str_replace()函数的功能和用法大致相同，只是该函数对大小写不敏感，其声明的格式如下：

> mixed str_ireplace (mixed search, mixed replace, mixed subject [, int &count])

参数介绍如下:
- Search:表示要替换的目标字符串。
- Replace:表示替换后的新字符串。
- Subject:表示原始字符串。
- &count:表示被替换的次数。

下面通过一段代码来讲解 str_ireplace()函数的用法,其代码【代码 71:光盘:源代码/第 8 章/8-21.php】如下:

```
<?php
$bodytag = str_ireplace("%body%", "black", "<body text=%BODY%>");
echo htmlspecialchars($bodytag);
?>
```

将上述代码文件保存到服务器的环境下,运行浏览后得到如图 8-21 所示的结果。

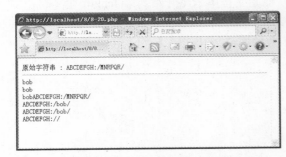

图 8-20 substr_replace 函数

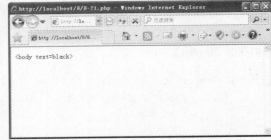

图 8-21 str_ireplace 函数

8.7 ASCII 编码与字符串

ASCII 编码是计算机中用来显示字符的编码,它的取值范围是 0~255,包括标点、字母、数字、汉字等。在编程过程中,经常把指定的字符转化为 ASCII 码进行比较,下面将讲解通过 PHP 函数获取 ASCII 编码的方法。

8.7.1 chr()函数

chr()函数用于将 ASCII 码值转化为字符串,其声明格式如下:

```
string chr ( int ascii )
```

chr()函数的主要功能是将该函数用于将 ASCII 码值转化为字符串。下面通过一段代码来讲解 chr()函数的用法,其代码【代码 72:光盘:源代码/第 8 章/8-22.php】如下:

```
<?php
$str = "The string ends in escape: ";
echo $str;

echo "<br>";
```

```
$str .= chr(27); /* 在 $str 后边增加换码符 */
echo $str .;
echo "<br>";

$str = sprintf("The string ends in escape: %c", 27);
echo $str;
?>
```

将上述代码文件保存到服务器的环境下，运行浏览后得到如图 8-22 所示的结果。

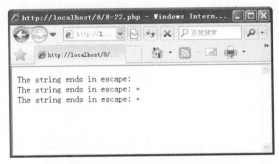

图 8-22　将 ACSII 转换为字符串

8.7.2　ord()函数

ord()函数用于获取字符的 ACSII 编码，其格式如下：

　　int ord (string string)

下面通过一段代码来讲解 ord()函数的用法，其代码【代码 73：光盘：源代码/第 8 章/8-23.php】如下：

```
<?php
$str1=chr(88);
echo $str1;                    //返回值为 X
echo "\t";
$str2=ord('S');
echo $str2;                    //返回值为 83
?>
```

将上述代码文件保存到服务器的环境下，运行浏览后得到如图 8-23 所示的结果。

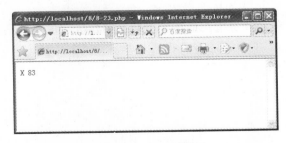

图 8-23　ord()函数

8.8 分解字符串

在 PHP 中，通过 split()函数实现分解字符串的功能，该函数用于把一个字符串通过指定的字符分解为多个子串，并分别存入数组中。其语法格式如下：

array split(string pattern,string str[,int limit]);

参数介绍如下：
- pattern：用于指定作为分解标识的符号，注意该参数要区分大小写。
- str：欲处理的字符串。
- limit：返回分解子串个数的最大值，默认为全部返回。

提示：preg_split() 函数使用了 Perl 兼容正则表达式语法，这通常是比 split() 函数方式更快的替代方案。如果不需要正则表达式的功能，则使用 explode() 函数更快，不会导致正则表达式引擎的浪费。

下面通过一段代码来讲解 split()函数的用法，其代码【代码 74：光盘：源代码/第 8 章/8-24.php】如下：

```
<?php
$date="2006-10-12 16:50:49";
list($year,$month,$day,$hour,$minute,$second)=split('[-: ]',$date);
echo"北京时间：{$year}年{$month}月{$day}日{$hour}时{$minute}分{$second}秒";
?>
```

将上述代码文件保存到服务器的环境下，运行浏览后得到如图 8-24 所示的结果。

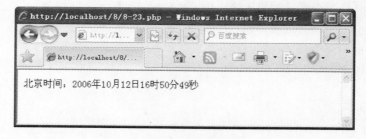

图 8-24 分解字符串

多学一招

上面的实例实现了一个十分有用的字符串的分解模块，读者一定要弄清是如何分解的，并了解各个参数的功能。下面通过一段代码来加深读者对 split()函数的认识，其代码【光盘：源代码/第 8 章/8-25.php】如下：

```
<?php
$ferro="2&#65533;12";
$valore=split("[&#65533;]",$ferro);
echo $ferro."<br>";
echo "p1-".$valore[0]."<br>";
```

```
echo "p2-".$valore[1]."<br>";
echo "p3-".$valore[2]."<br>";
$ferro="2d12";
$valore=split("[d]",$ferro);
echo $ferro."<br>";
echo "p1-".$valore[0]."<br>";
echo "p2-".$valore[1]."<br>";
?>
```

将上述代码文件保存到服务器的环境下，运行浏览后得到如图 8-25 所示的结果。

图 8-25　分解字符串

8.9　加入和去除转义字符 "\"

在字符串中不可避免地会有一些特殊字符，这些字符需要加入转义字符才能实现功能。转义字符就是用反斜杠放在需要转义的字符前，表示那个字符要看做一个普通字符。ASCII 中有一些非打印字符，如换行、回车等，这些字符必须直接写入 ASCII 值才可以输出。因这些 ASCII 值没有任何规律，可读性不高，不方便记忆。因此，要通过转义字符来代替 ASCII 码值，以克服 ASCII 的缺点。转义字符如表 8-2 所示。

表 8-2　转义字符

序　列	含　义	序　列	含　义
\n	换行	\$	美元符号
\r	回车	\"	双引号
\t	水平制表符 Tab	\[0-7]{1,3}	匹配一个用八进制符号表示的字符
\\	反斜线	\x[0-9A-Fa-f]{1,2}	匹配一个用十六进制符号表示的字符

在 PHP 中，为了让用户快速地使用 PHP 字符串，引入了一些去除或加入转义字符的函数。具体说明如下：

❑ addcslashes() 函数：该函数用于加入字符串中的 "\"，其函数的声明格式：String addcslashes(string str,string charlist)。

❑ stripcslashes() 函数：该函数用于去掉字符串中的 "\"，该函数的声明如下：string stripcslashes(string str)。

下面通过一段代码来讲解转义函数的用法，其代码【代码 75：光盘：源代码/第 8 章/8-26.

php】如下：

```
<?php
$str="谁能告诉我^告诉我";
$str1=addcslashes($str,"^");
echo $str1."<br>";
$str2=stripcslashes($str1);
echo $str2;
?>
```

将上述代码文件保存到服务器的环境下，运行浏览后得到如图 8-26 所示的结果。

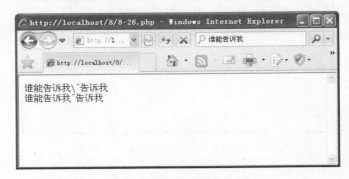

图 8-26　转义字符

8.10　疑难问题解析

本章详细介绍了在 PHP 中操作字符串的基本知识。本节将对本章中比较难以理解的问题进行讲解。

读者疑问：在本章中讲解了许多字符串的操作，有没有一种方法可以对 HTML 元素进行操作和转换？

解答：可以，只是很少使用。读者可以尝试使用 htmlspecialchars()函数和 htmlentities()函数，这些函数都可以对 HTML 元素进行操作，至于其用法读者可以去查询 PHP 函数使用手册。

读者疑问：我在学习的过程中，发现字符串常常有一些匹配的内容，如网站地址、邮箱地址，这些内容都是固定的格式，对于字符串有没有特殊的操作？

解答：这些字符串是一种的特殊字符串，对于 PHP 也是十分重要的，它实际上是正则表达式，正则表达式的内容将会在本书第 13 章进行讲解，这里不再赘述。

 ## 职场点拨——和上级的沟通之道

作为一名程序员，大家可能都十分专注于技术，在工作中很少注意和同事以及领导之间的关系。其实在工作中处理好这些关系，尤其是上下级关系，是十分必要的。

要想处理好和上级之间的关系，必须具备一定的沟通技巧。那究竟怎样才能实现和上级良好的沟通呢？看下面的3条经验：

（1）要抱着虚心的精神，不要妄自尊大

从沟通的某个议题来看，从不同的角度不同的人必然有值得肯定的地方。但是作为下级，一定不要有膨胀心理，并且要认真倾听上级的建议。

（2）要有辨别是非的能力

在很多时候，上级可能在分析某个项目时遗漏了一些重要的内容。此时一定要指出来，但是指出的时候一定要含蓄，建议单独去上级办公室面谈，不要在公共场合提意见。

（3）只要让上级信任才会得到重用

要想得到老板的重用，首先要得到他的信任。俗话说千里马常有而伯乐不常有，如果不甘心整天做一些维护之类的工作，那么就需要在上级面前表现出来自己的优点。作为一名程序员，该怎样表现呢？笔者的建议是无论做什么事情都要做好计划，做好报告，勤报告，说明来龙去脉。并且要将这些资料上报给领导，这样的目的是让老板对自己放心。只要他放心了，就会信任地将任务交给我们来完成。

第9章 文件操作

任何数据都是以文件的形式保存在存储设备上的，在存储设备上通常存在不同的目录，数据文件就存放在不同目录下。如何在复杂的目录中找到想要的文件，并且能够对文件进行读/写修改等操作呢？如此复杂的目录结构，PHP 是如何对文件进行操作的呢？本章详细讲解 PHP 操作文件和目录的基本知识。通过本章能学到如下知识：

- ❏ 文件访问
- ❏ 读/写文件
- ❏ 指针
- ❏ 目录操作
- ❏ 职场点拨——做一个优秀的团队成员

2009 年 11 月 10 日，多云

凌晨时分，我刚看完一场英超联赛，球星云集的曼联队竟然输给了一支弱旅，爆出了本轮最大冷门。

一问一答

小菜："昨晚看球赛了吗，球星云集的曼联队竟然输给了联赛倒数第一！"

Wisdom："呵呵，昨晚的比赛我也看了，C 罗太单打独斗了，很少和队友做配合。足球是 11 人的运动，没有团队精神的球队输球很正常。"

小菜："既然足球场上团队合作很重要，那你说 PHP 体系中最重要的是什么？"

Wisdom："呵呵，当然都很重要了！"

小菜："奥，言归正传，本章将要讲的文件操作很重要吗？"

Wisdom："几乎所有的程序教材中，都会用专门一章的内容讲解文件操作相关的知识。PHP 中的文件操作主要包括对文件的访问、读取、写入与定位和目录的打开、关闭、创建与删除等知识，这些知识非常重要，它们都是紧密相连的操作，读者掌握这些知识后，能很灵活地操作文件与目录。"

9.1 看一段代码

PHP 可以对文件进行访问、读取、写入与定位，并且可以对目录实现打开、关闭、创建与删除等操作。下面展示一段代码，实现一个简单的文件操作功能，代码【代码 76：光盘：源代码/第 9 章/9-1/start.php】如下：

```php
<?php
    $filename = "/text.txt" ;
    $direct = "test" ;
    $Relative=$direct.$filename;
    $add = "新增加的文件内容\r\n" ;
    if ( is_dir ( $direct ))                        //检测是否是一个合法的目录
    {
        if ( $shi = opendir ( $direct ))            //打开目录
        {
            echo "目录指针$shi<br>" ;               //输出目录指针
            while ($list=readdir($shi))             //读取目录
            {
                echo "目录中的内容$list <br>" ;     //输出目录中的内容
            }
            if ( file_exists( $Relative ))
            {
                print $filename."文件存在!<br>" ;
            }else{
                print $filename."文件不存在!<br>" ;
            }
            if(!$file = fopen ( $Relative,'a' ))
            {   //使用添加模式打开文件,文件指针指在表尾
                print"不能打开 $Absolutely<br>" ;
                exit ;
            }else{
                print"文件使用添加模式打开成功！<br>" ;
            }
            if(!fwrite($file,$add))
            {       //将$add 写入到文件夹中
                print "不能写入 filename<br>" ;
                exit ;
            }else{
                print "写入成功<br>";
            }
            fclose ( $file ) ;                      //关闭文件
            echo "关闭文件！<br>";
            closedir ( $shi ) ;                     //关闭目录
            echo "关闭目录！<br>";
        }else{
```

```
                        print "目录打开失败！<br>";
                    }
                }else{
                    echo "不是合法目录<br>";
                }
        ?>
```

上述代码的功能是，打开一个文件并且给文件写入数据，代码执行过程是检查目录是否合法，打开目录，读取目录的内容，判断要操作的文件是否存在，选择一种打开方式进行写入数据，最后关闭文件与目录。读者可将光盘文件【光盘：源代码/第 9 章/9-1/】复制出来，进行调试，得到如图 9-1 所示的效果。

本章主要涉及下面的知识：

- 检查文件或者目录是否存在：操作文件前的必须工作是检查文件或者目录的合法性。
- 打开/关闭文件和目录：要操作文件首先得打开文件和目录，操作完后应该关闭文件和目录。
- 写入数据：操作后把相应的结果存放在文件中。

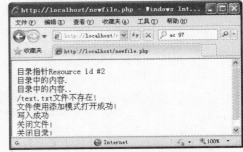

图 9-1　PHP 文件操作

除了上面这些知识以外，这段程序还涉及了文件打开的模式，写入数据时应该注意的格式问题，这些知识将在下面的章节中详细讲解。在程序中已经注释了各部分的功能，读者只需要理解它是什么功能就可以了。

9.2　文件访问

文件访问类似于去图书馆查阅资料，首先检查书架是否有所要查阅的类型，再找到某本书，最后查看具体内容。在本节中，将详细讲解 PHP 对文件进行访问的知识，包括检测文件或者目录是否存在、打开文件与关闭文件等操作。

9.2.1　判断文件或者目录是否存在

在对文件或者目录操作之前，判断它们是否存在非常重要。在 PHP 中通过 file_exists() 函数来判断文件是否存在，该函数的格式如下：

```
bool file_exists ( string filename ) ;
```

参数介绍如下：

filename：用于指定要查看的文件或者目录，如果文件或者目录存在，则返回 True，否则返回 False。在 Windows 中要访问网络中的共享文件应该使用 //computername/share/filename。

实例 25：判断文件或者目录是否存在

下面通过一个例子讲解使用 file_exists()函数判断文件或者目录是否存在，代码【光盘：源代码/第 9 章/9-2/directfile.php】如下：

```php
<?php
//设置将要判断的目标文件的目录
    $filename = "test/text.txt " ;
    $direct = "test" ;
    if ( file_exists( $filename ))
            {
    print $filename."文件存在!<br>" ;
    }else{
    print $filename."文件不存在!<br>" ;
            }
    if ( file_exists ( $direct))
    {
    print $direct."目录存在!<br>" ;
    }else{
    print $direct. "目录不存在!<br>" ;
    }
?>
```

将上述代码文件保存到服务器的环境下，运行浏览后得到如图 9-2 所示的结果。

图 9-2　PHP 判断文件或者目录是否存在

通过 PHP 的目录或者文件检测功能，可以解决很多实际问题。文件始终是放在目录下面的，先判断目录是否存在，再判断文件是否存在。比如文件很有可能不在本地，需要通过远程方式打开。这是编程中应该采用的逻辑判断流程，这样可以减少出错的概率。

9.2.2　打开文件

任何文件在操作时首先需要打开文件，在 PHP 中通过 fopen()函数来打开一个文件，该函数的使用格式如下：

    int fopen (string filename,string mode [, int use_include_path [,resourcezcontext]];

参数介绍如下：

- filename：要打开的包含路径的文件名，可以是绝对路径或相对路径。如果参数 filename 以 http://开头，则打开的是 Web 服务器上的文件；如果以 ftp://开头，则打开的是 FTP 服务器上的文件，并需要与指定服务器建立 FTP 连接；如果没有任何前缀则表示打开的是本地文件。
- mode：打开文件的方式，如表 9-1 所示。
- use_include_path：可选的，按照该参数指定的路径查找文件。如果在 php.ini 文件中设置的 include_path 路径中进行查找，则只需将参数设置成 1 即可。

表 9-1 fopen()中参数 mode 的取值列表

mode	模式名称	说明
r	只读	读模式，文件指针位于文件的开头
r+	只读	读/写模式，文件指针位于文件的开头
w	只写	写模式，文件指针指向文件头。如果该文件存在，则文件的内容全部被删除，如果文件不存在，则函数将创建这个文件
w+	只写	读/写模式，文件指针指向文件头。如果该文件存在，则有文件的全部内容被删除，如果该文件不存在，则函数将创建这个文件
a	追加	写模式，文件指针指向尾文件。从文件末尾开始追加。如果该文件不存在，则函数将创建这个文件
a+	追加	读/写模式，文件指针指向文件头。从文件末尾开始追加或者读取。如果该文件不存在，则函数将创建这个文件
x	特殊	写模式打开文件，仅能用于本地文件，从文件头开始写。如果文件已经存在，则 fopen()返回调用失败，函数返回 False，PHP 将产生一个警告
x+	特殊	读/写模式打开文件，仅能用于本地文件，从文件头开始读/写。如果文件已经存在，则 fopen()返回调用失败，函数返回 False，PHP 将产生一个警告
b	二进制	二进制模式，主要用于与其他模式连接。推荐使用这个选项，使程序获得最大程度的可移植性，所以它是默认模式。如果文件系统能够区分二进制文件和文本文件，则可能会使用它。Windows 可以区分，UNIX 则不区分。
t	文本	用于与其他模式的结合。曾经使用了 b 模式否则不推荐，这个模式只是 Windows 下的一个选项

提示：Web 服务器也称为 WWW(World Wide Web)服务器，主要功能是提供网上信息浏览服务。FTP 服务器是支持 FTP 协议的服务器。

9.2.3 关闭文件

将文件打开并操作完成后，应该及时关闭这个文件，否则会引起错误。在 PHP 中可以使用 fclose()函数来关闭文件。该函数声明格式如下：

```
bool    fclose ( resource handle ) ;
```

参数介绍如下：

参数 handle 指向被关闭的文件指针，如果成功则返回 True，否则返回 False。文件指针必须是有效的，并且是通过 fopen()函数成功打开文件的指针。

实例 26：打开文件并关闭文件

本实例演示了打开文件和关闭文件的过程，代码【光盘：源代码/第 9 章/9-3/openclose.php】如下：

```
<<?php
```

```
            $filename1 = "/text.txt" ;
            $direct = "test" ;
            $Absolutely=$direct.$filename1;
            if(!$file1 = fopen ( $Absolutely,'r' ))
              {    //只读方式打开文件,
                print"不能打开  $Absolutely<br>" ;
                exit ;
              }else{
                print"文件打开成功！<br>" ;          }
            if(!$file2 = fopen ( "test/AtiHDAud.inf",'r' )){ //只读方式打开文件
                print"不能打开  AtiHDAud.inf<br>" ;
                exit ;
              }else{
                print"文件打开成功！<br>" ;
              }
            fclose ( $file1 ) ;
            echo "test.txt 关闭成功!<br>" ;
            fclose ( $file2 ) ;
            echo " AtiHDAud.inf 关闭成功!<br>" ;
        ?>
```

将上述代码文件保存到服务器的环境下，运行浏览后得到如图 9-3 所示的结果。

多学一招

通过上面的实例，读者学习到本地文件的打开与关闭流程。在实际应用过程中，文件可能是远程的，比如 FTP 服务器、Web 服务器等。这时更体现文件在操作前应该检查文件是否存在，能否访问

图 9-3　PHP 文件打开与关闭

到，以免引起一些莫名其妙的错误。读者在学习 PHP 文件操作时，应注意养成良好的编程习惯。为深入学习 PHP 打下良好的基础。

9.3　读/写文件

数据以文件的方式保存在储存设备上，PHP 是如何将数据存入文件的呢？在 PHP 中，读/写文件是 PHP 文件操作的主要功能，下面详细讲解 PHP 读/写文件的知识。

9.3.1　写入数据

在 PHP 中是通过 fwrite()函数和 fputs()函数向文件中写入数据的。fputs()函数是 fwrite()函数的别名，两者用法相同。函数 fwrite()的声明格式如下：

```
int    fwrite ( resource handle, string string [ , int length ] ) ;
```

参数介绍如下：
- 第一个参数是 handle 将被写入信息的文件指针。
- 第二个参数指定写入的信息。
- 第三个参数 length 表示写入的长度，当写入了 length 个字节，如果 string 的长度小于 length 的情况下写完了 string 时，则停止写入。

函数返回值为写入的字节数，出现错误时返回 False。

实例 27：向文件写入数据

下面通过一个例子讲解向文件中写入数据的过程，代码【光盘：源代码/第 9 章/9-4/write.php】如下：

```php
<?php
    $hello = "test/write.txt" ;
        $php = "Hello    PHP!" ;
        if ( !$yes = fopen ( $hello,'a' ))
            {
            //使用添加模式打开文件,文件指针指在表尾
        print"不能打开$hello" ;
        exit ;
            }else{
            print"打开成功！<br>" ;
            }
        if(!fwrite($yes,$php))
            { //将$php 写入到文件夹中
        print "不能写入$php" ;
        exit ;
            }
        print "写入成功!<br>";
        fclose ( $yes ) ;
    ?>
```

将上述代码文件保存到服务器的环境下，运行浏览后得到如图 9-4 所示的结果。

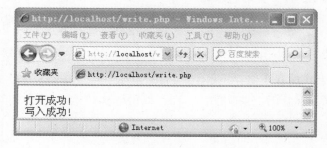

图 9-4　PHP 文件写入

在上述实例中，只写入了一行数据，操作很简单。在实际文件写入应用中，往往需要写

入很多行。那时读者一定要注意，不同的操作系统具有不同的行结束规则。当写入一个文本并想插入一个新行时，需要使用符合操作系统的行结束符。基于 Windows 的系统使用\r\n 作为行结束符，基于 Linux 的系统使用\n 作为行结束符。如果没有注意上述规则，写入后的文件效果可能与读者原来的意思不相符。下面通过一个代码进行讲解，其代码【光盘：源代码/第 9 章/9-5/writes.php】如下：

```php
<?php
$hello = "test/writes.txt" ;
    $php = "Hello    PHP!" ;
    if (!$yes = fopen($hello,'a' ))
        {
        //使用添加模式打开文件,文件指针指在表尾
    print"不能打开$hello" ;
    exit ;
        }
    if(!fwrite($yes,$php))
        { //将$php 写入到文件夹中
    print "不能写入$php" ;
    exit ;
        }
      fwrite($yes, "write1\r\n" );
      print "写入数据成功<br>";
      fwrite($yes, "write2\r\n" );
      print "写入数据成功<br>";
      fwrite($yes, "write3\r\n" );
      print "写入数据成功<br>";
      fwrite($yes, "write3\r\n" );
      print "写入数据成功<br>";
      fwrite($yes, "write3\r\n" );
    print "写入数据成功<br>";
      fclose ($yes) ;
?>
```

将上述代码文件保存到服务器的环境下，运行浏览后得到如图 9-5 所示的结果。

图 9-5　PHP 写入数据

9.3.2 读取数据

读取数据功能是文件处理中非常重要的知识点，读取文件数据的方式有很多种，例如读取一个字符、多个字符与整行字符等。

1. 读取一个或多个字符

❑ 读取一个字符函数 fgetc()

对某一个字符进行查找、修改时，就将针对该字符进行读取，在 PHP 中通常使用 fgetc() 函数实现此功能。此函数的定义方法十分简单，其格式如下：

```
string fgetc ( resource handle );
```

fgetc()函数只有一个参数 handle，是将要被读取的文件指针，能够从 handle 文件中返回一个字符的字符串。

下面通过一段代码来讲解 fgetc()函数的用法，其代码【代码 77：光盘：源代码/第 9 章/9-6/readone.php】如下：

```
<?php
    $file = fopen("test/readone.txt","r" );
        if (!$file)
            {
        echo "不能打开文件!";
            }
        while (false !==($shi =fgetc($file)))
            { //从文件中读取每个字符
        echo "$shi";
            }
        fclose ($file);
?>
```

将上述代码文件保存到服务器的环境下，运行浏览后得到如图 9-6 所示的结果。

提示：fgetc()函数一次只能操作一个字符，汉字占用两个字符的位置。所以在读取一个汉字的时候，如果只读取一字符就会出现乱码。

❑ 读取任意长度字符函数 fread()

fread()函数可以从指定文件中读出指定长度的字符。其格式如下：

```
string fread ( int handle ,int length );
```

fread()函数有两个参数 handle 和 length，handle 是将要被读取的文件指针，length 表示该函数从文件指针 handle 中读取 length 个字节。在文件中读取 length 个字节，如果到达文件结尾时，就会停止读取文件，该函数还可以读取二进制文件。

下面通过一段代码来讲解 fread()函数的用法，其代码【代码 78：光盘：源代码/第 9 章/9-7/readany.php】如下：

```
<?php    $yes = fopen ( "test/readany.txt","r+" ) ;          //打开文件
         $ten = fread ( $yes,10 ) ;                          //读取文件 readany.txt 中的 10 字节
         echo $ten."<br>" ;
         fclose ( $yes );
?>
```

将上述代码文件保存到服务器的环境下，运行浏览后得到如图 9-7 所示的结果。

图 9-6 PHP 读取数据

图 9-7 PHP 读取数据

2．读取一行或多行字符

❑ fgets()函数

函数 fgets()可以一次读取一行数据，其格式如下：

```
string fgets ( int handle [ ,int length ]) ;
```

fgets()函数有两个参数，即 handle 和 length，handle 是将要被读取的文件指针；length 可选，表示要读取字节长度。fgets()函数能够从 handle 指向文件中读取一行，并返回长度最多为 length－1 个字节的字符串。遇到换行符、EOF 或者读取了 length-1 个字节后停止。如果没有指定 length 的长度，默认值是 1KB。出错时返回 False。

❑ fgetss ()函数

fgetss()函数是 fgets()函数的变体，同样用于读取一行数据，但是 fgetss()函数会过滤掉被读取内容中的 HTML 和 PHP 标记。其格式如下：

```
string fgetss ( resource handle, [, int $length [, string $allowable_ tags]]) ;
```

fgetss()函数有三个参数，前两个参数与 fgets()函数意义一样。第三个参数 allowable_tags 可以控制哪些标记不被去掉，从读取的文件中去掉所有 HTML 和 PHP 标记。使用 allowable_tags 参数可以防止一些恶意的 PHP 和 HTML 代码执行产生破坏作用。

下面通过一个例子来讲解读取一行或者多行字符的方法，其代码【代码 79：光盘：源代码/第 9 章/9-8/readoneandany.php】如下：

```
<?php    $file = "test/readoneandany.txt" ;
         $yes = fopen ( $file,"w" ) ;                                    //打开文本
         fwrite ( $yes,"<b> 这是我的第一个 PHP 程序!</b>\r\n" ) ;        //向文本中输入三段数据
         fwrite ( $yes,"<br><b>这是我的第二个 PHP 程序!</b>\r\n<br>" ) ;
         fwrite ( $yes,"<b>这是我的第三个 PHP 程序!</b>\r\n" ) ;
```

```
            fclose ( $yes );
            $files = fopen ( "test/readoneandany.txt","r" );    //重新打开文本
            while (!feof($files))
                {
            $line = fgets ($files,1024);                        //通过 fgets 函数打开文本
            echo $line;
                }
            $files = fopen ( "test/readoneandany.txt","r" );
            while ( !feof( $files ))
                {
            $line = fgetss ( $files,1024 ) ;                    //通过 fgetss 函数打开文本
            echo $line;
                }
            fclose ( $files );
        ?>
```

从运行结果可以看出，fgets()函数可以读取一行数据，其中"<b></b>和
"标记中的内容被读取了，不但进行换行而且让字体加粗。后面的 fgetss()函数也能读取一行数据，但是没有对文字加粗。

将上述代码文件保存到服务器的环境下，运行浏览后得到如图 9-8 所示的结果。

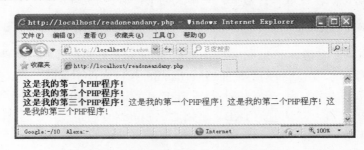

图 9-8 PHP 读取一行或多行字符

❏ fgetcsv()函数

fgetcsv()函数也是 fgets()函数的变体，该函数是从文件指针中读取一行并解析 CVS（CVS 是一个服务器与客户端系统，简称 C/S 系统，是一个常用的代码版本控制软件。主要在开源软件管理中使用）字段，其格式如下：

   array fgetcsv (int handle,int length [, string delimiter [, string enclosure]]) ;

fgetcsv()函数有 4 个参数，第一个参数 handle 是将要被读取的文件指针，第二个参数 length 是要读取的字节长度。该函数解析读入的行并找出 CVS 格式的字段，最后返回一个包含这些字段的数组。后两个参数 delimiter 和 enclosure 都是可选的，其值分别是逗号和双引号，两者都被限制为一个字符。如果多一个字符，则只能使用第一个字符。为处理结束，字符 length 参数值必须大于 CVS 文件中长度最大的行。文件结束或者该函数遇到错误都会返回 False。

下面通过一段代码来讲解 fgetcsv()函数的用法，其代码【代码 80：光盘：源代码/第 9

章/9-9/fgetcsv.php】如下：

```php
<?php $row = 1 ;
        $shili = fopen ( "test/fgetcsv.txt","r" ) ;
        while ( $shi = fgetcsv ( $shili,1000, "\t" ))
            {
        $num = count( $shi ) ;
        print "<p> 在第 $row 行的字段：<br>";
        $row++ ;
        for ( $c=0; $c<$num; $c++ )
            print $shi[$c] . "<br>";
            }
            fclose ( $shili ) ;
?>
```

提示：在 CVS 文件中的空行将返回为包含有单个 Null 字段的数组，而不会被当成错误。

将上述代码文件保存到服务器的环境下，运行浏览后得到如图 9-9 所示的结果。

3．读取整个文件

上面介绍的函数都是读取单个、多行文件中的数据信息。有时候我们需要读取整个文件的信息，在 PHP 提供了 4 个不同的函数来读取整个文件的信息。

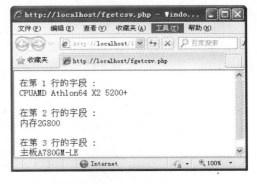

图 9-9　PHP 读取数据

❏ readfile()函数

其格式如下：

```
int readfile ( string filename [ , bool use_include_path [ , resource context ]] ) ;
```

readfile()函数用于读入一个文件，并将其写入到输出缓冲区。第一个参数 filename 是将要读取的包含路径的文件名，返回从文件中读入的字节数。如果出错则返回 False，如果以@readfile()形式调用，即在 readfile 前面加@，则不会显示错误信息。第二个参数可选，如果想在 include_path 中搜寻文件，则可以将可选参数 use_include_path 设为"1"。该函数使用前不用去打开文件，使用完后也不必关闭文件，直接从文件中读取内容输出到标准输出设备上。

❏ fpassthru()函数

其格式如下：

```
int fpassthru (resource handle) ;
```

fpassthru()函数只有一个参数，参数 handle 用于指向将要被输出的文件。该函数输出从文件指针开始的所有剩余数据，一直读取到文件 EOF，并把结果写到输出缓冲区，返回从 handle 读取并传递到输出的字符数目。发生错误时，返回 False。

提示：在 Windows 系统中用 fpassthru()函数读取二进制文件时，要确保用 fopen()打开这个文件，并且在 mode 中附加 "b" 选项来将文件以二进制方式打开。在处理二进制文件时使用 "b" 标志，这样可以使脚本的移植性更好。

❑ file_get_contents()函数
其格式如下：

> string file_get_contents (string filename [, int use_include_path [, resource context]] ,max_length) ;

file_get_contents()函数适用于二进制对象，可以将整个文件的内容读入到一个字符串中，从参数 offset 所指定的位置开始，读取长度为 "maxlen" 的内容。失败时返回 False。

❑ file()函数
其格式如下：

> array file (string filename [, int use_include_path [,resource context]]) ;

file()函数将文件作为一个数组返回，数组中每个单元都是文件中相应的一行，包括换行符在内。失败时返回 False。如果想在 include_path 中搜寻文件，则可以将可选参数 use_include_path 设置为 "1"。

下面通过一段代码讲解读取整个文件内容的方法，代码【代码 81：光盘：源代码/第 9 章/9-10/readall.php】如下：

```php
<?php
    $file = "test/a.jpg" ;
    $yes = fopen ($file ,"rb" ) ;
        //二进制读取数据
    header ( "content-type:image/png" ) ;
        //发送 html 头,表示发送二进制数据
    header ( "content_length:".filesize ( $file )) ;
        //获取文件的大小
    fpassthru ( $yes ) ;
    exit ;
      fclose($yes);
?>
```

将上述代码文件保存到服务器的环境下，运行浏览后得到如图 9-10 所示的结果。

图 9-10 读取整个文件

9.4 指针

在前面章节中已经讲解过读/写文件的单个字符、单行、多行与整个文件的操作,但有时希望从文件中指定位置处开始对文件进行读/写,这应该如何实现呢?在 PHP 中提供了文件指针来解决这个问题,也称为文件定位。

在 PHP 中实现文件定位的函数有 ftell()、rewind()和 fseek()。

❏ ftell()函数

其格式如下:

```
int ftell ( resource handle ) ;
```

ftell()函数只有一个参数 handle,是能够指向将被操作的文件的指针。主要功能是返回当前文件指针在文件中的位置,不起其他任何作用,也可以称为文件流中的偏移量。如果出错则返回 False。

下面通过一段代码来讲解 ftell ()函数的用法,本实例的功能是使用 ftell()函数输出文本文件 readany.txt 中文件指针的位置。其代码【代码 82:光盘:源代码/第 9 章/9-11/ftell.php】如下:

```
<?php
    $file = fopen ( "test/readany.txt","r" ) ;
    $yes = fgets( $file,4 ) ;
    echo "$yes<br>";
    echo ftell ( $file ) ;
    fclose ( $file ) ;
?>
```

将上述代码文件保存到服务器的环境下,运行浏览后得到如图 9-11 所示的结果。

图 9-11 文件指针

❏ rewind()函数

其格式如下:

```
int rewind ( resource handle ) ;
```

rewind()函数只有一个参数 handle,是用于指向将被操作的文件的指针。rewind()函数的主要功能是将文件指针位置设为文件的开头。使用 rewind()函数操作文件,文件指针必须合法,所以文件必须用 fopen()打开。该函数成功时返回 True,失败时返回 False。

下面通过一段代码来讲解使用 rewind()函数的方法,其代码【代码 83:光盘:源代码/第 9 章/9-12/rewind.php】如下:

```
<?php
    $file = fopen ( "test/writes.txt","r" ) ;    //首先打开一个文件
    $row = fgets ( $file ,1024 ) ;               //读取文件中的第一行
```

```
            echo $row ."<br>" ;
            $row = fgets ( $file ,1024 ) ;         //读取文件中的第二行,现在指针位于第二行
            echo $row ."<br>" ;
            rewind ( $file ) ;                     //将指针重新定位到第一行
            $row = fgets ( $file ,1024 ) ;         //读取数据仍旧是第一行
            echo $row."<br>" ;
            fclose ( $file ) ;
    ?>
```

将上述代码文件保存到服务器的环境下，运行浏览后得到如图9-12所示的结果。

提示：如果文件以（"a"）模式打开，则写入文件的任何数据总是会被附加在文件的后面，忽略文件指针的位置。

❑ fseek()函数
其格式如下：

        int fseek (resource handle , int offset [, int whence]) ;

fseek()函数的功能是移动文件指针。有三个参数，第一个参数 handle 指向将被操作的文件指针。第二个参数 offset 是指移动字节数。第三个参数 whence 是指文件指针当前的位置，whence 参数值的取值如下所示。

Whence：该参数的默认值为 SEEK_SET。
SEEK_SET：指定指针位置等于 offset 字节。
SEEK_CUR：指定指针位置为当前位置加上 offset。
SEEK_END：指定指针位置为文件尾加上 offset（如果想移动指针到文件尾之前的位置，则需要给 offset 传递一个负值）。

fseek()函数操作成功时返回0，否则返回–1。

下面通过一段代码讲解使用 fseek()函数的流程，其代码【代码 84：光盘：源代码/第 9 章/9-13/fseek.php】如下：

```
    <?php
        $file = fopen ( "test/fgetcsv.txt","r" ) ;      //打开一个文件
        fseek ( $file, 6, SEEK_CUR ) ;                  //把文件指针定位到第 6 个字符
        $yes = fgets ( $file, 1024 ) ;                  //读取文件,从第 6 个字符后开始
        echo $ yes."<br>" ;
        fseek ( $file, 0 ) ;                            //使用默认值,指定位置
        $yes = fgets ( $file, 1024 ) ;
        echo $ yes. "<br>" ;
        fclose ( $file ) ;
    ?>
```

将上述代码文件保存到服务器的环境下，运行浏览后得到如图9-13所示的结果。

图 9-12　文件指针（一）　　　　　　　　图 9-13　文件指针（二）

9.5　目录操作

数据文件存放在存储设备的文件系统中，文件系统就像一棵树的形状，把目录想象成枝干。每个文件都被保存在目录中。目录中还可以包含目录，这些子目录中还可以包含文件和其他子目录。PHP 是如何处理这些目录的？本节将详细讲解 PHP 操作目录的知识。

9.5.1　打开目录

目录作为一种特殊的文件，其操作类似于文件，同样要检查目录的合法性，也可以打开与关闭目录。在 PHP 中使用 opendir()函数打开目录。opendir()函数的声明格式如下：

resource opendir (string path) ;

opendir()函数只有一个参数，参数 path 是指向一个合法的目录路径，执行成功后返回目录的指针。当 path 不是一个合法的目录时，如果因为文件系统错误或权限而不能打开目录，则函数 opendir()返回 False，同时产生 E_WARNING 的错误信息。在 opendir()前面加上"@"符号来控制错误信息的输出。

下面通过一段代码来讲解 opendir()函数的用法，其代码【代码 85：源代码/第 9 章/9-14/opendir.php】如下：

```
<?php
    $file = "test" ;
    if (is_dir( $file ))                //检测目录是否合法
    if ( $yes=opendir( $file ))         //打开目录
    {
        echo $yes."<br>";               //输出目录指针
        echo "目录合法<br>";
    }else{
        echo "目录不合法<br>";
    }
    closedir( $yes ) ;                  //关闭目录
?>
```

将上述代码文件保存到服务器的环境下，运行浏览后得到如图 9-14 所示的结果。

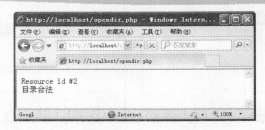

图 9-14　打开目录

9.5.2　遍历目录

目录中可以包含子目录或文件，究竟如何读取指定目录下面的子目录与文件呢？在 PHP 中使用 readdir()函数来遍历目录。readdir()函数的声明格式如下：

string readdir (resource dir_handle)

readdir()函数只有一个参数，参数 dir_handle 指向 readdir()函数打开文件路径返回的目录指针。当 readdir()函数执行后，返回目录中下一个文件的文件名，文件名以在文件系统中的排序返回。读取结束时返回 False。

实例 28：使用遍历目录

下面通过一个例子来讲解遍历目录的流程，代码【光盘：源代码/第 9 章/9-15/readdir.php】如下：

```php
<?php
    $dir = "test" ;
        $i = 0;
        if ( is_dir ( $dir ))
            {     //检测是否是合法目录
            if ($handle = opendir ( $dir ))
                {     //打开目录
                while (false !== ($file = readdir($handle)))
                    {
                    //读取目录
                        $i++ ;
                        echo "$file <br> " ;
                    }
                    echo "该目录下有子目录与文件个数：".$i;
                    /* 这是错误的遍历目录的方法 */
                while ($file = readdir($handle))
                    {
                        echo "$file\n";
                    }
                }
```

```
        }      //输出目录中的内容
            closedir ( $handle ) ;
    ?>
```

将上述代码文件保存到服务器的环境下，运行浏览后得到如图 9-15 所示的结果。

图 9-15　遍历目录

多学一招

在上面的实例中，读者应该注意到列出了目录中的"."和".."，"."与".."是每个目录都存在的目录。如果在某些场合不想列出它或者读者有选择性列出某个目录下的某类文件，可以增加一些条件来实现遍历目录函数的灵活性。其代码【光盘：源代码/第 9 章/9-16/readdir_a.php】如下：

```
<?php
    $dir = "test" ;
        $i = 0;
        if ( is_dir ( $dir ))
            {            //检测是否是合法目录
            if ($handle = opendir ( $dir ))
                {            //打开目录
                while (false !== ($file = readdir($handle)))
                    {            //读取目录
                            if ($file != "." && $file != "..")
                                {
                                $i++ ;
                                echo "$file <br> " ;
                                }
                            }
                    echo "该目录下有子目录与文件个数: ".$i;
                    /* 这是错误的遍历目录的方法 */
                while ($file = readdir($handle))
                    {
                    echo "$file\n";
```

                    }
                }
            }   //输出目录中的内容
            closedir ($handle);
        ?>

将上述代码文件保存到服务器的环境下，运行浏览后得到如图9-16所示的结果。

图 9-16　查阅目录

9.5.3　目录的创建、合法性与删除

❑ 创建目录函数 mkdir()

目录与文件一样，在 PHP 中提供了 mkdir()函数来新建一个目录。mkdir()函数的声明格式如下：

    bool mkdir (string pathname [, int mode]);

mkdir()函数可以创建一个由 pathname 指定的目录。其中 mode 是指操作的权限，默认的 mode 是 0777，表示最大可能的访问权。

提示：mode 在 Windows 下被忽略，默认的 mode 是 0777。

❑ 检查目录合法性函数 is_dir()

PHP 提供的 is_dir()函数可以判断给定文件名是否是一个目录，is_dir()函数的声明格式如下：

    bool is_dir (string filename)

is_dir()函数能够检查 filename 参数指定的目录名，如果文件名存在并且为目录，则返回 True。如果 filename 是一个相对路径，则按照当前工作目录检查其相对路径。

❑ 删除目录函数 rmdir()

在 PHP 提供的 rmdir()函数可以删除一个目录，mkdir()函数的声明格式如下：

    bool rmdir (string pathname)

rmdir()函数可以删除由 pathname 指定的目录。如果要删除 pathname 所指定的目录，则该目录必须是空的，而且要有相应的权限。如果成功则返回 True，失败则返回 False。

实例29：实现目录的创建、检查与删除

下面通过一个例子讲解目录的创建、检查与删除的过程，代码【光盘：源代码/第 9 章/9-17/otherdir.php】如下：

```php
<?php
        $direct = "test" ;
$hello = "test/otherdir1/writes.txt" ;
        $php = "Hello    PHP!" ;
        if ( is_dir ( $direct ))                              //检测是否是一个合法的目录
        {
            if ( $shi = opendir ( $direct ))                  //打开目录
                {
                    echo "目录指针$shi<br>" ;                 //输出目录指针创建目录
                    if(mkdir("test/otherdir1",0700)&&mkdir("test/ otherdir2",0700)&& mkdir ("test/otherdir3", 0700))
                        {
                            echo "创建 otherdir1\otherdir2\otherdir3 目录成功！<br>";
                        }
                    if (!$yes = fopen($hello,'a' )){
                    print"不能打开$hello" ;
                    exit ;
                            }
                    if(!fwrite($yes,$php))
                        {
                    print "不能写入$php" ;
                    exit ;
                            }
                if(@rmdir("test/otherdir1") )
                    {
                    echo "删除目录成功！<br>";
                }else{
                        echo "删除目录失败，请检查目录是否为空！<br>";
                        }
                        if(@rmdir("test/otherdir2") )
                    {
                    echo "删除目录成功！<br>";
                }else{
                            echo "删除目录失败，请检查目录是否为空！<br>";
                        }
                    fclose ( $yes ) ;                         //关闭文件
                    echo "关闭文件！<br>";

                    closedir ( $shi ) ;                       //关闭目录
                    echo "关闭目录！<br>";
                }else{
                    print "目录打开失败！<br>";
```

```
            }
        }else{
            echo "不是合法目录<br>";
        }
    ?>
```

将上述代码文件保存到服务器的环境下,运行浏览后得到如图9-17所示的结果。

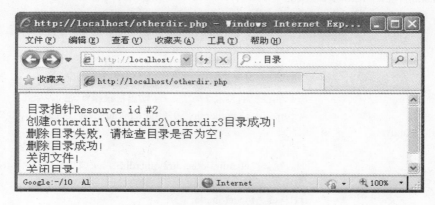

图9-17 目录操作

多学一招

上述实例实现了对目录的创建、合法性检查与删除操作。读者可能会想,可以复制一个目录吗?其实 PHP 不但可以实现复制目录功能,而且还提供了专用的复制函数,读者可以自己去查阅 PHP 手册。下面给出了一个复制目录的代码【光盘:源代码/第 9 章/9-18/copy_rename.php】:

```
<?php
copyDir("test/otherdir1","test/o");

function copyDir($source, $destination)
{
    $result = true;
    if(! is_dir($source))
    {
        trigger_error('Invalid Parameter', E_USER_ERROR);
    }
    if(! is_dir($destination))
    {
        if(! mkdir($destination, 0700))
        {
            trigger_error('Invalid Parameter', E_USER_ERROR);
        }
    }

    $handle = opendir($source);
```

```
                while(($file = readdir($handle)) !== false)
                {
                    if($file != '.' && $file != '..')
                    {
                        $src = $source . DIRECTORY_SEPARATOR . $file;
                        $dtn = $destination . DIRECTORY_SEPARATOR . $file;
                        if(is_dir($src))
                        {
                            copyDir($src, $dtn);
                        }
                        else
                        {
                            if(! copy($src, $dtn))
                            {
                                $result = false;
                                break;
                            }
                        }
                    }
                }
                closedir($handle);
                return $result;
            }
        ?>
```

9.5.4 其他文件处理函数

PHP 中的文件处理函数很多，前面介绍的是一些常用的函数，下面将介绍其他比较常用的函数。

❑ basename()函数

声明格式如下：

```
string basename ( string path [, string suffix] );
```

该函数返回路径中的文件名部分。参数 path 给出一个包含有指向一个文件的全路径的字符串，函数返回基本的文件名。如果文件名是 suffix 参数指定的结束字符串，则在返回文件名中会去掉路径分隔符。在 Windows 下使用斜线（/）和反斜线（\），在其他环境下使用斜线（/）。

❑ basename()函数

声明格式如下：

```
bool unlink ( string filename )
```

该函数能够删除 filename 文件。和 UNIX C 的 unlink()函数相似。如果成功则返回 True，失败则返回 False。

❑ dirname()函数

声明格式如下：

> string dirname (string path)

该函数的功能是返回路径中的目录部分。参数 path 用于返回路径中的目录部分，给出一个包含有指向一个文件的全路径的字符串，本函数返回去掉文件名后的目录名。在 Windows 中，斜线（/）和反斜线（\）都可以用做目录分隔符。在其他环境下是斜线（/）。

❑ filetype()函数
声明格式如下：

> string filetype (string filename)

该函数功能够返回文件的类型。参数 filename 是将被操作的文件，可能的值有 fifo、char、dir、block、link、file 和 unknown。如果出错则返回 False。如果 stat 调用失败或者文件类型未知的话，filetype()还会产生一个 E_NOTICE 消息。

❑ filetype()函数
声明格式如下：

> array stat (string filename)

该函数能够得到文件的统计信息。参数 filename 是将被操作的文件，如果 filename 是符号链接，则统计信息是关于被链接文件本身的。如果出错，stat()返回 False，并且发出一条警告。

9.6 疑难问题解析

本章详细介绍了 PHP 操作文件和目录的基本知识。本节将对本章中比较难以理解的问题进行讲解。

读者疑问：在学习 PHP 文件操作时，曾经提到打开远程服务器上的文件。那么远程文件 PHP 又是如何上传与管理的呢？

解答：函数 is_uploaded_file()能够判断文件是否是通过 HTTP POST 上传的。函数 is_uploaded_file()的声明格式如下：

> bool is_uploaded_file (string filename)

该函数有参数 filename，用于判断给出文件是否是通过 HTTP POST 上传的，若是则返回 True。这样可以确保恶意的用户无法用欺骗脚本去访问本不能访问的文件。

函数 move_uploaded_file()能够将上传的文件移动到新位置，其声明格式如下：

> bool move_uploaded_file (string filename, string destination)

该函数检查并且保证由 filename 指定的文件是合法的上传文件（即通过 PHP 的 HTTP POST 上传机制上传的）。如果文件合法，则将其移动至由 destination 指定的文件下。

如果 filename 不是合法地上传文件，不会出现任何操作，该函数将返回 False；如果 filename 是合法地上传文件，但出于其他原因无法移动，同样也不会出现任何操作，

move_uploaded_file()将返回False，此外还会发出一条警告。

这种检查显得格外重要，如果上传的文件有可能对用户或本系统的其他用户造成影响，通过这种方式可以加以限制。

职场点拨——做一个优秀的团队成员

要想在职场中取得成功，单靠自己的能力是不够的，需要结合每一个团队成员的力量，将团队一加一大于一的力量发挥到极致。在程序员职场中，要学会如何和别人合作，发挥团队作用。程序员这个职业有一定的特殊性，一个项目的完成需要几个人构成一个团队，来共同开发完成。如何成为一个优秀的团队成员，有如下条建议值得遵循。

（1）做一个宽容的人

人难免会犯错，特别当大家同处一个团队时，记住，不要因为他人犯错而不停责备或不能原谅，要学会宽容，自己的宽容会让他明白他的错误已经给大家造成很大的影响，也会让他好好总结，将功补过，宽容不是很容易就能做到的，需要你有一颗宽阔的心，宽容不是不总结错误，而是将来不再犯同样的错误。

（2）亲力亲为，带领新同事

团队里一直会有新的成员加入，这个时候就要表现老大哥的风范了，不要只是指挥，更要亲力亲为，教他们该如何工作，把良好的工作方式教给他们，把工作标准让他们清楚地知道，这样整个团队的工作标准都会一致，更能发挥强大的团队作用。

（3）拉近团队的距离

任何一个团队都会有上下级，但是严格的级别划分不利于发挥团队的力量，所以当别人称呼你经理时，这个级别已经有了明显的划分，所以建议可以让大家叫你的英文名字，这样更有利于大家的合作，也利于拉近上司和下属的关系。

（4）助人发展自我

给人一项任务，他在完成时，运用了新发现的能力，这样就帮助了他发展自我。和他共享其乐趣。反过来，也使其增强了自信心，以便今后在前人没走过的路上迎接更大的挑战。如果他跌倒了，就去指导他，使他能重新爬起来，鼓励他，去克服他对第二次失败的恐惧。我坚持一点，就是不采用托儿式去培养他们。让他们在大风浪里学游泳，增强他们实现不断成功的自信心。

（5）学会共同发展

作为一个上司，不论多么聪明和富于创造，不可能像六个、十二个或二十个助手那样面面俱到；而集体的智慧才是取之不尽、用之不竭的。在制定计划时，向每一个参加者灌输占有意识。而且，一个胜任的领导者必须适应一个生机勃勃的集体，不是压制它，不能要求集体买个人的账。

第 10 章 图像处理

PHP 不但能实现 HTML 的输出功能，还可以创建及操作多种不同图像格式的图像文件，例如 GIF、PNG、JPG、WBMP 和 XPM。更方便的是，PHP 可以直接将图像流输出到浏览器。要处理图像，需要在编译 PHP 时加载图像函数的 GD 库。GD 和 PHP 还可能用到其他的库，可以根据应用来决定需要支持哪些图像格式。通过本章能学到如下知识：

- ❑ 图形图像的简单处理
- ❑ 几何图形的填充
- ❑ 输出文字
- ❑ 复杂图形的处理
- ❑ 职场点拨——何处寻兼职

2010 年 XX 月 XX 日，阴

我最近总感觉钱不够花，听说同学 A 刚完成一个兼职项目，赚了相当于他一个月的工资，我听后很是羡慕，我也想通过做兼职来改善经济状况。

一问一答

小菜："我是全职工作人员，也能做兼职吗？"

Wisdom："当然可以，不过得在不影响本职工作的前提下。例如你可以利用下班后的时间做兼职，不但能给你带来收入，也能拓展你的人脉关系。"

小菜："嗯，都是从哪儿获取兼职信息呢？"

Wisdom："在 IT 行业，特别是程序员，寻找外快的机会很多，当前有很多专业兼职外包网站，上面有很多兼职方面的信息。在本章的最后，我将概括介绍做兼职的一些基本常识。"

小菜："看来做兼职确实不错，书归正传，本章的图像处理很重要吗？"

Wisdom："兼职能够让程序员的生活变得更加精彩，图像处理可以让 PHP 从外观上更加吸引用户。现在很多用户都是先注重站点的外表，然后才注重具体功能。"

10.1 一段代码

用 PHP 处理图像并不是服务器默认的，如果用户自定义配置实现图像处理，需要修改 php.ini 的环境。如果安装了 PHPNow 安装包，则不需要修改。下面通过一段程序来讲解 PHP 是如何处理图形图像的，代码【代码 86：光盘：源代码/第 10 章/10-1.php】如下：

```php
<?php
// 建立一幅 100×30 的图像
$im = imagecreatetruecolor(100, 30);

// 设置背景颜色
$bg = imagecolorallocate($im, 0, 0, 0);
//设置字的颜色
$textcolor = imagecolorallocate($im, 0, 255, 255);

// 把字符串写在图像左上角
imagestring($im, 5, 0, 0, "Hello world!", $textcolor);

// 输出图像
header("Content-type: image/jpeg");
imagejpeg($im);
?>
```

上面代码的执行结果如图 10-1 所示。

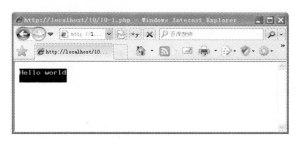

图 10-1　输出图片

10.2　图形图像的简单处理

要想实现图形图像处理，首先需要找到可以绘制的画布，然后才能在画布上绘制图形，例如直线、背景、文字颜色的设置，本节将详细讲解这方面的知识。

10.2.1　画布的创建

在绘制图像时一定要先创建画布，就像自己绘画一样，一定要有绘制的内容。在 PHP 中，可以使用 imagecreate()函数来创建画布，其格式如下：

int imagecreate(int x_size, int y_size);

参数介绍：
imagecreate()函数用来建立一张全空的新图像，参数 x_size、y_size 为图像的尺寸，单位为像素(pixel)。

下面通过一段代码【代码 87：光盘：源代码/第 10 章/10-2.php】来讲解 imagecreate()函数的用法，其代码如下：

```
<?php
$image=imagecreate(400,800);                     //新建画布
echo "画布的宽:".imagesX($image)."<br>";          //画布的宽 400 像素
echo "画布的高:".imagesY($image);                  //画布的高 800 像素
?>
```

将上述代码文件保存到服务器的环境下，运行浏览后得到如图 10-2 所示的结果。

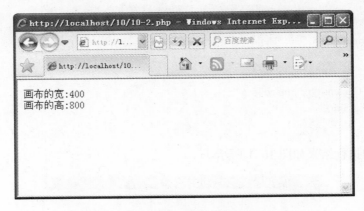

图 10-2　画布的创建

10.2.2　设置图像的颜色

创建完画布后，就可以填充图形了。在 PHP 中，可以使用 imagecolorallocate()函数实现。imagecolorallocate()函数的格式如下：

```
int imagecolorallocate ( resource image, int red, int green, int blue )
```

imagecolorallocate()函数能够返回一个标识符，表示由给定的 RGB 成分组成的颜色。image 参数是 imagecreatetruecolor() 函数的返回值。red、green 和 blue 分别表示颜色中红、绿、蓝的成分。这些参数是 0～255 的整数或者十六进制的 0X00～0XFF。imagecolorallocate()函数必须被调用，以创建每一种用在 image 所代表的图像中的颜色。

下面通过一段代码来讲解 imagecolorallocate()函数的用法，其代码【代码 88：光盘：源代码/第 10 章/10-3.php】如下：

```
<?php
$im = imagecreate(300,150);                          //创建一个画布
$white = imagecolorallocate($im, 229,425,306);       //设置画布的背景颜色为浅绿色
imagegif($im);                                        //输出图像
?>
```

将上述代码文件保存到服务器的环境下，运行浏览后得到如图 10-3 所示的结果。

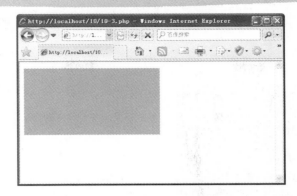

图 10-3　设置画布颜色

10.2.3　创建图像

在 PHP 中，GD2 下有许多图形图像处理函数，下面以创建一个简单的图形为例，让读者明白如何创建图像，并将图像输出。其代码【代码 89：光盘：源代码/第 10 章/10-4.php】如下：

```
<?php
// 建立多边形各顶点坐标的数组
$values = array(
            40,   50,    // Point 1 (x, y)
            40,   240,   // Point 2 (x, y)
            60,   60,    // Point 3 (x, y)
            240,  20,    // Point 4 (x, y)
            80,   40,    // Point 5 (x, y)
            50,   10     // Point 6 (x, y)
            );

// 创建图像
$image = imagecreatetruecolor(250, 250);

// 设定颜色
$bg    = imagecolorallocate($image, 150, 220, 100);
$blue  = imagecolorallocate($image, 0, 0, 255);

// 画一个多边形
imagefilledpolygon($image, $values, 6, $blue);

// 输出图像
header('Content-type: image/png');
imagepng($image);
imagedestroy($image);
?>
```

将上述代码文件保存到服务器的环境下，运行浏览后得到如图 10-4 所示的结果。

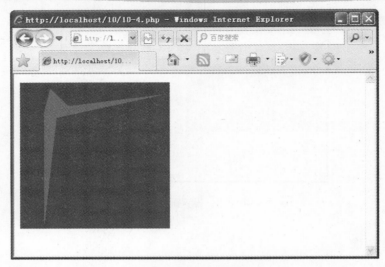

图 10-4　创建的图像

10.2.4　绘制几何图形

要想绘制复杂的图像，必须先学会如何绘制简单的几何图形。在 PHP 中，读者需要学会绘制圆、三角形等常见图形，下面详细讲解绘制常见几何图形的方法。

1．绘制一个圆

可以使用下面的方法绘制圆，其代码【代码 90：光盘：源代码/第 10 章/10-5.php】如下：

```php
<?php
// 创建一个 200×200 的图像
$img = imagecreatetruecolor(200, 200);
// 分配颜色
$white = imagecolorallocate($img, 255, 255, 255);
$black = imagecolorallocate($img, 200, 200, 100);
// 画一个圆
imagearc($img, 100, 100, 150, 150, 0, 360, $black);
// 将图像保存到文件
imagepng($img,"exam02.png");
// 释放内存
imagedestroy($img);
//接下来调用 HTML 的<image>标记显示图像
<img src="exam02.png">
?>
```

将上述代码文件保存到服务器的环境下，运行浏览后得到如图 10-5 所示的结果。

2．绘制一个矩形

矩形实现函数的格式如下：

```
bool imagerectangle ( resource image, int x1, int y1, int x2, int y2, int col )
```

imagerectangle()函数用 col 设置的颜色在 image 图像中画一个矩形，其左上角坐标为 x1, y1，右下角坐标为 x2, y2。图像的最左上角坐标为 0, 0。

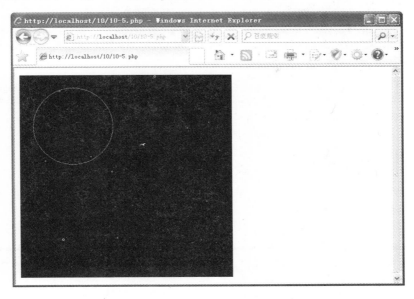

图 10-5 绘制一个圆

下面通过一段代码来讲解绘制矩形的方法，其代码【代码 91：光盘：源代码/第 10 章/10-6.php】如下：

```php
<?php
$rows = 5;
$cols = 11;
$eachx = 12;
$eachy = 18;
$max = array($cols*$eachx, $rows*$eachy);
$im = imagecreatetruecolor($max[0]+1,$max[1]+1); //创建一个图像
$white = imagecolorallocate($im,255,255,255);//分配白色
imagefill($im,0,0,$white);

$black = imagecolorallocate($im,50,50,50); //分配黑色

for($x=$max[0]/2;$x>=0;$x-=$eachx) {
    imagerectangle($im, ($max[0]/2)+$x,0, ($max[0]/2)-$x,$max[1], $black);/循环/绘制矩形区域
}
for($y=$max[1]/2;$y>=0;$y-=$eachy) {
    imagerectangle($im, 0,($max[1]/2)+$y, $max[0],($max[1]/2)-$y, $black); /循环/绘制矩形区域
}

header("Content-type: image/jpeg");
imagejpeg($im,'',80);
imagedestroy($im);
```

?>

将上述代码文件保存到服务器的环境下，运行浏览后得到如图 10-6 所示的结果。

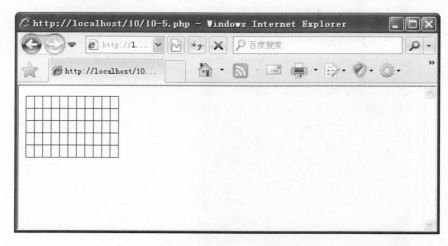

图 10-6　矩形的绘制

3. 其他几何图形的绘制

可以通过一些特殊工具来绘制其他的图形，如三角形、椭圆形等。下面通过一段代码来讲解绘制其他几何图形的流程，其代码【代码 92：光盘：源代码/第 10 章/10-7.php】如下：

```php
<?php
$im = imagecreate(550,180);                                    //创建一个画布
$bg = imagecolorallocate($im, 80,220, 30);                     //设置背景颜色
$color = imagecolorallocate($im, 255, 0, 0);
$color1 = imagecolorallocate($im, 255, 255, 255);
$color2 = imagecolorallocate($im, 255, 220, 42);
$color3 = imagecolorallocate($im, 99, 85, 25);
$color4 = imagecolorallocate($im, 215, 115, 75);
imagepolygon($im,array (20, 20,90, 160,160, 20,90,70),4,$color); //绘制一个多边形
imagerectangle($im,200,10,500,35,$color1);                     //绘制一个矩形
imagearc($im, 200, 100, 100, 100, 0, 360, $color2);            //绘制一个圆
imagearc($im, 300, 100, 120, 50, 0, 360, $color3);             //绘制一个椭圆
imagesetthickness($im,5);                                      //设置椭圆弧边线的宽度
imagearc($im, 450, 100, 180, 100, 180, 360, $color4);          //绘制一个椭圆弧
header("Content-type: image/png");
imagepng($im);                                                 //生成 PNG 格式的图像
imagedestroy($im);                                             //释放内存
?>
```

将上述代码文件保存到服务器的环境下，运行浏览后得到如图 10-7 所示的结果。

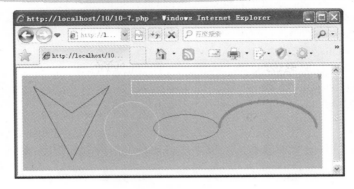

图 10-7　绘制各种几何图形

10.3　几何图形的填充

只绘制几个几何图形肯定是不够的，还需要对图形进行填充。

10.3.1　进行区域填充

在图形填充中，使用最多的是区域填充。在 PHP 中，可以使用函数 imagefill()和函数 imagefillborder()实现区域填充功能。

1．imagefill()函数

imagefill()函数的格式如下：

    bool imagefill (resource image, int x, int y, int color)

参数介绍如下：
- x：横坐标。
- y：纵坐标。
- color：颜色执行区域填充（即与 x, y 点颜色相同且相邻的点都会被填充）。

下面通过一段代码来讲解 imagefill()函数的用法，其代码【代码 93：光盘：源代码/第 10 章/10-8.php】如下：

```php
<?php
header('Content-type: image/png');
$smile=imagecreate(400,400);
$kek=imagecolorallocate($smile,0,0,255);
$feher=imagecolorallocate($smile,255,255,255);
$sarga=imagecolorallocate($smile,255,255,0);
$fekete=imagecolorallocate($smile,0,0,0);
imagefill($smile,0,0,$kek);
imagearc($smile,200,200,300,300,0,360,$fekete);
imagearc($smile,200,225,200,150,0,180,$fekete);
imagearc($smile,200,225,200,123,0,180,$fekete);
imagearc($smile,150,150,20,20,0,360,$fekete);
```

```
imagearc($smile,250,150,20,20,0,360,$fekete);
imagefill($smile,200,200,$sarga);
imagefill($smile,200,290,$fekete);
imagefill($smile,155,155,$fekete);
imagefill($smile,255,155,$fekete);
imagepng($smile);
?>
```

将上述代码文件保存到服务器的环境下,运行浏览后得到如图 10-8 所示的结果。

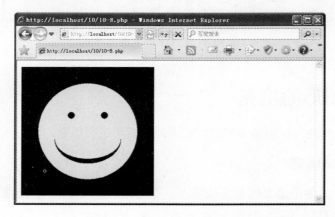

图 10-8 填充图形

2. imagefillboder()函数

imagefillboder()函数也能实现图形的填充,实现区域填充直到遇到指定颜色的边界为止,其格式如下:

bool imagefilltoborder (resource image, int x, int y, int border, int color)

函数 imagefillboder()可以从 x, y(图像左上角为 0,0)点开始,使用设置的 color 颜色来填充区域,直到遇到颜色为 border 的边界为止。如果指定的边界色和该点颜色相同,则没有填充。如果图像中没有该边界色,则整幅图像都会被填充。

下面通过一段代码来讲解 imagefillboder()函数的用法,其代码【代码 94:光盘:源代码/第 10 章/10-9.php】如下:

```
<?php
    Header ("Content-type: image/png");
    $im = ImageCreate (80, 25);
    $blue   = ImageColorAllocate ($im, 0, 0, 255);
    $white  = ImageColorAllocate ($im, 255, 255, 255);
    ImageArc($im, 12, 12, 23, 26, 90, 270, $white);
    ImageArc($im, 67, 12, 23, 26, 270, 90, $white);
    ImageFillToBorder ($im, 0, 0, $white, $white);
    ImageFillToBorder ($im, 79, 0, $white, $white);
    ImagePng ($im);
    ImageDestroy ($im);
```

?>

将上述代码文件保存到服务器的环境下，运行浏览后得到如图 10-9 所示的结果。

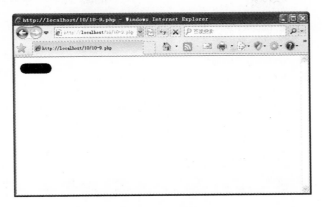

图 10-9　填充图形

10.3.2　矩形、多边形和椭圆形的填充

PHP 中提供了很多实现基本图形填充功能的函数，分别是 imagefilledrectangle()、imagefilledpolygon()和 imagefilledellipse()，下面对这些函数进行详细讲解。

1．imagefilledrectangle()函数

imagefilledrectangle()函数的功能是画一个矩形并填充，其格式如下：

> bool imagefilledrectangle (resource image, int x1, int y1, int x2, int y2, int color)

imagefilledrectangle()函数可以在 image 图像中画一个以 color 颜色填充的矩形，其左上角坐标为 x1，y1，右下角坐标为 x2，y2。0，0 是图像的最左上角。

2．imagefilledpolygon()函数

imagefilledpolygon()函数可以画一个多边形并填充，其格式如下：

> bool imagefilledpolygon (resource image, array points, int num_points, int color)

参数介绍：
- imagefilledpolygon()函数在 image 图像中画一个填充了的多边形。
- points 参数是一个按顺序包含有多边形各顶点的 x 和 y 坐标的数组。
- num_points 参数是顶点的总数，必须大于 3。

3．imagefilledellipse()函数

imagefilledellipse()函数可以画一个椭圆并实现填充，其格式如下：

> bool imagefilledellipse (resource image, int cx, int cy, int w, int h, int color)

imagefilledellipse()函数可以在 image 所代表的图像中以 cx，cy（图像左上角为 0，0）为中心画一个椭圆。w 和 h 分别代表椭圆的宽和高。椭圆以 color 颜色填充。如果成功则返回 True，失败则返回 False。

下面通过一段代码来讲解矩形和椭圆的填充流程，其代码【代码 95：光盘：源代码/第 10 章/10-10.php】如下：

```php
<?php
$image = imagecreatetruecolor(400, 300);
$bg = imagecolorallocate($image, 0, 0, 0);
$col_ellipse = imagecolorallocate($image, 255, 255, 255);
imagefilledellipse($image, 200, 150, 300, 200, $col_ellipse);
header("Content-type: image/png");
imagepng($image);
?>
```

将上述代码文件保存到服务器的环境下，运行浏览后得到如图 10-10 所示的结果。

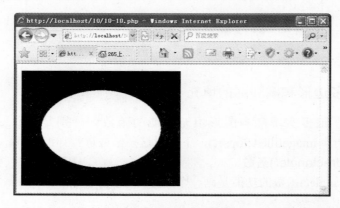

图 10-10　填充椭圆

10.3.3　圆弧的填充

在几何图形中，可以使用 magefilledarc()函数填充圆弧，它的语法格式如下：

> bool imagefilledarc (resource image, int cx, int cy, int w, int h, int s, int e, int color, int style)

magefilledarc()函数在 image 所代表的图像中以 cx，cy（图像左上角为 0，0）画一椭圆弧。如果成功则返回 True，失败则返回 False。w 和 h 分别指定了椭圆的宽和高，s 和 e 参数以角度指定了起始点和结束点。style 可以是下列值进行按位或（OR）操作后的值：

❑ IMG_ARC_PIE。
❑ IMG_ARC_CHORD。
❑ IMG_ARC_NOFILL。
❑ IMG_ARC_EDGED。

IMG_ARC_PIE 和 IMG_ARC_CHORD 是互斥的；IMG_ARC_CHORD 只是用直线连接了起始和结束点，IMG_ARC_PIE 则是产生圆形边界，如果两个都用时只有 IMG_ARC_CHORD 生效。

IMG_ARC_NOFILL 指明弧或弦只有轮廓，不填充。IMG_ARC_EDGED 指明用直线将起始和结束点与中心点相连，和 IMG_ARC_NOFILL 一起使用画饼状图轮廓的方法而不用填充，下面通过一个实例来讲解 magefilledarc() 函数的用法。

实例 30：绘制一个圆弧

绘制圆弧的代码【光盘：源代码/第 10 章/10-11.php】如下：

```php
<?php
$image = imagecreatetruecolor(300, 300);
$white     = imagecolorallocate($image, 0xFF, 0xFF, 0xFF);
$gray      = imagecolorallocate($image, 0xC0, 0xC0, 0xC0);
$darkgray  = imagecolorallocate($image, 0x90, 0x90, 0x90);
$navy      = imagecolorallocate($image, 0x00, 0x00, 0x80);
$darknavy  = imagecolorallocate($image, 0x00, 0x00, 0x50);
$red       = imagecolorallocate($image, 0xFF, 0x00, 0x00);
$darkred   = imagecolorallocate($image, 0x90, 0x00, 0x00);

for ($i = 60; $i > 50; $i--) {
    imagefilledarc($image, 50, $i, 100, 50, 0, 45, $darknavy, IMG_ARC_PIE);
    imagefilledarc($image, 50, $i, 100, 50, 45, 75 , $darkgray, IMG_ARC_PIE);
    imagefilledarc($image, 50, $i, 100, 50, 75, 360 , $darkred, IMG_ARC_PIE);
}
imagefilledarc($image, 50, 50, 100, 50, 0, 45, $navy, IMG_ARC_PIE);
imagefilledarc($image, 50, 50, 100, 50, 45, 75 , $gray, IMG_ARC_PIE);
imagefilledarc($image, 50, 50, 100, 50, 75, 360 , $red, IMG_ARC_PIE);
header('Content-type: image/png');
imagepng($image);
imagedestroy($image);
?>
```

将上述代码文件保存到服务器的环境下，运行浏览后得到如图 10-11 所示的结果。

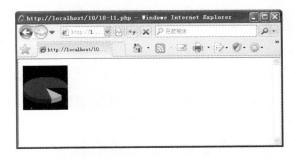

图 10-11　绘制圆弧

在填充圆弧时可以填充出很多图形，下面通过一段代码来继续讲解，以加深读者对圆弧填充的理解。其代码【光盘：源代码/第 10 章/10-12.php】如下：

```php
<?php
$image = imagecreate(500,200);                                      //创建一个 500×200 的画布
$bg= imagecolorallocate($image, 255, 0, 0);                         //设置画布的背景颜色
$color= imagecolorallocate($image, 59, 168, 41);                    //设置图形的颜色
imagefilledarc($image,80,20,150,100,95,125,$color,IMG_ARC_PIE);     //绘制并填充一个椭圆弧
$color1= imagecolorallocate($image, 202, 244, 7);                   //设置图形的颜色
imagefilledrectangle($image, 100, 20, 450, 70, $color1);            //绘制并填充一个矩形
$color2=imagecolorallocate($image,207,225,29);                      //定义图像的颜色
$array=array(40,100,20,150,70,170,100,120);
imagefilledpolygon($image,$array,4,$color2);                        //绘制并填充一个多边形
$color3= imagecolorallocate($image, 12, 70, 216);                   //设置图形的颜色
imagefilledellipse($image, 170, 130, 120, 40, $color3);             //绘制并填充一个椭圆
imagefilledellipse($image, 285, 130, 80, 80, $color);               //绘制并填充一个圆,设计一
                                                                    //  个分成3等分的饼形图,
$green      = imagecolorallocate($image, 20, 145, 40);              //设置图形的颜色
$darkgreen  = imagecolorallocate($image, 25, 80, 25);
$blue       = imagecolorallocate($image, 0, 225, 205);
$darkblue   = imagecolorallocate($image, 10, 180, 200);
$red        = imagecolorallocate($image, 26, 10, 244);
$darkred    = imagecolorallocate($image, 202, 10, 0);

                                                                    //循环输出圆弧
for ($i = 130; $i > 120; $i--){
    imagefilledarc($image, 400, $i, 120, 80, 0, 120, $darkgreen, IMG_ARC_PIE);
    imagefilledarc($image, 400, $i, 120, 80, 120, 240 , $darkblue, IMG_ARC_PIE);
    imagefilledarc($image, 400, $i, 120, 80, 240, 360 , $darkred, IMG_ARC_PIE);
}
imagefilledarc($image, 400, 120, 120, 80, 0, 120, $green, IMG_ARC_PIE);
imagefilledarc($image, 400, 120, 120, 80, 120, 240 , $blue, IMG_ARC_PIE);
imagefilledarc($image, 400, 120, 120, 80, 240, 360 , $red, IMG_ARC_PIE);
header('Content-type: image/png');                                  //添加标头信息,设置输出图
                                                                    //  像的格式
imagepng($image);                                                   //生成 PNG 格式的图像
imagedestroy($image);                                               //释放内存
?>
```

将上述代码文件保存到服务器的环境下,运行浏览后得到如图 10-12 所示的结果。

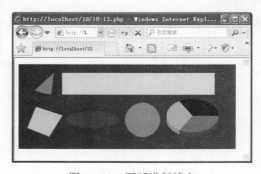

图 10-12　圆弧进行填充

10.4 输出文字

在 PHP 中，用户可以将文字添加到绘制的图形中，如英文和中文。本节将详细讲解在图形中输出文字的知识。

10.4.1 输出英文

在 PHP 中可以使用函数 imagestring()和 imagestringup()来实现输出英文功能，由于它们的基本功能和用法都相同，本书只讲解一个。

bool imagestring (resource image, int font, int x, int y, string s, int col)

imagestring()函数用 col 颜色将字符串 s 画到 image 所代表的图像的 x，y 坐标处（这是字符串左上角坐标，整幅图像的左上角为 0，0）。如果 font 是 1、2、3、4 或 5，则使用内置字体。

下面通过一段代码来讲解 imagestring()函数的用法，其代码【代码 96：光盘：源代码/第 10 章/10-14.php】如下：

```php
<?php
// 建立一幅 100×30 的图像
$im = imagecreatetruecolor(100, 30);

// 白色背景和蓝色文本
$bg = imagecolorallocate($im, 255, 255, 255);
$textcolor = imagecolorallocate($im, 0, 0, 255);

// 把字符串写在图像左上角
imagestring($im, 5, 0, 0, "china", $textcolor);

// 输出图像
header("Content-type: image/jpeg");
imagejpeg($im);
?>
```

将上述代码文件保存到服务器的环境下，运行浏览后得到如图 10-13 所示的结果。

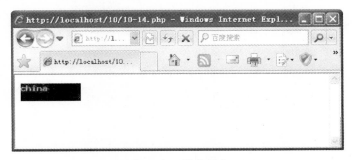

图 10-13　输出英文

10.4.2 输出中文

在国内网站使用 PHP 技术，需要在图像中输出中文。在 PHP 中可以使用 imagettftext() 函数实现，其函数格式如下：

```
array imagettftext ( resource image, float size, float angle, int x, int y, int color, string fontfile, string text )
```

参数介绍如下：
- image：图像资源。
- size：字的大小。根据 GD 版本不同，应该以像素大小（GD1）或点大小（GD2）指定。
- angle：角度制表示的角度，0 度为从左向右读的文本。更高数值表示逆时针旋转。例如 90 度表示从下向上读的文本。
- x：由 x，y 所表示的坐标定义了第一个字符的基本点（大概是字符的左下角）。这和 imagestring()不同，其 x，y 定义了第一个字符的左上角。例如"top left"为 0,0。
- y：Y 坐标。它设定了字的基线的位置，不是字符的最底端。
- color：颜色索引。使用负的颜色索引值具有关闭防锯齿的效果。
- fontfile：是想要使用的 TrueType 字体的路径。

下面通过一段代码讲解 imagettftext()函数的用法，其代码【代码 97：光盘：源代码/第 10 章/10-1/10-15.php】如下：

```php
<?php
header("content-type:image/png");                                    //定义输出为图像类型
$img=imagecreate(350,80);                                            //新建画布
$white=imagecolorallocate($img,7,108,246);                           //定义画布背景颜色
$grey=imagecolorallocate($img,255,255,255);                          //定义字的颜色
$red =imagecolorallocate($img, 255, 0, 0);                           //定义字的颜色
imagefilledrectangle($img,0,0,imagesX($img)-1,imagesY($img)-1,$white);//绘制一个矩形

$text=iconv("gb2312","utf-8","伟大的门户网站");                       //对指定的中文字符串进行
                                                                     //  转换

$font = "Fonts/FZHCJW.TTF";                                          //定义字体
imagettftext($img,23,0,15,40,$grey,$font,$text);                     //输出中文

imagestring($img, 5, 75, 50, "http://www.sina.com", $red);           //在指定的坐标处，水平地
                                                                     //  绘制一行红色的字符串

imagepng($img);              //生成 PNG 格式的图形
imagedestroy($img);          //释放图像资源
?>
```

将上述代码文件保存到服务器的环境下，运行浏览后得到如图 10-14 所示的结果。

图 10-14　输出中文

10.5　复杂图形的处理

前面已经学习了图形操作的基本知识，下面介绍几种常用图形的绘制方法，以加深读者对 GD2 的认识。

10.5.1　圆形的重叠

可以使用 PHP 技术实现两个圆的重叠效果，实现代码【代码 98：光盘：源代码/第 10 章/10-15.php】如下：

```
<?php
$size = 300;
$image=imagecreatetruecolor($size, $size);
// 用白色背景加黑色边框画个方框
$back = imagecolorallocate($image, 255, 255, 255);
$border = imagecolorallocate($image, 0, 0, 0);
imagefilledrectangle($image, 0, 0, $size - 1, $size - 1, $back);
imagerectangle($image, 0, 0, $size - 1, $size - 1, $border);
$yellow_x = 100;
$yellow_y = 75;
$red_x    = 120;
$red_y    = 165;
$blue_x   = 187;
$blue_y   = 125;
$radius   = 150;
// 用 alpha 值分配一些颜色
$yellow = imagecolorallocatealpha($image, 255, 255, 0, 75);
$red    = imagecolorallocatealpha($image, 255, 0, 0, 75);
$blue   = imagecolorallocatealpha($image, 0, 0, 255, 75);
// 画三个交叠的圆
imagefilledellipse($image, $yellow_x, $yellow_y, $radius, $radius, $yellow);
imagefilledellipse($image, $red_x, $red_y, $radius, $radius, $red);
imagefilledellipse($image, $blue_x, $blue_y, $radius, $radius, $blue);
// 不要忘记输出正确的 header！
header('Content-type: image/png');
```

```
// 最后输出结果
imagepng($image);
//imagepng($image,"exam01.png");
imagedestroy($image);
?>
```

将上述代码文件保存到服务器的环境下，运行浏览后得到如图 10-15 所示的结果。

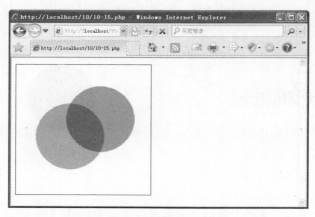

图 10-15　圆形的叠加

10.5.2　温度计的绘制

下面通过函数绘制一个温度计，其代码【代码 99：光盘：源代码/第 10 章/10-2/】如下：

```
<?php
//从 config.txt 中各种设置信息
$fd = fopen ("config.txt", "r");
$buffer = fgets($fd, 4096);
$width= intval($buffer);
$buffer = fgets($fd, 4096);
$height= intval($buffer);
$buffer = fgets($fd, 4096);
$maxvalue = intval($buffer);
$buffer = fgets($fd, 4096);
$curvalue = intval($buffer);
$percentfull=$curvalue/$maxvalue * 10;
$buffer = fgets($fd, 4096);
$notchcount= intval($buffer);
//读入刻度设置
for ($i = 0; $i <= $notchcount; $i++) {
    $buffer = fgets($fd, 4096);
    $notches[$i] =substr($buffer,0,strlen($buffer)-1);
}
fclose ($fd);
```

```php
Header("Content-type: image/png");
$im = imagecreate($width,$height);
$white=ImageColorAllocate($im,255,255,255);
$black=ImageColorAllocate($im,0,0,0);
//读入初始化图像
$im_bottom = imagecreatefrompng ("bottom.png");
$im_middle_empty = imagecreatefrompng("middle_empty.png");
$im_middle_full = imagecreatefrompng("middle_full.png");
$im_top_full = imagecreatefrompng("top_full.png");
$im_top_empty = imagecreatefrompng("top_empty.png");
$im_notch_empty = imagecreatefrompng("notch_empty.png");
$im_notch_full = imagecreatefrompng("notch_full.png");
$im_liquid_top =   imagecreatefrompng("liquid_top.png");
$white = ImageColorAllocate ($im_notch_full, 255, 255, 255);
ImageColorTransparent($im_notch_full,$white);
$white = ImageColorAllocate ($im_notch_empty, 255, 255, 255);
ImageColorTransparent($im_notch_empty,$white);
$white = ImageColorAllocate ($im_liquid_top, 255, 255, 255);
ImageColorTransparent($im_liquid_top,$white);
//Puts the bottom bulb on the thermometer
ImageCopyResized($im,$im_bottom,0,$height-imagesy($im_bottom),0,0,imagesx($im_bottom),imagesy($im_bottom),imagesx($im_bottom),imagesy($im_bottom));
if ($percentfull>100){$percentfull=100;}
if ($percentfull<0){$percentfull=0;}

//更改图像大小
// if ($percentfull < 100){
ImageCopyResized($im,$im_top_empty,0,0,0,0,imagesx($im_top_empty),imagesy($im_top_empty),imagesx($im_top_empty),imagesy($im_top_empty));
// }
//显示温度计的没有显示的部分
$tubeheight=$height-imagesy($im_top_empty) - imagesy($im_bottom) + 1 ;
$emptyheight=floor($tubeheight * ((100-$percentfull)/100)) ;
ImageCopyResized($im,$im_middle_empty,0,imagesy($im_top_empty),
                 0,0,imagesx($im_middle_empty),$emptyheight ,
                 imagesx($im_middle_empty),imagesy($im_middle_empty));
//显示所有刻度
for ($i = 0; $i <= $notchcount; $i++) {
    ImageCopyResized($im,$im_notch_empty,0,imagesy($im_top_empty)
($tubeheight)*($i/$notchcount)-5,
         0,0,imagesx($im_notch_empty),imagesy($im_notch_empty),
         imagesx($im_notch_empty),imagesy($im_notch_empty));
}
//Puts in the full part of the tube it
ImageCopyResized($im,$im_middle_full,0,imagesy($im_top_empty) + $emptyheight,
                 0,0,imagesx($im_middle_full),$tubeheight-$emptyheight ,
                 imagesx($im_middle_full),imagesy($im_middle_full));
```

```
//显示刻度顶部
ImageCopyResized($im,$im_liquid_top,0,imagesy($im_top_empty) + $emptyheight - 5,
                0,0,imagesx( $im_liquid_top),imagesy( $im_liquid_top) ,
                imagesx( $im_liquid_top),imagesy( $im_liquid_top));
for ($i = 0; $i <= $notchcount; $i++) {
    ImageCopyResized($im,$im_notch_full,0,imagesy($im_top_empty)
($tubeheight)*($i/$notchcount)-5,
                0,0,imagesx($im_notch_empty),imagesy($im_notch_empty),
                imagesx($im_notch_empty),imagesy($im_notch_empty));
    ImageString($im,5,50, imagesy($im_top_empty) + ($tubeheight)*($i/$notchcount)-8,$notches[$i] ,
$black);
    }
imagePng($im);
ImageDestroy($im);
imagedestroy($im_bottom);
?>
```

将上述代码文件保存到服务器的环境下,运行浏览后得到如图 10-16 所示的结果。

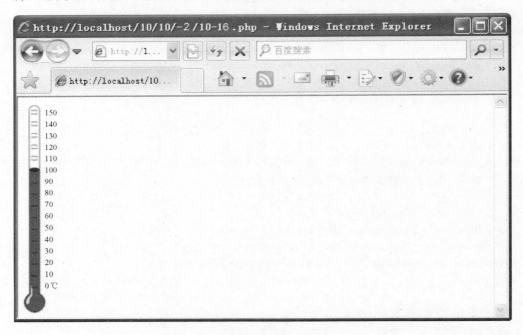

图 10-16 温度计

10.5.3 绘制销售报表

在 PHP 应用中,经常需要绘制销售报表。PHP 可以根据不同的数据情况绘制不同的图形,下面将绘制一个销售报表,其代码【代码 100:光盘:源代码/第 10 章/10-3/】如下:

```
<?php
    if (!empty($_POST['Submit'])){
```

```php
// read the post data
$data = array($_POST['T1'],$_POST['T2'],$_POST['T3'],$_POST['T4'], $_POST['T5']);
$x_fld = array('Jan','Feb','March','April','May');
$max = 0;
for ($i=0;$i<5;$i++){
    if ($data[$i] > $max)$max=$data[$i];     // find the largest data
}
$im = imagecreate(320,255); // width , height px

$white = imagecolorallocate($im,255,255,255); // allocate some color from RGB components
                                              remeber Physics

$black = imagecolorallocate($im,0,0,0);       //
$red = imagecolorallocate($im,255,0,0);       //
$green = imagecolorallocate($im,0,255,0); //
$blue = imagecolorallocate($im,0,0,255);   //
//
// create background box
//imagerectangle($im, 1, 1, 319, 239, $black);
//draw X, Y Co-Ordinate
imageline($im, 10, 5, 10, 230, $blue );
imageline($im, 10, 230, 300, 230, $blue );
//Print X, Y
imagestring($im,3,8,2,"Y",$black);
imagestring($im,3,305,222,"X",$black);

// what next draw the bars
$x = 15;       // bar x1 position
$y = 230;      // bar $y1 position
$x_width = 20;    // width of bars
$y_ht = 0; // height of bars, will be calculated later
// get into some meat now, cheese for vegetarians;
for ($i=0;$i<5;$i++){
    $y_ht = ($data[$i]/$max)* 100;        // no validation so check if $max = 0 later;
    imagerectangle($im,$x,$y,$x+$x_width,($y-$y_ht),$red);
    imagestring( $im,2,$x-1,$y+1,$x_fld[$i],$black);
    imagestring( $im,2,$x-1,$y+10,$data[$i],$black);
    $x += ($x_width+20);    // 20 is diff between two bars;


}
imagepng($im, "mypic.png");

echo "<img src='mypic.png'><p></p>";
    imagedestroy($im);

}
?>
<html>
```

```html
<head>
<meta http-equiv="Content-Language" content="en-us">
<title>Sales Report</title>
</head>
<body>
<form method="POST" name="myForm" action="index.php">
  <div align="left">
    <table border="1" cellpadding="0" cellspacing="0" style="border-collapse: collapse" bordercolor="#111111" width="454" height="159">
      <tr>
        <td width="454" height="32" colspan="2" bgcolor="#CCCCCC">
        <p align="left"><b><font face="Tahoma">销售报表:</font></b></td>
      </tr>
      <tr>
        <td width="207" height="41">
        <p align="right"><b><font face="Tahoma" size="2">1 月:</font> </b></td>
        <td width="241" height="41"><input type="text" name="T1" size ="6"></td>
      </tr>
      <tr>
        <td width="207" height="44">
        <p align="right"><b><font face="Tahoma" size="2">2 月:</font> </b></td>
        <td width="241" height="44"><input type="text" name="T2" size ="6"></td>
      </tr>
      <tr>
        <td width="207" height="35" align="right"><b>
        <font face="Tahoma" size="2">3 月:</font></b></td>
        <td width="241" height="35"><input type="text" name="T3" size ="6"></td>
      </tr>
      <tr>
        <td width="207" height="35" align="right"><b>
        <font face="Tahoma" size="2">4 月:</font></b></td>
        <td width="241" height="35"><input type="text" name="T4" size ="6"></td>
      </tr>
      <tr>
        <td width="207" height="35" align="right"><b>
        <font face="Tahoma" size="2">5 月:</font></b></td>
        <td width="241" height="35"><input type="text" name="T5" size ="6"></td>
      </tr>
      <tr>
        <td width="448" height="35" align="right" colspan="2">
        <p align="center"><font face="Tahoma">
        <input type="submit" value="提交" name="Submit"></font></td>
      </tr>
    </table>
  </div>
</form>
```

```
<?php

?>
</body>
</html>
```

将上述代码文件保存到服务器的环境下，运行浏览后得到如图 10-17 所示的结果。

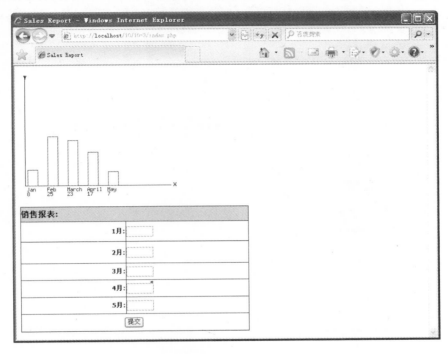

图 10-17　销售报表

10.5.4　设置线型

设置线型的方法较简单，请看下面的代码【代码 101：光盘：源代码/第 10 章/10-4/】：

```
<?php
header("Content-type: image/png");
$im   = imagecreatetruecolor(100, 100);
$w    = imagecolorallocate($im, 255, 255, 255);
$red = imagecolorallocate($im, 255, 0, 0);

/* 画一条虚线，5 个红色像素，5 个白色像素 */
$style = array($red, $red, $red, $red, $red, $w, $w, $w, $w, $w);
imagesetstyle($im, $style);
imageline($im, 0, 0, 100, 100, IMG_COLOR_STYLED);

/* 用 imagesetbrush() 和 imagesetstyle 画一行笑脸 */
$style = array($w, $w, $w, $w, $w, $w, $w, $w, $w, $red);
```

```
imagesetstyle($im, $style);

$brush = imagecreatefrompng("http://www.libpng.org/pub/png/images/smile.happy.png");
$w2 = imagecolorallocate($brush, 255, 255, 255);
imagecolortransparent($brush, $w2);
imagesetbrush($im, $brush);
imageline($im, 100, 0, 0, 100, IMG_COLOR_STYLEDBRUSHED);

imagepng($im);
imagedestroy($im);
?>
```

将上述代码文件保存到服务器的环境下，运行浏览后得到如图 10-18 所示的结果。

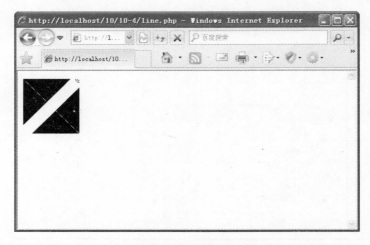

图 10-18　创建线型

10.6　疑难问题解析

　　本章详细介绍了使用 PHP 技术实现图像处理的基本知识。本节将对本章中比较难以理解的问题进行讲解。

　　读者疑问：本章主要讲解了使用 PHP 中的 GD 绘制图形的知识，用了许多函数，哪些函数需要记住呢？

　　解答：在实际的开发过程中，用到 GD 功能的次数有限，读者只需要借助函数手册进行使用即可，无需全部记住用到的函数。

　　读者疑问：在输出文字应用时，曾经讲解了既可以输入英文，也可以输入中文，PHP 可以输出其他文字吗，例如日文？

　　解答：可以的，用户可以根据需要去查找相关的函数，只是对于大多数人来说，除了英文和中文，很少涉及其他类型的文字。

职场点拨——何处寻兼职

当今生活中我们遇到了一个很严峻的问题：无论是买房、买车、旅行散心，还是和三五知己一块聚餐，都要用钱来实现。我们程序员也是凡夫俗子一名，也得需赚钱来养家糊口。有时固定的工资满足不了我们对生活的追求，为了提高生活品味，需要通过做兼职来解决金钱上的问题。

当今IT行业外包盛行，很适合发展兼职。程序员们可以通过以下渠道获取兼职信息。

1）客户：曾经为这个客户服务过，他认同了你的技术没问题，就有很大机会获取他的私活。优点是：因为以前曾经合作过，所以在流程上会很顺利；缺点是：他认识你同事或上司，可能不经意间泄露你们的私活，对你的本职会有影响。

2）朋友介绍：日常生活中，朋友和同学知道你的工作事务，通常会为你介绍客户。优点是：对方肯定真实可靠；缺点是：碍于面子，收入可能会有影响，在日后服务上可能会耗费时间。

3）网络资源：当前互联网迅猛发展，各个私活站点如雨后春笋般纷纷建立。我们可以登录一些主流网站的私活板块，来寻找自己的私活。例如威客、365huo、CSDN等，都是主流的私活交易平台。优点是：信息量大；缺点是：竞争力大，信任度较低。

4）开一个工作室：若时间清闲，可以叫上三五知己或同学，合伙开一个工作室。当今网络普及，能够很好地完成洽谈和交流等工作。

第 11 章 PHP 面向对象

面向对象是高级语言的一个主要特点之一，近几年推出的高级语言都是面向对象的，例如 Java 和.NET 等。PHP 是一门优秀的网络设计语言，从版本 5 开始，PHP 全面面向对象。通过本章能学到如下知识：
- 构造函数和析构函数
- 实例化类
- 类的基本操作
- 面向对象的高级编程
- 职场点拨——兼职可靠吗？

2010 年 XX 月 X 日，天气阴

原来从网络上可以找到这么多的兼职信息，在这些眼花缭乱的兼职信息中，我不知道哪一条是可靠的。

一问一答

小菜："我在网上找到了好多兼职信息，发现大多数都是外地的，只能从网上洽谈业务，不知道可靠吗？"

Wisdom："接兼职是有技巧的，是否可靠需要你自己来把握。在本章最后介绍了兼职的处理方式，你可以借鉴一下经验！"

小菜："好的，我还是继续学习吧！言归正传，本章的面向对象是什么？"

Wisdom："面向对象是一门优秀程序语言顺应潮流的表现。PHP 是网络编程语言的佼佼者，所以也是面向对象的！"

11.1 看一段代码

面向对象思想是高级语言的体现，是 PHP 成为高级语言的前提。究竟 PHP 是如何面向对象的呢？下面通过一段代码进行功能展示，其代码【代码 102：光盘：源代码/第 11 章/11-1.php】如下：

```
<?php
//首先创建了一个基类
class figure
```

```php
{
    var $a;
    function draw($x,$y)
    {
        echo "横坐标是: $x,纵坐标是 $y <br>";
        //其他代码
    }
}
/*以上创建了一个类，接下来创建一个子类circle，
该类在继承父类的同时，对父类的函数draw进行了重载*/
class circle extends figure
{
    function draw($x,$y)
    {
        echo "圆心是: $x,半径是: $y <br>";
    }
}


//另外还派生了另外一个类rectangle
class rectangle extends figure
{
    function draw($x,$y,$z)
    {
        echo "长方体的长: $x,宽: $y,高: $z <br>";
    }
}

//最后还有一个派生类，该类没用重载父类的draw函数
class line extends figure
{
    function drawline($x,$y)
    {
        echo "画直线,起点是 $x,终点是 $y <br>";
    }
}

//创建figure类实例
$a=new figure();
$a->draw(10,100);            //调用父类的draw函数

//创建circle类实例
$b=new circle();
$b->draw(100,100);           //调用circle类重载后的draw函数

//创建rectangle类实例
$c=new   rectangle ();
```

```
    $c->draw(100,100,1000);          //调用 rectangle 类重载后的 draw 函数

    //创建 line 类实例
    $d=new   line ();
    $d->draw(10,100);                //由于 line 类没有重载，所以调用了父类的 draw 函数
    ?>
```

上面代码的功能十分简单，执行结果如图 11-1 所示。

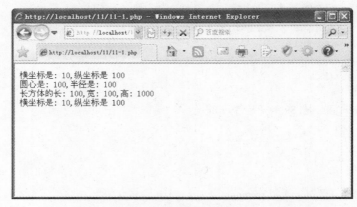

图 11-1　面向对象

11.2　使用类

类（class）是面向对象编程语言中的反映，被认为是相同对象的集合。类描述了一系列在概念上具有相同含义的对象，为这些对象统一定义了编程语言语义上的属性和方法。下面将详细讲解这些知识。

11.2.1　创建一个简单的类

用户可以按照下面的格式创建一个类：

```
class classname
{
//定义类的属性
Var $myname;
Var $myage;
}
```

参数介绍
- class：类的关键字。
- classname：类名，类名的选择应尽量让类具有一定意义。

11.2.2　编写类的属性和方法

属性是类的重要元素之一，每个类都有自己的属性。按照上面的格式创建的类是一个空类，

空类没有任何意义，用户可以在类中添加不同的量与函数，实现不同的功能，其代码如下：

```
class classname
{
Var $myname;
Var $myage;
//定义类的方法
Function getname
{
}
Function getAge($argl,$arg2)
{
}
}
```

提示：创建类属性只需要在类中输入名称。

当创建了属性后，用户还需要创建函数，下面通过一段代码进行讲解，其代码如下：

```
class classname
{
Var $myname;
Var $myage;
Function getname
{
}
Function getAge($argl,$arg2)
{
}
}
```

在上面的代码中，创建了一个具有两个函数的类，可以在方法中继续添加代码，实现一些功能，让程序更加完整，下面通过一个简单的实例进行讲解。

实例31：创建一个完整的类

下面通过一段代码讲解创建一个完整的类的方法，其代码【光盘：源代码/第 11 章/11-2.php】如下：

```php
<?php
class A {
    function example() {
        echo "我是基类的函数 A::example().<br />";
    }
}

class B extends A {
    function example() {
        echo "我是子类中的函数 B::example().<br />\n";
        A::example(); //调用父类的函数
    }
```

```
          }
          // A 类没有对象实例,直接调用其方法 example
          A::example();

          // 建立一个 B 类的对象
          $b = new B;

          //调用 B 的函数 example
          $b->example();
          ?>
```

将上述代码文件保存到服务器的环境下,运行浏览后得到如图 11-2 所示的结果。

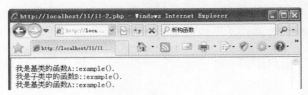

图 11-2 类

在创建类的时候,一定要将一个类放在一个 php 标记中,不要将它放在多个 php 里。如下面的代码是错误的:

```
<?php
class A {
}
?>
<?php
function example()
{
        echo "我是基类的函数 A::example().<br />";
}
?>
```

11.3 构造函数和析构函数

在 PHP 4 以前的版本中,在类中创建与类同名的函数即为构造函数。构造函数可以带有参数,也可以不带有参数。在类中构造函数是固定的,即函数名称为_construct(),这是 PHP 5 中的重要特性,构造函数的定义格式如下:

```
Class classname
{
Function_construct($param)
{
```

　　　　}
　　}

　　构造函数可以传递参数，这些参数可以在调用类的时候传递。
　　除了构造函数外，PHP 中还有一个函数也十分重要，那就是析构函数。析构函数是一种当对象被销毁时，无论使用了 unset()或者简单的脱离范围，都被自动调用的函数。析构函数允许在销毁一个类之前操作或者完成一些功能。
　　在 PHP 中，一个类的析构函数名称必须是_destruct()。

11.4　实例化类

　　在声明了一个类后，如果要使用这个类，就必须创建该类的实例。实际上也可以将该类作为一个变量，在使用类之前手动定义。实例化一个类的方法非常简单，我们可以轻松地为类创建一个实例或者实例化一个类。在 PHP 中，可以使用关键字"new"创建一个类实例，其代码【代码 103：光盘：源代码/第 11 章/11-3.php】如下所示：

```
<?php
class myName
{
    function __construct($myName)    //构造函数
    {
        echo("我的名字是：$myName<br>");
    }
}
//下面创建类实例
$name1=new myName("小狗");
$name2=new myName("小猫");
$name3=new myName("小马");
?>
```

　　将上述代码文件保存到服务器的环境下，运行浏览后得到如图 11-3 所示的结果。

图 11-3　实例化对象

11.5　类的访问控制

　　在 PHP 中引入了类的访问控制符，这样可以控制类的属性和方法的访问权限。PHP 5 支持 3 种访问控制符，下面详细介绍这 3 种控制符的基本知识。
　　1）public 控制符：该控制符是默认的，如果不指定一个属性的访问控制，则默认是

public。public 表示该属性和方法在类的内部或者外部都可以被直接访问。

2）private 控制符：该控制符说明属性或者方法只能够在类的内部进行访问。如果没有使用_get()和_set()方法，可以对所有的属性都使用这个关键字，也可以选择使用私有的属性和方法。注意，私有属性和方法不能被继承。

3）protected 控制符：能被同类中的所有方法和继承类中的所有方法访问到，除此之外，不能被访问。

下面通过一段代码来讲解访问控制符的用法，其代码【代码 104：光盘：源代码/第 11 章/11-4.php】如下所示：

```php
<?php
class calendar
{
//创建一个日历类
public function getDayNames()
{
//获取属性值的函数
    return $this->$dayNames;
  //返回该属性值
}
public function setDayNames($names)
{      //设置属性值的函数
    $this->dayNames=$names;
//设置属性值


}
}
?>
```

在上面这段代码中，每一个成员都有一个修饰符，说明了它是公有的还是私有的。在此可以不添加 public 修饰符，因为默认的控制符就是 public。

11.6 类的基本操作

通过前面几节的学习，读者已经明白了类是怎么一回事。在本节的内容中，将详细讲解类的基本操作。

11.6.1 类方法的调用

前面已经熟悉了类的属性和设置函数，类的函数的访问和调用与类属性的基本类似，假设声明一个类，其代码如下所示：

```
Class classname
{
Var $myAttrib;//定义属性
Function func_1($param)//函数 func_1
```

```
{
//函数代码
}
Function func_2($param1,$param2)//函数 func_1
{
//函数代码
}
Function func_3($param1,$param2)//函数 func_1
{
//函数代码
Return backvalue;
}
}
```

要想调用上面的函数，需要先创建一个实例，其代码如下所示：

```
$newclass=new classname();//创建一个类 classname 实例
```

调用三个方法的函数十分简单，其实现代码如下：

```
$newclass->fun_1("123");//调用函数 func-1
$newclass->fun-2("123","abc");//调用函数 func-2
$myvalue=$nameclass->fun-3("123","abc");//调用函数 func-3
```

11.6.2 创建一个完整的类

前面已经介绍了类的基本操作知识。接下来通过创建一个完整的类，将前面的所有知识融合在一起进行应用。具体实现代码【代码 105：光盘：源代码/第 11 章/11-5.php】如下所示：

```
<?php
class FSC{
/*****************************************************************/
// 函数名: getfilesource
// 功能: 得到指定文件的内容
// 参数: $file  目标文件
/*****************************************************************/
function getfilesource($file){
    if($fp=fopen($file,'r')){
        $filesource=fread($fp,filesize($file));
        fclose($fp);
        return $filesource;
    }
    else
        return false;
}
/*****************************************************************/
// 函数名: writefile
// 功能: 创建新文件，并写入内容，如果指定文件名已存在，那将直接覆盖
```

```php
// 参数: $file -- 新文件名
// $source   文件内容
/************************************************************************/
function writefile($file,$source){
    if($fp=fopen($file,'w')){
        $filesource=fwrite($fp,$source);
        fclose($fp);
        return $filesource;
    }
    else
        return false;
}
/************************************************************************/
// 函数名: movefile
// 功能: 移动文件
// 参数: $file -- 待移动的文件名
// $destfile -- 目标文件名
// $overwrite 如果目标文件存在，是否覆盖. （默认是覆盖）.
// $bak 是否保留原文件（默认是不保留即删除原文件）

/************************************************************************/
function movefile($file,$destfile,$overwrite=1,$bak=0){
    if(file_exists($destfile)){
        if($overwrite)
            unlink($destfile);
        else
            return false;
    }
    if($cf=copy($file,$destfile)){
        if(!$bak)
            return(unlink($file));
    }
    return($cf);
}
  /************************************************************************/
// 函数名: movedir
// 功能: 这是下一函数 move 的辅助函数，功能就是移动目录
/************************************************************************/
function movedir($dir,$destdir,$overwrite=1,$bak=0){
     @set_time_limit(600);
    if(!file_exists($destdir))
        FSC::notfate_any_mkdir($destdir);
    if(file_exists($dir)&&(is_dir($dir)))
        {
        if(substr($dir,-1)!='/')$dir.='/';
        if(file_exists($destdir)&&(is_dir($destdir))){
```

```php
                if(substr($destdir,-1)!='/')$destdir.='/';
            $h=opendir($dir);
            while($file=readdir($h)){
                if($file=='.'||$file=='..')
                    {
                    continue;
                    $file="";
                    }
                if(is_dir($dir.$file)){
                    if(!file_exists($destdir.$file))
                        FSC::notfate_mkdir($destdir.$file);
                    else
                        chmod($destdir.$file,0777);
                    FSC::movedir($dir.$file,$destdir.$file,$overwrite,$bak);
                    FSC::delforder($dir.$file);
                    }
                else
                {
                    if(file_exists($destdir.$file)){
                        if($overwrite)unlink($destdir.$file);
                        else{
                            continue;
                            $file="";
                            }
                        }
                    if(copy($dir.$file,$destdir.$file))
                        if(!$bak)
                            if(file_exists($dir.$file)&&is_file($dir.$file))
                                @unlink($dir.$file);
                    }
                }
            }
            else
                return false;
    }
    else
        return false;
}
/******************************************************************/
// 函数名: move
// 功能: 移动文件或目录
// 参数: $file -- 源文件/目录
//       $path -- 目标路径
//       $overwrite -- 如果目标路径中已存在该文件，是否覆盖移动
//                  -- 默认值是 1, 即覆盖
```

```php
//          $bak     -- 是否保留备份(原文件/目录)
/*********************************************************************/
function move($file,$path,$overwrite=1,$bak=0)
    {
    if(file_exists($file)){
        if(is_dir($file)){
            if(substr($file,-1)=='/')$dirname=basename(substr($file,0, strlen($file)-1));
            else $dirname=basename($file);
            if(substr($path,-1)!='/')$path.='/';
            if($file!='.'||$file!='..'||$file!='../'||$file!='./')$path. =$dirname;
            FSC::movedir($file,$path,$overwrite,$bak);
            if(!$bak)FSC::delforder($file);
            }
        else{
            if(file_exists($path)){
                if(is_dir($path))chmod($path,0777);
                else {
                    if($overwrite)
                        @unlink($path);
                    else
                        return false;
                    }
                }
            else
                FSC::notfate_any_mkdir($path);
            if(substr($path,-1)!='/')$path.='/';
            FSC::movefile($file,$path.basename($file),$overwrite,$bak);
            }
        }
    else
        return false;
}
/*********************************************************************/
// 函数名: delforder
// 功能: 删除目录,不管该目录下是否有文件或子目录
// 参数: $file -- 源文件/目录

/*********************************************************************/
function delforder($file) {
    chmod($file,0777);
    if (is_dir($file)) {
        $handle = opendir($file);
        while($filename = readdir($handle)) {
            if ($filename != "." && $filename != "..")
            {
                FSC::delforder($file."/".$filename);
```

```
                    }
                }
                closedir($handle);
                return(rmdir($file));
        }
        else {
            unlink($file);
        }
}
/*************************************************************/
// 函数名: notfate_mkdir
// 功能: 创建新目录,这是来自 php.net 的一段代码,以弥补 mkdir 的不足.
// 参数: $dir -- 目录名

/*************************************************************/
function notfate_mkdir($dir,$mode=0777){
    $u=umask(0);
    $r=mkdir($dir,$mode);
    umask($u);
    return $r;
}
/*************************************************************/
// 函数名: notfate_any_mkdir
// 功能: 创建新目录,与上面的 notfate_mkdir 有点不同,因为它多了一个 any,即可以创建多级目录
//        如:notfate_any_mkdir("abc/abc/abc/abc/abc")
// 参数: $dirs -- 目录名

/*************************************************************/
function notfate_any_mkdir($dirs,$mode=0777)
{
    if(!strrpos($dirs,'/'))
    {
        return(FSC::notfate_mkdir($dirs,$mode));
    }else
    {
        $forder=explode('/',$dirs);
        $f='';
        for($n=0;$n<count($forder);$n++)
        {
            if($forder[$n]=='') continue;
            $f.=((($n==0)&&($forder[$n]<>''))?(''):('/')).$forder[$n];
            if(file_exists($f)){
                chmod($f,0777);
                continue;
            }
            else
```

```
                {
                    if(FSC::notfate_mkdir($f,$mode)) continue;
                    else
                        return false;
                }
            }
            return true;
        }
    }
?>
```

将上述代码文件保存到服务器的环境下，执行后发现浏览器不会出现任何效果，如图 11-4 所示。但是它可以操作一些东西，在此读者不需要详细了解这个程序具体做什么用，只需了解具体操作类的方法。

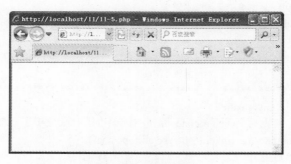

图 11-4　最终效果

11.7　面向对象的高级编程

面向对象的高级性主要表现在类的继承、接口的实现和类的多态性这三个方面，本节将详细讲解这三个方面的知识。

11.7.1　类的继承

任何编程语言，只要有类，它的类就可以从其他的类中扩展出来，PHP 也不例外。在 PHP 中使用关键字"extends"来扩展一个类，即指定该类派生于哪个基类。扩展或派生出来的类拥有其基类（这称为"继承"）的所有变量和函数，并包含所有派生类中定义的部分。类中的元素不可能减少，也就是说不可以注销任何存在的函数或者变量。一个扩充类总是依赖于一个单独的基类，即不支持多继承。

实例 32：使用类的继承

下面通过一个实例来讲解使用类的继承的方法，其代码【光盘：源代码/第 11 章/11-6.php】如下所示：

```
<?php
```

```php
header("Content-Type: text/plain");
class three {
    function three() {
        echo("constructor of three\n");
    }
}

class two extends three {
    function two() {
        echo("constructor of two\n");
    }
    function two_get_parent_class_name() {
        echo("i am two and my parent is: ".get_parent_class($this)."\n");
    }
}

class one extends two {
    function one() {
        echo("constructor of one\n");
    }
    function one_get_parent_class_name() {
        echo("i am one and my parent is: ".get_parent_class($this)."\n");
    }
}

$one=new one();
$one->two();
$one->three();
$one->one_get_parent_class_name();
$one->two_get_parent_class_name();
?>
```

将上述代码文件保存到服务器的环境下，运行浏览后得到如图 11-5 所示的结果。

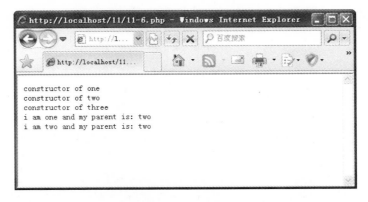

图 11-5　最后结果

多学一招

当一个类继承另一个类后，它将具备被继承类的所有属性。类的继承是面向对象重要的一个应用，读者需要明白哪些东西在子类存在，该如何使用。下面通过一段代码以加深读者对类的继承的理解，其代码【光盘：源代码/第 11 章/11-7.php】如下所示：

```php
<?php
class A {
    public function af() { print 'a';}
    public function bark() {print ' arf!';}
}
class B extends A {
    public function bf() { print 'b';}
}
class C extends B {
    public function cf() { print 'c';}
    public function bark() {print ' ahem...'; parent::bark();}
}

$c = new C;
$c->af(); $c->bf(); $c->cf();
print "<br />";
$c->bark();
/**results:**/
//abc
//ahem... arf!
?>
```

将上述代码文件保存到服务器的环境下，运行浏览后得到如图 11-6 所示的结果。

图 11-6　类的继承

11.7.2　接口的实现

在 PHP 中，由于类是单继承的关系，所以不能满足设计的需求。PHP 学习 Java 的优点，引入了一个新的概念——接口。接口是一个没有具体处理代码的特殊对象，它仅定义了一些方法的名称及参数。这样对象就可以方便地使用"implement"关键字把需要的接口整合起来，然后加入具体的执行代码中就可以实现高级功能了。

接口指定了一个实现该接口必须实现的一系列函数。例如，指定了需要一系列能够显示自身的类。除了可以定义具有 display()函数的父类，同时使这些子类都继承该父类并重载该

方法外,还可以实现一个接口。具体代码如下所示:

```
interface Displayable
{
    function display();
} Displayable
class webpage implements {
    function display(){
    ……
    }
}
```

11.7.3 多态的实现

多态是对象的一种能力,它可以在运行时根据传递的对象参数,将同一操作应用于不同的对象。可以有不同的解释,以产生不同的执行结果,这就是多态性。多态性通常使用派生类重载基类中的同名函数来实现,PHP 的多态性分为以下两种类型:

1)编译时的多态性:编译时的多态性是通过重载来实现的。系统在编译时,根据传递的参数、返回的类型等信息决定实现何种操作。

2)运行时的多态性:是指直到系统运行时才根据实际情况决定实现何种操作。编译时的多态性具有运行速度快的特点,而运行时的多态性则具有高度灵活和抽象的特点。

11.7.4 作用域分辨运算符"::"

"::"运算符可以在没有任何声明和实例的情况下,访问类中的变量和函数。下面将通过一段代码来演示,其代码【代码 106:光盘:源代码/第 11 章/11-8.php】如下所示:

```
<?php
class A {
    function example() {
        echo "我是基类的函数 A::example().<br />";
    }
}

class B extends A {
    function example() {
        echo "我是子类中的函数 B::example().<br />\n";
        A::example(); //调用父类的函数
    }
}

// A 类没有对象实例,直接调用其方法 example
A::example();

// 建立一个 B 类的对象
$b = new B;
```

```
//调用 B 的函数 example
$b->example();
?>
```

将上述代码文件保存到服务器的环境下,运行浏览后得到如图 11-7 所示的结果。

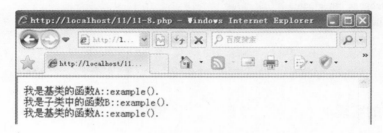

图 11-7 类的::运算符

11.7.5 parent 关键字

程序员可能会发现自己写的代码访问了基类的变量和函数,尤其在派生类非常精炼或者基类非常专业化的时候。所以不要用代码中基类文字上的名字,应该用特殊的名字 parent,它指的是派生类在 extends 声明中所指的基类的名字。这样做可以避免在多个地方使用基类的名字。如果继承树在实现的过程中需要修改,只需简单地修改类中 extends 声明的部分。下面通过一段代码来演示 parent 关键字的用法,其代码【代码 107:光盘:源代码/第 11 章/11-9.php】如下所示:

```
<?php
class A {
    function example() {
        echo "I am A::example() and provide basic functionality.<br />\n";
    }
}
class B extends A {
    function example() {
        echo "I am B::example() and provide additional functionality.<br />\n";
        parent::example();
    }
}
$b = new B;

// 这将调用 B::example(),而它会去调用 A::example()。
$b->example();
?>
```

将上述代码文件保存到服务器的环境下,运行浏览后得到如图 11-8 所示的结果。

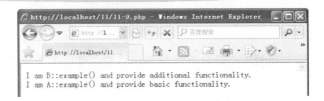

图 11-8 parent 关键字

11.7.6 final 关键字

在 PHP 中引入了 final 关键字，当在一个函数声明前使用该关键字时，final 修饰的函数将不能被任何函数重载。

实例 33：使用 final 关键字

final 关键字通常应用限制类的继承，下面通过一个实例来演示 final 关键字的用法。其代码【光盘：源代码/第 11 章/11-10.php】如下所示：

```php
<?php
class BaseClass
{
    public function test()
    {
        echo "BaseClass::test() called\n";
    }

    final public function moreTesting()
    {
        echo "BaseClass::moreTesting() called\n";
    }
}
class ChildClass extends BaseClass {
    public function moreTesting() {
        echo "ChildClass::moreTesting() called\n";
    }
}
BaseClass::moreTesting()
?>
```

这个程序会产生错误，因为 final 关键字限制类的方法，但是子类继续调用，将上述代码文件保存到服务器的环境下，运行浏览后得到如图 11-9 所示的结果。

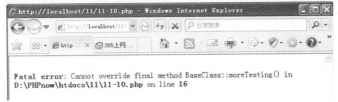

图 11-9 产生的错误页面

多学一招

在 PHP 的面向过程中，如果不想让类继承其他的类，可以用关键字 "final" 去限制这个类，其代码【光盘：源代码/第 11 章/11-11.php】如下所示：

```php
<?php
final class BaseClass
{
    public function test()
    {
        echo "BaseClass::test() called\n";
    }

    final public function moreTesting() {
        echo "BaseClass::moreTesting() called\n";
    }
}

class ChildClass extends BaseClass {
}
class (BaseClass)
?>
```

将上述代码文件保存到服务器的环境下，运行浏览后得到如图 11-10 所示的结果。

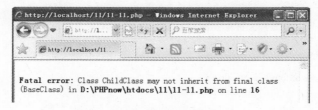

图 11-10　final 关键字

提示：在 PHP 的编程过程中，可以将 final 关键字用于类、属性和方法中，用于保护类。如果要实现继承功能，就不能使用此关键字。在 PHP 中，private 关键字也十分重要，它只能用于类的属性和方法。倘若在一个类中看到这个关键字 protected，这个类的属性和方法仍然可以被继承，但是在它的外部不可见。

11.7.7　static 关键字

static 关键字适用于允许在未经初始化类的情况下，调用该类的属性和方法。该关键字有点像前面讲解的"::"运算符，下面通过一段代码讲解 static 关键字的用法，其代码【代码108：光盘：源代码/第 11 章/11-12.php】如下所示：

```php
<?php
class Foo    //定义基类
```

```php
{
    //使用 static 关键字定义变量
    public static $my_static = 'foo';

    public function staticValue() {
        return self::$my_static;
    }
}

class Bar extends Foo    //创建基类
{
    public function fooStatic() {
        return parent::$my_static;    //返回基类的变量$my_static
    }
}

//打印基类的$my_static 变量
//虽然没有创建类实例,但是可以直接访问 static 变量
print 'Foo::$my_static 结果为'.Foo::$my_static . "<br>";

$foo = new Foo();    //创建基类实例
print $foo->staticValue() . "<br>";    //通过方法返回 static 变量


//通过子类访问$my_static
print Bar::$my_static . "<br>";
$bar = new Bar();
print $bar->fooStatic() ;    //返回父类的 static 变量
?>
```

将上述代码文件保存到服务器的环境下,运行浏览后得到如图 11-11 所示的结果。

图 11-11　static 关键字

11.8　疑难问题解析

本章详细介绍了 PHP 面向对象的基本知识。本节将对本章中比较难以理解的问题进行

讲解。

读者疑问：在创建类的实例时，输入了 function __construct($myname)，在运行的时候，为什么总是提示错误？

解答：在此提醒读者，即使这样的函数也同样会犯错，出错最多的原因是"_"，实际上它是两个下划线，而不是一个，希望读者仔细检查。

读者疑问：听说PHP4与PHP5在传递对象的值方面是不一样的，是这样吗？

解答：是的，PHP4是按值传递，而PHP5则采用了引用进行传递，采用这种对象传递方式不会破坏程序中已有的代码。在PHP5中，同时也引入了抽象类和接口的概念，本书主要讲解的是PHP5。

职场点拨——兼职可靠吗？

上一章中介绍了寻找兼职的方法，但是即使找到了兼职信息，你确定能合作成功吗？在此笔者有以下几个建议供读者参考。

1）最好是朋友或熟人推荐，这样双方都比较放心，项目也好拿一些，一般也不会欠款。如果是陌生人就不好说了，即使签合同也没用。还有就是接项目时，一定要了解对方是否有技术背景。

2）接活前先跟美编把报酬讲好，如果程序员和美编报酬一样的话，那就不要接。因为后期的活程序占绝大多数，而美编的任务比起程序员少得多。

3）接活前一定要先让客户把需求写成书面形式，然后根据文本里要求的功能估价。如果是整个站就最好多要报酬，因为后期的修改相当烦人。如果客户不会写书面要求，建议不接。

4）跟客户说明完工后从结账那天起，就不用负责了，除非客户愿意出维护费或者你自愿。

5）一般后期程序维护是需要资金的，如果客户不愿意出，或者认为程序是你写的就理应你来免费维护，那就不要接。

6）程序和页面一定要分开，这样各做各的，分工明确，而且不易发生什么误会，最主要的是能提高工作效率，后期美编改起来也不会影响到程序。

7）开工前先搞清楚客户说的报酬，是税前的还是税后的，有些所谓正式的单位到结账的时候会说要扣掉部分个人所得税。

8）最好有自己的服务器，把做的活放到自己的服务器上，如果客户满意了，付清全部的钱再把代码给他们，这样避免了客户不发钱，活已经给人家了，造成自己被动的局面。

9）在做兼职时，如果不信任对方，建议把一个网站分成几段，具体怎么分可以和对方协商。例如把网站分为"美工"、"后台"、"美工和后台"的结合，每做完一期，客户满意后支付报酬。

第12章 会话管理

会话管理是指当客户端浏览器浏览网站后，对浏览器的一些信息进行处理。当访问某个站点时，某个 HTML 网页发送到浏览器中的一小段信息，可以以脚本的形式在客户端计算机上保存。使用 Cookie 可以记录客户的用户 ID、密码、浏览过的网页和停留的时间等信息。当我们再次来到该网站时，网站读取 Cookie 便可得到相关信息，并做出相应的动作。通过本章能学到如下知识：

- 什么是会话控制
- 操作 Cookie
- 职场点拨——同事交往经验谈

2010 年 X 月 XX 日，暴雨

今天很不高兴，在没有经过我允许的情况下，同事 A 把我的资料拿走。害我找了半天也没找到，还让经理训了我一顿，我恨不得和 A 绝交。

一问一答

小菜："我要和 A 绝交……"

Wisdom："呵呵，我知道你很郁闷，但是有了问题后，你首先应该做的是去想办法解决问题，而不是破坏同事之间的和气。同事间的误会最好用沟通交流来解决，也许在问清原因后会得到一个好的结果。"

小菜："嗯，言归正传，本章的会话管理也是一种交流吗？"

Wisdom："在 PHP 领域，数据也可以和网页进行会话交流。会话管理对于网页编程来说十分重要，能够实现对某些重要数据的传递。"

12.1 看一段会话管理代码

在 PHP 中的数据可以和网页进行会话交流。会话管理对于网页编程来说十分重要，下面通过一段代码来演示会话管理的功能，其代码【代码 109：光盘：源代码/第 12 章/12-1/】如下所示：

```
<?php
$exam = "PHP 是一门优秀的网络语言!";
setcookie ( "test", $exam );            //设置 Cookie 名为 test
```

```
        setcookie ( "test",$exam,time()+1800 ) ;       /*0.5 小时后失效 */
?>
<style type="text/css">
<!--
body,td,th {
  font-size: 12px;
}
a:link {
  text-decoration: none;
}
a:visited {
  text-decoration: none;
}
a:hover {
  text-decoration: none;
}
a:active {
  text-decoration: none;
}
-->
</style>
<center>
<a href = "exam.php" >输出 Cookie</a>
</center>
```

除了上面的代码外，还需要编写一个名为 exam.php 的页面，其代码如下所示：

```
<!DOCTYPE html PUBLIC "-//W3C//DTD XHTML 1.0 Transitional//EN" "http://www.w3.org/TR/xhtml1/DTD/xhtml1-transitional.dtd">
<html xmlns="http://www.w3.org/1999/xhtml">
<head>
<meta http-equiv="Content-Type" content="text/html; charset=gb2312" />
<title>cookie 输出页</title>
<style type="text/css">
<!--
body,td,th {
    font-size: 12px;
}
-->
</style></head>
<body>
<center>
<?php
    echo($_COOKIE[test]);
?>
```

```
        </center>
        </body>
        </html>
```

将上述代码文件保存到服务器的环境下,运行浏览后得到如图 12-1 所示的结果。

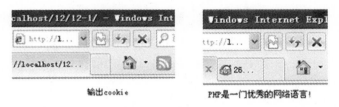

图 12-1 会话管理

12.2 什么是会话控制

在 PHP 中,Cookie 和会话控制着 PHP 中重要的内容。有效使用 Cookie 和会话控制可以完成很多复杂的内容。本章将详细讲解使用 Cookie 和会话控制,在 Web 页面应用程序中跟踪和管理用户的方法。

12.2.1 Cookie 概述

Cookie(有时也用其复数形式 Cookies)是指某些网站为了辨别用户身份而储存在用户本地终端上的数据(通常经过加密)。Cookie 是网景公司的前雇员Lou Montulli 在 1993 年 3 月发明的。服务器可以利用 Cookie 包含信息的任意性来筛选并经常性维护这些信息,以判断在HTTP 传输中的状态。Cookie 最典型的应用是判定注册用户是否已经登录网站,用户可能会得到提示,是否在下一次进入此网站时保留用户信息以便简化登录手续,这些都是 Cookie 的功用。另一个重要应用场合是"购物车"之类的处理。用户可能会在一段时间内在同一家网站的不同页面中选择不同的商品,这些信息都会写入 Cookie,以便在最后付款时提取信息。

Cookie 可以保持登录信息到用户下次与服务器的会话,换句话说,在下次访问同一网站时,用户不必输入用户名和密码就可以登录。还有一些 Cookie 在用户退出会话的时候就被删除了,这样可以有效保护个人隐私。

12.2.2 会话控制

会话控制是 PHP 中十分重要的内容,通过前面讲解的 Cookie 内容可以完成很多功能,如电子商务中的购物车。Cookie 只能在客户端保存一定数量的会话状态,在 PHP 中提供了另外一种控制会话的方法,通过会话保持一个会话标识,将会话数据都存储在服务器的数据库中,这样容量将不再受到限制。

12.3 简单操作 Cookie

Cookie 是通过 HTTP 返回到浏览器上的,下面将详细讲解操作 Cookie 的基本知识。

12.3.1 Cookie 的设置

PHP 为我们提供了一个函数,可以通过这个函数来轻松设置 Cookie,这个函数的格式如下所示:

```
bool setcookie (string name [,string value [,int expire [,string path [,string domain [,int secure ]]]]])
```

该函数定义了一个和其余的 HTTP 头一起发送的 Cookie,它必须最先输出,在任何脚本输出之前包括<html>和<head>标签。如果在 setcookie()之前有任何的输出,那么 setcookie()就会失败,并返回 False。

这个函数的参数较多,下面通过表 12-1 进行讲解。

表 12-1 setcookie 的参数

参 数	说 明	范 例
Name	Cookie 的名字	可以通过$_COOKIE['CookieName']调用名字是 CookieName 的 Cookie
Value	Cookie 的值,该值保存在客户端,不能用来保存敏感数据	可以通过$_COOKIE['CookieName']获取名为 'CookieName' 的值
Expire	Cookie 的过期时间	如果不设置失效日期,那么 Cookie 将永远有效,除非手动将它删除
Path	Cookie 在服务器端的有效路径	如果该参数设置为 '/',那它就在整个 domain 内有效,如果设置为 '/07',它就在 domain 下的/07 目录及子目录内有效。默认是当前目录
Domain	该 Cookie 有效的域名	如果要使 Cookie 在 sina.com 域名下的所有子域都有效,应该设置为 'sina.com'
Secure	指明 Cookie 是否仅通过安全的 HTTPS 链接传送。当设成 True 时,Cookie 仅在安全的链接中被设置。默认值为 False	0 或 1

12.3.2 删除 Cookie

在本章开始的那段代码实际为大家展示了一个对 Cookie 访问的过程,那么究竟如何注销 Cookie 呢?下面通过一段代码讲解,其代码【代码 110:光盘:源代码/第 12 章/12-1 .php】如下所示:

```php
<?php
setcookie("TestCookie", "", time() - 3600);
//输出 testcookie
if (!empty($_COOKIE["TestCookie"]))
  echo "testcookie 值为:".$_COOKIE["TestCookie"] . "<br>";
else
  echo "testcookie1 被注销。<br>";
//输出 testcookie1


//输出所有 cookie
print_r($_COOKIE);
```

```
?>
```

将上述代码文件保存到服务器的环境下,运行浏览后得到如图 12-2 所示的结果。

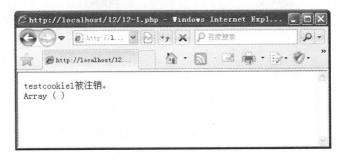

图 12-2　删除 Cookie

12.3.3　Cookie 数组

用户根据需要创建 Cookie 数组,创建 Cookie 数组的方法见下面实例。

实例 34:创建 Cookie 数组

通过本实例演示创建 Cookie 数组的方法,其代码【光盘:源代码/第 12 章/12-2.php】如下所示:

```
<?php
// 设定 cookie
setcookie("cookie[three]", "cookiethree");
setcookie("cookie[two]", "cookietwo");
setcookie("cookie[one]", "cookieone");

// 刷新页面后,显示出来
if (isset($_COOKIE['cookie'])) {
    foreach ($_COOKIE['cookie'] as $name => $value) {
        echo "$name : $value <br />\n";
    }
}
?>
```

将上述代码文件保存到服务器的环境下,运行浏览后得到如图 12-3 所示的结果。

图 12-3　创建数组

由此可见，创建 Cookie 数组的方法十分简单。将代码在浏览器中执行后，如果没有显示图 12-3 所示的结果，需要刷一下页面后才会有效果。在编写的过程中，请仔细阅读以下这几行代码：

```
setcookie("cookie[three]", "cookiethree");
setcookie("cookie[two]", "cookietwo");
setcookie("cookie[one]", "cookieone");
```

这几行代码是创建 Cookie 数组的核心，读者可以自行修改，其代码【光盘：源代码/第 12 章/12-3.php】如下所示：

```
<?php
// 设定 cookie
setcookie("cookie[Java]", "Sun 公司推出的优秀开发平台");
setcookie("cookie[NET]", "微软公司推出的软件开发平台");
setcookie("cookie[PHP]", "当今时代最为优秀的网络编程语言");

// 刷新页面后，显示出来
if (isset($_COOKIE['cookie'])) {
    foreach ($_COOKIE['cookie'] as $name => $value) {
        echo "$name : $value <br />\n";
    }
}
?>
```

将上述代码文件保存到服务器的环境下，运行浏览后得到如图 12-4 所示的结果。

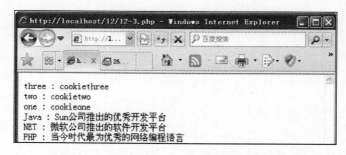

图 12-4　执行后的结果

提示：上面的程序执行后会保存在浏览器中，当再次执行其他的代码后将被显示出来，希望读者多加体会，为什么会出现实例中的内容。

12.3.4　header 函数

header()函数用来发送一个原始 HTTP 标头，其格式如下所示：

```
void header ( string string [, bool replace [, int http_response_code]] )
```

可选参数 replace 用于指明是替换掉前一条类似的标头还是增加一条相同类型的标头（默认为替换）。如果将其设为 False，则可以强制发送多个同类标头，例如下面的代码：

```php
<?php
header('WWW-Authenticate: Negotiate');
header('WWW-Authenticate: NTLM', false);
?>
```

第二个可选参数 http_response_code，可以强制将 HTTP 响应代码设为指定值。例如下面的代码：

```php
<?php
header("HTTP/1.0 404 Not Found")
?>
```

第二种特殊情况是以"Location:"为标头，它不只是把这个标头发送回浏览器，它还将一个 REDIRECT（302）状态码返回给浏览器，除非之前已经发出了某个 3xx 状态码。其代码如下所示：

```php
<?php
header("Location: http://www.example.com/");
/* 重定向浏览器 */
/* 确保重定向后，后续代码不会被执行 */
exit;
?>
```

12.4 会话控制

Cookie 可以实现会话功能，但因为 Cookie 可以在客户端保存有限数量的会话状态，这成了它在控制会话方面的弱点，因此读者需要重新掌握一种方法，去实现会话控制的功能。在前面已经提示过，用户通过标记，将客户信息返回服务器的数据库，可以无限量地进行会话控制。

12.4.1 会话的基本方式

会话的基本方式有会话 ID 的传送和会话 ID 的生成两种，下面详细介绍这两种方式。

（1）会话 ID 的传送。会话 ID 的传送有两种方式，一种是 Cookie 方式，另一种是 URL 方式，Cookie 传送方式是最简单的方式，但是有些客户可能限制使用 Cookie。如果要在客户限制 Cookie 的条件下继续工作，就要通过其他方式来实现了。在 URL 传送方式中，URL 本身用来传送会话，会话标志被简单地附加在 URL 的尾部，或者作为窗体中的一个变量来传递。

（2）会话 ID 的生成。PHP 的会话函数会自动处理 ID 的创建。但也可以通过手工方式来创建会话 ID。它必须是不容易被人猜出来的，否则会有安全隐患。

一般推荐生成会话 ID 使用随机数发生器函数 srand()，该函数声明如下所示：

```
srand ((double) microtime () *1000000 ) ;
```

在调用该函数之后，要想生成一个唯一的会话 ID，还必须使用下面的语句实现：

```
md5 ( uniqid ( rand ())) ;
```

最安全的方法是让 PHP 自己生成会话 ID。

12.4.2 创建会话

要想实现一个简单的会话，通常需要以下几个步骤：
（1）启动一个会话，注册会话变量，使用会话变量和注销会话变量。
（2）注册会话变量，会话变量被启动后，全部保存在数组$_SESSION 中。通过数组$_SESSION 创建一个会话变量很容易，只要直接给该数组添加一个元素即可。
（3）使用会话变量。
（4）注销会话变量。
接下来详细讲解这 4 个步骤的基本知识。

1. 启动一个会话
PHP 中有两种方法可以创建会话。
❑ 通过 session_start ()函数创建会话。session_start ()函数用于创建会话，此函数声明如下所示：

```
bool    session_start (void) ;
```

session_start ()函数可以判断是否有一个会话 ID 存在，如果不存在就创建一个，并且使其能够通过全局数组$_SESSION 进行访问。如果已经存在，则将这个已注册的会话变量载入以供使用。

❑ 通过设置 php.ini 自动创建会话。设置 php.ini 文件中的 session.auto_start 选项，激活该选项后即可自动创建会话。但是当使用该方法启动 auto_start 时，会导致无法使用对象作为会话变量。

2. 注册会话变量
会话变量被启动后，全部保存在数组$_SESSION 中。通过数组$_SESSION 创建一个会话变量很容易，只要直接给该数组添加一个元素即可，如下面的代码：

```
$_session ['session_name' ] = session_value ;
```

3. 使用会话变量
会话变量的使用就是如何获取它的值，应该使用如下语句来实现：

```
if ( !empty ( $_SESSION['session_name']))
    $myvalue = $_SESSION['session_name'] ;
```

4. 注销会话变量
注销会话变量的方法同数组的操作一样，只需直接注销$_SESSION 数组的某个元素即可。如果要注销$_SESSION['session_name']变量，可以使用如下语句实现：

```
unset ( $_SESSION['session_name'] ) ;
```

不可以一次注销整个数组，那样会禁止整个会话的功能。如果想要一次注销所有的会话变量，可以将一个空的数组赋值给$_SESSION，具体代码如下所示：

```
$_SESSION = array () ;
```

如果整个会话已经结束，首先应该注销所有的会话变量，然后使用 session_destroy()函数清除会话 ID，具体代码如下所示：

```
session_destroy () ;
```

下面通过一段代码来讲解会话操作的过程，其代码【代码 111：光盘：源代码/第 12 章/12-2/】如下所示：

```php
<?php
//session_1.php
session_start();   //启动
echo '欢迎来到本页';
$_SESSION['favcolor'] = 'green';
$_SESSION['animal']   = 'cat';
$_SESSION['time']     = time();
// 设置链接，进入到第 2 页
echo '<br /><a href="session_2.php">第 2 页 </a>';
?>
```

新建第 2 个页面，文件名为 session_2.php，其代码如下所示：

```php
<?php
//session_2.php
session_start();   //启动
echo '欢迎到第 2 页<br />';
echo   $_SESSION['favcolor']."<br>"; // 输出 session
echo $_SESSION['animal']."<br>";     // 输出 session
echo date('Y m d H:i:s', $_SESSION['time']);
echo '<br /><a href="session_3.php">第 3 页</a>';
?>
```

新建第 3 个页面，文件名为 session_3.php，其代码如下所示：

```php
<?php
//session_2.php
session_start();   //启动
echo '欢迎到第 3 页<br />';
unset($_SESSION['favcolor']);
if (!empty($_SESSION['favcolor']))
    echo   "SESSION['favcolor']的值是：".$_SESSION['favcolor']."<br>"; // 输出 session
```

```
else
    echo "SESSION['favcolor']的值被删除了!";
session_destroy();    //注销会话 ID
echo '<br /><a href="session_1.php">第 1 页</a>';
?>
```

将上述代码文件保存到服务器的环境下,运行浏览后得到如图 12-5 所示的效果。

图 12-5　浏览效果

单击"第 2 页"超级链接,将会得到如图 12-6 所示的效果。
单击"第 3 页"超级链接,将会得到如图 12-7 所示的效果。

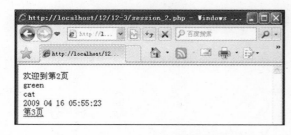 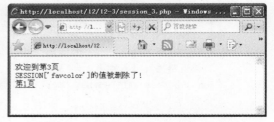

图 12-6　单击超级链接后的结果　　　　　　　　图 12-7　注销变量

12.5　会话的实际应用

会话最常见的应用是页面刷新和登录表单,下面将详细讲解这两种应用。

12.5.1　禁止使用页面刷新

网页流量是网站设计师最为关注的问题,为了保证网页访问量的真实性,防止一些恶意刷新,可以通过两种方法实现禁止使用页面刷新功能。

- 将刷新功能屏蔽。
- 设置 session 的变量。

下面通过一段代码来讲解实现禁止使用页面刷新功能的方法,其代码【代码 112:光盘:源代码/第 12 章/12-4.php】如下所示:

```
<?php session_start(); ?>
<title>通过 session 禁用页面刷新</title>
<style type="text/css">
```

```php
<!--
body,td,th {
    font-size: 12px;
}
-->
</style>
<center>
<?php
    if($_SESSION[TEMP]==""){
        if(($fp=fopen("count.txt","r"))==false){
            echo "打开文件失败!";
        }else{
            $counter=fgets($fp,1024);           //读取文件中数据
            fclose($fp);                        //关闭文本文件
            $counter++;                         //计数器加1
            $fp=fopen("count.txt","w");         //以写的方式打开文本文件
            fputs($fp,$counter);                //将新的统计数据加1
            fclose($fp);                        //关闭文件
        }
        if(($fp=fopen("count.txt","r"))==false){
            echo "打开文件失败!";
        }else{
            $counter=fgets($fp,1024);
            fclose($fp);
            echo "数字计数器: " .$counter ;     //输出访问次数
        }
        $_SESSION[temp]=1;                      //登录以后,$_SESSION [temp]的值不为空,给$_SESSION[temp]赋一个值1
    }else{
        echo "<script>alert('您不可以刷新本页!!'); history.back(); </script>";
        if(($fp=fopen("count.txt","r"))==false){
            echo "打开文件失败!";
        }else{
            $counter=fgets($fp,1024);
            fclose($fp);
            echo "网页访问量: " .$counter ;     //输出访问次数
        }
    }
?>
</center>
```

将上述代码文件保存到服务器的环境下,运行浏览后得到如图12-8所示的结果。如果用户要刷新页面,就会打开如图12-9所示的页面。

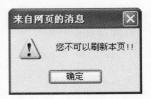

图 12-8　刷新次数　　　　　　　图 12-9　刷新页面

12.5.2　验证登录

登录验证功能在实际项目中很常见，为了保障后台的安全，常常使用验证登录功能。下面通过一段代码来演示验证登录的实现过程，其代码【代码 113：光盘：源代码/第 12 章/12-3/】如下所示：

```
<!DOCTYPE html PUBLIC "-//W3C//DTD XHTML 1.0 Transitional//EN"
"http://www.w3.org/TR/xhtml1/DTD/xhtml1-transitional.dtd">
<html xmlns="http://www.w3.org/1999/xhtml">
<head>
<meta http-equiv="Content-Type" content="text/html; charset=gb2312" />
<title>登录界面</title>
<style type="text/css">
<!--
body,td,th {
    font-size: 12px;
}
body {
    margin-left: 0px;
    margin-top: 0px;
    margin-right: 0px;
    margin-bottom: 0px;
}
-->
</style></head>
<body>
<center>
<form method="post" name="form1" action="index_ok.php">
<table bgcolor="#f0f0f0" border="1" cellpadding="0" cellspacing="0">
    <tr>
            <td colspan="2" align="center" valign="middle">用户请登录：</td>
    </tr>
    <tr>
            <td>用户名：</td>
            <td><input type="text" name="name" size="15" /></td>
    </tr>
    <tr>
            <td>密码：</td>
```

```
            <td><input type="password" name="pwd" size="15" /></td>
        </tr>
        <tr>
            <td colspan="2"><input type="submit" value="登录" /></td>
        </tr>
    </table>
</form>
</center>
</body>
</html>
```

创建一个名为 index_ok.php 页面，输入下面的代码，此代码可以验证密码是否正确，具体代码如下所示：

```
<?php session_start();
?>
<style type="text/css">
<!--
body,td,th {
    ont-size: 12px;
}
-->
</style>
<center>
<?php
    $user=$_POST[name];
    $pass=$_POST[pwd];
if($user=="china" && $pass=="china"){      //判断该用户和密码是否正确
    echo "登录成功!";
    session_register(user);     //注册新的 session 变量
    session_register(pass);
    echo "<meta http-equiv='refresh' content='3;url=main.php'>3 秒钟后转入主页,请稍等......";
    }else{
    echo "登录失败!!";
    echo "<meta http-equiv=\"refresh\" content=\"3;url=index.php\">3 秒钟后转入前页,请稍等......";
    }
?>
</center>
```

如果登录成功，将会创建一个处理页面，这个页面名为 main.php，具体代码如下所示：

```
<?php session_start();
if($_SESSION[user]=="mr" && $_SESSION[pass]=="mrsoft"){
?>
<html>
<head>
<meta http-equiv="Content-Type" content="text/html; charset=gb2312">
```

```
        <title>判断用户的权限</title>
        <style type="text/css">
        <!--
        body,td,th {
            font-size: 12px;
        }
        -->
        </style></head>
        <body>
        <center>
            您已经成功登录本网站,谢谢您的合作!!
        </center>
        </body>
        </html>
        <?php }else{
        header("location:main_ok.php");
        }
        ?>
```

将上述代码文件保存到服务器的环境下，浏览并登录成功后会显示登录成功界面。如果登录失败则会打开如图 12-10 所示的页面。

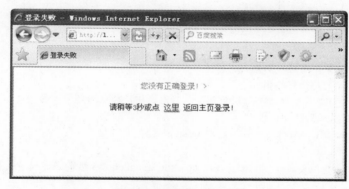

图 12-10　没有正确登录

12.6　疑难问题解析

本章详细介绍了 PHP 中会话管理的基本知识。本节将对本章中比较难以理解的问题进行讲解。

读者疑问：在使用 unset()函数后会立刻删除记录信息，但使用了 session_destroy()函数后，为什么不能删除呢？

解答：使用 unset()函数后，Session 会立即删除，但是使用 session_destrou()函数在本页不会生效，需刷新一次或者跳转到其他页面才会生效。

读者疑问：当删除一个 Cookie 后，为什么它的值仍然有效，还不能从页面消除，这是为什么呢？

解答：当删除一个 Cookie 后，它的值在当前页面仍然有效，因为只有刷新页面后才会失效，这是它的特性。

职场人生——同事交往经验谈

同事之间很容易形成利益关系，如果我们一味对一些小事不能正确对待，会很容易形成隔阂。在日常同事交往中，只要把握好以下几个方面就可以建立起融洽的同事关系。

（1）以大局为重，务必少拆台

对于同事的缺点如果平日里不当面指出。同事之间由于工作关系而走在一起，就要有集体意识，以大局为重，形成利益共同体。特别是在与外单位人接触时，要形成"团队形象"的观念，多补台少拆台，不要为自身小利而破坏集体大利，最好"家丑不外扬"。

（2）对待分歧，要求大同存小异

同事之间由于经历、立场等方面的差异，对同一个问题，往往会产生不同的看法，引起一些争论，一不小心就容易伤和气。因此，与同事有意见分歧时，不要过分争论。当面对问题时，特别是在发生分歧时要努力寻找共同点，争取求大同存小异。实在不能一致时，不妨冷处理，表明"我不能接受你们的观点，我保留我的意见"，让争论淡化，又不失自己的立场。

（3）对待升迁、功利，要保持平常心，不要嫉妒

许多同事平时一团和气，然当遇到利益之争时就当"利"不让。经常在背后互相谗言，或嫉妒心发作，说风凉话。建议时刻保持一颗平常心。

（4）与同事、上司交往时，保持适当距离

在一个单位，如果几个人交往过于频繁，容易形成表面上的小圈子，容易让别的同事产生猜疑心理，让人产生"是不是他们又在谈论别人是非"的想法。因此，在与上司、同事交往时，要保持适当距离，避免形成小圈子。

（5）在发生矛盾时，要宽容忍让，学会道歉

同事之间经常会出现一些磕磕碰碰，如果不及时妥善处理，就会形成大矛盾。所以在与同事发生矛盾时，要主动忍让，从自身找原因，换位为他人多想想，避免矛盾激化。当你勇于向对方道歉后，可能更会加深你们之间的感情。

第 13 章 正则表达式

正则表达式是一种依赖自身的微型语言，是专门用文本描述而设计的一种语言。尽管正则表达式较简洁，但是它有自己的语法和规则。本章将详细讲解正则表达式的基本知识，并通过具体实例的实现过程来讲解其使用方法。通过本章能学到如下知识：

- ❑ 正则表达式的组成元素
- ❑ 正则表达式的匹配
- ❑ 轻松匹配单个字符
- ❑ 处理正则表达式的函数
- ❑ 职场点拨——同事之间的互补

2011 年 XX 月 XX 日，阴

公司最近要组织一个开发团队，让我负责选人。我重点考虑了 A、B 和 C 三人。
A： 比较有背景，不但编程经验丰富，还做过知名企业的项目经理，有管理经验。
B： 工作经验丰富，从事编程 10 年了，一直是软件工程师，看着与世无争的样子。
C： 有一点非主流，技术一般，但是沟通交流能力一流。
我思考了半天，决定选 A 和 B。并总结道：A 和 B 技术过硬，必能大大缩短开发工期。
但是最后结果出来后老大选择了 A 和 C，小菜很困惑。老大说："我们这个项目，客户很难缠，C 的沟通能力较好，对整个项目的进展能有很大帮助！"

一问一答

小菜："今天老大推翻了我的选择，他认为 A 和 C 能形成互补！"
Wisdom："嗯，同事间互补很重要！"
小菜："言归正传，本章的正则表达式很重要吗？"
Wisdom："当然重要。"

13.1 看一段代码

通过正则表达式可以和 PHP 中的各种数据实现互补，从而完美地实现数据处理！正则表达式十分简单，用户只需要记住一些模式就可以。下面通过一段代码来演示正则表达式的作用，其代码【代码 114：光盘：源代码/第 13 章/13-1.php】如下所示：

```
<?php
```

```
// $document 应包含一个 HTML 文档。
// 本例将去掉 HTML 标记，javascript 代码
// 和空白字符。还会将一些通用的
// HTML 实体转换成相应的文本。
$search = array ("'<script[^>]*?>.*?</script>'si",      // 去掉 javascript
                 "'<[\/\!]*?[^<>]*?>'si",               // 去掉 HTML 标记
                 "'([\r\n])[\s]+'",                     // 去掉空白字符
                 "'&(quot|#34);'i",                     // 替换 HTML 实体
                 "'&(amp|#38);'i",
                 "'&(lt|#60);'i",
                 "'&(gt|#62);'i",
                 "'&(nbsp|#160);'i",
                 "'&(iexcl|#161);'i",
                 "'&(cent|#162);'i",
                 "'&(pound|#163);'i",
                 "'&(copy|#169);'i",
                 "'&#(\d+);'e");                        // 作为 PHP 代码运行
$replace = array ("",
                  "",
                  "\\1",
                  "\"",
                  "&",
                  "<",
                  ">",
                  " ",
                  chr(161),
                  chr(162),
                  chr(163),
                  chr(169),
                  "chr(\\1)");
$text = preg_replace ($search, $replace, $document);
?>
```

13.2 正则表达式概述

正则表达式（Regular Expression）描述了一种字符串的匹配模式，可以用来实现下面的功能：
（1）检查一个字符串是否含有某种子串。
（2）将匹配的子串做替换。
（3）从某个字符串中取出符合某个条件的子串。
在本节的内容中，将简单介绍正则表达式的基本知识。

13.2.1 什么是正则表达式

正则表达式是用某种模式去匹配一类字符串的一个公式。在初学者看来正则表达式比较

古怪并且复杂，其实正则表达式并不复杂，读者经过练习之后，就会发现再复杂的表达式也会变得相当简单。而且一旦你弄懂之后，可以把数小时才能完成的文本处理工作在几分钟（甚至几秒钟）内完成。

13.2.2 正则表达式的专业术语

在正则表达式里，有一些专业术语十分重要，下面进行介绍：

（1）grep：是一个用来在一个或者多个文件或者输入流中使用 RE 进行查找的程序。grep 的 name 编程语言可以用来针对文件和管道进行处理。读者可以从手册中得到 grep 的完整信息。

（2）egrep：是 grep 的一个扩展版本，在它的正则表达式中可以支持更多的元字符。

13.3 正则表达式的组成元素

正则表达式描述了一种字符串匹配的模式，可以用来检查一个串是否含有某种子串，将匹配的子串做替换或者从某个串中取出符合某个条件的子串等。正则表达式是由普通字符（例如 A～Z）以及特殊字符（例如*、/等元字符）组成的文字模式。正则表达式作为一个模板，可将某个字符模式与所搜索的字符串进行匹配。本节将分别讲述正则表达式的组成元素的基本知识。

13.3.1 普通字符

普通字符是由所有未显式指定为元字符的打印和非打印字符组成的。普通字符包括所有的大写和小写字母字符、所有数字、所有标点符号以及其他一些符号。正则表达式的普通字符如表 13-1 所示。

表 13-1 正则表达式的普通字符

字　　符	匹　　配	字　　符	匹　　配
[…]	位于括号之内的任意字符	\s	任何 Unicode 空白符
[^…]	不在括号之中的任意字符	\S	任何非 Unicode 空白符，注意\w 和\s 不同
.	除换行符和其他 Unicode 行终止符之外的任意字符	\d	任何 ASCII 数字，等价于[0～9]
\w	匹配包括下划线的任何单词字符。等价于'[A～-Za～z0～9_]	\D	除了 ASCII 数字之外的任何字符，等价于[^0～9]
\W	匹配任何非单词字符。等价于'[^A～Za～z0～9_]	[\b]	匹配一个字边界，即字与空格间的位置

13.3.2 特殊字符

特殊字符就是一些有特殊含义的字符，如"*.doc"中的*。简单地说，特殊字符就是表示任何字符串。如果要查找文件名中有"*"的文件，则需要对"*"进行转义，即在前面加一个反斜杠"\"，如表 13-2 所示。

表 13-2 特殊字符

字符	匹配	字符	匹配
^	定义字符串头部	?	定义包含 0 或 1 个字符
$	定义字符串尾部	\	将下一个字符标记为特殊字符(或原义字符、或向后引用、或八进制转义符)
()	标记一个子表达式的开始和结束位置	[	标记一个中括号表达式的开始
*	定义包含 0~n 个字符	{	标记限定符表达式的开始
+	定义包含 1~n 个字符	|	指明两项之间的一个选择
.	定义包含任意字符		

13.3.3 限定符

限定符用来指定正则表达式的一个给定组件必须要出现多少次才能满足匹配。PHP 中的限定符有 *、+、?、{n}、{n,}、{n,m} 6 种。具体说明如表 13-3 所示。

表 13-3 限定符

字符	匹配	字符	匹配
*	定义包含 0~n 个字符	{n}	n 是一个非负整数。匹配确定的 n 次
+	定义包含 1~n 个字符	{n,}	n 是一个非负整数。至少匹配 n 次
?	定义包含 0 或 1 个字符	{n,m}	m 和 n 均为非负整数,其中 n<m,最少匹配 n 次,最多匹配 m 次

13.4 正则表达式的匹配

在 PHP 中,使用正则表达式去匹配是必不可少的,读者可以通过 preg_match()函数来匹配正则表达式,下面详细讲解 PHP 正则表达式的匹配知识。

13.4.1 搜索字符串

在 PHP 中,preg_match()函数的基本格式如下所示:

> int preg_match(string pattern,string subject[,array matches [,int flags]])

在 subject 字符串中,可以搜索出与 pattern 给出的正则表达式相匹配的内容。如果提供了 matches,则会被搜索的结果填充。$matches[0] 包含与整个模式匹配的文本,$matches[1] 包含与第一个捕获的括号中的子模式所匹配的文本,以此类推下去。

PREG_OFFSET_CAPTURE 如果设定本标记,对每个出现的匹配结果也同时返回其附属的字符串偏移量。注意这改变了返回的数组的值,使其中的每个单元也是一个数组,其中第一项为匹配字符串,第二项为其偏移量。preg_match() 返回 pattern 所匹配的次数。要么是 0 次(没有匹配),要么是 1 次,因为 preg_match() 在第一次匹配之后将停止搜索。preg_match_all()则相反,会一直搜索到 subject 的结尾处。如果出错 preg_match()则返回 False。

实例 35：在文本中搜索文本

学习了前面的函数，下面通过一段代码来演示如何在文本中搜索文本，具体代码【光盘：源代码/第 13 章/13-2.php】如下所示：

```php
<?php
// 模式定界符后面的 "i" 表示不区分大小写字母的搜索
if (preg_match ("/love/i", "I love you.")) {
    print "找到匹配.";
} else {
    print "没找到匹配.";
}
?>
```

将上述代码文件保存到服务器的环境下，运行浏览后得到如图 13-1 所示的结果。

图 13-1 找到匹配

本实例讲解了搜索字符串的用法，下面将讲解一个功能跟它十分相似的代码，但是有差别。下面通过一段代码进行讲解，其代码【光盘：源代码/第 13 章/13-3.php】如下所示：

```php
<?php
/* 模式中的 \b 表示单词的边界，因此只有独立的 "web" 单词会被匹配，
 * 而不会匹配例如 "webbing" 或 "cobweb" 中的一部分 */
if (preg_match ("/\bweb\b/i", "PHP is   web scripting language .")) {
    print "找到匹配<br>";
} else {
    print "没找到匹配<br>";
}

if (preg_match ("/\bweb\b/i", "PHP is the website scripting language.")) {
    print "找到匹配<br>";
} else {
    print "没找到匹配<br>";
}
?>
```

将上述代码文件保存到服务器的环境下，运行浏览后得到如图 13-2 所示的结果。

图 13-2 搜索字符串

13.4.2 从 URL 取出域名

同样使用上面的 preg_match() 函数，可以根据需要取出一个网页地址的域名，这在有些情况下相当有用。下面通过一段代码来演示从 URL 取出域名的方法，其代码【代码 115：光盘：源代码/第 13 章/13-4.php】如下所示：

```php
<?php
// 从 URL 中取得主机名
preg_match("/^(http:\/\/)?([^\/]+)/i",
    "http://adsfile.qq.com/web/a.html? loc=QQ_BackPopWin&oid=1117705&cid=98288&type=flash&resource_url=http%3A%2F%2Fadsfile.qq.com%2Fweb%2Ft_hsjjhk.swf&link_to=http%3A%2F%2Fadsclick.qq.com%2Fadsclick%3Fseq%3D20090401000058%26loc%3DQQ_BackPopWin%26url%3Dhttp%3A%2F%2Fallyesbjafa.allyes.com%2Fmain%2Fadfclick%3Fdb%3Dallyesbjafa%26bid%3D127284%2C61637%2C486%26cid%3D63663%2C2191%2C1%26sid%3D123548%26show%3Dignore%26url%3Dhttp%3A%2F%2Fwww.vancl.com%2F%3Fsource%3Dqq74&width=750&height=500&cover=true",
    $matches);
//获取主机名
$host = $matches[2];

// 从主机名中取得后面两段得到域名
preg_match("/[^\.\/]+\.[^\.\/]+$/", $host, $matches);
echo "域名为: {$matches[0]}\n";
?>
```

上面代码中的网址是腾讯公司官方地址，通过上述代码可以获取这个网页的地址域名，将上述代码文件保存到服务器的环境下，运行浏览后得到如图 13-3 所示的结果。

图 13-3 获取域名

13.5 轻松匹配单个字符

最基本的正则表达式是匹配其自身的单个字符，比如"china"单词中的"h"，本节将讲解一个十分有用的元字符"."，意思是"匹配除换行符之外的任一字符"。下面通过一段代码来演示"."的用法，其代码【代码 116：光盘：源代码/第 13 章/13-5.php】如下所示：

```php
<?php
$pattern="/P.P/";
$str="PHP,How are you";
if (preg_match($pattern,$str))
  print("发现匹配!");
?>
```

将上述代码文件保存到服务器的环境下，运行浏览后得到如图 13-4 所示的结果。

图 13-4　单个字符匹配

13.6　锚定一个匹配

锚定一个字符时，用户必须会使用一个插入符"^"，这是两个锚定元字符之一，这个元字符使用正则表达式匹配本行起始处出现的字符，为了使得正则表达式"/^china/"在某个字符串成功找到一个匹配，下面进行详细讲解。

13.6.1　插入符"^"的应用

下面通过一段代码来演示插入符"^"的用法，其代码【代码 117：光盘：源代码/第 13 章/13-6.php】如下所示：

```php
<?php
$str="PHP is the best scripting language";
$pattern="/^PHP/";
if (preg_match($pattern,$str))
  print("发现匹配");
?>
```

将上述代码文件保存到服务器的环境下，运行浏览后得到如图 13-5 所示的结果。

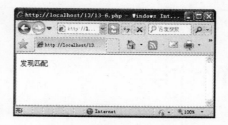

图 13-5　发现匹配

13.6.2 符号"$"的应用

美元符号"$"的功能是把一个模式锚定一行的尾端。

实例36:使用"$"

下面通过一段代码来演示"$"的用法,其代码【光盘:源代码/第 13 章/13-7.php】如下所示:

```php
<?php
$str="I like PHP";
$pattern="/PHP$/";
if (preg_match($pattern,$str))
  print("发现匹配!");
?>
```

将上述代码文件保存到服务器的环境下,运行浏览后得到如图 13-6 所示的结果。

图 13-6 美元符号

多学一招

除了插入符和美元符号之外,其实用户可以将插入符和美元符号联合使用,其代码【光盘:源代码/第 13 章/13-8.php】如下所示:

```php
<?php
$pattern="/^PHP$/";
$str="PHP";
if (preg_match($pattern,$str))
  print("发现匹配!<br>");
else
  print("没发现匹配!<br>");

$str=" PHP is the best scripting language";
if (preg_match($pattern,$str))
  print("发现匹配!<br>");
else
  print("没发现匹配!<br>");
?>
```

将上述代码文件保存到服务器的环境下,运行浏览后得到如图 13-7 所示的结果。

图 13-7　锚定一个字符

13.7　替换匹配

正则表达式中有一个管道元字符"|"，管道元字符在正则表达式中有"或者"之意。通过管道元字符，可以匹配管道元字符左边的字符。下面通过一段代码来演示"|"的用法，其代码【代码 118：光盘：源代码/第 13 章/13-9.php】如下所示：

```
<?php
$pattern="/(dog|cat)\.$/";
$str="I like dog.";
if (preg_match($pattern,$str))
  print("发现匹配!");
?>
```

将上述代码文件保存到服务器的环境下，运行浏览后得到如图 13-8 所示的结果。

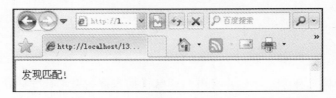

图 13-8　替换匹配

13.8　处理正则表达式的函数

在 PHP 中，有 6 个函数是专门用来处理正则表达式的。在本节下面的内容中，将详细讲解这 6 个函数的用法，以让用户熟练操作正则表达式。

13.8.1　ereg()函数

用 Perl 兼容正则表达式语法的 preg_match() 函数，通常比 ereg()处理得更快，它以区分大小写的方式在 string 中寻找与给定的正则表达式 pattern 所匹配的子串。如果找到与 pattern 中圆括号内的子模式相匹配的子串，并且函数调用给出了第三个参数 regs，则匹配项将被存入 regs 数组中。$regs[1] 包含第一个左圆括号开始的子串，$regs[2] 包含第二个子串，以此类推。在$regs[0]中包含整个匹配的字符串。该函数的语法声明格式如下所示：

　　　　int ereg(string pattern, string string, array [regs]);

13.8.2 eregi()函数

eregi()函数不区分大小写的正则表达式匹配，它的声明格式如下所示：

> booleregi(string pattern,stringstring [,array regs])

它的功能和上面的 ereg()函数类似，除了大小写的区别不同。

13.8.3 ereg_replace()函数

函数 ereg_replace()可用于替换文本，当参数 pattern 与参数 string 中的字串匹配时，原字符串将被参数 replacement 的内容所替换，该函数区分大小写。其函数声明格式如下所示：

> string ereg_replace(string pattern,string replacement,string string)

如果没有可供替换的匹配项，则会返回原字符串。如果 pattern 包含有括号内的子串，则 replacement 可以包含形如 \\digit 的子串，这些子串将被替换为数字表示的第几个括号内的子串；\\0 则包含了字符串的整个内容。最多可以用 9 个子串。括号可以嵌套，此情形下以左圆括号来计算顺序。

下面将通过一段代码来演示函数 ereg_replace()的用法，其代码【代码 119：光盘：源代码/第 13 章/13-10.php】如下所示：

```php
<?php
$weather = " 『天气预报』  今天:{1} 天气:<font color=red>{2}</font> 风向:{3} 气温:{4}";
$daytype = array( 1 => "10 月 14 日",
                  2 => "多云转晴",
                  3 => "东北风 2-3 级",
                  4 => "12℃-3℃" );
while (ereg ("{([0-9])}", $weather, $regs)) {
   $found = $regs[1];
   $weather = ereg_replace("\{".$found."\}", $daytype[$found],

$weather);
}
echo "$weather";
?>
```

将上述代码文件保存到服务器的环境下，运行浏览后得到如图 13-9 所示的结果。

图 13-9 使用 ereg_replace()函数

13.8.4　split()函数

split()函数以参数 pattern 作为分界符,可以从参数 string 中获取行等一系列子串,并将它们存入一字符串数组。参数 limit 用于限定生成数组的大小。split()函数能够返回生成的字符串数组,如果有一个错误,则返回 False(0)。其函数声明格式如下所示:

```
array split(string pattern,string string[,int limit]);
```

下面通过一段代码来演示 split()函数的用法,其代码【代码 120:光盘:源代码/第 13 章/13-11.php】如下所示:

```php
<?php
$email="tanzhenjun@qq.com";
$array=split("\.|@",$email);
while(list($key,$value)=each ($array)){
echo"$value"."<br>";}
?>
```

将上述代码文件保存到服务器的环境下,运行浏览后得到如图 13-10 所示的结果。

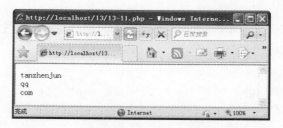

图 13-10　split()函数

13.8.5　eregi_replace()函数和 spliti()函数

eregi_replace()函数和 ereg_replace()函数类似,用法也相同。不同之处在于 eregi_replace()函数不区分大小写。其函数声明如下所示:

```
string eregi_replace(string pattern, string replacement, string string);
```

spliti()函数和 split()函数类似,用法也相同。不同之处在于 spliti()函数不区分大小写。其函数声明如下所示:

```
array spliti(string pattern,string string[,int limit]);
```

13.9　疑难问题解析

本章详细介绍了 PHP 中正则表达式的基本知识。本节将对本章中比较难以理解的问题进行讲解。

读者疑问：正则表达式是不是也可以应用于 JavaScript 中？听别人说可以通过在 JavaScript 中使用正则表达式判断邮箱地址是不是符合要求？

解答：是的，可以在 JavaScript 中使用正则表达式判断邮箱地址是不是合法。例如通过下面的函数 checkemail()，就是用 JavaScript 正则表达式代码编写的，可以检测邮箱地址是否正确。该函数只有一个参数 email，用于获取输入的邮箱地址，返回值为 True 或 False。此函数的代码如下所示：

```javascript
<script language="javascript">
function checkemail(email){
    var str=email;
    //在 JavaScript 中，正则表达式只能使用"/"开头和结束，不能使用双引号
    var Expression=/\w+([-+.']\w+)*@\w+([-.]\w+)*\.\w+([-.]\w+)*/;
    var objExp=new RegExp(Expression);
    if(objExp.test(str)==true){
        return true;
    }else{
        return false;
    }
}
</script>
```

读者疑问：正则表达式虽然功能强大，但它用在什么地方呢？

解答：正则表达式应用最广泛的地方就是对表单提交的数据进行判断，判断提交的数据是否符合要求，还可以将其应用到数据的查询模块中，查询数据中是否有相配的字符。

职场点拨——同事之间的互补

在动物界里有些动物之间存在一种奇妙的友好关系，它们互为友邦，相得益彰。其实在现实生活中的互补现象也特别多，尤其是在职场里面，这种情况更是屡见不鲜。

（1）案例

A 和 B 是一对工作上的好朋友，她们两个人供职于某广告设计公司，A 负责文案策划，B 负责图片设计制作。刚开始的时候，她们各自负责不同客户的广告设计，不久设计总监就发现她们设计作品的思维和风格明显有缺陷。B 在绘图能力和电脑操作能力方面比较突出，但是创意方面略显平常；而 A 刚好相反，创意和整体策划都不错，但在绘图方面的表现力始终不尽如人意。

最初她们各自设计的图稿修改了很多次也不能让客户满意，后来设计总监无意中在对两个人的设计进行比较后发现两者居然有互补的倾向。于是，试着让 A 和 B 对同一个客户资料相互沟通，并且合作完成同一个产品的设计方案。

两个人在统一了大体方向后，由 A 负责整个广告方面的文案和策划，由 B 进行绘图方式的表达，这样设计出来的作品结合了两个人的优势，创意独特，让人耳目一新，客户几乎没改动就通过了。

从此以后，她们之间就形成了一种特别的工作关系。在不断地合作过程中默契度越来越好，两个人因为出色的工作表现成了公司的知名设计组合，同时也为公司赢得了越来越多的客户。

（2）分析

其实像 A 和 B 这种因工作之间能力互补而双赢的现象在职场里比比皆是。互补在职场上意味着一个工作场所里大家互为友好的相处方式和精诚合作的工作态度。

社会的发展让个体的分工越来越细致，没有谁是万能的，可以把所有的工作都做到得心应手，我们常常需要在工作中和别人进行沟通和交流，切磋和学习，"共生现象"可以让我们在同一个职场里各尽其能，互相合作，以达到把工作做到最佳效果的目的。

在职场里建立一个好的"共生"环境很不容易，很多"共生"都是大家在工作场所和交往里慢慢建立起来的，这种现象也可能由共生对象间产生了矛盾或是一方的职业变更而瓦解。

尺有所短，寸有所长，一个有着凝聚力的工作场所就是一个成功的共生环境。在这个环境里既保持了个体的优势又调动各同事间对工作的积极性。在这样的场所里，每一个人都会因为自己能适当地发挥才能而觉得受到了尊重。作为"共生"关系里的一员，对自己的工作充满热情，与同事互为友朋，这才是最根本的"共生"之道。

第14章 错误调试

在开发 PHP 工程时，经常需要调试软件，有过开发经验的程序员应该知道，不管编程时多么小心，都会在程序中留下或多或少的错误，因此用户需要借助开发软件对程序进行调试或者处理一些不该发生的情况。本章能学到如下知识：

- 错误类型
- PHP 的开发软件
- 程序员保持身心健康的 7 种方式

2010 年 X 月 XX 日，天气阴

程序员是一个辛苦的行业，长时间面对的只是需要解决的问题，更不要提开发期限和无理取闹的客户了，这样的工作简直难以承受。我该怎么办呢？

一问一答

小菜："最近感觉昏昏沉沉，对未来比较迷茫！"

Wisdom："你热爱编程，因为编程带给你很大的成就感，但同时程序员这个工作非常辛苦，所以如何处理好工作带来的压力便成了一项技巧。在本章的最后一节，将分享我的一些经验，希望能帮助你保持身心健康。"

小菜："嗯，言归正传，本章的错误调试有什么用？"

Wisdom："现实职场中人无完人，任何人都有优点和缺点。同样在 PHP 程序中，错误是不能避免的。为了解决程序中的错误问题，PHP 推出了错误调试功能，在本章内容中将详细讲解。"

14.1 认识错误调试

编写任何程序都会出现或多或少的错误，在程序的调试过程中，总会遇见这样或那样的错误。下面通过一段代码来演示错误调试和异常处理的知识点，其代码【代码 121：光盘：源代码/第 14 章/14-1.php】如下所示：

```
<?php
require ("debug_100.php");
?>
```

代码文件保存到服务器的环境下，运行浏览后会得到如图 14-1 所示的结果。

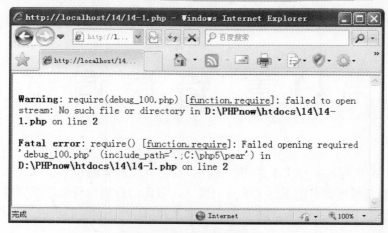

图 14-1　错误调试和异常处理

14.2　错误类型

无论是哪一种类型的程序，它的错误都包括语法错误、运行时错误、逻辑错误这几种，本节将详细讲解这三种错误的基本知识。

14.2.1　语法错误

语法错误是指在程序开发中使用了不符合某种语法规则的语句而产生的错误。人类的语言可以从不同的角度和方式去理解，但是作为计算机必须按照某一规则去识别，如果不符合这个规则就会反馈一个错误信息，常见的语法错误有以下几种。

- 缺少分号或者引号。
- 关键字输入错误或者缺少逻辑结构。
- 括号不匹配，如大括号、圆括号以及方括号。
- 忘记使用变量前面的美元符号。
- 错误地转义字符中的特殊字符。

下面将分别对几种错误进行讲解。

1．缺少分号

缺少分号是语法解析中出现概率最高的错误，下面将通过一段代码来演示，其代码【代码 122：光盘：源代码/第 14 章/14-2.php】如下所示：

```
<?php
$a=1

$b=6;
echo "i love php";
?>
```

将上述代码文件保存到服务器的环境下，运行浏览后得到如图 14-2 所示的结果。

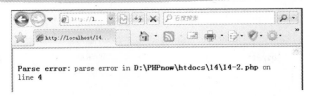

图 14-2　缺少分号

2．缺少引号

缺少引号也是常见的错误之一，例如缺少单引号或者双引号等，下面将通过一个实例来演示。

实例37：缺少引号的错误

这段代码演示了因为引号缺少而发生错误，其代码【光盘：源代码/第 14 章/14-3.php】如下所示：

```
<?php
$a=1;
$b=6;
echo "how are you;
?>
```

将上述代码文件保存到服务器的环境下，运行浏览后得到如图 14-3 所示的结果。

图 14-3　缺少引号

多学一招

除了上面缺少一个引号之外，要是两个引号都缺少，运行时将会产生不同的错误，其代码【光盘：源代码/第14章/14-4.php】如下所示：

```
<?php
$a=1;
$b=6;
echo how are you;
?>
```

将上述代码文件保存到服务器的环境下，运行浏览后得到如图 14-4 所示的结果。

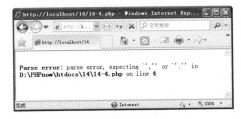

图 14-4　两端缺少引号

3. 缺少关键字或逻辑结构

缺少关键字也是一种常见的错误,下面将通过一段代码来演示,其代码【代码 123:光盘:源代码/第 14 章/14-5.php】如下所示:

```php
<?php
$A=1;

do
{
    echo "i am $A";
    $A++;
}
?>
```

将上述代码文件保存到服务器的环境下,运行浏览后得到如图 14-5 所示的结果。

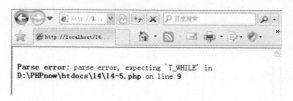

图 14-5 缺少关键字

上面的程序缺少了关键字,可以简单地把上述程序修改成正确的代码,例如下面的代码:

```php
<?php
$A=1;

do
{
    echo "i am $A";
    $A++;
}while($a<10)
?>
```

4. 缺少括号

在代码中可能需要很多括号,如大括号、圆括号以及中括号,当括号层数比较多的时候,有可能缺少括号,下面将通过一段代码来演示,其代码【代码 124:光盘:源代码/第 14 章/14-6.php】如下所示:

```php
<?php
$a=1;
$b=2;
$c=3;
$d=4;
if ((($a>$b) and ($a>$c)) or ($c>$d)
```

```
    {
        echo "条件成立!";
    }
    else
    {
        echo "条件不成立!";
    }
?>
```

将上述代码文件保存到服务器的环境下，运行浏览后得到如图14-6所示的结果。

图14-6　缺少括号

5．忘记了美元符号$

在 PHP 中，在变量前需要加上美元符号$，否则可能会引起解析错误，下面将通过一段代码来演示，其代码【代码125：光盘：源代码/第 14 章/14-7.php】如下所示：

```
<?php
  for($i=0;$i<100;$i++)
  {
      echo "i am $i";
  }
?>
```

将上述代码文件保存到服务器的环境下，运行浏览后得到如图 14-7 所示的结果。

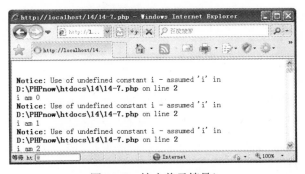

图14-7　缺少美元符号$

14.2.2 运行错误

运行错误与语法错误相比是一种复杂的错误。我们很难检测到错误出现在什么地方，同时也更加难以修改。在一个脚本中可以存在语法上的错误，那是因为在书写时没有注意到，在运行时能够检测到该错误。但是如果是运行错误，则不一定能查找到具体原因，它可能是由脚本导致的，也可能是在脚本的交互过程中或其他的事件、条件下产生的。通常在下面的情况下容易导致运行时的错误，运行错误的代码介绍如下。

❑ 调用不存在的函数。
❑ 读写文件错误。
❑ 包含的文件不存在。
❑ 运算的错误。
❑ 连接到网络服务发生的错误。
❑ 连接数据库发生的错误。

下面对这几种错误进行讲解。

1. 调用不存在的文件

在编写程序时，很有可能调用一个不存在的函数，此时就会产生错误，有时在调用一个正确的函数时，使用的参数不对，同样也会产生一个错误，下面的代码【代码 126：光盘：源代码/第 14 章/14-8.php】演示了调用不存在的文件产生的错误：

```
<?php
trastr() ;
?>
```

将上述代码文件保存到服务器的环境下，运行浏览后得到如图 14-8 所示的结果。

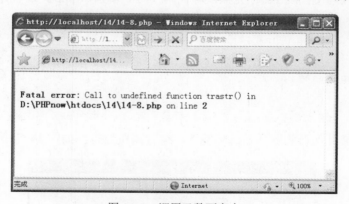

图 14-8 调用函数不存在

2. 读写文件错误

访问文件的错误也是经常出现的，例如硬盘驱动器出错或写满，以及人为操作错误导致目录权限改变等。如果没有考虑到文件的权限问题，直接对文件进行操作就会产生错误，下面的代码【代码 127：光盘：源代码/第 14 章/14-9.php】演示了读写文件错误：

```
<?php
```

```
$fp=fopen("test.txt","w");
fwrite($fp ,"插入到文档中");
fclose($fp);
?>
```

将上述代码文件保存到服务器的环境下，运行浏览后得到如图 14-9 所示的结果。

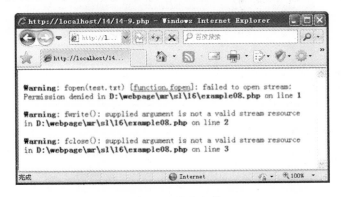

图 14-9　缺少文件

3．包含文件不存在

在使用 include()和 require()函数的时候，如果其中包含的文件不存在，就会产生错误，下面的代码【代码 128：光盘：源代码/第 14 章/14-10.php】演示了包含文件不存在的错误：

```
<?php
require ("de.php");
?>
```

将上述代码文件保存到服务器的环境下，运行浏览后得到如图 14-10 所示的结果。

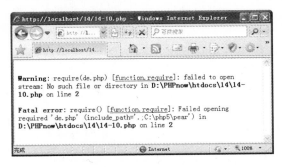

图 14-10　包含不存在

4．运算错误

执行一些不符合运算法则的运算，也会产生错误，下面的代码【代码 129：光盘：源代码/第 14 章/14-11.php】演示了运算错误：

```
<?php
  $a=120 ;
```

```
        $b=0 ;
        $c=$a/$b ;
    ?>
```

将上述代码文件保存到服务器的环境下，运行浏览后得到如图 14-11 所示的结果。

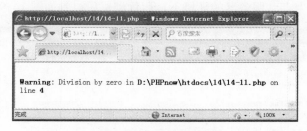

图 14-11　计算式错误

14.2.3　逻辑错误

逻辑错误是最难发现和清除的错误类型。逻辑错误的代码是完全正确的，而且也是按照正确的程序逻辑执行的，但是结果却是错误的。

对于逻辑错误而言，很容易纠正错误，但很困难查找出逻辑错误。例如计数错误通常发生在数组编程中，如果程序员把值存储在一个数组的全部 6 个元素中，可是忽略了数组的索引是从 0 开始的，而将数据存进了元素 1～6 中，而索引 0 的元素没有获得赋值，下面的代码【代码 130：光盘：源代码/第 14 章/14-12.php】演示了逻辑错误：

```
<?php
$data=10 ;
for ( $i=1 ; $i<$data ; $i++)
{
        echo "循环第 $i 次." ;
}
?>
```

将上述代码文件保存到服务器的环境下，运行浏览后得到如图 14-12 所示的结果。

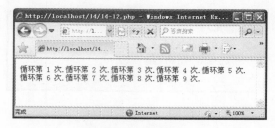

图 14-12　逻辑错误

14.3　PHP 的开发软件

PHP 的开发软件很多，主流的开发软件是 Zend Studio6 和 EclipsePHP，在下面的内容中将详细讲解如何安装和使用上述两个软件。

14.3.1 安装 Zend Studio

Zend 软件是开发 PHP 最好的工具，用户可以去官方网站下载，下载后将其安装，然后进行调试和运行。

1．安装 Zend Studio

安装 Zend Studio 这个软件时，双击这个程序，即可通过安装向导进行安装，其操作步骤如下所示：

1）双击 Zend Studio，将会弹出一个解压缩的进度条，准备进行安装，过一段时间后，打开如图 14-13 所示的对话框。

2）单击 Next 按钮，单击 I accept the terms of the License Agreement 单选按钮，然后单击 Next 按钮，如图 14-14 所示。

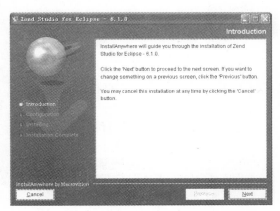
图 14-13　安装对话框

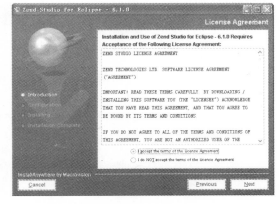
图 14-14　协议对话框

3）用户可以根据自己的需要选择组件，这里保持默认设置不变，单击 Next 按钮，如图 14-15 所示。

4）在打开的对话框中选择安装路径，这里保持不变，单击 Next 按钮，如图 14-16 所示。

图 14-15　选择组件

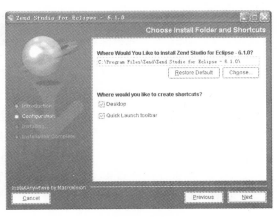
图 14-16　选择路径

289

5）在打开的对话框中选择需要开发的语言，在此建议选择全部，因为开发一个 PHP 工程时都需要用到这些开发语言，如图 14-17 所示。

6）当软件的设置完成后单击 Install 按钮，如图 14-18 所示。

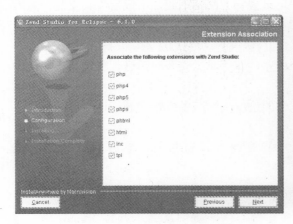

图 14-17　选择文件类型

图 14-18　安装软件

7）安装完成后打开如图 14-19 所示的对话框，如果用户启动软件直接单击 Done 按钮。

8）启动软件完成，打开如图 14-20 所示的窗口，在此可以根据需要进行操作。

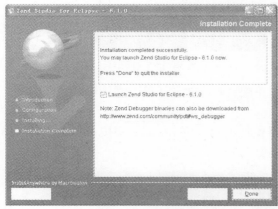

图 14-19　安装完成

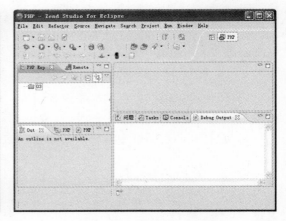

图 14-20　启动软件

2．Zend Studio 的基本操作

安装好软件后，接下来就可以对它进行操作了，具体操作如下所示：

1）启动 Zend Studio，选择"File/New/PHP Project"命令，如图 14-21 所示。

2）打开"PHP Project"对话框，在"Project name"输入项目名称，例如"shop"，取消选中 □ Use default 复选框，自定义路径，建议设置到服务器路径，设置完成后，单击 Finish 按钮，如图 14-22 所示。

第二篇　提高篇

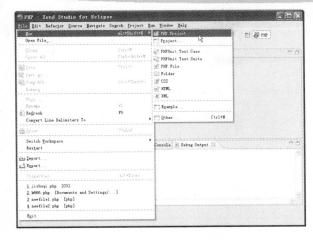
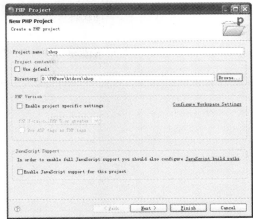

图 14-21　选择命令　　　　　　　　图 14-22　"PHP Project"对话框

3）选择项目，例如选择"shop"，然后依次选择"new/PHP File"命令新建一个 PHP 文件，如图 14-23 所示。

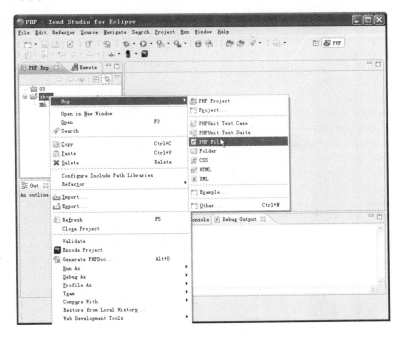

图 14-23　选择命令

4）打开"New PHP File"对话框，在"File Name"文本框中输入 PHP 文件，例如"index.php"，然后单击 Finish 按钮，如图 14-24 所示。

5）编写好程序并选择文件后，单击鼠标右键，选择"Run As/Run Configurations"命令，如图 14-25 所示。

6）在打开的对话框中指定服务器的运行地址，假设设置为"http://localhost/shop/index.php"，执行完成后，单击 Close 按钮，如图 14-26 所示。

291

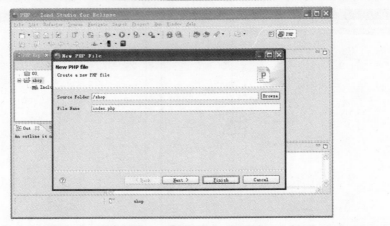

图 14-24 "New PHP File" 对话框

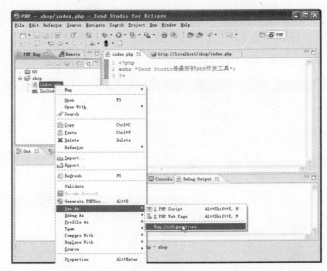

图 14-25 选择命令

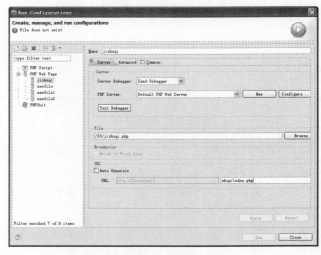

图 14-26 运行地址

7）设置完成后单击常用工具栏的中"运行"按钮 ⚫，如图 14-27 所示。

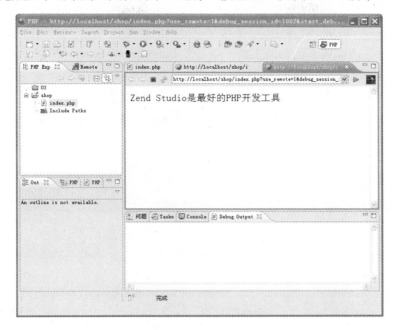

图 14-27　运行结果

8）如果程序有错误，在左边会出现一个小红叉图像，在右下角将有错误提示，如图 14-28 所示。

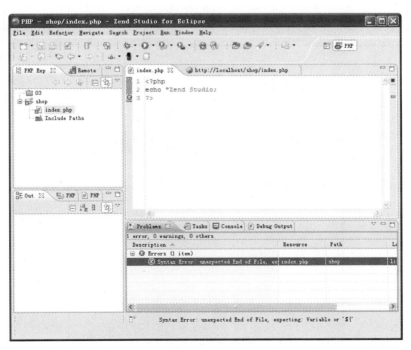

图 14-28　错误提示

14.3.2　EclipsePHP Studio 2008

为了更好地开发 PHP，让 PHP 尽量具有中国特色，在我国的一些论坛中，利用 Java 著名开发工具 Eclipse 改编成新的开发工具，取名为 EclipsePHP Studio 2008，其安装和使用方法十分简单，具体操作如下所示。

1）登录 www.php100.com，下载安装文件，如图 14-29 所示。

图 14-29　下载页面

2）下载后双击打开"EclipsePHP Studio 2008"安装文件，打开安装对话框，单击 下一步 按钮，如图 14-30 所示。

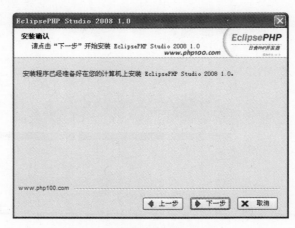

图 14-30　"安装确认"对话框

3）可以根据需要选择安装目录、然后单击 下一步 按钮，如图 14-31 所示。

4）双击后程序将会进行安装，安装进度条将显示安装的进程，安装完成后单击 完成 按钮，如图 14-32 所示。

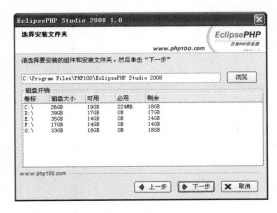
图 14-31　选择安装文件夹

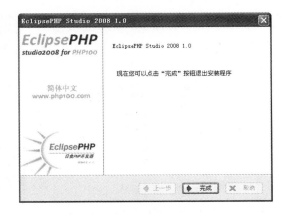
图 14-32　安装完成

5）启动软件后打开"工作空间启动程序"对话框，在工作工具的文本框中输入"D:\PHPnow\htdocs\mysite"，单击 确定 按钮，如图 14-33 所示。

图 14-33　选择工作空间

6）启动软件后选择"新建/项目"命令，如图 14-34 所示。

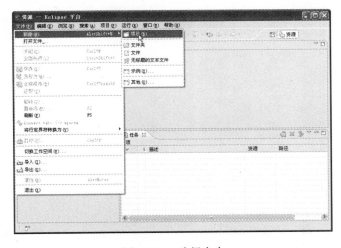
图 14-34　选择命令

提示：Eclipse 是 Java 的开发利器，EclipsePHP 是根据 Eclipse 改编的，继承了 Eclipse 的优点。

7）打开"新建项目"对话框，选择"PHP"项目，然后单击"PHP Preject"项目，单击 下一步(N)> 按钮，如图 14-35 所示。

8）在项目名文本框中输入项目名，例如"shop"。也可取消 ☑ 使用缺省位置(D) 复选框，自行选择位置，如图 14-36 所示。

图 14-35　新建 PHP 项目

图 14-36　设置项目

9）选择新建的项目，单击鼠标右键，在弹出的快捷菜单中选择"新建"→"PHP File"命令，如图 14-37 所示。

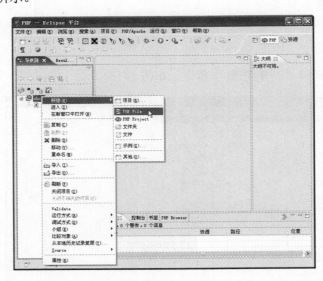
图 14-37　新建项目

10）打开"New PHP file"对话框，在"File Name"文本框中输入文件名，例如"index.php"，单击 完成(F) 按钮，如图 14-38 所示。

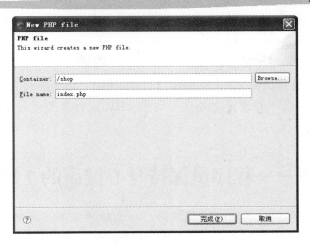

图 14-38　新建文件

11）编写程序并进行调试，程序输入完成后，在下面输入地址后开始运行，得到如图 14-39 所示的结果。

图 14-39　运行结果

14.4　疑难问题解析

本章详细介绍了 PHP 中错误调试的基本知识。本节将对本章中比较难以理解的问题进行讲解。

读者疑问：本章讲解了 PHP 的开发工具 Zend Studio，目前它是最好的开发工具，请问有中文版本吗？

解答：中文版本是有的，只是每一个新版本面世之后，要等待很久才能有中文版。如果用户对英文不精通，可安装金山词霸和有道词典等翻译软件获取帮助。

读者疑问：Zend Studio 和 EclipsePHP Studio2008 都是十分优秀的开发利器，我该选择哪一个开发工具，哪一个工具会更好呢？

解答：开发 PHP 最好选择 Zend Studio，Eclipse PHP Studio2008 这是中国爱好者对 PHP 的一点贡献，但是还存在一些不足之处，不利于 PHP 进行大型开发，中小型开发是十分优秀的。

职场点拨——程序员保持身心健康的 7 种方式

编程既让人欲罢不能，也让人感到迷茫。在这种情况下，如何处理好工作带来的压力，并保持良好的身心健康便成了一门技巧。笔者在此分享如下 7 条经验。

（1）懂得何时走开

一般来说程序员大多有定力、做事有条理。我们不愿意承认失败，当不顺时我们也不愿走开。但当已在一个问题上花费了太长时间的时候，最好的选择是走开，清醒清醒头脑。出去走两步，等平静下来（不再急躁）后再回到办公桌上。

（2）吃得健康

拥有健康的身体才能有健康的头脑。在桌上吃点甜甜圈什么的（指快餐）确实很方便，但也需要休息一下吃得健康点。吃得单调不营养会让人觉得忧虑甚至沮丧。建议吃得营养丰富——这会让人感到充实，而且给人足够的营养，从而不会觉得累或虚弱。

（3）忘掉家庭电脑

度过焦头烂额的一天，远离自己的家庭电脑——自己的个人编程可以等到第二天。而且个人的编程会比工作问题更让人抓狂，那显然不是自己想要的。就好好度过晚上吧。

（4）坚持一个非技术的兴趣/锻炼

程序员最好对非电脑相关的爱好有激情。身体锻炼更好，能让人保持体形。经常听到许多程序员句句不离电脑有关的话题——暂时离开编程的圈子吧！找个其他兴趣！比如学做饭、玩棋牌、踢足球等。

（5）抽点时间跟朋友一起

朋友通常是兴趣广泛远不仅限于电脑的。安排个周末跟朋友一起，一起去野外烧烤、看电影、玩电子游戏、踢足球、或者只是一起走走。光发条短信可不算！

（6）休假

当工作上的一切都变得很不顺的时候，不要担心使用自己的假期——它将使人彻底远离无法承受的工作。不必去国外度假也不必旅行，如果愿意待在家里也没关系。休假的关键是不工作。

（7）考虑编程是否适合自己

如果在原则上没有了主意，而且编程工作影响了自己的家庭、健康、心智，那就放弃吧。外边工作有得是，其他职业可能更好。要知道编程并不是一切，不必因为工作而一忍再忍。

第15章 PHP 操作 XML

XML（Extensible Markup Language）即可扩展标记语言，它与 HTML 十分类似，都是 SGML(Standard Generalized Markup Language,标准通用标记语言)。XML 是Internet环境中跨平台的、依赖于内容的技术，是当前处理结构化文档信息的有力工具。XML 是 Web 2.0 中的一项重要技术，本章以 XML 为基础，并结合 DOM 来详细讲解在 PHP 中使用 XML 处理数据的方法。通过本章能学到如下知识：

- 什么是 XML
- XML 文档
- XML 对象相关模型
- PHP 处理 XML
- 职场点拨——保证按时完成任务

2011 年 XX 月 XX 日，小雪

今天被经理训了一顿，因为我的项目有点拖延。

一问一答

小菜："真郁闷，我负责的项目进度太慢，被老大训了一顿！"

Wisdom："呵呵，你以后要注意了，要想让上级赏识你，你必须让他满意你的工作。建议你在做每一个项目之前，一定要好好规划进度，以避免类似事情的发生。"

小菜："看来以后我得养成项目规划这个好习惯。言归正传，其实我有一个问题，已经有了 HTML，还要 XML 有什么用呢？"

Wisdom："新技术都会借鉴旧技术的精华，从而将旧的取代。公司的老员工早晚被充满活力的新人所替代，而在 PHP 领域 HTML 也被 XML 所代替了。自从 Web 2.0 推出以后，XML 便被推上了历史前台，HTML 便成了历史烟云。"

15.1 认识 XML

本章主要讲解 XML 的定义、声明、元素、注释及 PHP 中运用 XML 的知识。这些知识是学习 XML 的基础，读者必须牢牢掌握，达到在 PHP 中灵活运用 XML 的目的。下面将展示一段代码【代码131：光盘：源代码/第 15 章/15-1/ start.php】实现一个简单的 XML 功能：

```php
<a href="test.xml">点击此处创建一个 XML 文件</a>
<?php
$dom = new DomDocument('1.0','gb2312');                               //创建 DOM 对象
$xml = $dom->createElement('root');                                    //创建根节点 root
$dom->appendChild($xml);                                               //将创建的根节点添加到 dom 对象中
    $Properties = $dom->createAttribute('xmlns:rdf');                  //创建一个节点属性 xmlns:rdf
    $xml->appendChild($Properties);                                    //将属性追加到 root 根节点中
        $Properties_value = $dom->createTextNode('http://www.test.com'); //创建一个属性值
        $Properties->appendChild($Properties_value);                   //将属性值赋给属性 xmlns:rdf
    $channel = $dom->createElement('channel');                         //创建节点 channel
    $xml->appendChild($channel);                                       //将节点 channel 追加到根节点 root 下
        $Nodes1= $dom->createElement('Nodes1');                        //创建节点 Nodes
        $channel->appendChild($Nodes1);                                //将节点追加到 channel 节点下
            $Nodes1_value = $dom->createTextNode(iconv('gb2312','utf-8','第一个 XML 文档'));
                                                                       //创建元素值
            $Nodes1->appendChild($Nodes1_value);                       //将值赋给 Nodes1 节点
        $Nodes2= $dom->createElement('Nodes2');                        //创建节点 Nodes1
        $channel->appendChild($Nodes2);                                //将节点追加到 channel 节点下
            $Nodes2_value = $dom->createTextNode(iconv('gb2312','utf-8','第一个 XML 文档'));
                                                                       //创建元素值
            $Nodes2->appendChild($Nodes2_value);                       //将值赋给 Nodes 节点
$save = $dom->saveXML();                                               //生成 xml 文档
file_put_contents('test.xml',$save);                                   //将对象保存到 test.xml 文档中
?>
```

在上述代码中，展示了通过 PHP 声明 XML 的格式的过程。XML 的语法是学习 XML 语言的基本要点，读者要想更好地认识 XML 和运用 XML 技术，必须掌握 XML 的语法。XML 语句语法具有大多数编程语言的特点，在 PHP 中为 XML 提供了 DomDocument()、createElement()、appendChild()与 saveXML()等一系列函数，可以通过这些函数对 XML 进行创建与读取等操作。

将上述代码文件保存到服务器的环境下，运行浏览后得到如图 15-1 和图 15-2 所示的结果。

图 15-1　PHP 创建 XML

图 15-2　PHP 创建 XML

15.2　什么是 XML

扩展标记语言（XML）是一种简单的数据存储语言，使用一系列简单的标记描述数据，而这些标记可以用生活中读者习惯的方式建立，虽然 XML 比二进制数据要占用更多的

空间，但 XML 具有极其简单、易于掌握和使用等特点，深受广大程序员的喜欢。

XML 是从 1996 年开始有其雏形，并向 W3C（全球信息网联盟）提案，在 1998 年二月发布为 W3C 的标准（XML1.0）。XML 的前身是 SGML（The Standard Generalized Markup Language），是自 IBM 从 20 世纪 60 年代就开始发展的 GML（Generalized Markup Language）标准化后的名称。

XML 与 HTML 的设计区别是，XML 是用来存储数据的，重在数据本身。而 HTML 是用来定义数据的，重在数据的显示模式。XML 具有如下特点：

- 简单易懂：编写 XML 可以使用多种编辑器，如：记事本等所有文本编辑器。
- 结构清晰：具有层次结构的标记语言，可以多层嵌套。
- 应用范围：可丰富文件描述功能，用不同的标志语言满足不同的需要，应用于不同的行业。
- 分离处理：将数据的显示和数据的内容分开处理。

因为 XML 具有以上特性，所以被世界上的程序开发者普遍采用，作为不同环境的数据交换。

15.3 一个简单的 XML 文件

XML 和 HTML 一样都是标记语言，但 XML 的本意是用来携带数据的，XML 不是 HTML 的代替品。HTML 的主要功能是显示数据。在前面的章节中读者已经学习过 HTML 标记语言，XML 语法又是如何呢？下面通过一段代码进行讲解，其代码【代码 132：光盘：源代码/第 15 章/15-2/first.xml】如下所示：

```
<?xml vOP 编程>
```

将上述代码文件保存到服务器的环境下，运行浏览后得到如图 15-3 所示的结果。

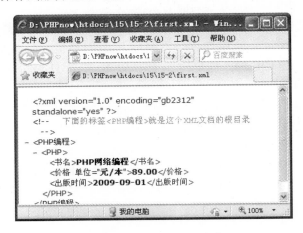

图 15-3　一个 XML 的定义

15.4　深入认识 XML 文档

每一种语言都有自己的语法，XML 语言也不例外，掌握了其语法才能学好 XML，XML

看似简单，但有非常严格的语法规则。编写 XML 有几点值得重点学习，包括：声明、注释、元素、CDATA 标记、DTD 语法与处理指令等。

15.4.1 XML 声明

　　XML 声明通常在 XML 文档的第一行出现。XML 声明不是必选项，但是如果使用 XML 声明，必须在文档的第一行进行，在前面不得包含任何其他内容或空白。

　　实例 38：声明 XML

　　XML 文件首行是 XML 文档的声明，下面通过一个例子来演示声明过程，其代码【光盘：源代码/第 15 章/15-3/shengming.xml】如下所示：

```
<?xml version="1.0" encoding="gb2312" standalone="yes"?>
<!-- 下面的标签<PHP 编程>就是这个 XML 文档的根目录  -->
<PHP 编程>
    <PHP>
        <书名>PHP 网络编程</书名>
        <价格 单位="元/本">89.00</价格>
        <出版时间>2009-09-01</出版时间>
    </PHP>
</PHP 编程>
```

　　将上述代码文件保存到服务器的环境下，运行浏览后得到如图 15-3 所示的结果。

　　在上面例子中的第一行中展示了 XML 的声明，声明中各部分的含义如下所示：

- ❑ <?xml：表示 XML 声明的开始记号，代表该文件是 XML 格式的文件内容。
- ❑ version="1.0"：XML 的版本说明，因为有它的存在，所以该行必须放在首行，也是声明中不可缺少的内容 1.0 是当前的版本。
- ❑ encoding="gb2312"：这是可选项。如果使用编码声明，必须紧接在 XML 声明的版本信息之后，并且必须包含代表现有字符编码的值。默认情况下，采用 UTF-8（UTF-8 是 UNICODE 的一种变长字符编码，由 Ken Thompson 于 1992 年创建。）编码来解析该文档。
- ❑ standalone="yes"：是可选项，独立声明指示文档的内容是否依赖来自外部源的信息。如果使用独立声明，必须在 XML 声明的最后。在文档引用外部 DTD（DTD 是一套关于标记符的语法规则。它是 XML1.0 版规格的一部分，是 XML 文件的验证机制，属于 XML 文件组成的一部分），分析器将报告错误。省略独立声明与包含独立声明"no"的结果相同。XML 分析器将接受外部源（如果有）而不报告错误。

　　XML 文件声明中的编码说明用于表示文档中的字符的编码。尽管 XML 分析器可以自动确定文档使用的是 UTF-8 还是 UTF-16 Unicode（UTF-16 是Unicode的其中一个使用方式）编码，但在支持其他编码的文档中应使用此声明。Encoding 的值可以是 ISO-8859-1，该编码声明不考虑指定值的大小写，"ISO-8859-1" 等效于 "iso-8859-1"。Shift-JIS 表示日文编码。

15.4.2 XML 标记与元素

标记是 XML 结构中经常用到的固定符号，常用的有开始标记"<name>"和结束标记"</name>"。其中"name"是元素名称，读者可以自己定义。元素是构成 XML 文档的主体，可以利用程序或样式表处理的文档结构创建元素。元素标记命名信息节点，利用这些元素标记来构建元素的名称、开始和结束。元素与标记的定义如下所示。

- ❑ 元素的名称：所有元素必须有名称。元素名称可以包含字母、数字、连字符、下划线和句点。元素名称区分大小写，并且必须以字母或下划线开头。
- ❑ 开始标记：开始标记指示元素的开头，其格式如下所示：

    <elementName a1Name="a1Value" a2Name="a2Value"...>

- ❑ 如果元素没有属性，则格式如下所示：

    <elementName>

- ❑ 结束标记：结束标记指示元素的结尾，不能包含属性。其格式如下所示：

    </elementName>

例如下面的代码是一个完整元素格式：

<book><bookname>PHP</bookname> <price>89.00</price></book>

在上述代码中，< book > 元素包含两个其他元素 < bookname > 和 < price >，以及用于分隔这两个元素的空格。< book > 元素包含文本 PHP，而 < price > 元素包含文本 89.00。

读者不但要认识元素，更要搞清楚元素间的关系。元素之间的关系使用树状结构来说明。XML 文档必须包含一个根元素。尽管该元素的前面和后面可以接其他标记，例如处理指令、注释和空白（在后面章节中会详细讲解），但是根元素必须包含被认为属于文档本身的所有内容。

实例 39：使用 XML 元素

下面通过一个例子来演示 XML 元素之间的关系，其代码【光盘：源代码/第 15 章/15-4/yuansu.xml】如下所示：

```
<?xml version="1.0" encoding="gb2312" standalone="yes"?>
<!-- 下面是 XML 元素之间的关系! -->
<a>a 是树主干
  <b>b 是树枝
    <c>c 是树枝
      <d/>d 是树叶<e/>e 是树叶<f/>
    </c>
  </b>
```

将上述代码文件保存到服务器的环境下，运行浏览后得到如图 15-4 所示的结果。

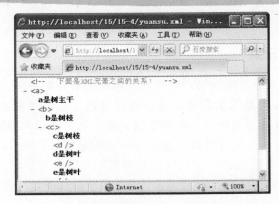

图 15-4　XML 元素间的关系

上面这个例子完全体现了 XML 的树状结构。在树状结构中树叶是指不包含任何其他元素的元素，就像树枝末端的树叶一样。叶元素通常只包含文本或根本不包含任何内容；叶节点通常是空元素或文本。

代码中</a>根据树状结构判断为根，包含 <b> 元素，<b> 元素包含 <c> 元素；<c> 元素包含 <d>、<e> 和 <f> 元素；<d>、<e> 和 <f> 是叶元素。尽管 <b> 和 <c> 可能被认为是干或枝，但是这些说明很少使用。

代码中的同辈只有<d>、<e>和<f>元素，这些元素均包含在<c>元素中。<c>是<d>、<e>和<f>元素的父级；<d>、<e>和<f>元素是<c>元素的子元素。同样，<b>元素是<c>元素的父级，<c>元素是<b>元素的子级，而<a>元素是<b>元素的父级，<b>元素是<a>元素的子级。

上级和子代的定义方式与父级和子级类似，只是不必有直接的包含关系。<a> 元素是 <b> 元素的父级，并且是文档中每个元素的上级。<d>、<e> 和 <f> 元素是 <a>、<b> 和 <c> 元素的子代。

读者必须掌握上面介绍的元素书写规则。另外，因为元素在 XML 结构中起到主体的作用，XML 还允许空标记来增加 XML 的灵活性。空标记用于表示元素内容为空，不过这些元素可以有属性。如果文档的开始标记和结束标记之间没有内容，空标记可以作为快捷方式使用。空标记只是在结束" >" 之前包含斜杠 "/"。其代码如下所示：

　　<elementName att1Name="att1Value" att2Name="att2Value".../>

15.4.3　XML 属性

通过属性可以使用名值（名称赋予一个值，例如"name=value"） 来添加与元素有关的信息。属性经常用于不属于元素内容的元素定义属性，增加元素的描述信息，元素内容由属性值确定。

属性可以出现在开始标记中，也可以出现在空标记中，但是不能出现在结束标记中。其格式如下所示：

　　<elementName att1Name="att1Value" att2Name="att2Value"...>

属性必须有名称和值，不允许没有值的属性名。元素不能包含两个同名的属性。因为 XML 认为属性在元素中出现的顺序并不重要，所以 XML 分析器可能会保留该顺序。

与元素名一样，属性名区分大小写，并且必须以字母或下划线开头。名称的其他部分可以包含字母、数字、连字符、下划线和句点。

下面通过一段代码来演示 XML 属性的知识，其代码【代码 133：光盘：源代码/第 15 章/15-5/suxing.xml】如下所示：

```
<?xml version="1.0" encoding="gb2312" standalone="yes"?>
<!-- 下面是 XML 元素属性的定义! -->
<a>a 是树主干
  <b>b 是树枝
    <myElement contraction='isn&apos;t'/>
    <myElement question="They asked &quot;Why?&quot;"/>
    <myElement contraction="isn't"/>
    <myElement question='They asked "Why?"'/>
    <myElement contraction="isn't" question='They asked "Why?"'/>
  </b>
</a>
```

将上述代码文件保存到服务器的环境下，运行浏览后得到如图 15-5 所示的结果。

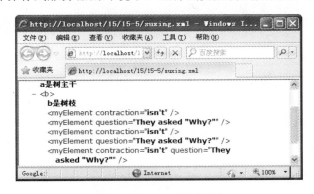

图 15-5　XML 属性的定义

XML 规范允许使用单引号或双引号指示属性，尽管属性值两侧所使用的引号类型必须相同。但是，属性值两侧必须使用引号。XML 解析器将简单地拒绝属性值两侧未使用引号的文档，并报告错误。

提示：XML 语言解析器用来解释 XML 语言。就好像 HTML 文本下载到本地，浏览器会检查 HTML 的语法，解释 HTML 文本然后显示出来一样。要使用 XML 文件就一定要用到 XML 解析器。微软的 XML 解析器是 MSXML，IBM、SUN 也都有自己的 XML 解析器。

15.4.4　XML 注释

XML 结构中可以包含注释。与其他编程语言类似，注释在文档结构中起着举足轻重的作用，给 XML 增加了阅读性。注释可以出现在文档序言中(声明之后，根元素之前)，文档之后，或文本内容中。注释不能出现在属性值中，也不能出现在标记中。

XML 执行时遇到 ">" 就认为注释已结束，然后继续将文档作为正常的 XML 处理。因此，字符串 ">" 不能出现在注释中。除了该限制之外，任何合法的 XML 字符均可以出现在注释中，这样，可以从解析器看到的输出流中删除 XML 注释，同时又不会删除文档的内容。其格式如下所示：

```
<!-- 注释内容! -->
```

上面代码展示了 XML 的注释，注释的各部分含义如下所示：
- <!-- ：注释以 "<!--" 开头。
- --> ：注释以 "-->" 结尾。

下面通过一段代码来讲解 XML 注释的用法，其代码【代码 134：光盘：源代码/第 15 章/15-6/zhushi.xml】如下所示：

```
<?xml version="1.0" encoding="gb2312" standalone="yes"?>
<!-- 下面是 XML 元素属性的定义! -->
<a>a 是树主干
  <b>b 是树枝
<!-- 下面是 XML 元素属性的定义! -->
    <myElement contraction='isn&apos;t'/>
<!-- 下面是 XML 元素属性的定义! -->
  </b>
</a>
```

将上述代码文件保存到服务器的环境下，运行浏览后得到如图 15-6 所示的结果。

图 15-6　XML 注释

15.4.5　XML 处理指令

使用处理指令可以将信息传递给应用程序，其实现方式是转义大多数 XML 规则。处理指令不必遵守许多内部语法，可以包括未转义的标记字符，并且可以出现在文档中其他标记以外的任意位置。处理指令可以出现在声明中，也可以出现在文本内容中或文档之后。

处理指令必须以处理指令目标开头，遵循的规则与元素名和属性名类似。处理指令的目标区分大小写，并且必须以字母或下划线开头。目标的其他部分可以包含字母、数字、连字符、下划线、句点和冒号。任何有效的 XML 文本字符均可以出现在该目标之后。其格式如下所示：

```
<?xml-stylesheet type="type" href="uri" ?>
```

上述代码展示了 XML 的处理指令的用法，处理指令的各部分含义如下所示：
- xml-stylesheet：用于标识使用层叠样式表构建的样式表。
- type：text/css（链接到层叠样式表文件）或 text/xsl（链接到 XSLT 文件）。
- uri：样式表的统一资源标识（URL），此 URL 相对于 XML 文档本身的位置。

下面通过一段代码来讲解 XML 处理指令的用法，其代码如下所示：

```
<?xml version="1.0" encoding="gb2312" standalone="yes"?>
<?xml-stylesheet href="/style.css" type="text/css" title="default stylesheet"?>
<?xml-stylesheet href="/style.xsl" type="text/xsl" title="default stylesheet"?>
<a>a 是树主干
  <b>b 是树枝
  </b>
</a>
```

提示：样式表处理指令根据 W3C 的建议，Microsoft® Internet Explorer 实现了 ML-StyleSheet 处理指令。此处理指令必须出现在序言中，在文档元素或根元素之前可以出现多个处理指令。这对于层叠样式表来说可能很有用，但是大多数浏览器使用第一个支持的样式页，忽略其他样式页。

15.4.6　XML CDATA 标记

通过 CDATA 标记可以通知分析器，CDATA 标记包含的字符中没有标记。如果文档包含可能会出现标记字符，但是不应出现 CDATA 的标记时，创建这样的文档会比较容易。CDATA 标记常用于脚本语言内容和示例 XML 和 HTML 内容。例如下面的代码：

```
<![CDATA[An in-depth look at creating applications with XML, using <, >,]]>
```

上面代码展示了 CDATA 标记的用法，处理指令的各部分含义如下所示：
- "<![CDATA["：在 XML 分析器遇到第一个 "<![CDATA[" 时，会将后面的内容报告为字符，而不尝试将其解释为元素或实体标记。
- "]]>"：分析器在遇到结束的 "]]>" 时，将停止报告并返回正常分析。

下面通过一段代码来讲解 CDATA 标记的用法，其代码【代码 135：光盘：源代码/第 15 章/15-7/cdata.xml】如下所示：

```
<?xml version="1.0" encoding="gb2312" standalone="yes"?>
<!-- 下面是 CDATA 标记的定义! -->
```

```
    <a>a 是树主干
     <b>b 是树枝
    <!--  下面是 CDATA 标记的定义! -->
    <![CDATA[</this is cdata!</mall</mmall & worse>]]>
    </b>
    </a>
```

将上述代码文件保存到服务器的环境下，运行浏览后得到如图 15-7 所示的结果。

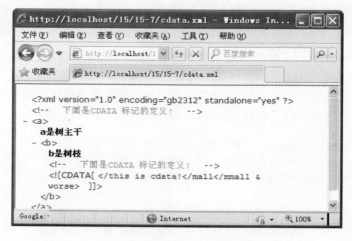

图 15-7 CDATA 标记的定义

提示：CDATA 标记中的内容必须在 XML 内容允许的字符范围内，控制字符（具有一种标准的控制功能）不能通过这种方式转义。在 CDATA 节中不能出现"]]>"序列，因为此序列代表节的结尾。这意味着 CDATA 节无法嵌套。该序列还会出现在某些脚本中。

15.5 与 XML 对象相关模型

XML 文件提供给应用程序一个数据交换的格式，DTD（文档类型定义）让 XML 文件能够成为数据交换的标准。因为不同的公司只需定义好标准的 DTD，各公司都能够依照 DTD 建立 XML 文件，这样就满足了网络共享和数据交互。XML 文档中的信息节点通过 DOM（文档对象模型）提供一些函数，让开发人员实现添加、编辑、移动或删除树中任意位置的元素等操作。

15.5.1 DTD 文档类型定义

DTD(Document Type Definition)文档类型定义，是一套关于标记符的语法规则。它是 XML1.0 版规格的一部分，可以通过比较 XML 文档和 DTD 文件来检查文档是否符合规范。DTD 属于 XML 文件组成的一部分，DTD 文件是一个 ASCII 的文本文件，扩展名为.dtd。

文档类型定义（DTD）可定义合法的 XML 文档构建模块，它使用一系列合法的元素来定义文档的结构。一个 DTD 文档包含元素的定义规则、元素间关系的定义规则、元素可使用的属性和可使用的实体或符号规则。

下面通过一段代码来讲解 DTD 的用法，其代码【代码 136：光盘：源代码/第 15 章/15-8/dtd.xml】如下所示：

```
<?xml version="1.0" encoding="gb2312"?>
<!DOCTYPE note[
<!ELEMENT note (to,from,heading,body) >
<!ELEMENT to (#PCDATA)>
<!ELEMENT from (#PCDATA)>
<!ELEMENT heading (#PCDATA)>
<!ELEMENT body (#PCDATA)>
]>
<note>
<to>Tove</to>
<from>Jani</from>
<heading>Reminder</heading>
<body>Don't forget me this weekend</body>
</note>
```

将上述代码文件保存到服务器的环境下，运行浏览后得到如图 15-8 所示的结果。

图 15-8 DTD 声明

上述代码中各行含义的具体说明如下所示：

❑ !DOCTYPE note：第 2 行，定义此文档是 note 类型的文档。
❑ !ELEMENT note：第 3 行，定义 note 元素有 4 个元素："to、from、heading、、body"。
❑ !ELEMENT to：第 4 行，定义 to 元素为 "#PCDATA" 类型。
❑ !ELEMENT from：第 5 行，定义 from 元素为 "#PCDATA" 类型。
❑ !ELEMENT heading：第 6 行，定义 heading 元素为 "#PCDATA" 类型。
❑ !ELEMENT body：第 7 行，定义 body 元素为 "#PCDATA" 类型。

15.5.2 DTD 构建 XML

所有的 XML 文档以及 HTML 文档均由以下简单的构建模块构成：

- 元素：是 XML 以及 HTML 文档的主要构建模块。
- 属性：可以提供有关元素的额外信息。属性总是被置于某元素的开始标签中。属性总是以名称/值的形式成对出现。
- 实体：用来定义普通文本的变量。
- PCDATA：意思是被解析的字符数据（Parsed Character Data）。字符数据是 XML 元素的开始标签与结束标签之间的文本。
- CDATA：意思是字符数据（Character Data）。CDATA 是不会被解析器解析的文本。在这些文本中的标签不会被当做标记来对待。

15.5.3 文档对象模型

DOM（Document Object Model，文档对象模型）是以一种与浏览器、平台、语言无关的接口，它提供了动态访问和更新文档的内容、结构与风格的手段。可以对文档做进一步的处理，并将处理的结果更新到表示页面。

DOM 处理函数很多，下面将介绍一些比较常用的函数。

- new DomDocument()函数。函数的声明格式如下所示：

```
new DomDocument('xml_version','charset')
```

该函数实例化一个 DomDocument 对象，参数 xml_version 表示 XML 解析器版本；参数 charset 表示创建 XML 采用的字符集。

- saveXML()函数的声明格式如下所示：

```
saveXML ();
```

该函数保存一个 XML 文件。如果函数执行成功，则返回一个 XML 文件，失败则返回 False。

- file_put_contents()函数的声明格式如下所示：

```
file_put_contents(string file[,int path]);
```

该函数将指定文件的内容读到一个字符串中，必要选项参数 file 用于指定文件名的完整路径，单独的文件名表示在当前目录下；可选项参数 path 为 True 则表示在 PHP 的 include_path 路径中寻找。

- createElement()函数的声明格式如下所示：

```
createElement(string name[,string value]);
```

该函数新建一个元素，参数 name 是新建元素名；参数 value 表示元素的值。如果新建成功，则返回一个元素，失败则返回 False。

- createAttribute()函数的声明格式如下所示：

```
createAttribute (string name);
```

该函数新建一个属性，参数 name 是新建属性名。如果新建成功，则返回一个属性对象，失败则返回 False。

❑ appendChild()函数的声明格式如下所示:

```
appendChild();
```

该函数增加元素节点,如果新增成功,则返回一个节点对象,失败则返回 False。

❑ createTextNode()函数的声明格式如下所示:

```
createTextNode (string name);
```

该函数新建一个属性值,参数 name 是属性的值。如果新建成功,则返回一个属性值对象,失败则返回 False。

下面通过一段代码来讲解 DOM 的用法,其代码【代码 137:光盘:源代码/第 15 章/15-9/dom.php】如下所示。

```php
<?php
//创建 DOM 对象
$dom = new DomDocument('1.0','gb2312');
//创建根节点 root
$xml = $dom->createElement('root');
//将创建的根节点添加到 dom 对象中
$dom->appendChild($xml);
//创建一个节点属性 xmlns:rdf
  $Properties = $dom->createAttribute('xmlns:rdf');
//将属性追加到 root 根节点中
  $xml->appendChild($Properties);
    //创建一个属性值
      $Properties_value = $dom->createTextNode('http://www.php.com');
    //将属性值赋给属性 xmlns:rdf
      $Properties->appendChild($Properties_value);
    //创建节点 channel
  $channel = $dom->createElement('channel');
//将节点 channel 追加到根节点 root 下
  $xml->appendChild($channel);
//创建节点 Nodes
      $Nodes= $dom->createElement('Nodes');
    //将节点追加到 channel 节点下
      $channel->appendChild($Nodes);
        //创建元素值
      $Nodes_value=$dom->createTextNode(iconv('gb2312','utf-8','XML 文档创建成功! '));
        //将值赋给 Nodes 节点
        $Nodes->appendChild($Nodes_value);
      $save = $dom->saveXML();//生成 xml 文档
//将对象保存到 test.xml 文档中
file_put_contents('test.xml',$save);
?>
<a href="dom.xml">浏览 DOM 创建的 XML</a>
```

将上述代码文件保存到服务器的环境下,运行浏览后得到如图 15-9 所示的结果。

图 15-9　DOM 创建 XML

15.6　PHP 处理 XML

XML 作为数据交换的有力工具,能够被所有开发语言所支持。不同的开发语言和环境提供了不同的开发类库,所以针对不同的开发环境,需要掌握处理 XML 的技巧。应用 XML 的优点在程序中发挥重要的作用。本节以 XML 为基础,结合 DOM 类库提供的函数,详细讲解在 PHP 中如何运用 XML 实现数据处理功能的方法。

15.6.1　打开与关闭 XML

运用 DOM 提供的函数可以操作 XML 文档的数据,在通过 DOM 操作 XML 数据前必须像前面讲的文件操作一样,首先打开 XML,操作完后保存 XML 文档。

load ()函数可以将文档置入内存中,并包含可用于从每个不同的格式中获取数据的重载。另外使用 loadXml ()函数可以从字符串中读取 XML。

load ()函数打开 XML。函数的声明格式如下所示:

```
bool load ( string filename [, int options] )
```

load ()函数只有一个参数 filename,用于指向 XML 文档的目录路径。如果成功,则返回 True,失败则返回 False:

实例 40:加载 XML 文档

下面通过一个例子来讲解加载 XML 文档的过程,其代码【光盘:源代码/第 15 章/15-10/load.xml】如下所示:

```
<?php
$doc = DOMDocument::load('dom.xml');
echo $doc->saveXML();
//第二种是实例化一个 DOMDocument 对象再调用 load()函数
$doc = new DOMDocument();
$doc->load('dom.xml');
echo $doc->saveXML();
?>
```

将上述代码文件保存到服务器的环境下，运行浏览后得到如图 15-10 所示的结果。

图 15-10　load 方法的调用

在上面的实例中，通过实例化一个 DOMDocument 对象来调用 load()函数，并用 loadXML()函数打开 XML 文档。loadXML()可以从指定的字符串中读取 XML。下面通过一个代码来讲解这些用法，其代码【光盘：源代码/第 15 章 15/15-11/loadxml.php】如下所示：

```
<?php
$doc = new DOMDocument();
$doc->loadXML('<root><node/></root>');
echo $doc->saveXML();
?>
```

将上述代码文件保存到服务器的环境下，运行浏览后得到如图 15-11 所示的结果。

图 15-11　loadXML 打开 XML

15.6.2　运用 DOM 读取数据

通过 DOM 提供的函数可以在 XML 文档中读取数据（比如读取标签等），从而获得元素相关的信息。从 XML 中读取数据也是 XML 作为数据交换的基本功能。

getElementsByTagName ()函数可以读取 XML 的标签，函数的声明格式如下所示：

getElementsByTagName (**string** name)

该函数有一个参数 name，用于指向 XML 文档中自定义的标签名。它将返回文档中所有元素的列表，元素排列的顺序就是它们在文档中的顺序。

实例 41：使用 DOM 读取数据

下面通过一个实例来讲解使用 DOM 读取数据的方法，其代码【光盘：源代码/第 15 章/15-12/read.php】如下所示：

```
<?php
    $doc = new DOMDocument('1.0','gb2312');
    $doc->load( 'books.xml' );
    $books = $doc->getElementsByTagName( "book" );
    foreach( $books as $book )
    {
    $datatimes= $book->getElementsByTagName( "datatime" );
    $datatime= $datatimes->item(0)->nodeValue;
    $prices= $book->getElementsByTagName( "price" );
    $price= $prices->item(0)->nodeValue;
    $titles = $book->getElementsByTagName( "title" );
    $title = $titles->item(0)->nodeValue;
    echo "书名".$title."|";
    echo "出版日期".$datatime."|";
    echo "价格".$price."|";
    }
?>
```

将上述代码文件保存到服务器的环境下，运行浏览后得到如图 15-12 所示的结果。

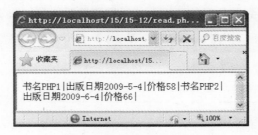

图 15-12　XML 数据读取

提示：getElementsByTagName()方法的参数字符串可以不区分大小写。

XML 数据读取除了上面的写法外，其实 getElementsByTagName()还可以获取任何类型的 HTML 元素的列表，还可以使用 getElementsByTagName()获取文档中的一个特定的元素，其代码如下所示：

```
var tables = document.getElementsByTagName("table");
alert ("该文档包含" + tables.length + " tables");
```

15.6.3　通过 DOM 操作数据

通过 DOM 提供的函数可以在 XML 文档中查询或删除数据，比如查询标签。从 XML

中操作数据也是 XML 作为数据交换经常用到的操作。比如用 removeChild ()函数删除节点的父节点，removeNode()是所要删除的节点。更多详细内容请读者朋友参阅 PHP 操作手册。

15.7 疑难问题解析

本章详细介绍了 PHP 操作 XML 的基本知识。本节将对本章中比较难以理解的问题进行讲解。

读者疑问：本章在学习 PHP 操作 XML 时，曾经提到 DTD、CSS 与 DOM，它们之间有什么区别，各有什么特性呢？

解答：三者的区别是：

- DTD 对用户定义的标记给予说明的文档。
- DOM 是文档对象类型，它是一套编程接口，可以用来对 XML 文档进行加工处理，比如给文档增加一个节点、修改、删除一个节点等。
- CSS 一个是显示样式文档。

读者疑问：在本章提到处理指令指定层叠样式时，文件格式扩展名是".xsl"，这到底是什么样的文件？有什么特性呢？

解答：XSL 是 ExtenSible Stylesheet Language 的缩写，意为可扩展样式表语言，它提供比 CSS 更加强大的 XML 文件显示格式的功能，能够使用程序代码取出 XML 所需的数据然后指定显示的样式。

职场点拨——保证按时完成任务

笔者在求学期间写程序时，总是看到功能后就立即编写代码，编写一个个函数去实现一个个功能。但是在后期调试时，总是会出现这样或那样的错误，需要返回重新修改。以前都是小项目，修改的工作量也不是很大。但是如果在大型项目中，几千行代码的返回修改是一件很恐怖的事情。所以无论是老师还是师兄们，都反复强调提前规划的重要性。

笔者在工作初期也还是这个坏习惯，不做任何需求分析和规划就开始写代码，这样造成的直接后果是在后期需要反复的修改代码，最终把自己搞糊涂了，影响了项目的进度。作为一名合格的程序员，一定要养成项目规划和分析的习惯，这不仅仅是项目经理，也是一名初级程序员所必需具备的素质。一个完整的项目是需要一个团队协作来完成的，如果是大型项目就需要多个团队来完成。

在接到任务时一定要明确自己的最终目的是什么，要总体规划完成这个项目需要实现的功能，需要编写什么函数，需要什么接口来实现。然后给这些函数起个名字，将它们的名字和用到的接口一起写在记事本中，并在后面标注上能够最快完成的时间和最慢完成的时间。接下来再开始具体的编码工作，要尽量用最快的速度完成，并且要严格按照记事本的进度来完成。只有这样做，才能够及时地完成任务。

第16章 Ajax技术介绍

在 PHP 中，Ajax 是一门使用客户端脚本与 Web 服务器交换数据的 Web 开发技术。使用 Ajax 后，Web 页面可以不用打断交互流程而直接重新加载页面，从而实现动态更新。使用 Ajax 技术，可以创建接近本地桌面应用的，更直接、高可用、更丰富、更动态的 Web 用户界面。本章讲解如下知识：

- 什么是 Ajax
- Ajax 的工作原理
- PHP 与 Ajax 的应用
- 职场点拨——程序员创业经验谈

2011 年 XX 月 XX 日，小雪

我最近感觉压力特别大，很多地方都需要花钱。上午在和大学同学同学 A 聊天时，B 说：同学 B 创业非常有成，刚刚买房、买车，并举办了一场风光的婚礼。我听后很羡慕，心里暗自琢磨，也想通过创业来改变自己的命运。

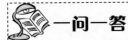一问一答

小菜："我想个人创业，不知是否可行！"

Wisdom："想法不错，创业成功会使你得到想要的一些东西，但是万一失败，你也会失去很多东西，并对你的信心带来很大的冲击。所以你得三思而后行，建议你参考本章最后的'程序员创业经验谈'。"

小菜："嗯，我会好好考虑的！言归正传，本章的 Ajax 技术很重要吗？"

Wisdom："Ajax 实际上就是以前的知识，如果用户在浏览器输入百度搜索引擎的地址 www.baidu.com，然后随意输入一个字符，将会自动出现一个下拉列表，如图 16-1 所示。这就是 Ajax 技术。"

图 16-1　百度引擎

16.1　什么是 Ajax

Ajax 全称为 Asynchronous JavaScript and XML，即异步JavaScript 和 XML，是一种创建交互式网页应用的网页开发技术。它使用"XHTML+CSS"来表示信息；使用 JavaScript 操作 Document Object Model 进行动态显示及交互；使用 XML 和 XSLT 进行数据交换及相关操作；使用 XMLHttpRequest 对象与 Web服务器进行异步数据交换；使用 JavaScript 将所有的东西绑定在一起，这样就形成了一个功能强大的页面。在 PHP 制作网页过程中，Ajax 在哪些场合可以使用，哪些场合不可以使用呢？下面将对 Ajax 的使用进行详细讲解。

16.1.1　Ajax 适用场合

Ajax 是一门针对某种技术的缺陷而出现的技术，它适用的场景也必然有限。在 PHP 中，Ajax 在以下场合中适用：

- 表单驱动的交互：传统的表单提交，在文本框输入内容后，点击按钮，后台处理完毕后，页面刷新，再回头检查是否刷新结果正确。使用 Ajax，在点击 Submit 按钮后，立刻进行异步处理，并在页面上快速显示更新后的结果。
- 深层次的树的导航：深层次的级联菜单（树）的遍历是一项非常复杂的任务，使用 JavaScript 来控制显示逻辑，使用 Ajax 延迟加载更深层次的数据可以减轻服务器的负担。以前对级联菜单的处理多数是这样的，为了避免每次对菜单的操作引起的重载页面，不采用每次调用后台的方式，而是一次性将级联菜单的所有数据全部读取出来并写入数组，然后根据用户的操作用 JavaScript 来控制它的子集项目的呈现，这样虽然解决了操作响应速度、不重载页面以及避免向服务器频繁发送请求的问题，但是如果不对菜单进行操作或只对菜单中的一部分进行操作的话，那读取的数据中的一部分就会成为冗余数据而浪费用户的资源，特别是在菜单结构复杂、数据量大的情况下，这种弊端会变得更为突出。如果在项目中应用 Ajax 后，结果就会有所改观。在初始化页面时只读出它的第一级的所有数据并显示，在用户操作第一级菜单中的一项时，会通过 Ajax 向后台请求当前一级项目所属的二级子菜单的所有数据，如果再继续请求已经呈现的二级菜单中的一项时，再向后面请求所操作二级菜单项对应的所有三级菜单的所有数据，以此类推，用什么就取什么、用多少就取多少，就不会有数据的冗余和浪费，减少了数据下载总量，而且更新页面时不用重载全部内容，只更新需要更新的那部分即可，相对于后台处理并重载的方式缩短了用户等待时间，使资源的浪费降到最低。
- 快速的用户与用户间的交流响应：在众多人参与的交流讨论的场景下，最不舒服的事情就是让用户一遍又一遍刷新页面以便知道是否有新的讨论出现，新的回复应该以最快的速度显示出来，而把用户从分神的刷新中解脱出来，Ajax 是最好的选择。
- 类似投票、yes/no 等无关痛痒的场景：对于类似这样的场景，如果提交过程需要达到 40s，很多用户就会直接忽略过去而不会参与，但是 Ajax 可以把时间控制在 1s 之内，从而使更多的用户加入进来。
- 对数据进行过滤和操纵相关数据的场景：对数据使用过滤器，按照时间排序，或者按照时间和名称排序，开关过滤器等。任何要求具备很高交互性数据操纵的场合都应该用 JavaScript，而不是用一系列的服务器请求来完成。在每次数据更新后，再对其进行查找和处理需要耗费较多的时间，而 Ajax 可以加速这个过程。
- 普通的文本输入提示和自动完成的场景：在文本框等输入表单中给予输入提示，或者自动完成，可以改善用户体验，尤其是在那些自动完成的数据可能来自于服务器端的场合，Ajax 是很好的选择。

16.1.2 Ajax 不适用的场合

Ajax 不是万能，不是任何场合都可以使用，对于初学者，一定不要在下面的场合中使用 Ajax，因为它不能帮助你：

- 部分简单的表单：虽然表单提交可以从 Ajax 获取最大的益处，但一个简单的评论表单极少能从 Ajax 得到什么明显的改善。而对于一些较少用到的表单提交，Ajax 则帮不上什么忙。
- 搜索：有些使用了 Ajax 的搜索引擎如 Start.com 和 Live.com 不允许使用浏览器的后退按钮来查看前一次搜索的结果，这对已经养成搜索习惯的用户来说是不可原谅的。现在 Dojo 通过 iframe 来解决这个问题。
- 基本的导航：使用 Ajax 来做站点内的导航是一个坏主意，它不会对网页产生任何影响。
- 替换大量的文本：使用 Ajax 可以实现页面的局部刷新，但是如果页面的每个部分都改变了，为什么不重新做一次服务器请求呢？
- 对呈现的操纵：Ajax 看起来像是一个纯粹的 UI 技术，但事实上它不是。它实际上是一个数据同步、操纵和传输的技术。对于可维护的干净的 web 应用，不使用 Ajax 来控制页面呈现，是一个不错的主意。JavaScript 可以很简单地处理 XHMTL/HTML/DOM，使用 CSS 规则就可以很好地实现数据显示。

16.1.3 一个简单的 Ajax 程序

在前面讲解了这么多关于 Ajax 的适用场景，下面将通过一个实例来讲解 Ajax 的用法，读者可以通过这个实例认识 Ajax。

实例 42：一个简单的 Ajax 程序

使用 Ajax 实现对页面的文件的简单调用。首先创建文件 index.html，此页面的代码用来显示不同情况下不同的页面，其重要代码如下所示：

```html
<script type="text/javascript">
<!--
var xmlhttp = false;

try {
            xmlhttp = new ActiveXObject("Msxml2.XMLHTTP");
        alert ("You are using Microsoft Internet Explorer.");
} catch (e) {
            try {
                xmlhttp = new ActiveXObject("Microsoft.XMLHTTP");
                alert ("You are using Microsoft Internet Explorder");
            } catch (E) {
                xmlhttp = false;
            }
}
if (!xmlhttp && typeof XMLHttpRequest != 'undefined') {
        xmlhttp = new XMLHttpRequest();
        alert ("You are not using Microsoft Internet Explorer");
}

function makerequest(serverPage, objID) {

        var obj = document.getElementById(objID);
        xmlhttp.open("GET", serverPage);
        xmlhttp.onreadystatechange = function() {
            if (xmlhttp.readyState == 4 && xmlhttp.status == 200) {
                obj.innerHTML = xmlhttp.responseText;
            }
        }
        xmlhttp.send(null);
}

//-->
</script>
<body onload="makerequest ('content1.html','hw')">
  <div align="center">
        <h1>My Webpage</h1>
            <a href="content1.html" onclick="makerequest('content1.html','hw'); return false;">Page 1</a>|<a href="content2.html" onclick="makerequest ('content2. html','hw');return false;">Page 2</a> | <a href="content3.html" onclick="makerequest('content3.html','hw'); return false;">Page 3</a>|<a href="content4.html" onclick="makerequest('content4.html','hw'); return false;">Page 4</a>
            <div id="hw"></div>
  </div>
</body>
```

新建一个 JavaScript 页面，其代码如下所示：

```javascript
var xmlhttp = false;
try {
    xmlhttp = new ActiveXObject("Msxml2.XMLHTTP");
} catch (e) {
    try {
        xmlhttp = new ActiveXObject("Microsoft.XMLHTTP");
    } catch (E) {
        xmlhttp = false;
    }
}

if (!xmlhttp && typeof XMLHttpRequest != 'undefined') {
    xmlhttp = new XMLHttpRequest();
}
function makerequest(serverPage, objID) {
    var obj = document.getElementById(objID);
    xmlhttp.open("GET", serverPage);
    xmlhttp.onreadystatechange = function() {
        if (xmlhttp.readyState == 4 && xmlhttp.status == 200) {
            obj.innerHTML = xmlhttp.responseText;
        }
    }
    xmlhttp.send(null);
}
```

其他的 4 个页面都很简单，读者可以在光盘里查看这些代码【光盘：源代码/第 16 章/16-1/】。当建立完这些代码后，将上述代码文件保存到服务器的环境下，运行浏览后得到如图 16-2 所示的结果。

图 16-2　浏览后的第一个效果

单击"确定"按钮后看到如图 16-3 所示的效果。

第二篇 提高篇

图 16-3 浏览的 Ajax 页面

单击不同的超级链接，将会显示不同的内容，而且反应速度十分快，如图 16-4 所示。

图 16-4 Ajax 页面

上面是一个简单的 Ajax 应用实例，可以看出 Ajax 可以很方便、快速地调用其他页面的内容并在当前页面显示出来，下面将通过一段代码进行讲解，这段代码主要是通过 PHP 实现上传功能显示一个进度，以加深用户对 Ajax 的理解。新建一个名为 style.css 文件，其代码【光盘：源代码/第 16 章/16-2/】如下所示：

```
/* style.css */
body {
```

321

```css
        font-size: 11px;
        font-family: verdana;
}
.noshow {
        visibility: hidden;
        position: absolute;
        top: 0px;
        left: 0px;
        height: 0px;
        width: 0px;
}
.imghover {
        border-style: solid;
        border-width: 2px;
        border-color: #003250;
}

.imgoff {
        border: none;
        border-style: solid;
        border-width: 2px;
        border-color: #FFFFFF;
}

.fimghover {
        border-style: solid;
        border-width: 2px;
        border-color: #003250;
}

.fimghoveryellow {
        border-style: solid;
        border-width: 2px;
        border-color: #FFCC00;
}

.fimgoff {
        border: none;
        border-style: solid;
        border-width: 2px;
        border-color: #F2F2F5;
}
```

创建一个名为 functions.js 的 JavaScript 文件，其代码如下所示：

```javascript
function runajax(objID, serverPage)
{
```

```
                    var xmlhttp = false;
        try
{
                          xmlhttp = new ActiveXObject("Msxml2.XMLHTTP");
        } catch (e) {
        try {
                          xmlhttp = new ActiveXObject("Microsoft.XMLHTTP");
        } catch (E) {
                            xmlhttp = false;
                }
            }
                    if (!xmlhttp && typeof XMLHttpRequest != 'undefined') {
                xmlhttp = new XMLHttpRequest();
            }

                var obj = document.getElementById(objID);
                xmlhttp.open("GET", serverPage);
                xmlhttp.onreadystatechange = function() {
                    if (xmlhttp.readyState == 4 && xmlhttp.status == 200) {
                        obj.innerHTML = xmlhttp.responseText;
                    }
                }
                xmlhttp.send(null);
    }
                function clearmes ()
    {
                document.getElementById("errordiv").innerHTML = "";
    }

    function showload ()
{
            document.getElementById("middiv").innerHTML = "<b>Loading...</b>";
}

var refreshrate = 1000;

function uploadimg (theform)
{
                theform.submit();
                clearmes();
                showload();
                setTimeout ('runajax ("middiv","midpic.php")',refreshrate);
                setTimeout ('runajax ("picdiv","picnav.php")',refreshrate);
}

function removeimg (theimg)
```

```
        {
            runajax ("errordiv","delpic.php?pic=" + theimg + "");
            setTimeout ('runajax ("middiv","midpic.php")',refreshrate);
            setTimeout ('runajax ("picdiv","picnav.php")',refreshrate);
        }
```

其他 PHP 代码就不再一一展示，读者可以去本书配套光盘中查看，将上述代码文件保存到服务器的环境下，运行浏览后得到如图 16-5 所示的结果。

单击"Submit"按钮后将会显示一个进度效果，如图 16-6 所示。

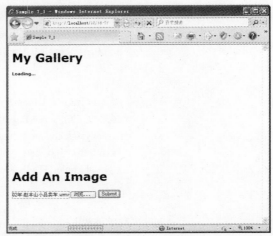

图 16-5　上传文件　　　　　　　　　　　图 16-6　上传进度

16.2　Ajax 的工作原理

在前面读者已经了解了 Ajax 能给网页带来很多方便，也能解决很多问题，那么 Ajax 是如何工作的呢？

Ajax 是通过 XMLHttpRequest 对象向服务器发送异步请求，从服务器获得数据，然后用 JavaScript 来操作 DOM 而更新页面。

在 Ajax 的处理过程中，首先得创建一个 XMLHttpRequest 实例。然后使用 HTTP 方法（GET 或 POST）来处理请求，并将目标 URL 设置到 XMLHttpRequest 对象上。

当发送 HTTP 请求时，不希望浏览器挂起并等待服务器的响应，取而代之的是希望通过页面继续响应用户的界面交互，并在服务器响应真正到达后处理它们。要完成上述任务，可以向 XMLHttpRequest 注册一个回调函数，并异步派发 XMLHttpRequest 请求。控制权马上就被返回到浏览器，当服务器响应到达时，回调函数将会被调用。

Ajax 给我们带来的好处大家基本上都深有体会，它主要有以下 4 个优点：

1）页面无刷新，在页面内与服务器通信，给用户的体验非常好。

2）使用异步方式与服务器通信，不需要打断用户的操作，具有更加迅速的响应能力。

3）可以最大程度地减少冗余请求和响应对服务器造成的负担。

4)基于标准化的并被广泛支持的技术,不需要下载插件或者小程序。

16.3 PHP 与 Ajax 的应用

Ajax 技术实际上是老技术的新用法,为了让读者加深理解 Ajax 在 PHP 中的应用,下面详细讲解 Ajax 在 PHP 中的应用知识。

16.3.1 创建 XMLHttpRequest 对象

XMLHttpRequest 是由浏览器提供的一个 ActiveX 组件,使用该组件可以使页面不必刷新就能实现与服务器的交互操作。目前主流的浏览器 IE、Firefox、NetScape 等都提供了对该组件的支持。Ajax 通过对该组件的使用,有效地降低了服务器的负担和用户的等待时间。本节简要介绍该组件及其在 Ajax 中的使用方法。Ajax 的编写方法十分简单,它是在静态 HTML 上通过 Script 标签来实现的,对于 XMLHttpRequest 组件来说可以通过 new 语句来创建对象。下面通过一段代码来讲解创建 XMLHttpRequest 对象的方法,其代码【代码 138:光盘:源代码/第 16 章/16-1.php】如下所示:

```html
<html>
<head>
<title>Ajax Example</title>
<script type="text/javascript">
var xmlobj;                    //定义 XMLHttpRequest 对象
if(window.ActiveXObject)  //如果当前浏览器支持 ActiveXObject,则创建 ActiveXObject 对象
{
    xmlobj = new ActiveXObject("Microsoft.XMLHTTP");
}
else if(window.XMLHttpRequest)
                        //如果当前浏览器支持 XMLHttpRequest,则创建 XMLHttpRequest 对象
{
    xmlobj = new XMLHttpRequest();
}
</script>
</head>
<body>
</body>
</html>
```

这段代码定义了一个 xmlobj 变量,然后判断当前的浏览器是否支持 ActiveX 对象,并且根据浏览器的支持情况使用不同的方法创建对象。对于 IE 浏览器来说,由于其支持 ActiveX 对象,往往使用 Microsoft XMLHTTP 组件来创建 XMLHttpRequest 对象。对于 NetScape 等其他浏览器,往往直接使用 XMLHttpRequest 组件来创建对象。

在 Ajax 中使用不同的方法创建对象,是因为 Ajax 是在客户端浏览器上运行的,由于 IE 和 NetScape 浏览器的组件名不同,在创建 XMLHttpRequest 对象时要根据浏览器的不同创建

不同的对象。

16.3.2 简单的服务器请求

XMLHttpRequest 组件的一个最大的用途是，不需要刷新页面就可以与服务器进行交互和对服务器请求，这也是创建 Ajax 的第 2 步，上例中 xmlobj 是 XMLHttpRequest 的对象，send_method 是发送方法，可以是"GET"或"POST"，对应于表单的 GET 和 POST 方法。url 是页面要调用的地址。flag 是一个标记位，如果为 True，则表示在等待被调用页面响应的时间内可以继续执行页面代码，反之为 False。下面通过一段代码来演示对服务器进行简单的请求，其代码【代码 139：光盘：源代码/第 16 章/16-3/.】如下所示：

```
<html>
<head>
<title>Ajax Example</title>
<script type="text/javascript">
var xmlobj;                              //定义 XMLHttpRequest 对象
function CreateXMLHttpRequest()
{
    if(window.ActiveXObject)
                        //如果当前浏览器支持 ActiveXObject，则创建 ActiveXObject 对象
    {
        xmlobj = new ActiveXObject("Microsoft.XMLHTTP");
    }
    else if(window.XMLHttpRequest)
                        //如果当前浏览器支持 XMLHttp Request，则创建
                          XMLHttpRequest 对象
    {
        xmlobj = new XMLHttpRequest();
    }
}
function Req()                           //主程序函数
{
    CreateXMLHttpRequest();              //创建对象
    xmlobj.onreadystatechange = StatHandler;//判断 URL 调用的状态值并处理
    xmlobj.open("post", "test.txt", true); //调用文本文件 test.txt
    xmlobj.send(null);                   //设置为不发送给服务器任何数据
}
  function StatHandler()                 //用于处理状态的函数
{
    if(xmlobj.readyState == 4 && xmlobj.status == 200)
                        //如果 URL 成功，则使用警告框输出文本内容
    {
        alert(xmlobj.responseText);
    }
}
</script>
```

```
</head>
<body>
<form action="">
<input type="button" value="Request" onclick="Req();">
</form>
</body>
</html>
```

代码运行后，在页面上将出现一个"Request"按钮，如图 16-7 所示，单击该按钮后会弹出如图 16-8 所示的对话框，并显示 test.txt 文件中的全部内容。

图 16-7　浏览效果

图 16-8　弹出的对话框

16.3.3　对 HTML 和 XML 的读取

Ajax 对 HTML 和 XML 的读取过程与上面文件的读取十分类似，下面将详细讲解对 HTML 和 XML 进行读取的流程。

1. 对 HTML 读取

HTML 是静态网页，下面通过一段代码来演示读取 HTML 的流程，其代码【代码 140：光盘：源代码/第 16 章/16-4/.】如下所示：

```
<html>
<head>
<title>Ajax Example</title>
<script type="text/javascript">
var xmlobj;                                    //定义 XMLHttpRequest 对象
function CreateXMLHttpRequest()
{
    if(window.ActiveXObject)
                                               //如果当前浏览器支持 ActiveXObject，则创
                                               建 ActiveXObject 对象
    {
        xmlobj = new ActiveXObject("Microsoft.XMLHTTP");
    }
```

```
            else if(window.XMLHttpRequest)
                            //如果当前浏览器支持 XMLHttp Request，则创建
                                XMLHttpRequest 对象
            {
                xmlobj = new XMLHttpRequest();
            }
        }
        function ReqHtml()                          //主程序函数
        {
            CreateXMLHttpRequest();                 //创建对象
            xmlobj.onreadystatechange = StatHandler; //判断 URL 调用的状态值并处理
            xmlobj.open("GET", "test.html", true);  //调用 test.html
            xmlobj.send(null);                      //设置为不发送给服务器任何数据
        }
        function StatHandler()                      //用于处理状态的函数
        {
            if(xmlobj.readyState == 4 && xmlobj.status == 200)
                                                    //如果 URL 成功访问，则输出网页
            {
                document.getElementById("webpage").innerHTML = xmlobj.responseText;
            }
        }
    </script>
</head>
<body>
<p><a href="#" onclick="ReqHtml();">Request HTML page</a></p>
<p><div id="webpage"></div></p>
</body>
</html>
```

将上述代码文件保存到服务器的环境下，运行浏览后得到如图 16-9 所示的结果。单击超级链接后得到如图 16-10 所示的结果。

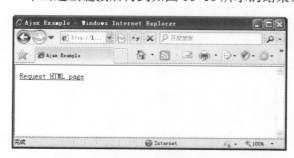

图 16-9　单击超级链接　　　　　　　　图 16-10　读取 HTML 数据

2. 对 XML 读取

在本书上一章中，曾经讲过 PHP 操作 XML 的知识，实际上 Ajax 也可以操作 XML，下面通过一段代码来演示读取 XML 的流程，其代码【代码 141：光盘：源代码/第 16 章/16-5/】

如下所示：

```html
<!DOCTYPE html PUBLIC "-//W3C//DTD XHTML 1.0 Strict//EN"
"http://www.w3.org/TR/xhtml1/DTD/xhtml1-strict.dtd">
<html>
<head>
<title>Ajax Hello World</title>
<script type="text/javascript">
var xmlHttp;
function createXMLHttpRequest()
{
if(window.ActiveXObject)
{
xmlHttp = new ActiveXObject("Microsoft.XMLHTTP");
}
else if(window.XMLHttpRequest){
xmlHttp = new XMLHttpRequest();
}
}
function startRequest()
{
createXMLHttpRequest();
try{
xmlHttp.onreadystatechange = handleStateChange;
xmlHttp.open("GET", "data.xml", true);
xmlHttp.send(null);
}catch(exception)
{
alert("您要访问的资源不存在!");
}
}
function handleStateChange(){
if(xmlHttp.readyState == 4){
if (xmlHttp.status == 200 || xmlHttp.status == 0)
{
// 取得 XML 的 DOM 对象
var xmlDOM = xmlHttp.responseXML;
// 取得 XML 文档的根
var root = xmlDOM.documentElement;
try
{
// 取得<info>结果
var info = root.getElementsByTagName('info');
// 显示返回结果
alert("responseXML's value: " + info[0].firstChild.data);
}
catch(exception)
```

```
                    {
                }
                }
                }
                }
            </script>
        </head>
        <body>
        <div>
        <input type="button" value="return ajax responseXML's value"
        onclick="startRequest();" />
        </div>
        </body>
        </html>
```

将上述代码文件保存到服务器的环境下，运行浏览后得到如图 16-11 所示的结果。

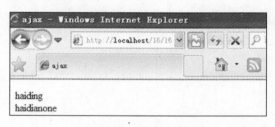

图 16-11　读取 xml 文件

16.3.4　伪 Ajax 方式

在一般情况下，使用 Get、Post 方式的 Ajax 都能够解决项目中的问题。但是在开发过程中也许会碰到无法使用 Ajax，但是又需要模拟 Ajax 的效果的情况，此时可以使用伪 Ajax 的方式来实现需求。文件 upload.html 的演示代码【代码 142：光盘：源代码/第 16 章/16-6/】如下所示：

```
        <!DOCTYPE html PUBLIC "-//W3C//DTD XHTML 1.0 Transitional//EN"
         "http://www.w3.org/TR/xhtml1/DTD/xhtml1-transitional.dtd">
        <html xmlns="http://www.w3.org/1999/xhtml">
        <head>
        <meta http-equiv="Content-Type" content="text/html; charset=utf-8" />
        <title>异步回调</title>
        </head>
        <body>
        <form action="upload.php" method="post" enctype="multipart/form-data" name="upload_img" target="iframe1">
            选择要上传的图片：<input type="file" name="image"><br />
          <input type="submit" value="上传图片">
        </form>
        <div id="message" style="display:none"></div>
```

```
<iframe name="iframe1" width="0" height="0" scrolling="no"></iframe>
</body>
</html>
```

文件 upload.php 是上传处理页面，其代码如下所示：

```
<?php
/* 定义常量 */
//定义允许上传的 MIME 格式
define("UPLOAD_IMAGE_MIME", "image/pjpeg,image/jpg,image/jpeg,image/gif,image/x-png,image/png");
//图片允许大小，以字节为单位
define("UPLOAD_IMAGE_SIZE", 102400);
//图片大小以 KB 为单位
define("UPLOAD_IMAGE_SIZE_KB", 100);
//图片上传的路径
define("UPLOAD_IMAGE_PATH", "./upload/");

//获取允许的图像格式
$mime = explode(",", USER_FACE_MIME);
$is_vaild = 0;
//遍历所有允许格式
foreach ($mime as $type)
{
  if ($_FILES['image']['type'] == $type)
  {
    $is_vaild = 1;
  }
}
//如果格式正确，并且没有超过允许的大小就上传上去
if($is_vaild && $_FILES['image']['size']<=USER_FACE_SIZE && $_FILES['image']['size']>0)
{
  if (move_uploaded_file($_FILES['image']['tmp_name'], USER_IMAGE_PATH . $_FILES['image']['name']))
  {
    $upload_msg ="上传图片成功！";
  }
  else
  {
    $upload_msg = "上传图片文件失败";
  }
}
else
{
  $upload_msg = "上传图片失败, 可能是文件超过". USER_FACE_SIZE_KB ."KB、或者图片文件为空、或文件格式不正确";
}
```

```
//解析模板文件
$smarty->assign("upload_msg", $upload_msg);
$smarty->display("upload.tpl");
?>
```

文件 upload.tpl 的实现代码如下所示：

```
{if $upload_msg != ""}
 callbackMessage("{$upload_msg}");
{/if}

//回调的 JavaScript 函数，用来在父窗口显示信息
function callbackMessage(msg)
{
//把父窗口显示消息的层打开
parent.document.getElementById("message").style.display = "block";
//把本窗口获取的消息写上去
parent.document.getElementById("message").innerHTML = msg;
//并且设置为 3s 后自动关闭父窗口的消息显示
setTimeout("parent.document.getElementById('message').style.display = 'none'", 3000);
}
```

将上述代码文件保存到服务器的环境下，运行浏览后得到如图 16-12 所示的结果。

图 16-12　上传文件

16.4　疑难问题解析

本章详细介绍了在 PHP 中使用 Ajax 技术的基本知识。本节将对本章中比较难以理解的问题进行讲解。

读者疑问：在最后一节中讲解了伪 Ajax，什么是伪 Ajax，它起到了什么样的作用？

解答：伪 Ajax 方式实际上就是使用异步回调，它的方式过程有点复杂，但是基本实现了 Ajax 以及信息提示的功能，如果接受模板的信息提示比较多，还可以通过设置层的方式来处理，用户可依据具体情况自行选择。

读者疑问：在使用 Ajax 时，常常会出现乱码，遇到这样的问题，让网页开发者十分头

痛，这一问题该如何解决呢？

解答： 用 Ajax 来 Get 返回一个页面时，responseTEXT 里面的中文多半会出现乱码，这是因为 MMLHttp 在处理返回的 responseText 的时候，把 responseBody 按 UTF-8 编码进行解码，如果服务器送出的确实是 UTF-8 的数据流，汉字会正确显示，但如果送出了 GBK 编码流的时候就乱了。解决的办法就是在送出的流里面加一个 HEADER，指明送出的是什么编码流，这样 XMLHttp 就不会搞错了，建议用户使用下面的代码：

向服务器发送请求，在服务器端加入：

```
String    string    =    request.getParmater("parmater");
string    =    new    String(string.getBytes("ISO8859-1"),"GBK");
```

服务器向客户端发送报文的代码：

```
String    static    CONTENT_TYPE    =    "text/html;charset=GBK";
response.SetContentType(CONTENT_TYPE);
```

职场点拨——程序员创业经验谈

创业就是成就事业，就是去努力实现自己的一些远大的想法或目标，并且最终的成果属于自己，这些成果包括荣誉、金钱、实体。对程序员来说，靠自己一个人写一个程序去卖获得一些现金，那还不是创业，那只是创业的雏形；必须建造出自己的团队，并打造一条耐久的赚钱流水线，才是真正走向了创业的成功之路。

作为程序员，首先你必须要有自己的技术积累，如果不能独立完成一个程序，如果对写一个程序感觉畏惧，说明自己创业的技术条件还不具备；其次，需要有业务积累，对未来想做什么和要做的东西有一个清晰的概念和比较熟悉的了解之后，才能对它的市场前景、未来发展趋势有所掌握，才能很好地设定自己的创业方案；最后，最好要有一定的资金积累，如果每个月的工资都花光，银行里的存款为 0，而且又找不到愿意出资金的合作伙伴，那么应该考虑一下现在是否每个月应该存下一点钱，用来为未来创业做准备。

并不是每个人都能很快创业成功，那么怎样才能成功？在通往成功的路上有如下 6 条经验值得去借鉴：

1) 要有坚定的信念，因为未来可能要面临无数的困难和挫折，只有坚定的信念，才能不会使自己迷惘和中途放弃，战胜压力，战胜自己，最终坚持到成功的那一刻。

2) 拥有一个好创意，这个好创意实现后就能带来持续不断的收入。善于思索、丰富的经验、对行业充分的了解都能使人不断迸发出好的创意。

3) 有了想法后能马上去做，而不是慢慢拖。很多人都有想法，但却没有付诸实施，那和没有想法有什么两样？能成功的人，无非是把自己的想法坚决地执行下去。在执行的过程中学习创业经验，把握机会，幸运之神迟早会降临。

4) 一个想法的最终实现，可能需要付出比平常多几倍的精力和时间，如果坚信实现想法就能带来丰厚的回报，那么就要每天坚持花一些时间为自己的想法做一些工作，并一直坚持下去。积沙成塔，集腋成裘，小小的动作坚持下去就会得到巨大的回报。还有也要舍得花费自己的金钱,因为金钱是实现想法的催化剂和加速器。

5)先专后广。因为我们的资金和人手有限,所以注定了只能做有限的事。要细分用户的不同需求,细分不同的用户,专做某一个方面,可以在把这方面做得深入之后,再考虑拓广相关的业务。

6)寻找好的创业伙伴。好的创业伙伴会使创业事半功倍,会使人更专注于自己擅长的方面,会使创业的计划进展得更快,比对手更快地推出自己的产品。

温故而知新——第二篇实战范例

第二篇是常用的技术篇，在 PHP 中，用户可以通过这些知识处理许多问题，下面通过范例对本篇的重要知识点进行回顾，以方便用户对后面知识的学习。

范例1　PHP 对文件的处理

PHP 对文件的处理是十分重要的，用户必须获取表单的数据，才能对表单进行处理，下面首先以追加数的数据为例进行讲解。

新建一个 index.php，输入下面【光盘：源代码/温 2/01/】代码：

```php
<?php
$filename = 'hello/student.txt';
$student1 = "姓名:丁宇  \t 年龄:3 \t 性别:男\r\n";
$student2 = "姓名:陈云 \t 年龄:2 \t 性别:女\r\n";
$student3 = "姓名:赵刚 \t 年龄:3 \t 性别:男\r\n";

    // 在这个例子里，首先使用只写模式模式打开$filename
    //
        if (!$handle = fopen ($filename, "w"))
{
            print "不能打开文件  $filename";
            exit;
}
    // 将$student1 写入到我们打开的文件中
    if (!fwrite($handle, $student1))
{
            print "不能写入到文件  $filename";
            exit;
}

    //fwrite($handle, $student1);
        print "成功地将\" $student1 \"写入到文件  $filename<br>";
        fclose($handle);
        $handle = fopen ($filename, "a");
//接着以添加模式打开文件
    //继续添加其他信息
        fwrite($handle, $student2);
        print "成功地将\" $student2 \"写入到文件  $filename<br>";
```

```
            fwrite($handle, $student3);
                print "成功地将\" $student3 \"写入到文件  $filename<br>";
            fclose($handle);

        ?>
```

代码文件保存到服务器的环境下，用户可以进行浏览，得到如实战图 2-1 所示的结果。用户可以打开记事本，看到追加的数据，如实战图 2-2 所示。

实战图 2-1　追加数据

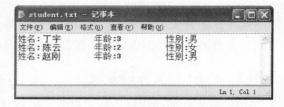

实战图 2-2　追加的数据

范例 2　PHP 对图形图像的处理

在 PHP 的编程过程中，为了一种功能的表述，常需要 PHP 提供一些函数对图形图像进行编辑和处理，下面以范例 2 为例进行详细讲解，其代码【光盘：源代码/温 2/02/index.php】如下：

```
<?php
$width=400;
$height=400;
$image=imagecreatetruecolor($width,$height);
//提取颜色
$color_black=imagecolorallocate($image,0,2,0);//
$color_white=imagecolorallocate($image,255,255,255);//白色
$color_blue=imagecolorallocate($image,0,0,108);//蓝色
$color_red=imagecolorallocate($image,151,0,4);//红色
$color_my=imagecolorallocate($image,192,192,255);//背景
$color_temp=imagecolorallocate($image,199,199,199);//背景
//作图
imagefill($image,0,0,$color_white);

//第一个是大圆
imagefilledarc ($image,$width/2,$height/2,$height,$height,0,360,$color_blue,IMG_ARC_PIE);
//两个小圆
imagefilledellipse ($image,$width/2,$height/4 ,$height/2,$height/2,$color_red);
imagefilledellipse ($image,$width/2,$height/4 * 3,$height/2,$height/2, $color_blue);
/*imagefilledellipse -- 画一椭圆并填充*/
imagefilledarc ($image,$width/2,$height/2,$height,$height,-90,90,$color_red,IMG_ARC_PIE);
imagefilledellipse ($image,$width/2,$height/4 * 3,$height/2,$height/2, $color_blue);
//发送对象至头
header('content-type:image/png');
```

```
imagepng($image);
/*
//发送对象至文件
$filename="ex1.png";
imagepng($image,$filename);
*/
//销毁对象
imagedestroy($image);
?>
```

代码文件保存到服务器的环境下,用户可以进行浏览,得到如实战图 2-3 所示的结果。

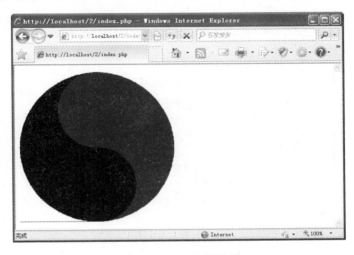

实战图 2-3　绘制图形

范例 3　PHP 操作 XML

XML 是用来存储数据的一种形式,下面通过 PHP 和 XML 创建一个简单的留言本,其 message.php 代码【光盘:源代码/温 2/03/】如下:

```
<?php
class Message_XML extends DomDocument{//Message_XML 类,继承 PHP5 的 DomDocument 类
private $Root;//属性
//方法
public function __construct(){//构造函数
    parent::__construct();
    if (!file_exists("message.xml")){//创建或读取存储留言信息的 XML 文档 message.xml
      $xmlstr = "<?xml version='1.0' encoding='GB2312'?><message></message>";
      $this->loadXML($xmlstr);
      $this->save("message.xml");
    }
    else
      $this->load("message.xml");
}
```

```php
//增加留言
public function add_message($Subject,$Content){//标题，内容
    $Root = $this->documentElement;
        //获取留言消息
        $AutoID =date("Ynjhis");//年月日时分秒
        $Node_AutoID= $this->createElement("autoid");
        $text= $this->createTextNode(iconv("GB2312","UTF-8",$AutoID));
        $Node_AutoID->appendChild($text);
        $Node_Subject = $this->createElement("subject");
        $text    = $this->createTextNode(iconv("GB2312","UTF-8",$Subject));
        $Node_Subject->appendChild($text);
        $Node_Content = $this->createElement("content");
        $text= $this->createTextNode(iconv("GB2312","UTF-8",$Content));
        $Node_Content->appendChild($text);
        //建立一条留言记录
        $Node_Record = $this->createElement("record");
        $Node_Record->appendChild($Node_AutoID);
        $Node_Record->appendChild($Node_Subject);
        $Node_Record->appendChild($Node_Content);
        //加入到根节点下
        $Root->appendChild($Node_Record);
        $this->save("message.xml");
        echo "<script>alert('添加成功');location.href='".$_SERVER['PHP_SELF']."'</script>";
}

//删除留言
public function delete_message($AutoID){//根据 ID 删除
        $Root = $this->documentElement;
        //查询用户选择删除的留言记录
        $xpath = new DOMXPath($this);
        $Node_Record= $xpath->query("//record[autoid=$AutoID]");
        $Root->removeChild($Node_Record->item(0));
        $this->save("message.xml");
        echo "<script>alert('删除成功');location.href='".$_SERVER['PHP_SELF']."'</script>";
}

//显示留言
public function show_message(){
        $Root    = $this->documentElement;
        $xpath = new DOMXPath($this);
        //查询所有的留言记录
        $Node_Record = $this->getElementsByTagName("record");
        $Node_Record_Length    =$Node_Record->length;
        //循环输出其留言标题和内容信息
        for($i=0;$i<$Node_Record->length;$i++){
    $K=0;
```

```php
                foreach ($Node_Record->item($i)->childNodes as $articles){
                    $Field[$K]=iconv("UTF-8","GB2312",$articles->textContent);
                        $K++;
                }
                print "<tr><td bgcolor=#FFFFFF>";
                print "<b>留言标题：</b>$Field[1]<br><b>留言内容：</b><br> $Field[2]<div align=right><a  href='?Action=update_message&AutoID=$Field[0]'>编辑</a>  <a  href='?Action=delete_message&AutoID=$Field[0]'>删除</a></div>\n";
                print "</td></tr>";
            }
        }

        //修改留言
        public function update_message($AutoID){//根据ID修改
            $Root       = $this->documentElement;
            $xpath = new DOMXPath($this);
            $Node_Record = $xpath->query("//record[autoid=$AutoID]");
            $K=0;
            foreach ($Node_Record->item(0)->childNodes as $articles){
                $Field[$K]=iconv("UTF-8","GB2312",$articles->textContent);//元素的内容
                    $K++;
            }
            print "<form method='post' action='?Action=save_message&AutoID =$AutoID'>";
            print "<tr><td>留言标题：<input type=text name='Subject' value='$Field[1]' size=20><br/></td></tr>";
            print "<tr><td valign=top>留言内容：<textarea name='Content' cols=50 rows=5>$Field[2]</textarea></td></tr>";
            print "<tr><td><input type='submit' value='修改留言'></td></tr> </form>";
        }

        //保存留言
        public function save_message($AutoID,$Subject,$Content){//ID,标题，内容
            $Root       = $this->documentElement;
            //查询待修改的记录
            $xpath = new DOMXPath($this);
            $Node_Record     = $xpath->query("//record[autoid=$AutoID]");
            $Replace[0]=$AutoID;
            $Replace[1]=$Subject;
            $Replace[2]=$Content;
            $K=0;
            //修改
            foreach ($Node_Record->item(0)->childNodes as $articles){
              $Node_newText = $this->createTextNode(iconv("GB2312","UTF-8", $Replace[$K]));
                    $articles->replaceChild($Node_newText,$articles->lastChild);//**************有点疑问
                    $K++;
            }
```

```php
            echo "<script>alert('修改成功');location.href='".$_SERVER['PHP_SELF']."'</script>";
            $this->save("message.xml");
        }

        //上传留言信息
        public function post_message(){
            print "<form method='post' action='?Action=add_message'>";
            print "<tr><td>留言标题：<input type=text name='Subject' size=20><br/></td></tr>";
            print "<tr><td valign=top>留言内容：<textarea name='Content' cols=50 rows=5></textarea></td></tr>";
            print "<tr><td><input type='submit' value='添加留言'></td></tr></form>";
        }
    }//class end
?>

<html>
    <head>
        <meta http-equiv="Content-Type" content="text/html; charset=gb2312" />
        <title>PHP+XML 留言板</title>
        <style>td,body{font-size:14px}</style>
    </head>
    <body>
        <table width=100% height=100% align=center cellpadding=3 cellspacing=1 bgcolor=silver>
            <tr>
                <td height=20 bgcolor=silver><div align=center><strong>PHP+XML 留言板</strong></div></td>
            </tr>
            <tr>
                <td height=20 bgcolor=white><a href=?Action=post_message>发表留言</a><a href=?Action=show_message>显示留言</a></td>
            </tr>
            <?php
                //使用 Message_XML 类完成留言板
                $HawkXML = new Message_XML;//创建一个实例
                $Action ="";
                if(isset($_GET['Action']))
                    $Action = $_GET['Action'];
                switch($Action){
                    case "show_message":            //查看
                        $HawkXML->show_message();
                        break;
                    case "post_message"://提交
                        $HawkXML->post_message();
                        break;
                    case "add_message"://增加
                        $HawkXML->add_message($_POST['Subject'],$_POST['Content']);
```

```
                                    break;
                        case "delete_message"://删除
                                    $HawkXML->delete_message($_GET["AutoID"]);
                                    break;
                        case "update_message"://修改
                                    $HawkXML->update_message($_GET["AutoID"]);
                                    break;
                        case "save_message"://保存
                                    $HawkXML->save_message($_GET["AutoID"],$_POST['Subject'],$_POST['Content']);
                                    break;
                        default://默认查看
                                    $HawkXML->show_message();
                                    break;
                }
        ?>
                        </table>
                </body>
        </html>
```

message.xml 代码如下：

```
<?xml version="1.0" encoding="GB2312"?>
<message>
<record>
    <autoid>2007519062619</autoid>
    <subject>ffffffffff</subject>
    <content>fffffffffffg</content>
</record>
<record><autoid>2009429071625</autoid><subject>我依然想你</subject><content>真的想你</content>
</record>
</message>
```

代码文件保存到服务器的环境下，用户可以进行浏览，得到如实战图 2-4 所示的结果。

实战图 2-4 留言的内容

单击"发表留言"超级链接，打开如实战图 2-5 所示的内容。

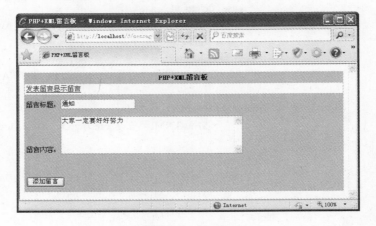

实战图 2-5　添加留言

留言完毕后，单击"添加留言"按钮，得到如实战图 2-6 所示的结果。

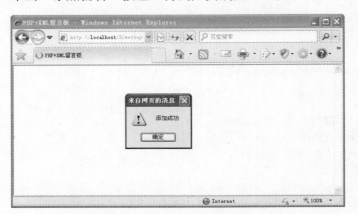

实战图 2-6　留言成功

单击"确定"按钮，即可查看到留言内容，如实战图 2-7 所示。

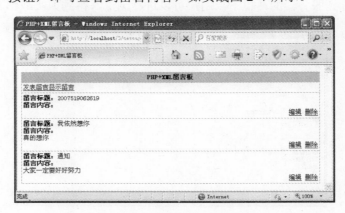

实战图 2-7　添加的留言内容

范例 4　Ajax 与 PHP

不管是什么语言开发的网站，现在都离不开 Ajax，它是一种时尚的用法。下面通过一个例子进行讲解，其代码【光盘：源代码/温 2/04/】如下：

```
<html>
<head>
<title>login1post</title>
<meta http-equiv="Content-Type" content="text/html; charset=utf-8">
<LINK href="css/new.css" type=text/css rel=stylesheet>
<script>
function checklogin()
{
  var username = document.all.username.value;
  var password = document.all.password.value;
  if(username != "" && password != "")
  {
  try
  {
    xmlhttp=new ActiveXObject('Msxml2.XMLHTTP');
  }
  catch(e)
  {
  try
  {
    xmlhttp = new ActiveXObject('Microsoft.XMLHTTP');
  }
  catch(e)
  {
  try
  {
    xmlhttp = new XMLHttpRequest();
  }
  catch(e){}
  }
  }
  url = "loginchuli_post.php";
  xmlhttp.open("POST",url,false);
  xmlhttp.setRequestHeader('Content-type','application/x-www-form-urlencoded');
        xmlhttp.onreadystatechange = function()
            {
    if (xmlhttp.readyState==4)
    {
      if(xmlhttp.status==200)
      {
        alert(xmlhttp.responseText)
```

```
            }
          }
        }
        xmlhttp.send("username=" + username + "&password=" + password + "&id=" + new Date().getTime());
      }
      else
      {
          alert('username and password can not be empty! please retry!');
        return false;
      }
    }
    </script>
</head>
<body bgcolor="#FFFFFF" leftmargin="0" topmargin="0" marginwidth="0" marginheight="0">
  <table id="__01" width="995" height="612" border="0" cellpadding="0" cellspacing="0">
   <tr>
    <td colspan="3" width="995" height="117"> </td>
   </tr>
   <tr>
    <td rowspan="2" width="258" height="495">
     </td>
    <td width="511" height="274">
     <table id="__01" width="511" height="274" border="0" cellpadding="0" cellspacing="0">
      <tr>
       <td colspan="3" width="511" height="117"></td>
      </tr>
      <tr>
       <td rowspan="2" width="144" height="157"></td>
       <td width="302" height="108"><table id="__01" width="302" height="108" border="0" cellpadding="0" cellspacing="0">
        <form id="loginform" name="loginform" method="POST" onSubmit="return checklogin()">
         <tr>
          <td width="88" height="30">Account Id:           </td>
            <td colspan="4">
             <input type="text" name="username" id="username" size="25" >
            </td>
         </tr>
         <tr>
          <td height="30">Password:          </td>
            <td height="30" colspan="4"><input type="password" name="password" id="password" size="26"></td>
         </tr>
         <tr>
          <td height="14" colspan="5">          </td>
         </tr>
```

```html
    <tr>
        <td height="34">          </td>
        <td width="64" height="34"></td>
        <td width="58"><input type="submit" name="" value="Sign In" style="font-size:11px"></td>
        <td width="58"><input type="button" name="" value=" Clear " style="font-size:11px" onClick="window.location.href='login.php'"></td>
        <td width="34"></td>
    </tr>
    </form>
    </table></td>
    <td rowspan="2" width="65" height="157"></td>
</tr>
<tr>
    <td width="302" height="49" background="images/login1_003_05.gif" valign="top" align="center" class="wronginfo" id="errorinfo"></td>
</tr>
</table></td>
<td rowspan="2" width="226" height="495">
</td>
</tr>
<tr>
<td width="511" height="221">
</td>
</tr>
</table>
</body>
</html>
```

loginchuli_post.php 的代码很简单，其代码如下：

```php
<?php
    $username = $_POST["username"];
    $password = $_POST["password"];
    echo "username:".$username."\n"."password:".$password;
?>
```

代码文件保存到服务器的环境下，用户可以进行浏览，得到如实战图 2-8 所示的结果。

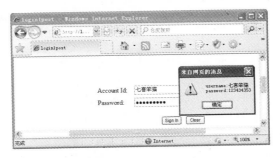

实战图 2-8　php 与 ajax

第三篇 数据库篇

第17章 MySQL 数据库

不管是开发博客网站系统、论坛系统，还是 OA 办公系统，都离不开数据库技术。如果没有数据库，就不能存储任何数据。PHP 是一门优秀的语言，它可以与许多数据库工具合作，其中最佳的搭档是 MySQL 数据库，本章将讲解 MySQL 的基本操作知识。通过本章能学到如下知识：

- ❏ MySQL 的基本操作
- ❏ 对表中记录进行操作
- ❏ SQL 语句
- ❏ 使用 PhpMyAdmin 对数据库备份和还原
- ❏ 职场点拨——寻找更好的工作

2011 年 XX 月 XX 日，小雪

不觉间我已经工作了两年多，虽然工资从当初的 3000 涨到了现在的 5000，但还是感觉工资不够花，我感觉压力好大，很想寻找更好的工作。

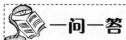
一问一答

小菜："我想寻找更好的工作，这里的待遇太低了！"
Wisdom："嗯，人往高处走这无可厚非，但是你能确保一定能找到待遇更好的工作吗？"
小菜："这个……"
Wisdom："呵呵，你也不能确定吧，建议你看下本章最后的'寻找更好的工作'，或许会给你带来帮助！"
小菜："嗯，好的。言归正传，本章的数据库有什么用？"
Wisdom："你想通过寻找更好的工作来改变自己的命运，但是什么改变了软件行业的命运呢？答案是数据库，数据库是实现动态应用的最佳工具。数据库是当今大型应用程序开发中必不可少的组成部分，通过数据库管理系统，我们可以有效地存储、管理和检索各种数据。"

17.1　认识 MySQL

在前面搭建 PHP 运行环境时已经讲解过安装 MySQL 的知识，使用安装的 PHPnow 等套件的方法非常简单，只需要在浏览器地址栏中输入"http://localhost/phpMyAdmin/"，在页面中输入用户名和密码，就可以对它进行管理了，如图 17-1 所示。

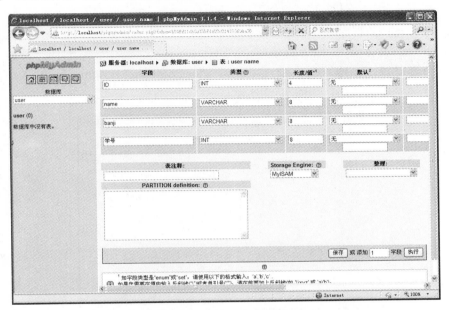

图 17-1　MySQL 的操作

在图 17-1 中创建了一个数据库，并创建了一个表，然后在表里设置字段。

17.2　MySQL 数据库简介

MySQL 是关系型数据库管理系统（RDBMS），其最大的特点就是开放源代码。MySQL 数据库系统使用最常用的数据库管理语言——结构化查询语言（SQL）进行数据库管理。

由于 MySQL 是开放源代码的，任何人都可以在 General Public License 的许可下下载，并根据个性化的需要对其进行修改。MySQL 因为其速度、可靠性和适应性而备受关注。大多数人都认为在不需要事务化处理的情况下，MySQL 是管理内容最好的选择。

MySQL 数据库在 1998 年 1 月发行第一个版本，后面持续更新，目前的最新版本为 MySQL6.0。它使用系统核心提供的多线程机制提供完全的多线程运行模式，提供了面向 C、C++、Eiffel、Java、Perl、PHP、Python 以及 Tcl 等编程语言的编程接口，支持多种字段类型并且提供了完整的操作符支持查询中的 SELECT 和 WHERE 操作。

现在 MySQL 6.0 的测试版已经悄然现身，相信在不远的将来，MySQL 数据库将带着更神奇的功能与读者朋友见面。时至今日 MySQL 和 PHP 的结合绝对是完美，很多大型的网站也用到 MySQL 数据库。MySQL 的发展前景非常光明。

17.3 MySQL 的基本操作

MySQL 自身是没有管理工具的，只能靠 SQL 语句操作 MySQL。市面上很多第三方网站开发了许多管理工具，如 phpMyAdmin。本节将对 phpMyAdmin 的使用方法进行详细讲解。

17.3.1 登录和退出 MySQL 数据库

要操作 MySQL 数据库，读者必须学会登录和退出 MySQL 数据库的方法，登录 MySQL 数据库十分简单，具体操作如下所示。

1）启动浏览器，在地址栏中输入"http://localhost/phpMyAdmin"，输入用户名和密码，然后单击"执行"按钮，如图 17-2 所示。

图 17-2 登录界面

2）网页自动跳转到 MySQL 管理界面，在此可以根据需要进行设置，例如更改密码等，如图 17-3 所示。

图 17-3 MySQL 管理界面

提示：退出 phpMyAdmin 管理的方法很简单，只需要单击"退出"超级链接即可。在有的版本中，"退出"被翻译为"登出"，如图 17-4 所示。

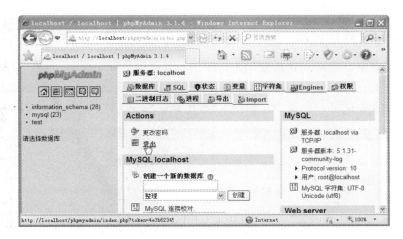

图 17-4　退出管理

17.3.2　表、字段、记录和键的概念

在数据库中，表、字段、记录和键是十分重要的概念，下面对这些关键字进行详细讲解。

1. 表

在你将资料放入自己的文件柜时，并不是随便将它们扔进某个抽屉就完事了，而是在文件柜中创建文件，然后将相关的资料放入特定的文件中。在数据库领域中，这种文件称为表。表是一种结构化的文件，可用来存储某种特定类型的数据，表可以保存顾客清单、产品目录，或者其他信息清单。表具有一些特性，这些特性定义了数据在表中如何存储，如可以存储什么样的数据，数据如何分解，各部分信息如何命名等。描述表的这组信息就称为模式，模式可以用来描述数据库中特定的表以及整个数据库（和其中表的关系）。

2. 字段

表中的一列就是字段。所有表都是由一个或多个列组成的。理解列的最好办法是将数据库表想象为一个网格。网格中的每一列存储着一条特定的信息。例如，在顾客表中，一个列存储着顾客编号，另一个列存储了顾客名，而地址、城市以及邮政编码全都存储在各自的列中。数据库中每个列都有相应的数据类型。数据类型定义列可以存储的数据种类。例如，如果列中存储的为数字（如订单中的物品数），则相应的数据类型应该为数值类型。如果列中存储的是日期、文本、注释、金额等，也应该使用恰当的数据类型。

3. 记录

在表中，数据库中的行叫做记录，表中的数据是按行存储的，所保存的每个记录存储在自己的行内。如果将表想象为网格，网格中垂直的列为表列，水平行为表行。

4. 键

表中每一行都应该有可以唯一标识自己的一列（或一组列）。例如，一个顾客表可以将顾客编号用于此目的，而包含订单的表可以使用订单 ID，雇员表可以使用雇员 ID 等。主键

349

通常定义在表的一列上，但这并不是必须的，也可以一起使用多个列作为主键。在使用多列作为主键时，上述条件必须应用到构成主键的所有列，所有列值的组合必须是唯一的（单个列的值可以不唯一）。

17.3.3 建立和删除数据库

用户只需要登录，即可创建和删除数据库，其具体操作如下所示：

1）在打开的页面中的"创建一个新的数据库"文本框中输入数据库名称，如"shop"，在右边的下拉列表中选择一个选项，如图 17-5 所示。

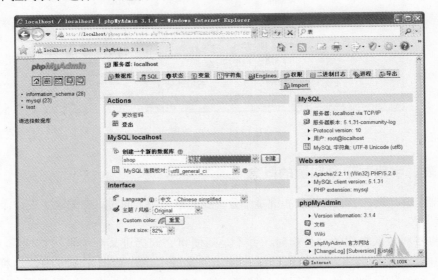

图 17-5　输入数据库名称

2）单击"创建"按钮，结果如图 17-6 所示。

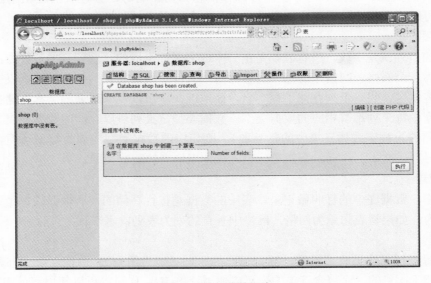

图 17-6　创建数据库

提示：当所建立的数据库不需要时，用户可以将其删除，删除方法如图 17-7 所示。

图 17-7　删除数据库

17.3.4　表的建立

建立好数据库后就可以建立表了，具体操作过程如下所示：

1）在"名字"文本框中输入"user"，在"Number of fields"文本框中输入数字，如"4"，如图 17-8 所示。

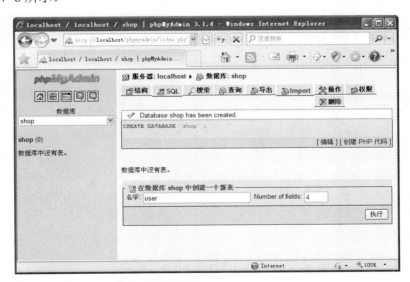

图 17-8　建立表

2）单击"执行"按钮，在打开的页面中设置字段属性，设置完成后，单击"保存"按钮，如图 17-9 所示。

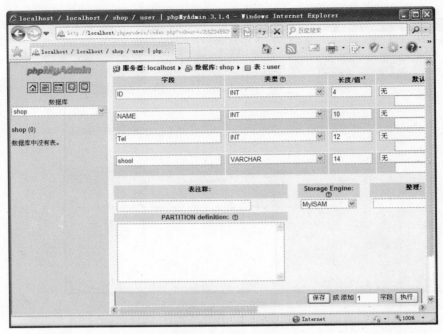

图 17-9　建立字段

3）一个表中的字段可以建立一个索引，建立完成后单击"保存"按钮，结果如图 17-10 所示。

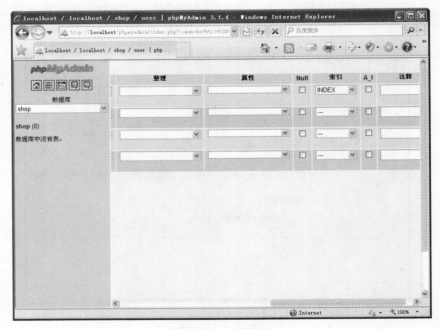

图 17-10　建立索引

4）单击"保存"按钮即可查看到所建立的表，如图 17-11 所示。

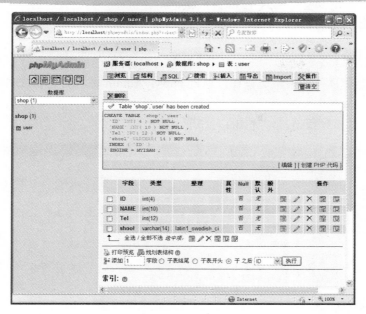

图 17-11　建立表

17.3.5　查看表的结构

查看表结构时，只需要在左侧导航中选择表，然后在顶部单击"结构"超级链接，即可查看表的结构，如图 17-12 所示。

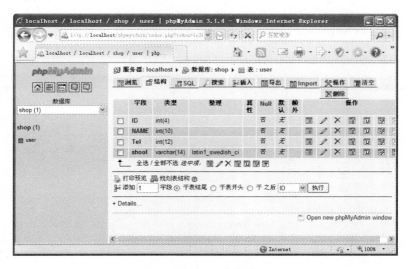

图 17-12　查看表的结构

17.4　对表中记录进行操作

当在数据库中建立一个表后，接下来就是按照要求执行输入数据、更新数据、删除数据等操作，下面进行详细讲解。

17.4.1 插入数据

插入数据是数据库中的表常见操作，通过 phpMyAdmin 可以对它进行编辑，具体操作流程如下所示：

1）单击"插入"超级链接，如图 17-13 所示。

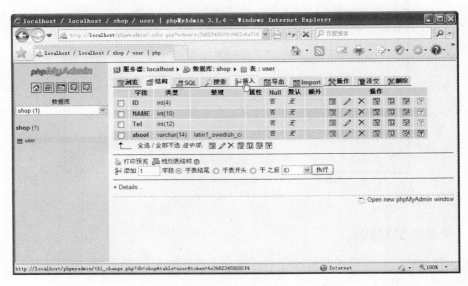

图 17-13 插入记录

2）在记录里输入数据，我们输入的数据必须与设置字段的数据类型对应，否则无法输入数据库，输入数据后单击"执行"按钮，如图 17-14 所示。

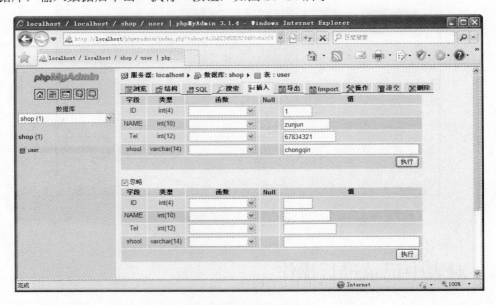

图 17-14 输入记录

3）插入数据后，单击"浏览"超级链接后即可查看插入的记录，如图 17-15 所示。

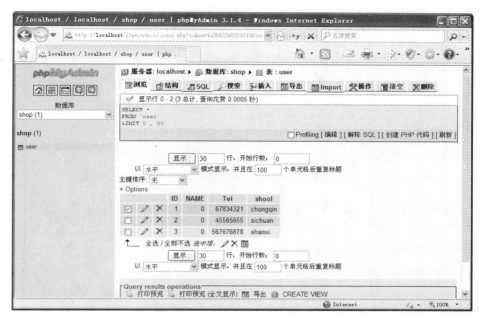

图 17-15　查看记录

17.4.2　更新数据

更新数据功能十分重要，具体操作流程如下所示：

1）单击需要修改的记录并单击"编辑"按钮，如图 17-16 所示。

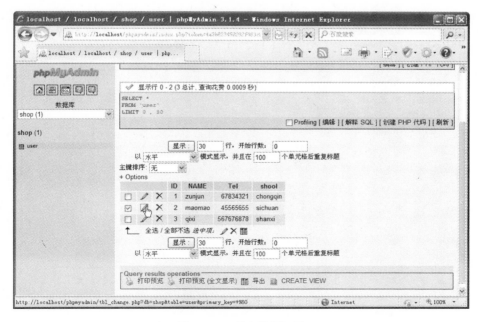

图 17-16　单击编辑记录

2）单击需要修改记录的位置，如将"name"修改为"qiximaomao"，将"Tel"修改为"898997831"，单击"执行"按钮，如图17-17所示。

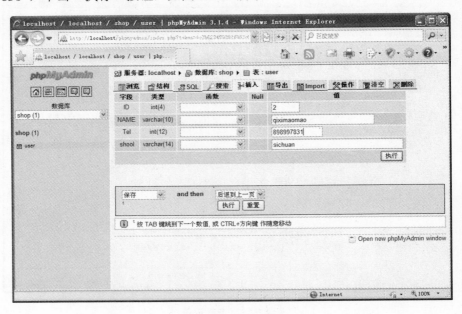

图 17-17　修改记录

17.4.3　删除数据

单击"浏览"后，勾选需要删除的记录，单击"删除"按钮 ✕ 后即可删除，如图 17-18 所示。

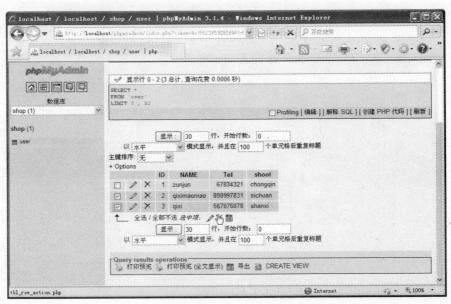

图 17-18　删除记录

17.4.4 查询数据

查询数据是数据库中最重要的操作,具体操作流程如下所示:

1)单击"搜索"超级链接,然后输入查询条件,如 ID=2,如图 17-19 所示。

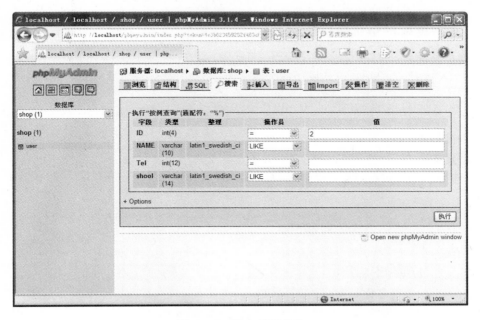

图 17-19 输入搜索条件

2)单击"执行"按钮,如图 17-20 所示。

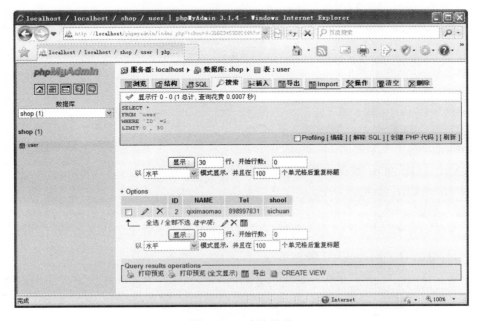

图 17-20 查询结果

17.5 SQL 语句

SQL 语句是数据库的核心，在使用 PHP 编程的时候，必须用 SQL 语句去操作数据库，如新建数据库、新建表等一系列操作，下面对它进行详细讲解。

17.5.1 对数据库的基础操作

1．新建数据库

创建一个数据库的 SQL 语句格式如下所示：

```
CREATE DATABASE 'use';
```

use 为数据库名称。

2．新建表

当新建好了一个数据库后，就需要建表，如果只要建立一个空白的表，则可用如下格式实现：

```
CREATE TABLE 'shop2'. 'zhonghua'
```

参数介绍：

- shop2：数据库名称。
- zhonghua：表名称。

但是一个数据库表往往不是只建立一个空表，它需要建立字段等内容，如下面的代码：

```
CREATE TABLE 'shop2'. 'zhonghua' (
'ID' INT( 8 ) NOT NULL ,
'USER' VARCHAR( 8 ) NOT NULL
) ENGINE = MYISAM ;
```

参数介绍：

- shop2：数据库名称。
- zhonghua：表名称。
- ID：字段名。
- INT(8)：ID 数据类型为整型，长度为 8。
- USER：第二个字段名。
- VARCHAR（8）：数据类型为 VARCHAR，长度为 8。
- NOT NULL：不允许为空。

3．插入数据

插入数据 SQL 语句的功能是，向数据库表中添加新的数据行，其主要格式如下：

```
INSERT INTO  表名称  VALUES (值1, 值2,....)
```

在上面的代码中，插入的数据必须与表的值一一对应，下面的代码可以向指定的列插入数据，其格式如下所示：

```
INSERT INTO table_name (列1, 列2,...) VALUES (值1, 值2,....)
```

参数介绍：
- INSERT：关键字。
- INTO：关键字。
- Table_name：表名。
- VALUES：要插入的数据。

4．选择语句

对数据库的数据库进行操作，第一步就是选择数据，其格式如下所示：

```
select *(列名) from table_name(表名) where column_name operator value（条件）
```

参数介绍：
- Select：关键字。
- From：关键字。
- Table_name：表的名称。
- Where：关键字。
- column_name operator value：这是条件，如果没有条件，where column_name operator value（条件）可以不要。

5．删除语句

在数据库中，可以使用关键字"DELETE"删除表中的行，它的格式如下所示：

```
DELETE FROM table_name WHERE column_name operator value
```

参数介绍：
- DELETE FROM：关键字。
- Table_name：表名。
- WHERE：条件的关键字。
- column_name operator value：条件，一般是等式或者不等式。

提示：有时需要删除所有的行，删除所有行的格式如下所示：

```
DELETE FROM table_name
```

或者可以用下面的方法：

```
DELETE * FROM table_name
```

6．修改表中的数据

修改表中数据的格式如下所示：

```
UPDATE table_name SET 列名称 = 新值 WHERE 列名称 = 某值
```

参数介绍：
- UPDATE：关键字。
- Table_name：表名。
- SET：条件的关键字。

❏ WHERE：条件关键字。

例如下面的代码：

```
UPDATE Person SET Address = 'Zhongshan 23', City = 'Nanjing'
WHERE LastName = 'Wilson'
```

这段代码很好理解，在表 Person 中，凡是列的值为 LastName='wilson'，将其对应的 Address 值修改为 Zhongshan23，然后将 City 的值修改为'Nanjing'。

7．从数据库中删除一个表

前面讲解了新建表的方法，其实删除一个表的方法也很简单，具体格式如下所示：

```
DROP TABLE customer
```

参数介绍：

❏ DROP：关键字。
❏ TABLE：关键字。
❏ CUSTOMER：删除表的名称。

8．修改表结构

建立一个数据库后，表结构、表与表之间的关系是数据库中最为重要的因素，它是决定一个数据库是否健康的标准。修改表结构的格式如下所示：

```
ALTER TABLE "table_name"
```

参数介绍：

❏ ALTER：关键字。
❏ TABLE：关键字。
❏ Table_name：表名称。

此语法有点复杂，下面通过一个例子来讲解如何修改表结构，例如新建一个 customer 表，其结构如表 17-1 所示。

表 17-1　customer 表

字　段　名	数　据　类　型
First_Name	char(50)
Last_Name	char(50)
Address	char(50)
City	char(50)
Country	char(25)
Birth_Date	date

从上面的表中，将第三个字段修改为"Addr"，我们只需要使用下面的 SQL 语句即可实现：

```
ALTER table customer change Address Addr char(50)
```

修改后的表结构如表 17-2 所示。

表 17-2 修改后的 customer 表

字 段 名	数据类型
First_Name	char(50)
Last_Name	char(50)
Addr	char(50)
City	char(50)
Country	char(25)
Birth_Date	date

如要修改数据类型的长度,只需要编写如下 SQL 语句即可实现:

ALTER table customer modify Addr char(30)

Addr 是 char 数据类型,长度为 50,经过上面的 SQL 语句处理后,数据类型没发生变化,但是 char 的长度变成了 30,修改后的表结构如表 17-3 所示。

表 17-3 修改后的 customer 表

字 段 名	数据类型
First_Name	char(50)
Last_Name	char(50)
Addr	char(30)
City	char(50)
Country	char(25)
Birth_Date	date

提示:
这个语句还有另外一种用法,它可以删除一个字段,例如下面的代码:

ALTER table customer drop Brith Date

通过上述代码删除了 Brith Date,删除后的表结构如表 17-4 所示。

表 17-4 删除字段后的表

字 段 名	数据类型
First_Name	char(50)
Last_Name	char(50)
Addr	char(30)
City	char(50)
Country	char(25)

17.5.2 对数据库的高级操作

前面讲解的是对数据库的基本操作,下面讲解创建索引、备份数据库、恢复数据库等一系列高级操作。

1．创建索引

索引是对数据库表中一列或多列的值进行排序的一种结构，使用索引可快速访问数据库表中的特定信息。数据库索引好比是一本书前面的目录，能加快数据库的查询速度。

例如进行下面的一个查询：

```
select * from table1 where id=42
```

如果没有索引，必须遍历整个表，直到 ID 等于 42 的这一行被找到为止。有了索引之后（必须是在 ID 这一列上建立的索引），直接在索引里面找 42（也就是在 ID 这一列找），就可以得知这一行的位置。可见，索引是用来定位的。

索引分为聚簇索引和非聚簇索引两种，聚簇索引是从数据存放的物理位置为顺序排列的，而非聚簇索引就不一样了；聚簇索引能提高多行检索的速度，而非聚簇索引对于单行的检索很快。

2．备份数据库

备份数据库是数据库管理员必须具备的技术，因为只有这样才能确保数据的完整性，在 MySQL 中，备份数据库有很多种方法，下面进行详细讲解。

（1）通过 LOCK TABLES 命令

这个命令可以对数据库进行备份，命令格式如下所示：

```
LOCK TABLES tbl_name [AS alias] {READ [LOCAL] | [LOW_PRIORITY] WRITE}
    [, tbl_name [AS alias] {READ [LOCAL] | [LOW_PRIORITY] WRITE}
    ...] ...
UNLOCK TABLES
```

LOCK TABLES 为当前线程锁定表。UNLOCK TABLES 释放当前线程拥有的所有锁定。当线程发出另一个 LOCK TABLES，或与服务器的连接被关闭时，被当前线程锁定的所有表将被自动地解锁。

（2）通过 mysqldump 命令

导出需要使用 MySQL 的 mysqldump 工具，基本格式如下所示：

```
mysqldump [OPTIONS] database [tables]
```

如果不指定一个表，则整个数据库将被导出。通过执行 mysqldump --help，可以得到 mysqldump 版本支持的选项表。

提示：如果运行 mysqldump 后没有--quick 或--opt 选项，mysqldump 将在导出结果前装载整个结果集到内存中。

3．恢复数据库

在恢复数据库时，需要用到--user 和--password 选项，与备份时相对应工具/命令 mysql（在操作系统的命令行里执行），source（登录到 mysql 后执行），load data infile（登录到 mysql 后执行）。由 mysqldump 生成的文件都可用 mysql,source 来恢复。具体恢复流程如下所示：

（1）对某个已存在的数据库 db1 进行操作

　　mysql 的绝对路径/mysql -u 用户名 -p -D db1 <绝对路径/mydata.txt

（2）恢复数据库

　　mysql 的绝对路径/mysql -u 用户名 -p <绝对路径/mydata.txt

（3）用 source 恢复

　　mysql>source mydata.txt

（4）用 load data infile 恢复，其中最后两个参数用来指示字段与记录间的分隔符。

　　mysql>load data infile 'data.txt' into table 表名 fields terminated by ',' lines terminated by '\r\

17.6　使用 phpMyAdmin 对数据库备份和还原

　　上面讲解了 MySQL 的数据库备份和还原，这是适合用户在编程的过程中使用的。在平时的使用过程中，用户可以进行简单的备份和还原。

17.6.1　对数据库进行备份

　　登录 phpMyAdmin 并选择需要备份的数据库，然后单击导出超级链接，可以根据自己的需要来设置。在一般情况下，只需按照默认设置即可，如图 17-21 所示。

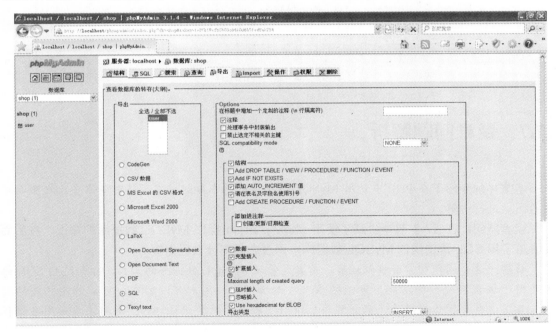

图 17-21　备份数据库

　　设置完成后，单击页面右下角的"执行"按钮即可实现备份。

17.6.2 对数据库进行还原

还原的方法有多种，它决定于数据库备份的情况。17.6.1 节讲解的是使用 phpMyAdmin 默认的方式是用 SQL 方式进行备份，这里将讲解使用 SQL 方式进行还原。在还原前需要新建一个名称与备份数据库相同的数据库，如"shop"。新建后单击左上角的"SQL"超级链接，然后用记事本打开备份的数据库文件，复制全部文字，粘贴到 phpMyAdmin 文本框中，单击"执行"按钮，如图 17-22 所示。

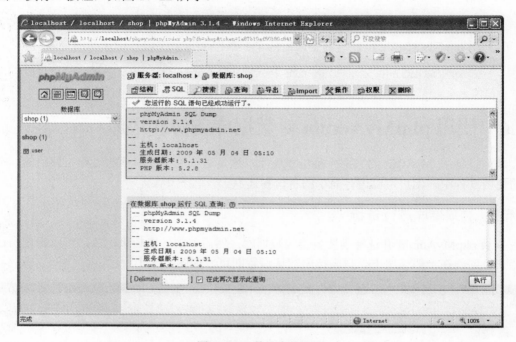

图 17-22　数据库的还原

17.7　疑难问题解析

本章详细介绍了在 PHP 中使用 MySQL 数据库的基本知识。本节将对本章中比较难以理解的问题进行讲解。

读者疑问：在 17.3 节中讲解了使用 phpMyAdmin 操作 MySQL 数据库的知识，在后面又讲解了用 SQL 语句操作 MySQL 数据库，两者之间有什么区别呢？

解答：这个问题初学者难以理解，前者是管理 MySQL 数据库的工具，后面这些 SQL 语句是用于编程实现一些功能。可能很多人去论坛留言，用户可以留言，可以评论相关的文章，其实这也是操作数据库，只是程序员编好了程序，只要记住 SQL 语句主要是用在编程中即可。

读者疑问：在 phpMyAdmin 中，可以将其他数据库导入进来吗？如 SQL Server 数据库、Access 数据库？

解答：可以的，只要 SQL Server、Access 数据类型和 MySQL 数据库类型兼容，就可以完全地导入 MySQL 数据库，网上有许多这方面的资料，这里篇幅有限，就不再赘述。

职场点拨——寻找更好的工作

在职场中的 IT 精英们肯定会有寻找更好的工作的想法，但是换工作是既有利也有弊的。企业培养一个程序员不容易，辛苦地带起来一个人，熟悉了业务，掌握了技术，这时候走人，损失最大的当然是企业，花时间培养人和熟悉业务也是需要成本的。对程序员来说，跳槽几乎是利大于弊，首先待遇上有肯定立竿见影的体现，如果没体现出来那就是比较失败，除非有其他想法和目标。

换工作对于技术人员来说并不是坏事，原因有二。

第一，一般的 IT 公司都有自己常用的模式，该模式经过一个项目之后，就可以基本掌握，相关覆盖的知识、架构等大概也可以了解，此时可以换个环境寻找更高的发展。

第二，跳槽相当于变向的升职，这个可以从简历中体现出来。

在换工作时，是否能够获得满意的岗位是需要技巧的。不同的级别会有不同的技巧，接下来将一一讲解。

（1）初级程序员

做完一个项目之后，你会了解这个项目的整个流程，此时可以在简历中填写中级程序员的角色，把很多中级程序员做的事情写到履历里（前提是你要了解这些），跳槽的时候，目标自然就是中级程序员，而招聘公司看到你的情况也会觉得合适。

（2）中级程序员

需要在项目中了解高级程序员的工作范围，并不要求全部掌握，但需要能表达出来，这个很重要。比如后台的设计模式、软件架构、接口设计等，把这些写到履历中，给自己定位成高级程序员，自然高级程序员的职位会找到你。

（3）高级程序员

高级程序员所需要了解的就不仅仅是程序设计，而是整个项目的运作和管理流程。包括项目管理、系统架构（软硬件）、系统集成等，整个环节不一定都要会，但需要知道是什么，比如，什么是交换机，什么是硬件负载均衡设备，什么是反向代理，什么是缓存服务器，什么是 WEB 服务器，什么是集群、负载均衡、分布式、数据库优化、大数据存储、高并发访问等，都是需要了解的，面试的时候能表达出来，那么就成功了。同样可以把这些写到履历中，给自己定位架构师或项目经理，更新简历后，猎头就会找来。

（4）系统架构师

既然选择了架构师的角色，那么肯定是向技术方向发展了。技术总监、研发总监甚至 CTO 就是目标。技术总监需要负责整个公司的技术部运作，包括对人员的管理、绩效考核、各语言组之间的协调、各项目间的协调，各部门间的协调。除此之外，还需要考虑所运营的项目如何发展得更好，网站如何才能更加优化，产品如何能更上一个层次，公司的技术发展如何规划，各种方案如何快速地编写和实施，如何与老板打交道等，都是需要掌握的。

（5）项目经理

项目经理分两种，一种是 Team Leader 的角色，需要很强的技术；一种是负责招标、流程控制的偏商务角色，要懂技术。发展到这个层次的，一般都有自己的规划，但凡事都有例外，如果没有规划或发展迷茫的，偏 Team Leader 角色的，可以重点把项目管理、人力资源、系统架构等环节再强化一下，紧跟当前发展形势学习新知识；偏商务角色的，可以考虑向总经理、CIO、CEO 等方向努力，到了这个层次，需要的不仅仅是知识，更多的是一种理念和个人魅力。

第18章 PHP 与 MySQL 的编程

MySQL 相当于一个仓库，仓库装什么，怎么从仓库中取出、添加数据，这些内容都要交给 PHP 去实现。本章将讲解 PHP 操作 MySQL 的基本方法，通过本章能学到如下知识：

- 连接 MySQL 数据库
- 管理 MySQL 数据库中的数据
- 职场点拨——处理同事关系

2011 年 XX 月 XX 日，多云

工作的这几年，几乎每天大部分时间都在办公室里，面对着一个个同事。我感觉同事之间的关系很重要，暗下决心要和他们好好相处。

 一问一答

小菜："同事相处是一门学问，我一定要和他们好好相处。"

Wisdom："呵呵，只要你在职场中，就需要面对同事关系。同事能在技术上给你点拨，并且能帮你成长。即使是在激烈的辩论中，也能使你意识到问题的所在，提高你的业务能力。所以你要好好处理同事关系，能学习到不少的生活知识。"

小菜："嗯，同事关系很重要。言归正传，本章 PHP+MySQL 编程很重要吗？"

Wisdom："本章讲解的 MySQL 和 PHP 是一对天生的搭档，涉及的知识有连接数据库、操作数据库、关闭数据库等常用知识。两者相互结合，就能开发出绚丽的 Web 站点。"

18.1 认识 PHP+MySQL

本章讲解的 MySQL 和 PHP 是一对天生的搭档，在本章开始先展示 PHP 简单操作 MySQL 的方法。经过本章的学习可以掌握使用"PHP+MySQL"的知识，可以制作一个简单的数据库系统，如留言本、简单的博客等。演示代码【代码 143：光盘：源代码/第 18 章/18-1/18-1.php】如下：

```php
<?php
$lnk = mysql_connect('localhost', 'root', '1234')
    or die ('连接失败 : ' . mysql_error());
```

```php
//设定当前的连接数据库为 bookstore
if (mysql_select_db('zhuce', $lnk))
    echo "已经选择数据库 zhuce<br>";
else
    echo ('数据库选择失败 : ' . mysql_error());

$result = mysql_query("SELECT name,id from zhuce")
    or die("<br>查询表 categories 失败: " . mysql_error());

//创建记录集
$row=mysql_fetch_row($result);
while ($row)
{
    echo $row[0].'--'.$row[1] . "<br>";
    $row=mysql_fetch_row($result);
}
?>
```

将上述代码文件保存到服务器的环境下，运行浏览后得到如图 18-1 所示的结果。

图 18-1　查询结果

本章将会涉及如下知识：

- ❑ 连接数据库服务器：要操作数据库，一定要连接数据库服务器。
- ❑ 选择数据库：选择数据库是操作数据库的基础。
- ❑ 创建查询：创建查询是数据库中的常见操作。
- ❑ 获取字段：获取字段是操作数据库最为常见的操作之一。
- ❑ 编辑数据：数据库的操作离不开插入数据、编辑数据、操作数据。

18.2　连接 MySQL 数据库

PHP 与 MySQL 是黄金搭档，学习 PHP 必须学会连接 MySQL 服务器，连接数据库就是 PHP 客户端向服务器端的数据库发出连接请求，连接成功后就可以进行其他的数据库操作。如果使用不同的用户连接，会有不同的操作权限。在 PHP 中，可以使用函数 mssql_connect()

来连接 MySQL 服务器，该函数的格式如下：

resource mysql_connect([string server[,string username[,string password[,bool]]]])

- server 表示 MySQL 服务器，可以包括端口号，如果 mysql.default_host 未定义（默认情况），则默认值为 "localhost:3306"。
- username 表示用户名。
- password 表示密码。

实例 43：使用 PHP 连接 MySQL

下面通过一个实例来讲解 PHP 连接 MySQL 的流程，其代码【光盘：源代码/第 18 章/18-1.php】如下：

```php
<?php
$link = mysql_connect('localhost', 'root', '1234');
if (!$link) {
    die ('连接失败：' . mysql_error());
}
echo '服务器信息：' . mysql_get_host_info($link);
mysql_close($link);   //关闭连接
?>
```

将上述代码文件保存到服务器的环境下，运行浏览后得到如图 18-2 所示的结果。

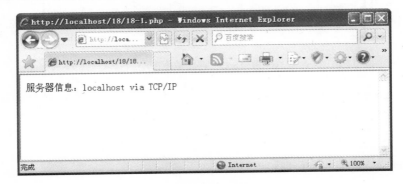

图 18-2　连接数据库

多学一招

在实际的开发过程中，一个 PHP 开发的程序一般只有一个数据库，用户习惯将数据库连接写成一个单独的 PHP 页面，当其他页面需要时，只需将这个连接页面调进去即可，例如下面的代码【光盘：源代码/第 18 章/18-2/】。

连接数据库页面 conn.php，其代码如下：

```php
<?php
$link = mysql_connect('localhost', 'root', '1234');
if (!$link) {
```

```
            die ('连接失败：' . mysql_error());
        }
        echo '数据库连接成功';
        mysql_close($link);    //关闭连接
        ?>
```

根据需要调入页面，其代码如下所示：

```
<?php
session_start();
include("conn.php");
?>
```

将上述代码文件保存到服务器的环境下，运行浏览后得到如图 18-3 所示的结果。

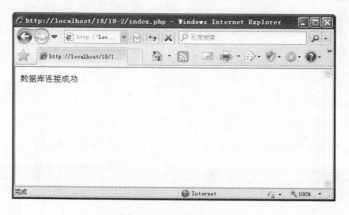

图 18-3　连接数据库

提示：在上面连接数据库的过程中，有一个函数 mysql_close()，这个函数实际上就是关闭数据库，任何一个数据库打开后，在最后一步都需要关闭，关闭数据库函数的语法格式如下：

```
bool mysql_close([resource link_identifier]);
```

link_identifier 为 MySQL 的连接标识符，若不指定参数 link_identifier，则会关闭最后的一次连接。如果成功，则返回 True，失败则返回 False。

18.3　简单操作数据库

当连接数据库服务器后，可以根据需要选择数据库，实现插入数据、删除数据等基础操作。

18.3.1　选择数据库

在 18.2 节，已经成功连接了数据库服务器，但是一个数据库服务器可能包含了很多的数据库。通常需要针对某个具体的数据库进行编程，此时就必须选择目标数据库。在 PHP

中，可以使用 mysql_select_db()函数来选择目标数据库，其语法格式如下所示。

bool mysql_select_db(string database_name[,resource link_identifier]);

mysql_select_db()函数用来选择 MySQL 服务器中的数据库，如果成功，则返回 True，如果失败，则返回 False。

下面通过一段代码来演示选择数据库的方法，其代码【代码 144：光盘：源代码/第 18 章/18-2.php】如下所示：

```
<?php
$lnk = mysql_connect('localhost', 'root', '1234')
    or die ('连接失败 : ' . mysql_error());
//设定当前的连接数据库为 zhuce
if (mysql_select_db('zhuce', $lnk))
    echo "已经选择数据库 zhuce";
else
    echo ('数据库选择失败 : ' . mysql_error());
?>
```

将上述代码文件保存到服务器的环境下，运行浏览后得到如图 18-4 所示的结果。

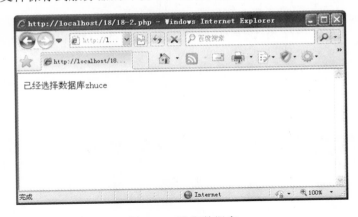

图 18-4　选择数据库

18.3.2　简易查询数据库

查询是数据库操作中必不可少的内容，在数据库中，数据查询是通过 Select 语句完成的。Select 语句可以从数据库中按用户要求提供的限定条件检索数据，并将查询结果以表格的形式返回。可以通过 PHP 函数来查询数据库中的内容，例如 mysql_query()函数，其使用格式如下所示：

resource mysql_query (string query [, resource link_identifier])

mysql_query() 可以在指定的连接标识符关联的服务器中，向当前活动数据库发送一条查询指令。如果没有指定 link_identifier，则使用上一个打开的连接。如果没有打开的连接，此函数会尝试无参数调用。mysql_connect() 函数用来建立一个连接并使用之，查询结果会被缓存。

　　提示：mysql_query() 仅对 Select、Show、Explain 或 Describe 语句返回一个资源标识符。如果查询执行不正确，则返回 False。对于其他类型的 SQL 语句，mysql_query() 在执行成功时返回 True，出错时返回 False。非 False 的返回值意味着查询是合法的并能够被服务器执行。这并不说明任何有关影响到的或返回的行数。

　　下面通过一段代码来讲解，其代码【代码 145：光盘：源代码/第 18 章/18-3.php】如下：

```php
<?php
$lnk = mysql_connect('localhost', 'root', '1234')
        or die ('连接失败 : ' . mysql_error());

//设定当前的连接数据库为 zhuce
if (mysql_select_db('zhuce', $lnk))
    echo "已经选择数据库 zhuce<br>";
else
    echo ('数据库选择失败 : ' . mysql_error());
$result = mysql_query("SELECT * from cq",$lnk)    //设定$lnk
    or die("查询表 aaa 失败: " . mysql_error());
//可以不设定$lnk，默认为最近创建的连接
$result = mysql_query("SELECT * from items")
    or die("<br>查询表 items 失败: " . mysql_error());
?>
```

　　将上述代码文件保存到服务器的环境下，运行浏览后得到如图 18-5 所示的结果。

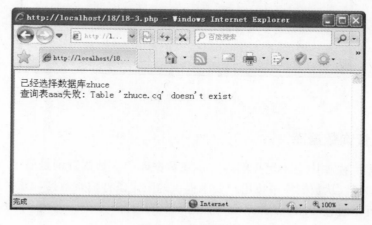

图 18-5　查询数据

18.3.3　显示查询结果

　　在实际应用中，只创建了查询是不够用的，还需要将其显示出来。可以使用函数 mysql_fetch_row() 来实现显示功能，其函数格式如下：

```
array mysql_fetch_row ( resource result );
```

返回根据所取得的行生成的数组，如果没有更多行则返回 False。 mysql_fetch_row() 从指定的结果标识关联的结果集中，获取一行数据并作为数组返回。每个结果的列储存在一个数组的单元中，偏移量从 0 开始。依次调用 mysql_fetch_row() 将返回结果集中的下一行，如果没有更多行则返回 False。

18.3.4 获取表的全部字段

在编程中经常需要获取表的全部字段信息，可以通过"Select *from"语句查询所有的字段信息，例如下面的代码【代码 146：光盘：源代码/第 18 章/18-4.php】：

```php
<?php
$lnk = mysql_connect('localhost', 'root', '1234')
        or die ('连接失败 ：' . mysql_error());

//设定当前的连接数据库为 zhuce
if (mysql_select_db('zhuce', $lnk))
    echo "已经选择数据库 zhuce<br>";
else
    echo ('数据库选择失败 ：' . mysql_error());

$result = mysql_query("SELECT id,name from zhuce")
    or die("<br>查询表 categories 失败: " . mysql_error());
//创建记录集
$row=mysql_fetch_row($result);
while ($row)
{
    echo $row[0].'--'.$row[1] . "<br>";
    $row=mysql_fetch_row($result);
}
?>
```

将上述代码文件保存到服务器的环境下，运行浏览后得到如图 18-6 所示的结果。

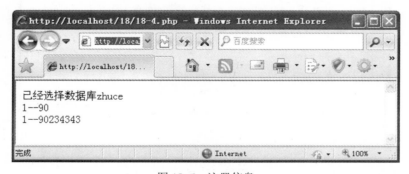

图 18-6 注册信息

18.3.5 通过函数 mysql_fetch_array 获取记录

在 PHP 中，可以通过一个函数获取数据表中的记录。下面通过一段代码来讲解此函数的用法，其代码【代码 147：光盘：源代码/第 18 章/18-5.php】如下：

```php
<?php
$lnk = mysql_connect('localhost', 'root', '1234')
        or die ('连接失败 ：' . mysql_error());

//设定当前的连接数据库为 zhuce
if (mysql_select_db('zhuce', $lnk))
    echo "已经选择数据库 zhuce<br>";
else
    echo ('数据库选择失败 ：' . mysql_error());

$result = mysql_query("SELECT * from zhuce")
    or die("<br>查询表 members 失败: " . mysql_error());

//创建记录集
$row=mysql_fetch_array($result);
while ($row)
{
    echo$row[0].'--'.$row['1'].'--'.$row['2'].'--'.$row['3'].'--'.$row['address']."<br>";
    $row=mysql_fetch_array($result);
}
?>
```

将上述代码文件保存到服务器的环境下，运行浏览后得到如图 18-7 所示的结果。

图 18-7 获取全部记录

18.3.6 通过 mysql_fetch_assoc 获取记录

前面讲解了用 mysql_fetch_assoc 获取记录的方法，在接下来的内容中，讲解

mysql_fetch_assoc 通过字别名获取数据库中记录的方法，其代码【代码 148：光盘：源代码/第 18 章/18-6.php】如下：

```php
<?php
$lnk = mysql_connect('localhost', 'root', '1234')
        or die ('连接失败 : ' . mysql_error());

//设定当前的连接数据库为 zhuce
if (mysql_select_db('zhuce', $lnk))
    echo "已经选择数据库 zhuce<br>";
else
    echo ('数据库选择失败 : ' . mysql_error());

$result = mysql_query("SELECT * from zhuce")
    or die("<br>查询表 members 失败: " . mysql_error());

//创建记录集
$row=mysql_fetch_assoc($result);
while ($row)
{
    echo $row['name'].'--'.$row['tel'] . "<br>";
    $row=mysql_fetch_assoc($result);
}
?>
```

将上述代码文件保存到服务器的环境下，运行浏览后得到如图 18-8 所示的结果。

图 18-8　通过函数获取记录

18.3.7　获取被查询的记录数目

下面通过一段代码来讲解如何获取被查询的记录数据，其代码【代码 149：光盘：源代码/第 18 章/18-7.php】如下：

```php
<?php
$lnk = mysql_connect('localhost', 'root', '1234')
    or die ('连接失败 : ' . mysql_error());

//设定当前的连接数据库为 zhuce
if (mysql_select_db('zhuce', $lnk))
    echo "已经选择数据库 zhuce<br>";
else
    echo ('数据库选择失败 : ' . mysql_error());

$result = mysql_query("select * from zhuce")
    or die("<br>查询表 orders 失败: " . mysql_error());


$rows=mysql_num_rows($result);   //取得记录数量
echo "总记录数： $rows <br>";
echo "<table border=1><tr><td>编号</ td>";
echo "<td>姓名</ td><td>学号</td><td>电话</td><td>地址</td></tr>";
for($i=0;$i<$rows;$i++) //这里同前面不一样，因为已经知道记录数量，采用 for 循环
{
    $row=mysql_fetch_array($result);

    echo "<tr><td> $row[0] </td> <td> $row[1] </td>";
    echo "<td> $row[2] </td><td> $row[3] </td><td> $row[4] </td></tr>";
}
echo "</table>";
?>
```

将上述代码文件保存到服务器的环境下，运行浏览后得到如图 18-9 所示的结果。

图 18-9 获得查询的记录

18.4 管理 MySQL 数据库中的数据

数据库中的数据是至关重要的，在编写程序过程中常常要进行添加数据、删除数据、修改数据等一系列操作，下面详细讲解上述操作数据库的方法。

18.4.1 数据的插入

在动态网页中，经常需要插入单条数据。在前面曾讲解过使用 SQL 语句插入数据的方法，下面讲解使用 SQL 语句和 PHP 代码向数据库中插入数据。

实例 44：插入数据

使用 PHP 连接 MySQL，其代码【光盘：源代码/第 18 章/18-3/】如下：

```php
<?php
$lnk = mysql_connect('localhost', 'root', '1234')
        or die ('连接失败 ：' . mysql_error());

//设定当前的连接数据库为 book
if (mysql_select_db('book', $lnk))
    echo "已经选择数据库 book<br>";
else
    echo ('数据库选择失败 ：' . mysql_error());

$myquery="insert into orders (member_id,item_id,quantity)
  values (2,8,110)";    //设定插入语句

$result=mysql_query($myquery)
    or die("<br>插入失败: " . mysql_error());;   //执行插入 SQL 语句

//检索判断新数据是否已经插入成功
$result = mysql_query("select * from orders")
     or die("<br>查询表 items 失败: " . mysql_error());

$rows=mysql_num_rows($result);   //取得记录数量
echo "总记录数：  $rows <br>";
echo "<table border=1><tr><td>订单编号</ td>";
echo "<td>会员编号</ td><td>产品编号</td><td>数量</td></tr>";
for ($i=0;$i<$rows;$i++)    //
{
   $row=mysql_fetch_array($result);

   echo "<tr><td> $row[0] </td> <td> $row[1] </td>";
   echo "<td> $row[2] </td><td> $row[3] </td></tr>";
}
```

```
echo "</table>";
echo "记录插入成功";
?>
```

将上述代码文件保存到服务器的环境下,运行浏览后得到如图 18-10 所示的结果。

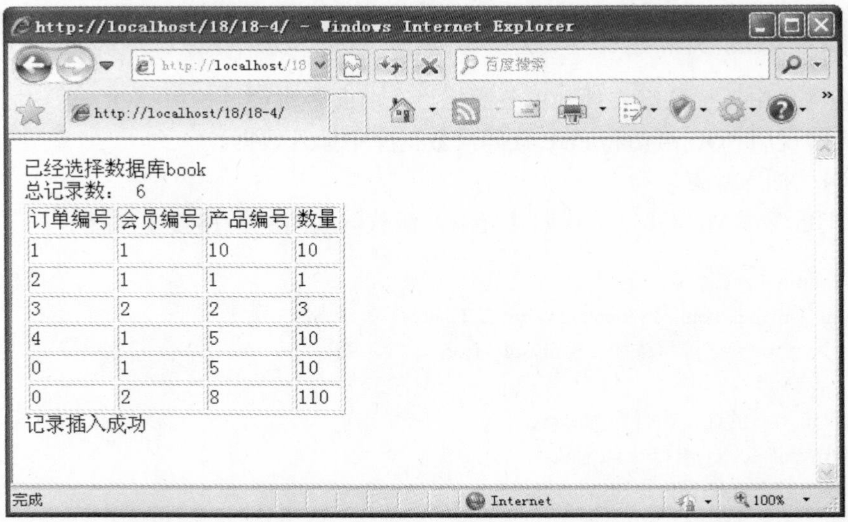

图 18-10 数据的插入

在实际的编程过程中,通常使用表单、变量插入数据。这只需要按照前面的方法,创建不同的表单元素,让表单的页面用变量接收数据,然后交给处理页面,处理页面又用变量去接收这些变量的数据,然后再连接并打开数据库,将记录插入到数据库中即可。

18.4.2 修改数据库中记录

修改数据库中记录的功能,在 PHP 编程中经常用到,下面通过一段代码来讲解此功能的实现流程,其代码【代码 150:光盘:源代码/第 18 章/18-4/】如下:

```
<?php
$lnk = mysql_connect('localhost', 'root', '1234')
        or die ('连接失败 : ' . mysql_error());
//设定当前的连接数据库为 book
if (mysql_select_db('book', $lnk))
    echo "已经选择数据库 book<br>";
else
    echo ('数据库选择失败 : ' . mysql_error());

$myquery="update orders set quantity=100";    //设定 SQL 语句,该语句将所有数量全部变成 100
```

```
$result=mysql_query($myquery)
    or die("<br>编辑失败: " . mysql_error());;    //执行修改 SQL 语句

//检索判断是否新数据已经修改成功
$result = mysql_query("select * from orders")
    or die("<br>查询表 orders 失败: " . mysql_error());

$rows=mysql_num_rows($result);    //取得记录数量
echo "总记录数:    $rows <br>";
echo "<table border=1><tr><td>订单编号</ td>";
echo "<td>会员编号</ td><td>产品编号</td><td>数量</td></tr>";
for ($i=0;$i<$rows;$i++)     //
{
    $row=mysql_fetch_array($result);

    echo "<tr><td> $row[0] </td> <td> $row[1] </td>";
    echo "<td> $row[2] </td><td> $row[3] </td></tr>";
}
echo "</table>";
echo "记录编辑成功";
?>
```

将上述代码文件保存到服务器的环境下，运行浏览后得到如图 18-11 所示的结果。

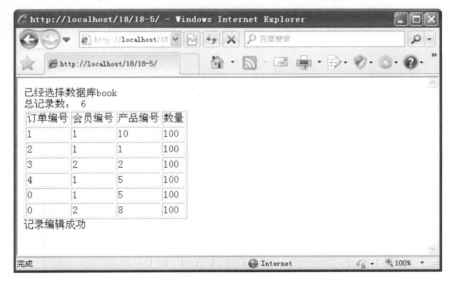

图 18-11　修改数据库中的记录

18.4.3　删除数据库中记录

在创建数据库后，有时需要删除一些不需要的记录。下面通过一段代码来讲解删除数据库中记录的流程，其代码【代码 151：光盘：源代码/第 18 章/18-5/】如下：

```php
<?php
$lnk = mysql_connect('localhost', 'root', '1234')
        or die ('连接失败 ：' . mysql_error());
//设定当前的连接数据库为 books
if (mysql_select_db('book', $lnk))
    echo "已经选择数据库 book<br>";
else
    echo ('数据库选择失败 ：' . mysql_error());
$myquery="delete from orders where member_id =1";   //删除记录
$result=mysql_query($myquery)
    or die("<br>插入失败: " . mysql_error());;   //执行删除 SQL 语句
//获取被删除记录数量
echo "被删除记录数量为： " . mysql_affected_rows($lnk);
//检索判断是否新数据已经删除成功
$result = mysql_query("select * from orders")
    or die("<br>查询表 items 失败: " . mysql_error());
$rows=mysql_num_rows($result);   //取得记录数量
echo "总记录数： $rows <br>";
echo "<table border=1><tr><td>订单编号</ td>";
echo "<td>会员编号</ td><td>产品编号</td><td>数量</td></tr>";
for ($i=0;$i<$rows;$i++)   //
{
    $row=mysql_fetch_array($result);
    echo "<tr><td> $row[0] </td> <td> $row[1] </td>";
    echo "<td> $row[2] </td><td> $row[3] </td></tr>";
}
echo "</table>";
echo "记录编辑成功";
?>
```

将上述代码文件保存到服务器的环境下，运行浏览后得到如图 18-12 所示的结果。

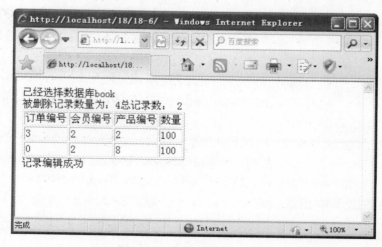

图 18-12　删除记录

18.5 疑难问题解析

本章详细介绍了"PHP+MySQL"编程的基本知识。本节将对本章中比较难以理解的问题进行讲解。

读者疑问：要操作数据库，必须先连接数据库，为什么经常连接数据库失败？该怎么处理呢？

解答：在 PHP 网页中创建 MySQL 连接的方法非常简单，仅需一行指令即可实现，具体代码如下所示：

```
$link = mysql_connect('数据库所在位置', '数据库账号', '数据库密码');
```

例如，要连接本机的 MySQL 数据库，假设数据库账号为 root，数据库密码为 123456，则连接指令如下：

```
$link = mysql_connect('localhost', 'root', '123456');
```

这个$link 变量便是通过创建完成的数据库进行连接的，如果执行数据库查询指令，此变量相当重要。

为了避免可能出现的错误（如数据库未启动、连接端口被占用等问题），这个指令最好加上如下的错误处理机制：

```
$link = mysql_connect('localhost', 'root', '123456')
    or die("Could not connect : " . mysql_error());
```

如果连接失败，便会在浏览器上出现"Could not connect"告知错误信息。在连接数据库之前一定要启动数据库服务器，如果没有启动，是不可能连接成功的。

读者疑问：连接好了数据库服务器后，为什么还要选择需要操作的数据库，它们是什么关系呢？该怎么理解？

解答：在数据库服务器中，可以容纳许多数据库，但每次只能对单一数据库进行操作。因此在连接创建完成后，便需选用要操作的数据库（在此以选用 MySQL 数据库为例）。选用数据库的指令如下：

```
mysql_query("use mysql");
```

也可以使用专门的 API 指令，例如下面的代码：

```
mysql_select_db("mysql") or die("Could not select database");
```

这两个指令都选用了 MySQL 数据库为要操作的数据库。

读者疑问：在操作数据库时，返回的数据该怎么处理。

解答：数据库是数据的仓库，可以不断地返回数据和处理数据。返回的数据可以分为两部分，一部分分析表头，一部分分析表身。

- 分析表头：使用 mysql_fetch_field()函数时必须传入$result 查询结果变量，再通过"->"操作符得到$field->name 这个字段名称属性。

- 分析表身：表身便是返回数据的实际内容，以 user 表格为例，表身数据便是 localhost、root 等表格的实际内容，我们可以将表身内容以表格方式全部显示出来，程序代码如下：

```
while ($row = mysql_fetch_row($result)) {
    echo "<tr>\n";
        for($i=0;$i<count($row);$i++)
    {
        echo "<td>".$row[$i]."</td>";
    }
    echo "</tr>\n";
}
```

与表头数据相同，因为不确定返回数据条数，所以无需使用 while 指令进行分析。其中 mysql_fetch_row()函数需要传入$result 数据。经过分析后，所返回的$row 是一个一维数组变量，存储每一行所有的数据字段。再通过 for 循环，并配合 count()函数计算数据行中的列数，将$row 数组中每一元素显示出来。

职场点拨——处理同事关系

职场中的我们一天有 8 个小时和同事在一起，这个时间甚至超出和家人、恋人、朋友在一起的时间。所以处理好同事的关系很重要，究竟该如何处理此种关系呢？

1）与同事相处的第一步便是平等。不管你是位高一等的老手还是新近入行的新手，都应绝对摒弃不平等的关系，心存自大或心存自卑都是同事间相处的大忌。

2）和谐的同事关系对你的工作不无裨益，不妨将同事看做工作上的伴侣、生活中的朋友，千万别在办公室中板着一张脸，让人们觉得你自命清高，不屑于和大家共处。

3）面对共同的工作，尤其是遇到晋升、加薪等问题时，同事间的关系就会变得尤为脆弱。此时，应该抛开杂念，专心投入工作，不要手段、不玩技巧，但决不放弃与同事公平竞争的机会。

4）当苦于难以和上司及同事相处时，殊不知自己的上司或同事可能也正在为此焦虑不堪。相处中要学会真诚待人，遇到问题时一定要先站在别人的立场上为对方想一想，这样一来，常常可以将争执湮灭在摇篮中。

5）世间有君子就一定会有小人，所以我们所说的真诚并不等于完全无所保留、和盘托出。尤其是对于并不十分了解的同事，最好还是有所保留，切勿把自己所有的私生活都告诉对方。

6）同事间相处的最高境界是永远把别人视为好人，但却永远记得每个人不可能都是好人。

第 19 章 PHP 操作其他数据库

虽然 PHP 与 MySQL 数据库是黄金组合，但有时 PHP 也需要与其他数据库进行连接。在 PHP 中，是可以对其他数据库进行操作的，下面将详细讲解 PHP 操作 Microsoft 公司的 Access 桌面数据库和 SQL Server 2000 网络数据库。通过本章能学到如下知识：

- 新建 Access 数据库
- PHP 访问 Access 数据库
- 使用 SQL Server 2000

2011 年 X 月 XX 日，暴雨

在这一个雾蒙蒙的早晨，我早早来到办公室，准备迎接新一天的挑战。我很热爱我的这份工作，可是经理毫无征兆地说："非常抱歉，为了公司的发展，经过慎重考虑，决定让一部分员工离开公司，你是其中之一。"

一问一答

小菜："是不是职场中的白领们很害怕下岗啊！"

Wisdom："当然了，下岗了就没有收入来源了。"

小菜："嗯，言归正传，既然 PHP 和 MySQL 是绝配，为什么还要使用其他数据库？"

Wisdom："虽然 MySQL 和 PHP 是梦幻组合，但是有时也要让其下岗，而使用其他数据库工具。"

小菜："PHP 还常用什么数据库？"

Wisdom："常用的还有微软的 Access 和 SQL Server、甲骨文的 Oracle、IBM 的 DB2。"

19.1 认识 Access 数据库

MySQL 和 Access、SQL Server 数据库各有千秋，本章将以操作 Access 数据库作为本章的开始，让读者理解 PHP 在数据库操作上的强大功能，如图 19-1 所示。

图 19-1　新建数据库

通过上面的例子，可以看出它实际上和 MySQL 数据库没有太大区别。

19.2　新建 Access 数据库

启动 Access 后，就可以创建新数据库，下面将讲解具体的创建方法。

1）启动 Access 2007，在初始界面中单击"空白数据库"，如图 19-2 所示。

图 19-2　启动画面

2）单击后右侧的界面将发生变化，在文件名文本框中输入文件名，例如 new.accdb。如图 19-3 所示。

图 19-3　新建数据库

3）输入完成后，单击文件浏览按钮，打开"文件新建数据库"对话框，在此可以根据需要将数据库文件保存到电脑的任意位置，例如桌面，完成后，单击 确定 按钮，如图 19-4 所示。

图 19-4　保存数据库文件

4）设置完成后返回如图 19-5 所示的界面，单击 [创建(C)] 按钮即可创建数据库。

图 19-5　创建数据库

提示：

Access 数据库与 MySQL 数据库其实有很大的不同，MySQL 数据库是网络数据库，而 Access 是桌面数据库，它以文件的方式存在，就像 Word，它以 ".doc" 格式存在，双击后可以打开。如果希望用早期的 Access 版本也能打开数据库，在创建数据库时，可以在"保存类型"下拉列表中选择早期版本的选项。如图 19-6 所示。

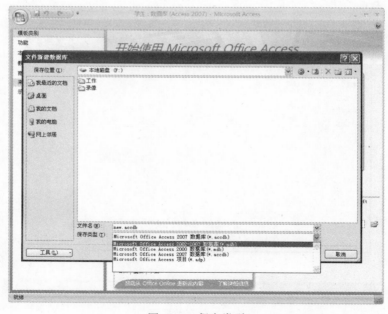

图 19-6　保存类型

19.3 新建 Access 数据库里的表

表是数据中最为重要的元素，下面将详细讲解在 Access 数据库中创建表的方法，读者可将它与 MySQL 对比，总结出两者的异同。

19.3.1 创建表

在创建数据库后就可以创建表，具体操作流程如下：

1）单击"创建"选项卡，然后单击"创建"按钮 表，如图 19-7 所示。

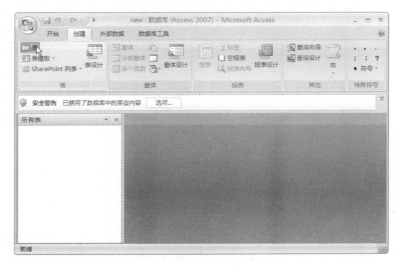

图 19-7　新建表

2）打开"表 1"设计器，在"数据表"选项卡下，在"字段和列"选项卡中，单击"新建字段"按钮，如图 19-8 所示。

图 19-8　新建字段

3）Access 根据用户的习惯设置了模板，只需双击即可选择其中的一种，例如选择"姓氏"字段，如图 19-9 所示。

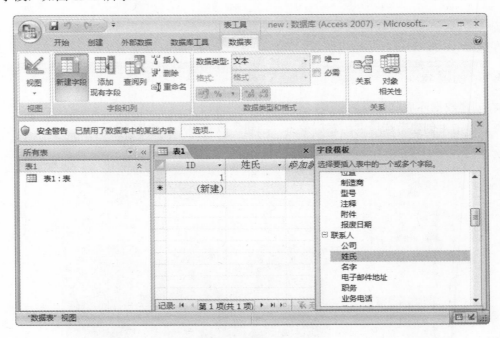

图 19-9　添加字段

4）自定义添加字段的方法很简单，只需要在右侧栏目中双击顶部单元格，在光标闪动处输入新的字段即可，例如输入"名字"，如图 19-10 所示。

图 19-10　新建字段

5）可以创建多个字段，创建字段后可以选择一列来更改字段的属性，例如选择"名字"一列，如图 19-11 所示。

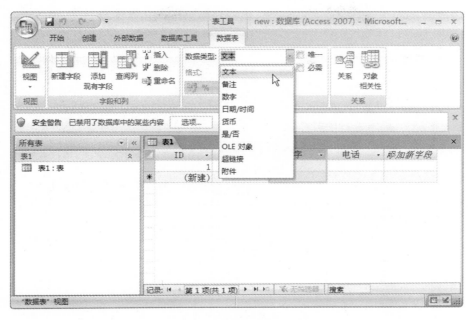

图 19-11　设置字段属性

6）创建表后，需要将其保存，单击"office"按钮，选择"保存"命令。在弹出的"另存为"对话框中输入表名，例如"user"，最后单击 确定 按钮，如图 19-12 所示。

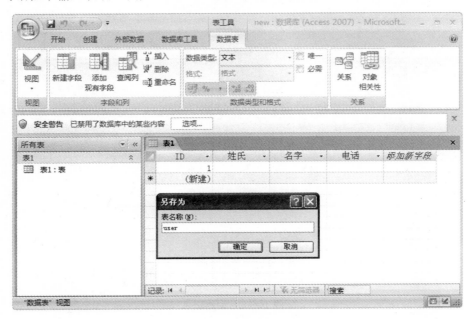

图 19-12　输入表名

19.3.2 创建表中的记录

设置完字段后就可以输入需要的记录。下面以前面创建的 user 表为例，来创建记录，具体操作流程如下：

1）打开"uers"表，在对应的字段下输入数据，如图 19-13 所示。

图 19-13　创建记录

2）如果还需要创建记录，可以将光标移动到下一行，继续输入需要的记录，如图 19-14 所示。

图 19-14　创建记录

3）创建完成后选择"保存"命令将其保存。

19.3.3　使用加密方式让 Access 更安全

Access 是以文件的形式存在的，它的安全性没有 MySQL 那么高，可以通过以下方式提高 Access 的安全性：

1）启动 Access 2007，单击"office"按钮，在打开的菜单中选择"打开"命令，如图 19-15 所示。

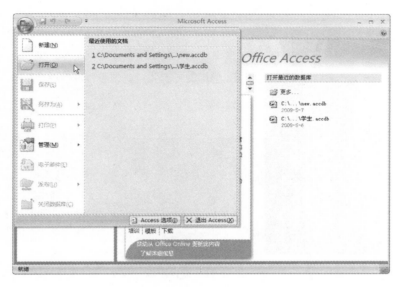

图 19-15　选择"打开"命令

2）在"打开"的对话框中，选择需要打开的文件，然后单击"打开"按钮，在弹出的菜单中选择"以独占方式打开"命令，如图 19-16 所示。

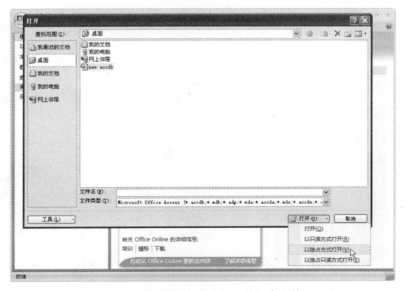

图 19-16　以独占方式打开数据库文件

3）启动软件后单击"数据库工具"选项卡，在"数据库工具"组中单击"用密码进行加密"按钮，打开"设置数据库密码"对话框。输入需要设置的密码，设置完成后单击"确定"按钮，如图19-17所示。

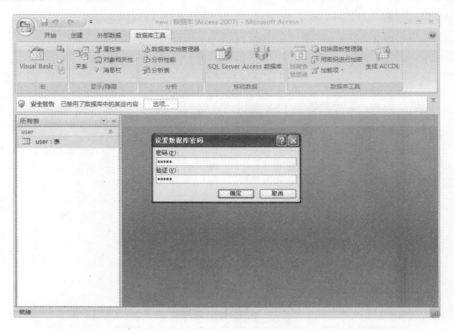

图 19-17　设置密码

4）设置成功后将其关闭，当再次打开这个数据库时就需要输入密码，如图 19-18 所示。

图 19-18　再次打开数据库

19.4 PHP 访问 Access 数据库

PHP 访问 Access 数据库与其他连接有所不同，读者在学习的时候一定要注意其中的区别。用户还可以通过 ADO 技术进行连接，PHP 通过预先定义的 COM 来使用 ADO 方法，以操作 Access 数据库。具体格式如下：

```
string com::com(string module_name[,string server_name[,int codepage]]);
```

- module_name：被请求组件的名字或 class-id。
- server_name：DCOM 服务器的名字。
- Codepage：指定用于将 PHP 字符串转换成 UNICODE 字符串的代码页，反之亦然。该参数的取值有 CP_ACP、CP_MACCP、CP_OEMCP、CP_SYMBOL、CP_THREAD_ACP、CP_UTF7 和 CP_UTF8。

PHP 利用 COM 类并使用 ADO 方法访问数据库的代码如下：

```
$conn = new com("ADODB.Connection");
$connstr = "DRIVER={Microsoft Access Driver (*.mdb)};DBQ=".realpath("bookinfo.mdb ");
$conn->Open($connstr);
```

也可以用另外一种方式连接 Access 数据库，PHP 通常使用 ODBC 连接 Access 数据库。用$connstr="DRIVER= Microsoft Access Driver (*.mdb)来设置数据驱动，用函数 realpath()来取得数据库的相对路径。当利用上述方法连接 Access 数据库时，需要使用 PHP 的 odbc_connect()函数，该函数格式如下：

```
resourse odbc_connect(string dsn,string user,string password[,int cursor_type])
```

- dsn：系统 dsn 名称。
- user：数据库服务器某用户名。
- password：数据库服务器某用户密码。
- cursor_type：游标类型。

连接 Access 数据库的代码如下：

```
$connstr="DRIVER=Microsoft Access Driver (*.mdb);
DBQ=".realpath("bookinfo.mdb");
$connid=odbc_connect($connstr,"","",SQL_CUR_USE_ODBC );
```

19.5 使用 SQL Server 2000

SQL Server 的最新版本并不是 SQL Server 2000，而是 SQL Server 2008，为什么要讲解 SQL Server 2000？一是因为 SQL Server 2008 占的存储空间过于庞大，对系统要求较高。另外一个原因是 SQL Server 2000 是 SQL Server 的一个经典版本。下面将详细讲解如何操作 SQL Server 2000。

19.5.1 创建数据库

1）安装完成 SQL Server 2000 后，单击"开始"菜单，选择"所有程序/Microsoft SQL Server/企业管理器"命令，如图 19-19 所示。

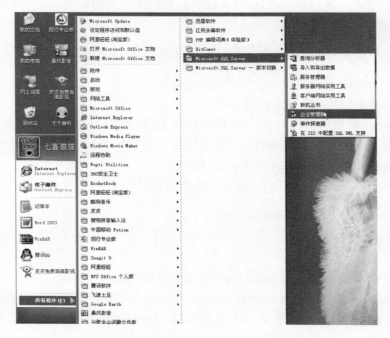

图 19-19　选择命令启动 SQL Server 2000

2）启动企业管理器后，需要在左边的树形列表中选择"数据库"选项，然后单击鼠标右键，选择"新建数据库"命令，如图 19-20 所示。

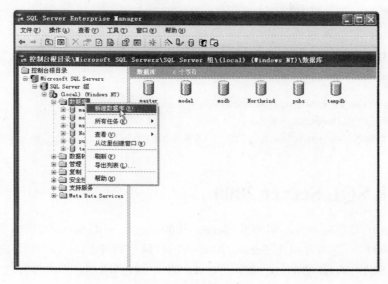

图 19-20　新建数据库

3）打开"数据库属性"对话框，在"名称"文本框中输入"user"，如图19-21所示。

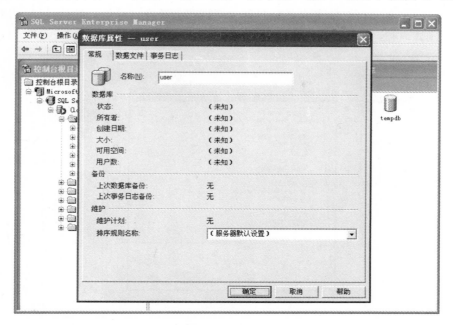

图19-21　输入数据库名称

4）单击"数据文件"选项卡，设置数据库文件的位置。在默认情况下，将数据库放在系统盘下，可以单击 按钮打开"查找数据库文件"对话框。在此可以根据需要指定一个位置，例如F盘，如图19-22所示。

图19-22　更改数据库文件

5）单击"事务日志"选项卡，设置数据库文件的位置。在默认情况下，将数据库放在系统盘的日志目录下。可以单击 按钮打开"查找事务日志文件"，此时可以根据需要指定一个位置，例如 F 盘，如图 19-23 所示。

图 19-23　指定事务日志文件的位置

6）设置完成后，依次单击"确定"按钮即可。

19.5.2　创建表

当创建好数据库后，可以创建数据库中的表，操作步骤如下：

1）单击需要创建表的数据库，在属性列表中选择"表"选项，单击鼠标右键，选择"新建表"命令，如图 19-24 所示。

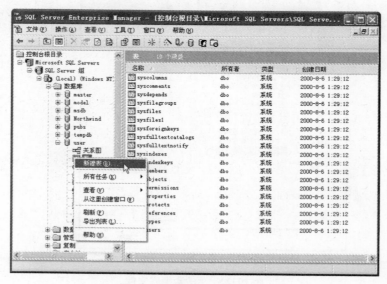

图 19-24　选择"新建"命令

2）在打开的新窗口中，需要为这个表创建字段，然后为字段设置属性，如图 19-25 所示。

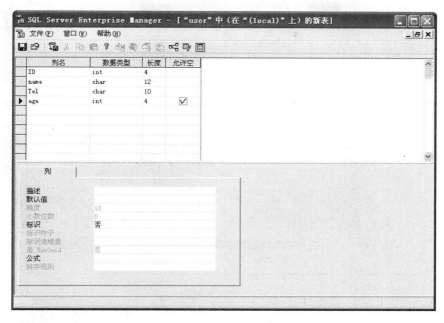

图 19-25　设置字段

3）单击"保存"按钮后打开"选择名称"对话框，在"输入表名"文本框中输入表名，例如"xinxi"，单击"确定"按钮，如图 19-26 所示。

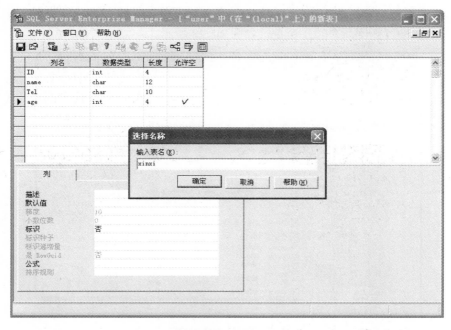

图 19-26　输入表名

4）关闭最里面的窗口，返回到数据库中的窗口可以查看新建的表，如图 19-27 所示。

图 19-27　新建表

19.5.3　创建记录

当创建完表后，接下来需要输入记录，输入记录的过程和 MySQL、Access 数据库十分类似，操作流程如下：

1）选择需要创建记录的表，例如"user"表，然后单击鼠标右键，在弹出的快捷菜单中选择"打开表"→"返回所有行"命令，如图 19-28 所示。

图 19-28　返回所有行命令

2）选择需要创建记录的表，例如"user"表，然后单击鼠标右键，在弹出的快捷菜单中选择"打开表"→"返回所有行"命令，如图 19-29 所示。

图 19-29　输入记录

3）输入完成后可以将它直接关闭，记录也将被输入。

提示：

在输入记录时，输入的数据一定要与创建表时设置的字段相同，否则输入记录将会报错，如图 19-30 所示。

图 19-30　输入的数据类型不符合

19.5.4　创建存储过程

在 SQL Server 2000 中可以创建存储过程，当然在 MySQL 5.0 以上的版本中也可以创建存储过程。创建存储过程就是使用 SQL 语句去完成一些任务。下面简单介绍创建存储过程的具体操作步骤。

1）单击 SQL Server 2000 左边的树形列表，选择"存储过程"选项，单击鼠标右键，在弹出的快捷菜单中选择"新建存储过程"命令，如图 19-31 所示。

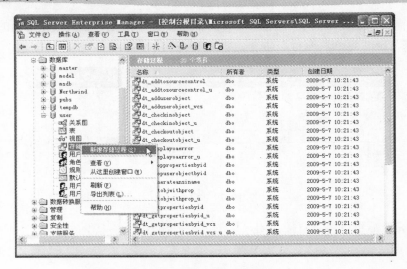

图 19-31 选择"新建存储过程"命令

2）打开"存储过程属性"对话框，在"文本"框中输入 SQL 语句，例如输入下面的语句：

```
CREATE PROC showind3 @table varchar(30) = NULL
AS IF @table IS NULL
PRINT 'Give a table name'
ELSE
SELECT TABLE_NAME = sysobjects.name,
INDEX_NAME = sysindexes.name, INDEX_ID = indid
FROM sysindexes INNER JOIN sysobjects
ON sysobjects.id = sysindexes.id
WHERE sysobjects.name = @table
```

输入完成后的界面效果如图 19-32 所示。

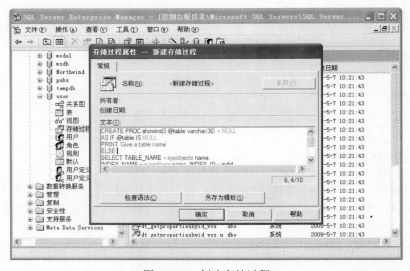

图 19-32 创建存储过程

3）输入完成后需要检测语法是否准确，如图 19-33 所示。

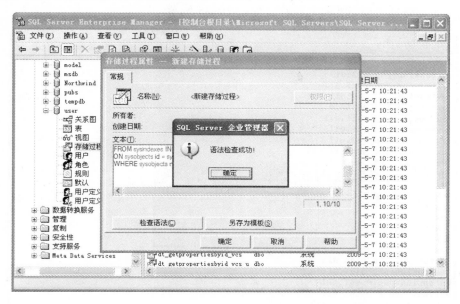

图 19-33　检查语法

4）双击后即可打开存储过程属性窗口，我们可以根据需要来修改。如图 19-34 所示。

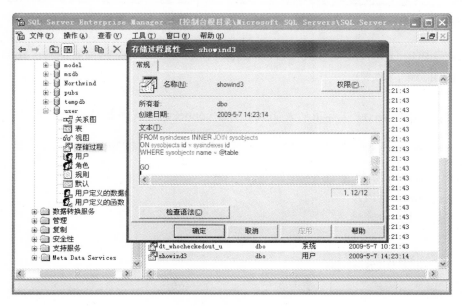

图 19-34　创建好的存储过程

19.5.5　PHP 连接 SQL Server 数据库

PHP 连接 SQL Server 数据库的方法，相对于 PHP 连接 MySQL 数据库来说要稍微复杂一些。操作步骤如下：

1）通过查找的方式找到 php.ini 文件，可以输入";extension=php_mssql.dll"快速检索，然后将其前面的分号去掉，并将其保存，如图 19-35 所示。

图 19-35　修改配置

2）编写 PHP 语句，连接 SQL Server 2000，例如连接本机，只需要输入"$link=mssql_connect("localhost","sa","");"即可。

提示：
PHP 连接 SQL Server 实际用的是函数 mssql_connect()，该函数的语法如下：

resource mssql_connect([string servername[,string username[,string password]]]);

- servername 表示服务器名称。
- username 表示用户名。
- password 表示密码。

19.6　疑难问题解析

本章详细介绍了使用 PHP 操作其他数据库的基本知识。本节将对本章中比较难以理解的问题进行讲解。

读者疑问：在使用 Access 数据库时，除了本书介绍的加密方法外，还可以用什么方式让 Access 更加安全。

解答：Access 数据库是桌面数据库，它的安全性的确不如网络数据库强，但是我们仍然可以通过一些手段加强它的安全性，例如可以修改数据库的扩展名，让它以 php 文件的方式存在，如将 shop.mad 修改为 PHP 格式的文件名 shop.php。

读者疑问： 在 MySQL 中讲解了 SQL 语句，为什么讲解 Access 数据库和 SQL Server 数据库，不讲解它们对应的 SQL 语句呢？它们用的 SQL 语句有什么区别？

解答： SQL 语句是数据库的一个标准，换句话说，MySQL 使用的 SQL 语句就是 SQL Server 的 SQL 语句，并没有什么不同，任何数据库都遵循。

职场点拨——面对失业

当用颤抖的手打开解聘书时，请不要一蹶不振，笔者用如下 6 条建议来提高士气。

1）直面问题。别为自己难过，因为周围的人不会同情你。也不要责怪老板，当你向他发火时，想想这是在浪费精力，他是没有时间来顾及的。你不希望让别人看到自己的失败，想躲起来几天，但是痛苦之后，必须振作起来，要为再有一个满意的工作而努力。

2）通过亲戚朋友获取帮助。与亲朋好友联络，请他们助自己一臂之力。不妨把简历寄到朋友和亲戚目前供职的公司，并通过网络与朋友联系，看是否有合适的机会。

3）慎重新的选择。不要乱投你的简历，花一些时间回顾以往的成功经验，并确定今后的求职方向。

4）临时工是一个选择。临时工作不仅可以作为收入来源，也是通往求职的一条很好的通道，也许会在这期间遇上某个欣赏自己才能的人。此外，它还可以丰富阅历。如果长期失业，那会对你相当不利。

5）继续求学。在求职过程中，不要忘了再参加一些职业培训，这可以提高竞争力。这是一个很好的决定，但必须选择一些与求职业务有关并能增强专长实力的培训。

6）善用金钱。当谋求另一份工作时，自己的失业金和积蓄是唯一的生活来源。使用它们一定得精打细算。购物时应谨慎，尽可能买一些有长期效用的东西。

第 20 章 模 板 技 术

当今市面中的 PHP 的模板技术数不胜数，PHP 最早的模板技术是 MVC，经过多年的发展，功能越来越强大，尤其是它的 Smarty 模板技术在功能和速度上都处于绝对领先的地位。本章将讲解 PHP 模板技术的用法，重点讲解 Smarty 模板技术。通过本章能学到如下知识：

- MVC
- Smarty 模板
- Smarty
- 职场点拨——职场升职的技巧

2012 年 XX 月 XX 日，多云

今天有一个新的任务，客户要求在 Linux 系统上开发一个采购系统。当前公司内各个项目小组都有任务，公司内没有空闲的软件工程师来独立完成这个项目。

一问一答

小菜："公司有一个 Linux 项目，需要项目经理独立完成！但是所有项目经理都有任务在身，我想试试！"

Wisdom："嗯，这显然是一个有升职机会的任务啊！因为涉及了 Linux。只要你顺利完成了，肯定会升职的！"

小菜："真的吗？"

Wisdom："你想，作为同级别的同事，编程技术水平都差不多，你怎样能从技术层面脱颖而出呢？只有从深度和偏度上考虑，在深度上 Linux 就是一个好的选择。传统编程语言你和同事们都差不多，但是你还精通 Linux，所以一定会在领导面前发光的。"

小菜："明白了，说实话我很期待升职。言归正传，本章的模板技术很重要吗？"

Wisdom："PHP 从表面看，代码和显示并没有分离，和 ASP 代码一样乱七八糟的感觉。但是作为现实中的项目，为了便于后期维护，就需要使用模板技术。模板技术思想源于模块化设计思想，是 PHP 的核心。一个普通的 PHP 程序员能用代码实现所有的功能，但是一个高级的 PHP 程序员能够利用模块化思想的模板技术实现所有功能。模板技术是加快 PHP 开发的一个有力工具。当学习完所有的知识点后用户一定要有加快开发速度的思想。"

20.1 认识 Smarty 模板

下面的代码就是一个简单的 Smarty 模板：

```php
<?php
include "class/Smarty.class.php";
define('__SITE_ROOT', 'd:/appserv/web/demo'); // 最后没有斜线
$tpl = new Smarty();
$tpl->template_dir = __SITE_ROOT . "/templates/";
$tpl->compile_dir = __SITE_ROOT . "/templates_c/";
$tpl->config_dir = __SITE_ROOT . "/configs/";
$tpl->cache_dir = __SITE_ROOT . "/cache/";
$tpl->left_delimiter = '<{';
$tpl->right_delimiter = '}>';
?>
```

上面设定方式的目的是，程序如果要移植到其他地方，只需改 __SITE_ROOT 就可以了。把 Smarty 模板的路径设定好后，程序会依照这个路径来获取所有模板的相对位置（范例中是 'd:/appserv/web/demo/templates/'）。然后使用 display() 这个 Smarty 方法来显示我们的模板。接下来在 templates 资料夹下放置一个测试文件 test.htm，代码如下：

```html
<html>
<head>
<meta http-equiv="Content-Type" content="text/html; charset=big5">
<title><{$title}></title>
</head>
<body>
<{$content}>
</body>
</html>
```

然后需要编写下面的代码将模板显示出来：

```php
<?php
require "main.php";
$tpl->assign("title", "测试用的网页标题");
$tpl->assign("content", "测试用的网页内容");
// 上面两行也可以用这行代替
// $tpl->assign(array("title" => "测试用的网页标题", "content" => "测试用的网页内容"));
$tpl->display('test.htm');
?>
```

运行上述代码后，会在网页中显示"测试用的网页技术"。

20.2 认识 MVC

MVC 是一个设计模式，能够强制性地使应用程序的输入、处理和输出分开。使用 MVC 的应用程序被分成三个核心部件，分别是模型、视图、控制器，它们各自处理自己的任务。下面将对 MVC 进行详细讲解。

20.2.1 MVC 与模板概念的理解

MVC 本来是存在于 Desktop 程序中的，M 是指数据模型，V 是指用户界面，C 是控制器。使用 MVC 的目的是将 M 和 V 的实现代码分离，从而使同一个程序可以使用不同的表现形式。比如一批统计数据可以分别用柱状图、饼图来表示。C 存在的目的则是确保 M 和 V 的同步，一旦 M 改变，V 应该同步更新。

模型－视图－控制器（MVC）是 Xerox PARC 在 20 世纪 80 年代为编程语言 Smalltalk－80 发明的一种软件设计模式，至今已被广泛使用。最近几年被推荐为 Sun 公司 J2EE 平台的设计模式，并且受到越来越多 ColdFusion 和 PHP 的开发者的欢迎。MVC 模式是一个有用的工具箱，MVC 的工作流程如图 20-1 所示。

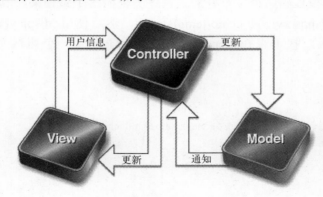

图 20-1 MVC 的工作流程

20.2.2 MVC 的工作方式

1. 视图（Model）

视图是用户看到并与之交互的界面。对老式的 Web 应用程序来说，视图就是由 HTML 元素组成的界面。在新式的 Web 应用程序中，HTML 依旧在视图中扮演着重要的角色，但一些新的技术已层出不穷，它们包括 Macromedia Flash、XHTML、XML/XSL、WML 和 Web Services。

MVC 的优势就能为应用程序处理很多不同的视图。在视图中其实没有真正的处理，不管这些数据是联机存储的还是一个雇员列表，作为视图来讲，它只是作为一种输出数据并允许用户操作的方式。

2. 模型（View）

模型表示企业数据和业务规则。在 MVC 的三个部件中，模型拥有最多的处理任务。例如它可能用像 EJBs 和 ColdFusion Components 之类的构件对象来处理数据库。被模型返回的数据是中立的，就是说模型与数据格式无关，这样一个模型就能为多个视图提供数据。由于应用于模型的代码只需写一次就可以被多个视图重用，所以减少了代码的重复性。

3. 控制器（Controller）

控制器接受用户的输入并调用模型和视图去完成用户的需求。所以当单击 Web 页面中的超级链接和发送 HTML 表单时，控制器本身不输出任何东西和做任何处理。它只是接收请求并决定调用哪个模型构件去处理请求，然后确定用哪个视图来显示模型处理返回的数据。

下面总结一下 MVC 的处理过程：

1）控制器接收用户的请求，并决定应该调用哪个模型来进行处理。
2）模型用业务逻辑来处理用户的请求并返回数据。
3）控制器用相应的视图格式化模型返回数据，并通过表示层呈现给用户。

20.2.3　MVC 能给 PHP 带来什么

大部分 Web 应用程序都是用像 ASP、PHP 之类的过程化（自 PHP5.0 版本后，已全面支持面向对象模型）语言来创建的。它们将像数据库查询语句之类的数据层代码和像 HTML 之类的表示层代码混在一起。经验比较丰富的开发者会将数据从表示层分离开来，但是需要精心计划和不断尝试才能实现。MVC 可以从根本上强制性地将它们分开。尽管构造 MVC 应用程序需要一些额外的工作，但是它给我们带来的好处是毋庸置疑的。

多个视图能共享一个模型，需要用越来越多的方式来访问应用程序，其中的一个解决办法就是使用 MVC。无论用户想要 Flash 界面或是 WAP 界面，使用一个模型就能处理它们。因为 MVC 已经将数据和业务规则从表示层分开，所以程序工作者可以最大化地重用你的代码了。

模型返回的数据没有进行格式化，所以同样的构件能被不同界面使用。例如，很多数据可能用 HTML 来表示，但是它们也有可能要用 Macromedia Flash 和 WAP 来表示。模型也有状态管理和数据持久性处理的功能，例如，基于会话的购物车和电子商务过程也能被 Flash 网站或者无线联网的应用程序所重用。

因为模型是自包含的，并且与控制器和视图相分离，所以很容易改变应用程序的数据层和业务规则。如果想把数据库从 MySQL 移植到 Oracle，或者改变基于 RDBMS 数据源到 LDAP，只需改变模型即可。一旦正确实现了模型，不管数据来自数据库或是 LDAP 服务器，视图都会正确地显示它们。由于运用 MVC 的应用程序的三个部件是相互独立的，改变其中一个不会影响其他两个，所以依据这种设计思想就能构造良好的构件。

控制器的优点是可以使用控制器来连接不同的模型和视图去完成用户的需求，这样控制器可以为构造应用程序提供强有力的手段。给定一些可重用的模型和视图，控制器可以根据用户的需求选择模型进行处理，然后选择视图将处理结果显示给用户。总体来说，MVC 具备以下一些优点：

❏ 低耦合性：视图层和业务层分离，这样就允许更改视图层代码而不用重新编译模型和控制器代码。同样，一个应用的业务流程或者业务规则的改变只需要改动 MVC 的模型层即可。因为模型与控制器和视图相分离，所以很容易改变应用程序的数据层和业务规则。

❏ 高重用性和可适用性：随着技术的不断进步，现在需要用越来越多的方式来访问应用程序。MVC 模式允许你使用各种不同样式的视图来访问同一个服务器端的代码。它包括任何 WEB（HTTP）浏览器或者无线浏览器（WAP）。比如，用户可以通过电脑或手机来订购某样产品，虽然订购的方式不一样，但处理订购产品的方式是一样的。由于模型返回的数据没有进行格式化，所以同样的构件能被不同的界面使用。例如，很多数据可能用 HTML 来表示，但是也有可能用 WAP 来表示，而这些表示所需要的仅是改变视图层的实现方式，而控制层和模型层无需做任何改变。

- 较低的生命周期成本：MVC 使降低开发和维护用户接口的技术含量成为可能。
- 快速的部署：使用 MVC 模式使开发时间得到相当大的缩减。它使程序员（Java 开发人员）集中精力于业务逻辑；界面程序员（HTML 和 JSP 开发人员）集中业务于表现形式。
- 可维护性：分为视图层和业务逻辑层，在 WEB 应用开发上将变得更易于维护和修改。
- 有利于软件工程化管理：由于不同的层各司其职，每一层不同的应用具有某些相同的特征，有利于通过工程化、工具化管理程序代码。

20.2.4 使用 MVC 的缺点

MVC 的缺点是：MVC 没有明确的定义，所以完全理解 MVC 并不是很容易。使用 MVC 需要精心的计划，由于它的内部原理比较复杂，所以需要花费一些时间去思考。

用户将不得不花费相当可观的时间去考虑如何将 MVC 运用到应用程序，同时由于模型和视图要严格分离，这样也给调试应用程序带来了一定的困难。每个构件在使用之前都需要经过彻底的测试。一旦构件经过了测试就可以毫无顾忌地重用它们了。开发者将一个应用程序分成了三个部件，所以使用 MVC 也意味着将要管理比以前更多的文件。这样好像我们的工作量增加了，但是请记住这比起它所能带给我们的好处来说是微不足道的。

MVC 不太适合小型甚至中等规模的应用程序，花费大量时间将 MVC 应用到规模并不是很大的应用程序通常会得不偿失，并且会带来很大的浪费。

MVC 设计模式是一个很好的创建软件的途径，它所提倡的一些原则，像内容和显示互相分离可能比较好理解。但是如果你要隔离模型、视图和控制器的构件，可能需要重新思考设计的应用程序，尤其是应用程序的构架方面的问题。如果用户肯接受 MVC，并且有能力应付它所带来的额外的工作和复杂性，MVC 将会使你的软件在健壮性、代码重用和结构方面上一个新的台阶。

20.3 Smarty 模板技术

Smarty 是一个使用 PHP 写出来的模板引擎，它是基于 MVC 之上的一个开发模式。本节将详细讲解 Smarty 模板技术的基本知识。

20.3.1 什么是 Smarty

Smarty 是目前业界最著名的 PHP 模板引擎之一。Smarty 分离了逻辑代码和外在的内容，提供了一种易于管理和使用的方法，用来将原本与HTML代码混杂在一起的PHP代码逻辑分离。简单来讲，其目的就是要使 PHP 程序员同美工分离，使程序员在改变程序的逻辑内容时不会影响到美工的页面设计，在美工重新修改页面时，也不会影响到程序的程序逻辑，这在多人合作的项目中显得尤为重要。

20.3.2　Smarty 有哪些特点

前面的知识足可以让读者来开发程序，但是为什么要引入 MVC，为什么要学习 Smarty？这是因为 Smarty 具备如下的可以使 PHP 上升一个新的台阶的特性：

- 速度：采用 Smarty 编写的程序可以获得最大速度的提高，这一点是相对于其他的模板引擎技术而言的。
- 编译型：采用 Smarty 编写的程序在运行时要编译成一个非模板技术的 PHP 文件，这个文件采用了 PHP 与 HTML 混合的方式，在下一次访问模板时将 Web 请求直接转换到这个文件中，而不再进行模板重新编译（在源程序没有改动的情况下）。
- 缓存技术：Smarty 选用的一种缓存技术，可以将用户最终看到的 HTML 文件缓存成一个静态的 HTML 页，当设定 Smarty 的 cache 属性为 True 时，在 Smarty 设定的 cachetime 期间内将用户的 Web 请求直接转换到这个静态的 HTML 文件中来，这相当于调用一个静态的 HTML 文件。
- 插件技术：Smarty 可以自定义插件。插件实际上就是一些自定义的函数。
- 模板中可以使用"if/elseif/else/endif"：在模板文件中使用判断语句可以非常方便地对模板进行格式重排。

20.3.3　获取 Smarty

PHP 自身没有 Smarty 框架，如果读者想使用 Smarty 开发框架，需要去它的官方网站下载。下载的具体操作流程如下：

1）在浏览器地址栏中输入"http://www.smarty.net/"，打开 Smarty 的官方网站，如图 20-2 所示。

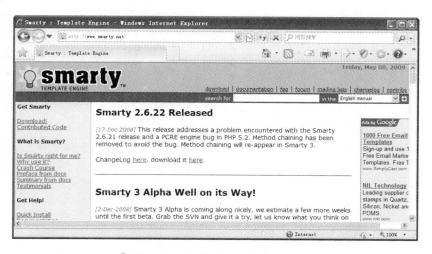

图 20-2　打开 Smarty 官方网站

2）单击"download"超级链接，进入 Smarty 下载页面，如图 20-3 所示。

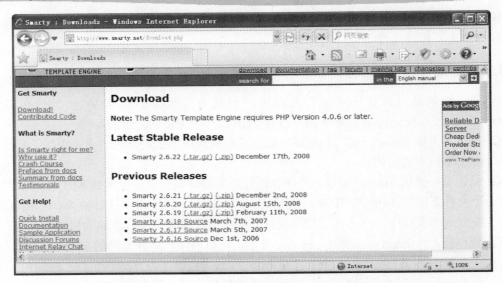

图 20-3　下载页面

3）在网页中的"Latest Stable Release"栏中，单击"(.Zip)"超级链接，如果电脑中安装了迅雷等下载工具，它将自动启动下载工具，单击"确定"按钮即可下载，如图 20-4 所示。

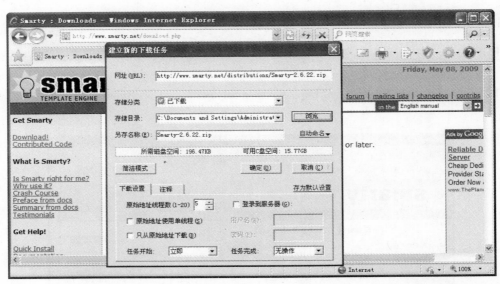

图 20-4　下载 Smarty

20.3.4　安装与配置 Smarty

下载完文件后将文件进行解压，然后对其进行安装与配置。具体操作步骤如下。

1）在服务器下新建一个文件目录，然后将解压的 Smarty 文件复制在这个文件夹下，如图 20-5 所示。

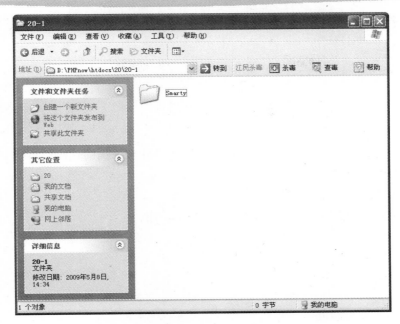

图 20-5　复制下载的 smarty 文件

2）在 Smaty 文件夹中创建 4 个目录，分别是 template、template-c、configs 和 cache，如图 20-6 所示。

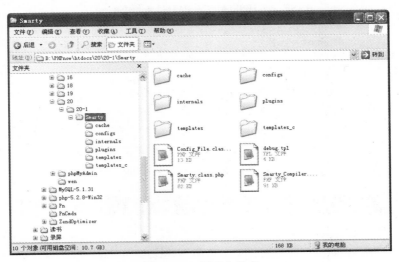

图 20-6　新建文件夹

3）打开 smarty 文件夹中的 template 文件，在里面新建一个名为"index.txt"的记事本文件，然后将扩展名修改为".tpl。双击打开这个文件，输入如下代码：

```
<!DOCTYPE html PUBLIC "-//W3C//DTD XHTML 1.0 Transitional//EN"
"http://www.w3.org/TR/xhtml1/DTD/xhtml1-transitional.dtd">
<html xmlns="http://www.w3.org/1999/xhtml">
<head>
```

```
<meta http-equiv="Content-Type" content="text/html; charset=gb2312" />
<title> {% $title %} </title>
</head>
<body>
{% $content %}
</body>
</html>
```

4）返回到上级目录，然后新建一个 PHP 文件，并输入下面的代码：

```
<?php
/*  定义服务器的绝对路径  */
define('BASE_PATH',$_SERVER['DOCUMENT_ROOT']);
/*  定义 Smarty 目录的绝对路径  */
define('SMARTY_PATH','/mr/19/sl/01/Smarty/');
/*  加载 Smarty 类库文件  */
require BASE_PATH.SMARTY_PATH.'Smarty.class.php';
/*  实例化一个 Smarty 对象  */
$smarty = new Smarty;
/*  定义各个目录的路径  */
$smarty->template_dir = BASE_PATH.SMARTY_PATH.'templates/';
$smarty->compile_dir = BASE_PATH.SMARTY_PATH.'templates_c/';
$smarty->config_dir = BASE_PATH.SMARTY_PATH.'configs/';
$smarty->cache_dir = BASE_PATH.SMARTY_PATH.'cache/';
$smarty->left_delimiter = '{%';
$smarty->right_delimiter = '%}';
/*  使用 Smarty 赋值方法将一对名称/方法发送到模板中  */
$smarty->assign('title','第一个 Smarty 程序');
$smarty->assign('content','Hello,Welcome to study \'Smarty\'!');
/*  显示模板  */
$smarty->display('index.tpl');
?>
```

5）启动 IE 浏览器，然后输入地址，得到如图 20-7 所示的效果。

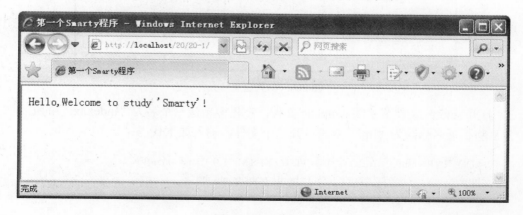

图 20-7 最终效果

20.4 Smarty 的基础知识

Smarty 是重要的模板设计，它分为两大部分：Smarty 模板设计和 Smarty 程序设计，两者相互依靠，又相互独立，下面详细讲解。

20.4.1 什么是 Smarty 的模板文件

一个页面中所有的静态元素加上一些定界符（<% ,%>）组成了 Smarty 模板。模板文件存放的位置就在 template 目录下，一般情况下，Smarty 模板是没有 PHP 代码的，它包含的 Smarty 模板中所有注释、变量和函数等都要包含定界符。

20.4.2 注释

在编写代码时，不可避免地会使用到注释。大多数的情况下，我们都是使用<!-- 这里是注释 -->，因为这是 HTML 自带的注释功能，此部分代码不会被显示到浏览器。

然而，使用了 Smarty 类后就不可以使用这样的注释了。在<!---->标记里的 Smarty 代码其实还是被解析了，换句话说，没有达到注释的目的，我们多做了很多无用功。在 Smarty 中，所有在分隔符之外的内容被显示为静态内容，或者说不会被改变。一旦 Smarty 遇见分隔符，它将尝试解释它们，然后在其位置处显示合适的内容。模板注释由"*"号包围，继而由分隔符包围，例如：{* 这是一个注释 *}。Smarty 注释不会在最终模板的输出中显示，这点和<!-- HTML comments -->不同。前者对于在模板中插入内部注释有用，因为没有人能看到。下面通过一段代码来讲解 Smarty 的注释，代码如下所示：

```
{* 这是 Smarty 注释，不出现在编译后的输出中 *}
<html>
<head>
<title>{$title}</title>
</head>
<body>
{* 另一个单行 Smarty 注释 *}
<!-- HTML 注释将发送到浏览器 -->

{* 这是一个多行
   Smarty 注释
   并不发送到浏览器
*}
{*********************************************************
多行注释块，包含了版权信息
  @ author:      bg@example.com
  @ maintainer:  support@example.com
  @ para:        var that sets block style
  @ css:         the style output
**********************************************************}
{* 包含了主 LOGO 和其他东西的头文件 *}
```

```
{include file='header.tpl'}
{* 开发注解：$includeFile 变量在 foo.php 脚本中赋值 *}
<!-- 显示主内容块 -->
{include file=$includeFile}
  {* 该<select>块是多余的 *}
{*
<select name="company">
  {html_options options=$vals selected=$selected_id}
</select>
*}
  {* 模板的 cvs 标记。下面的 36 应该是美元符号。
但是在 CVS 中被转换了。 *}
{* &#36;Id: Exp &#36; *}
{* $Id: *}
</body>
</html>
```

20.4.3 变量

Smarty 的一个强大的优点是在模板里可以直接使用 Smarty 的预保留变量，从而省去了很多代码。例如通过 {$smarty.server.SERVER_NAME} 可以取得服务器变量，通过 {$smarty.env.PATH} 可以取得系统环境变量 path，通过 {$smarty.request.username} 可以取得 get/post/cookies/server/env 的复合变量。在 Smart 模板中，变量通常可以分为 3 类，分别是 PHP 分配的变量、从配置文件读取的变量和 {$smarty} 保留变量。

1．PHP 分配的变量

调用 PHP 分配的变量时，需要在前面加"$"符号。通过调用模板内的 assign()函数分配的变量也是这样，即也是用 "$" 加变量名来调用。下面通过一段代码来讲解 PHP 分配变量的方法。

文件 index.php 的代码如下：

```
$smarty = new Smarty;
$smarty->assign('firstname', 'Doug');
$smarty->assign('lastLoginDate', 'January 11th, 2001');
$smarty->display('index.tpl');
```

文件 index.tpl 的代码如下：

```
Hello {$firstname}, glad to see you could make it.
<p>
Your last login was on {$lastLoginDate}.
```

输出结果如下：

```
Hello Doug, glad to see you could make it.
<p>
Your last login was on January 11th, 2001.
```

2. 从配置文件读取的变量

配置文件中的变量需要通过两个"#"或 Smarty 的保留变量 $smarty.config来调用。其中第二种方式在变量作为属性值并被引号括住的时候非常有用,下面通过一段代码来讲解。

foo.conf 代码如下:

```
pageTitle = "This is mine"
bodyBgColor = "#eeeeee"
tableBorderSize = "3"
tableBgColor = "#bbbbbb"
rowBgColor = "#cccccc"
```

文件 index.tpl 的代码如下:

```
{config_load file="foo.conf"}
<html>
<title>{#pageTitle#}</title>
<body bgcolor="{#bodyBgColor#}">
<table border="{#tableBorderSize#}" bgcolor="{#tableBgColor#}">
<tr bgcolor="{#rowBgColor#}">
    <td>First</td>
    <td>Last</td>
    <td>Address</td>
</tr>
</table>
</body>
</html>
```

```
index.tpl: (alternate syntax)
{config_load file="foo.conf"}
<html>
<title>{$smarty.config.pageTitle}</title>
<body bgcolor="{$smarty.config.bodyBgColor}">
<table border="{$smarty.config.tableBorderSize}" bgcolor="{$smarty.config.tableBgColor}">
<tr bgcolor="{$smarty.config.rowBgColor}">
    <td>First</td>
    <td>Last</td>
    <td>Address</td>
</tr>
</table>
</body>
</html>
```

输出结果如下:

```
<html>
<title>This is mine</title>
```

```
<body bgcolor="#eeeeee">
<table border="3" bgcolor="#bbbbbb">
<tr bgcolor="#cccccc">
    <td>First</td>
    <td>Last</td>
    <td>Address</td>
</tr>
</table>
</body>
</html>
```

3. 模板变量

{$smarty}保留变量可以被用于访问一些特殊的模板变量。

20.4.4 内置函数

Smart 模板有自己的函数，通过函数 Smart 可以加载配置文件，获取数组中的数据和输出循环数据。还可以通过 if 语句进行流程控制，接下来讲解几个常用的内置函数。

1. config_load()函数

Config_load()函数主要用于加载配置信息，其语法格式如下：

```
{config_load file=confname[session=session scope=localparent/global]}
```

- File：待包含的配置文件的名称。
- Section：配置文件中待加载部分的名称。
- Scope：加载数据的作用域，取值必须为 local、parent 或 global。local 说明该变量的作用域为当前模板，parent 说明该变量的作用域为当前模板和当前模板的父模板（调用当前模板的模板），global 说明该变量的作用域为所有模板。
- Global：说明加载的变量是否全局可见，等同于 scope=parent。注意，当指定了 scope 属性时，可以设置该属性，但模板忽略该属性值而以 scope 属性为准。

2. foreach 语句和 foreachelse 语句

foreach 是除 section 之外处理循环的另一种方案，foreach 常用来处理简单数组（数组中的元素的类型一致）。其格式比 section 简单许多，缺点是只能处理简单数组。foreach 必须和 /foreach 成对使用，且必须指定 from 和 item 属性，name 属性可以任意指定（字母、数字和下划线的组合），foreach 可以嵌套，但必须保证嵌套中的 foreach 名称唯一，from 属性（通常是数组）决定循环的次数，foreachelse 语句在 from 变量没有值的时候被执行。

下面通过两段代码来讲解 foreach 语句和 foreachelse 语句的用法：

```
{* this example will print out all the values of the $custid array *}
{* 该例将输出数组 $custid 中的所有元素的值 *}
{foreach from=$custid item=curr_id}
    id: {$curr_id}<br>
{/foreach}
```

输入结果如下:

```
id: 1000<br>
id: 1001<br>
id: 1002<br>
```

再看另外一段代码:

```
{* The key contains the key for each looped value
assignment looks like this:
$smarty->assign("contacts", array(array("phone"=>"1", "fax" => "2", "cell" => "3"),
 array("phone" => "555-4444", "fax" => "555-3333", "cell" => "760-1234")));
*}
{* 键就是数组的下标,请参看关于数组的解释 *}
{foreach name=outer item=contact from=$contacts}
  {foreach key=key item=item from=$contact}
    {$key}: {$item}<br>
  {/foreach}
{/foreach}
```

输出结果如下:

```
phone: 1<br>
fax: 2<br>
cell: 3<br>
phone: 555-4444<br>
fax: 555-3333<br>
cell: 760-1234<br>
```

3. include 标签

include 标签用于在当前模板中包含其他模板。当前模板中的变量在被包含的模板中可用,必须指定 file 属性,该属性指明模板资源的位置。下面通过一段代码来讲解:

```
{include file="header.tpl" title="Main Menu" table_bgcolor="#c0c0c0"}
{* body of template goes here *}
{include file="footer.tpl" logo="http://my.domain.com/logo.gif"}
```

4. Smarty 中的 if 语句

Smarty 中的 if 语句和 PHP 中的 if 语句一样灵活易用,并增加了几个特性以适用于模板引擎。if 必须和/if 成对出现,并且可以使用 else 和 elseif 子句。在里面可以使用以下条件修饰词:eq、ne、neq、gt、lt、lte、le、gte、ge、is even、is odd、is not even、is not odd、not、mod、div by、even by、odd by、==、!=、>、<、<=、>=。

在使用上述修饰词时,必须和变量或常量用空格隔开,下面通过一段代码来演示 if 语句的用法:

```
{if $name eq "Fred"}
  Welcome Sir.
```

```
{elseif $name eq "Wilma"}
    Welcome Ma'am.
{else}
    Welcome, whatever you are.
{/if}


{* an example with "or" logic *}
{if $name eq "Fred" or $name eq "Wilma"}
    ...
{/if}
{* same as above *}
{if $name == "Fred" || $name == "Wilma"}
    ...
{/if}
{* the following syntax will NOT work, conditional qualifiers
 must be separated from surrounding elements by spaces *}
{if $name=="Fred" || $name=="Wilma"}
    ...
{/if}
{* parenthesis are allowed *}
{if ( $amount < 0 or $amount > 1000 ) and $volume >= #minVolAmt#}
    ...
{/if}

{* you can also embed php function calls *}
{if count($var) gt 0}
    ...
{/if}

{* test if values are even or odd *}
{if $var is even}
    ...
{/if}
{if $var is odd}
    ...
{/if}
{if $var is not odd}
    ...
{/if}

{* test if var is divisible by 4 *}
{if $var is div by 4}
    ...
{/if}

{* test if var is even, grouped by two. i.e.,
```

```
0=even, 1=even, 2=odd, 3=odd, 4=even, 5=even, etc. *}
{if $var is even by 2}
    ...
{/if}

{* 0=even, 1=even, 2=even, 3=odd, 4=odd, 5=odd, etc. *}
{if $var is even by 3}
    ...
{/if}
```

5．section 语句

section 用于遍历数组中的数据。section 标签必须成对出现，并且必须设置 name 和 loop 属性。名称可以是包含字母、数字和下划线的任意组合，可以嵌套但必须保证嵌套的 name 唯一。变量 loop（通常是数组）决定循环执行的次数。当需要在 section 循环内输出变量时，必须在变量后加上中括号包含的 name 变量。

下面通过几段代码来讲解不同情况下的 section 语句。

在一般情况下的代码：

```
{* this example will print out all the values of the $custid array *}
{section name=customer loop=$custid}
    id: {$custid[customer]}<br>
{/section}
```

这段代码输出在配置环境，可以输出如下的内容：

```
id: 1000<br>
id: 1001<br>
id: 1002<br>
```

使用 loop 变量时的代码：

```
{* the loop variable only determines the number of times to loop.
   you can access any variable from the template within the section.
   This example assumes that $custid, $name and $address are all
   arrays containing the same number of values *}
{section name=customer loop=$custid}
    id: {$custid[customer]}<br>
    name: {$name[customer]}<br>
    address: {$address[customer]}<br>
    <p>
{/section}
```

输出结果如下：

```
id: 1000<br>
name: John Smith<br>
address: 253 N 45th<br>
```

```
<p>
id: 1001<br>
name: Jack Jones<br>
address: 417 Mulberry ln<br>
<p>
id: 1002<br>
name: Jane Munson<br>
address: 5605 apple st<br>
<p>
```

嵌套 section 的具体代码如下：

```
{* sections can be nested as deep as you like. With nested sections,
 you can access complex data structures, such as multi-dimensional
 arrays. In this example, $contact_type[customer] is an array of
 contact types for the current customer. *}
{section name=customer loop=$custid}
  id: {$custid[customer]}<br>
  name: {$name[customer]}<br>
  address: {$address[customer]}<br>
  {section name=contact loop=$contact_type[customer]}
      {$contact_type[customer][contact]}: {$contact_info[customer][contact]}<br>
  {/section}
  <p>
{/section}
```

输出结果如下：

```
id: 1000<br>
name: John Smith<br>
address: 253 N 45th<br>
home phone: 555-555-5555<br>
cell phone: 555-555-5555<br>
e-mail: john@mydomain.com<br>
<p>
id: 1001<br>
name: Jack Jones<br>
address: 417 Mulberry ln<br>
home phone: 555-555-5555<br>
cell phone: 555-555-5555<br>
e-mail: jack@mydomain.com<br>
<p>
id: 1002<br>
name: Jane Munson<br>
address: 5605 apple st<br>
home phone: 555-555-5555<br>
cell phone: 555-555-5555<br>
```

e-mail: jane@mydomain.com
<p>

20.5 疑难问题解析

本章详细介绍了 PHP 中模板技术的基本知识。本节将对本章中比较难以理解的问题进行讲解。

读者疑问：Smarty 模板技术可以提高 PHP 代码的质量，是不是在任何情况下都可以用这种 Smart 模板技术？

解答：不对！一般用 Smarty 来开发大型项目，另外 Smarty 也有它的弊端，特别在下面两种情况下，是不能使用 smarty 模板技术的。

1）需要实时更新的内容：例如股票显示，它需要经常对数据进行更新，导致经常重新编译模板，所以这种类型的程序使用 Smarty 会使模板处理速度变慢。

2）小项目：小项目因为项目简单，美工与程序员一般是同一个人，使用 Smarty 会在一定程度上丧失 PHP 开发迅速的优点。

读者疑问：对模板技术有点不知所措的感觉，我该怎么样才能学好模板技术呢？

解答：模板技术对于初学者来说的确有一定的难度，不过不用担心，读者可以去 www.php100.com 网站去寻找 Smarty 视频教学，根据专业老师的视频教学，相信会更快掌握 Smarty 模板技术。

职场点拨——职场升职的技巧

身处职场，谁都想着升职。但是究竟怎样才能在众多竞争者中脱颖而出呢？看如下的 7 条技巧，肯定会给你的升职之路带来启迪。

（1）形象和言行并重

身为程序员，也需要时刻关注自己的形象。从面试的那天起，你就要很好地包装自己，得体的衣着是面试官认为你是否适合某个职位的第一个条件。而且切记，得体不一定是华贵，而是要符合你职位的装扮。

使用语言是非常有技巧的，要懂得对什么人说什么话，对什么职业说什么话，对什么职位说什么话，于什么场合或时间说什么话，这不是虚伪，而是职业需求。

（2）自信

要在适当的时候，充分表现自己的自信。如果没有这种自信，上级又怎么能安心把工作交给你来完成或统筹呢？当机会来了，千万不要说："我试试"，而要斩钉截铁地承诺："我能行"。

（3）立场坚定

在办公室要保持中性立场，无论男女，在办公室中就是同样的工作人员——共事者。以前一位女同事，一看到男性上级，就脸红心跳的，这样是没办法认真聆听上级交给你的工作的。在工作中要客观，要让自己的工作立场保持客观，不让自己过分依赖同事感情去办事儿，这样很容易断送自己的前程。

（4）展示自我才能

要在适当的时候尽情展示自己的才干，让相关的人员看到你的工作能力和价值，要知道，大家谁都想创造更强大的公司业绩。只有被人看到，你才是金子。金子不被人发现，就只是石头。

（5）及时总结自己的业绩

无论自己只是普通的文员还是高管，都要很好地记录自己的工作业绩，并适时地提交给直接领导（也可同时提交给同级协管你的领导），同时自己备份。这点很重要，这是让大家知道你每天都在忙什么的最直接且一目了然的方式。

（6）提出合理化建议

勇于提出自己对工作和团队，甚至企业的合理化建议，很能展现你的才华。

（7）拥有好的同事关系

良好而牢固的同事关系，是在一个公司工作开心与否、成功与否一个很重要的基础。俗话说："好工作不如烂（熟）人头儿"。

（8）一心往前冲

什么事儿都想在领导的前面，为领导提供深思熟虑的建议，这是成功的基础。这个不算拍马屁，而是工作需要，牢记，头儿永远有你还想不到的工作要处理，因为你们所站的高度不同，他的视角看到的东西可能你根本看不到。

温故而知新——第三篇实战范例

第三篇是数据库技术篇,数据库是存储信息的地方,使用 PHP 语句熟练操作数据库是一件很重要的事情。学习了本篇,用户已经学完了所有的基础知识,可以独立制作一些小型的系统了,如留言本、简易的博客等。下面通过范例将本篇所学知识回顾一下。

范例 1 使用 phpMyAdmin 软件创建一个数据库

创建数据库是 PHP 程序员必须做的事情。创建一个完整数据库的操作步骤如下:

1)在浏览器地址栏中输入"http://localhost/phpmyadmin",进入系统后台,在"创建一个新的数据库"文本框中输入数据库名称,如"shop",如实战图 3-1 所示。

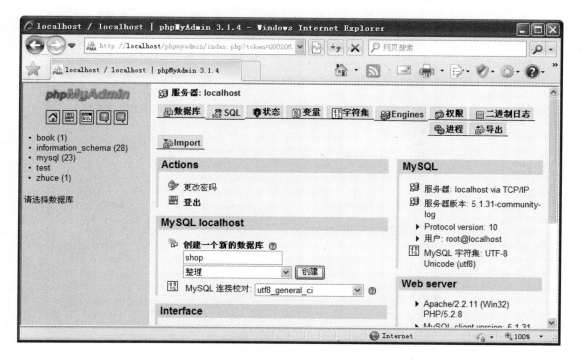

实战图 3-1 新建数据库

2)在"名字"文本框中输入表名,如"user",然后输入字段数,如"3"个,如实战图 3-2 所示。

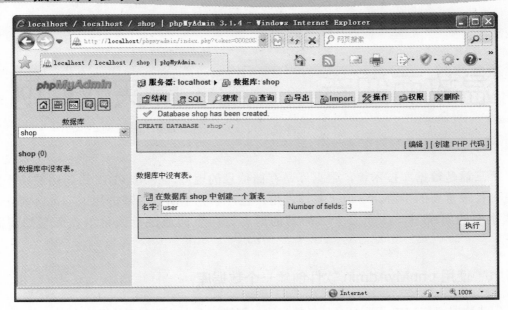

实战图 3-2　创建一个表

3）设置完成后单击"执行"按钮，在打开的页面中设置字段，如实战图 3-3 所示。

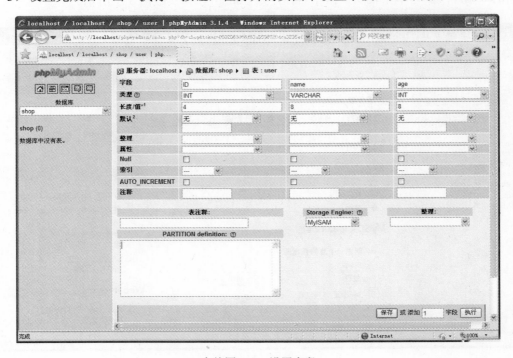

实战图 3-3　设置字段

4）设置完成后，单击"保存"按钮，若用户需要再添加字段，只需在"添加"文本框中输入"2"，然后在后面选择要添加的位置，设置完成后，单击"执行"按钮，如实战图 3-4 所示。

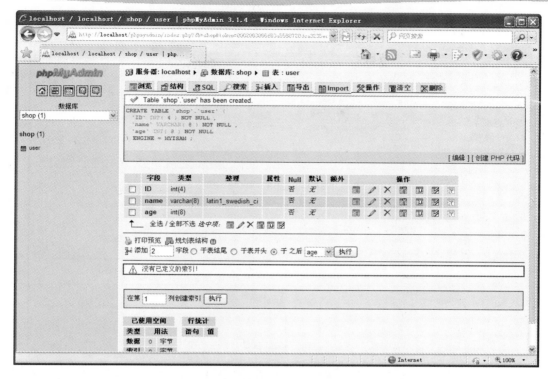

实战图 3-4　添加字段

5）设置好新增字段后，单击"执行"按钮，如实战图 3-5 所示。

实战图 3-5　添加新的字段

6）创建好表后，单击"插入"超级链接，如实战图3-6所示。

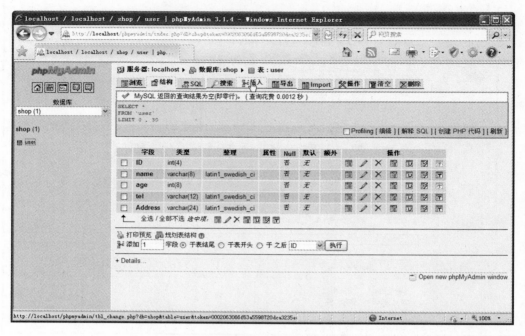

实战图 3-6　插入记录

7）用户可以根据需要输入记录，如实战图3-7所示。

实战图 3-7　输入记录

8）输入完成后，就可进行数据浏览，如实战图3-8所示。

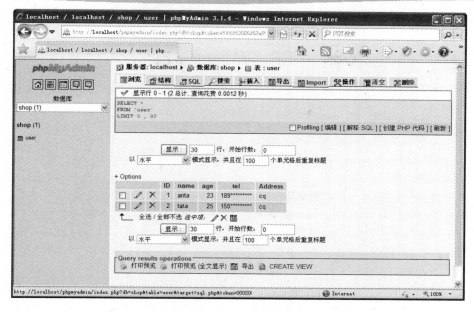

实战图 3-8　新的记录

范例 2　使用 phpMyAdmin 备份数据库

创建好数据库后，对数据库备份是一件十分重要的事情，比如银行、门户网站等，数据就是生命，如果信息丢失，将造成不可估计的损失。下面将备份范例 1 创建的数据库，其操作步骤如下：

1）登录 phpMyAdmin 后，选择好数据库，单击"导出"超级链接，如实战图 3-9 所示。

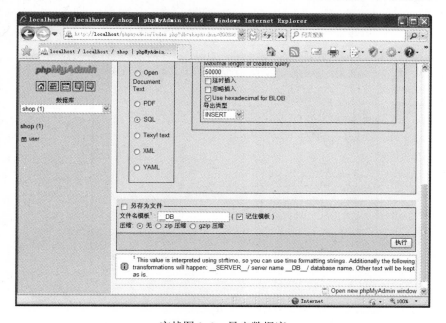

实战图 3-9　导出数据库

2）选择"另存为"复选框，然后单击"执行"按钮，如实战图 3-10 所示。

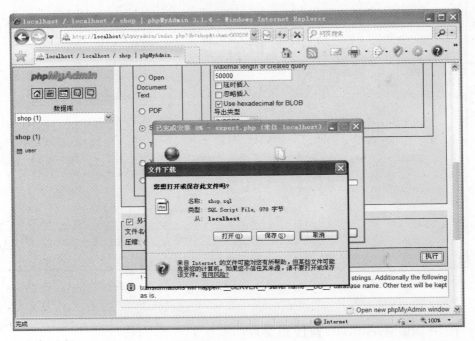

实战图 3-10　文件下载

3）单击"保存"按钮，打开"另存为"对话框，选择保存文件的位置，设置好后单击"确定"按钮，如实战图 3-11 所示。

实战图 3-11　保存数据库

4)备份后,用户可以用记事本打开备份的文件,如实战图 3-12 所示。

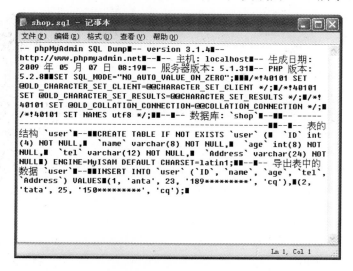

实战图 3-12 备份文件

范例 3 使用 phpMyAdmin 还原数据库

当数据库备份好后需要恢复怎么办?下面以范例 2 备份的 MySQL 为例,介绍其操作步骤。

1)输入登录用户名和密码进入界面,用记事本打开备份的文件【光盘:源代码/温故而知新 3/USER.sql】,如实战图 3-13 所示。

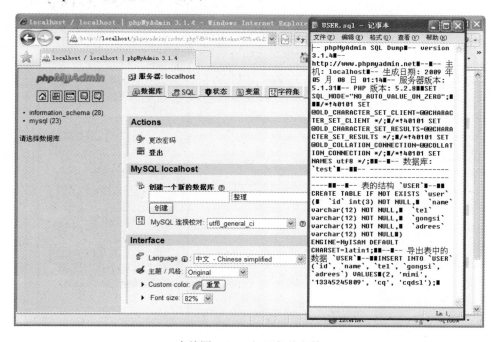

实战图 3-13 打开备份文件

2）从打开的备份中，新建一个"test"数据库，然后单击"SQL"语言，如实战图 3-14 所示。

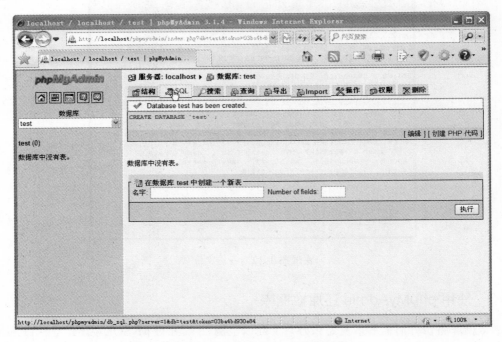

实战图 3-14　单击"SQL"超级链接

3）将备份文件的代码全部选中，并复制，然后粘贴到 phpMyAdmin 中，如实战图 3-15 所示。

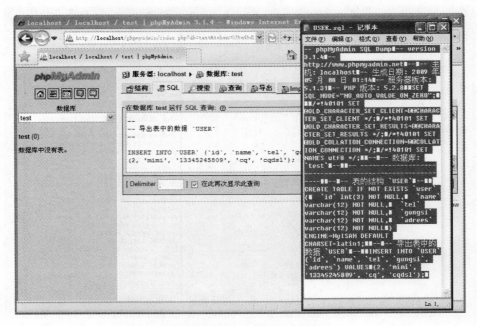

实战图 3-15　复制 SQL 语句

4）单击"执行"按钮，将会打开如实战图 3-16 所示的画面。

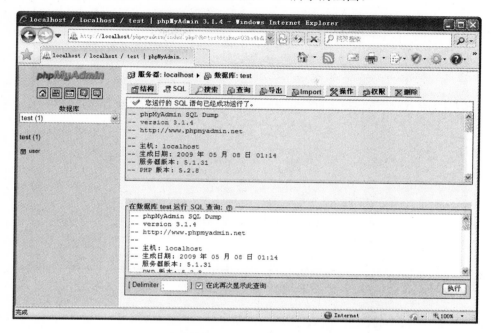

实战图 3-16　执行 SQL 语句

5）单击"结构"超级链接，可以查看到还原后的数据库，如实战图 3-17 所示。

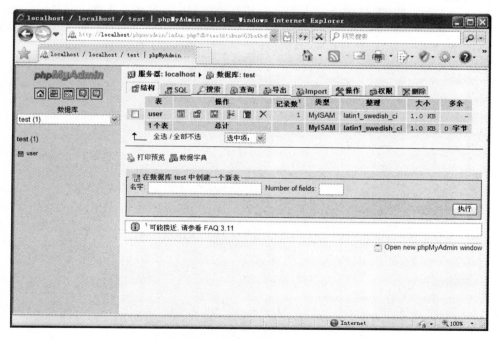

实战图 3-17　还原后数据库中的表

6）单击左边的表，用户还可以查看到相关的数据，如实战图 3-18 所示。

实战图 3-18　表中的数据

范例 4　PHP 连接 MySQL 语句

　　phpMyAdmin 是 MySQL 的管理工具，它也是通过 PHP 与 SQL 语言编写的，功能强大的 MySQL 数据库管理系统。用户要操作 MySQL，第一步就是要学会如何连接 MySQL。下面以连接范例 3 还原的 TEST 数据库为例，介绍其操作方法。代码【光盘：源代码/温故而知新 3/f-4.php】如下：

```php
<?php
$lnk = mysql_connect('localhost', 'root', '1234')
    or die ('连接失败 ：' . mysql_error());

//设定当前的连接数据库为 test
if (mysql_select_db('test', $lnk))
    echo "已经选择数据库 test<br>";
else
    echo ('数据库选择失败 ：' . mysql_error());

$result = mysql_query("SELECT * from user")
    or die("<br>查询表 user 失败: " . mysql_error());

//创建记录集
$row=mysql_fetch_row($result);
while ($row)
{
    echo $row[0].'--'.$row[2] . "<br>";
    $row=mysql_fetch_row($result);
}
```

第三篇 数据库篇

代码文件保存到服务器的环境下，用户可以进行浏览，得到如实战图 3-19 所示的结果。

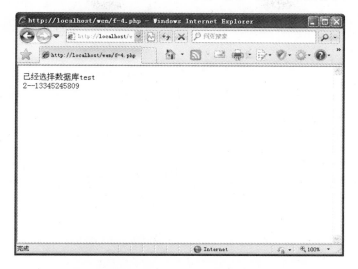

实战图 3-19　连接 MySQL 数据库

范例 5　使用 Access 2007 创建一个数据库

Access 数据库虽然不如 MySQL 安全，但其操作简单，仍然深受许多用户的喜爱，下面回顾一下如何创建一个数据库。其具体操作如下：

1）启动 Access 2007，单击"创建数据库"按钮，在右边的框架中设置保存路径、文件名，设置完成后，单击"创建"按钮，如实战图 3-20 所示。

实战图 3-20　创建数据库

433

2）创建数据库后，将会自动打开"表 1"，单击字段右边的"添加新字段"，然后输入需要的字段，如"name"，如实战图 3-21 所示。

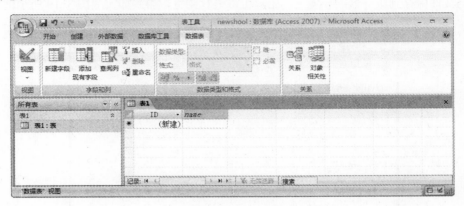

实战图 3-21　新建字段

3）使用相同的方法，创建需要的字段，如实战图 3-22 所示。

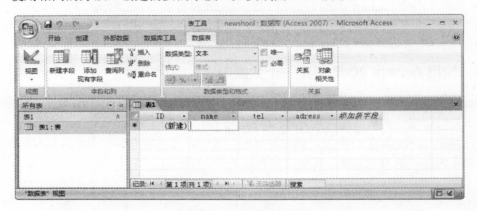

实战图 3-22　新建多个字段

4）用户可以在字段下面输入相关的内容，一行叫做一个记录，如实战图 3-23 所示。

实战图 3-23　输入记录

5）输入完成后，单击 Office 按钮，在打开的菜单中，选择"保存"命令，如实战图 3-24 所示。

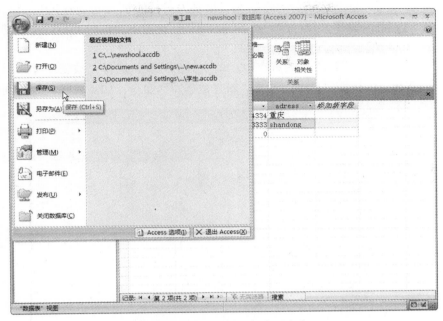

实战图 3-24　选择"保存"命令

6）打开"另存为"对话框，在"表名称"文本框中输入表名，如"student"，输入完成后，单击"确定"按钮，如实战图 3-25 所示。

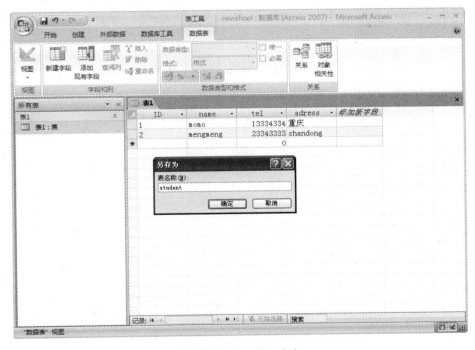

实战图 3-25　输入表名

范例6 使用 SQL Server 2000 创建一个数据库

SQL Server 2000 是一个经典的数据库,很多人可能不会使用 MySQL,但会用 SQL Server 数据库。在第 19 章中,已经学习过 SQL Server 2000 数据库的知识,下面回顾一下创建 SQL Server 2000 数据库的具体操作方法。

1)启动企业管理器,在左边的列表中,单击树形列表,选择"数据库"选项,然后单击鼠标右键,在弹出的快捷菜单中,选择"新建数据库"命令,如实战图 3-26 所示。

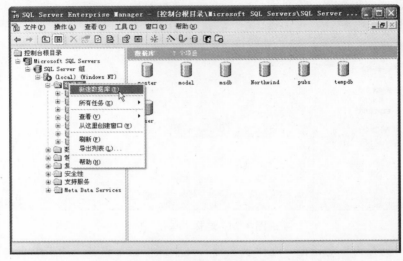

实战图 3-26 选择新建数据库命令

2)打开"数据库属性"对话框,在"名称"文本框中输入"shop",然后单击"确定"按钮,如实战图 3-27 所示。

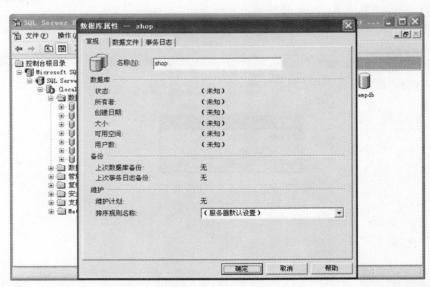

实战图 3-27 新建数据库

3）返回到数据库的窗口中，即可看到新建的数据库，双击它即可进入数据库，如实战图 3-28 所示。

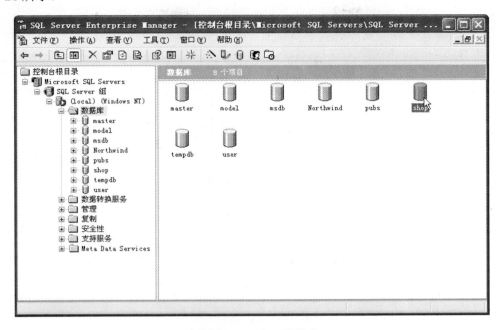

实战图 3-28 打开数据库

4）单击表，在表的列表框中的空白处，单击鼠标右键，在弹出的菜单中，选择"新建表"命令，如实战图 3-29 所示。

实战图 3-29 新建表

5）在打开的新窗口中，建立字段并设置字段，如实战图 3-30 所示。

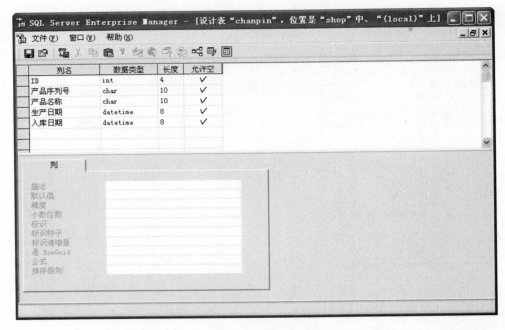

实战图 3-30　新建字段

6）新建完字段后，单击"保存"按钮，在打开的列表中输入表名，如"chanpin"，然后单击"确定"按钮，如实战图 3-31 所示。

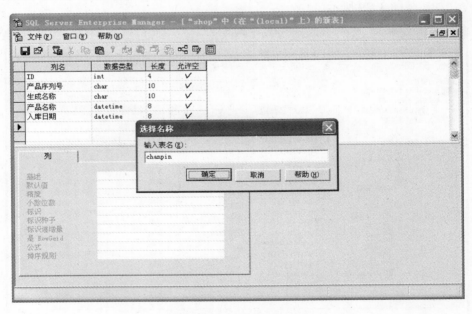

实战图 3-31　输入表名

7）单击右上角的关闭按钮，返回到列表中，如实战图 3-32 所示。

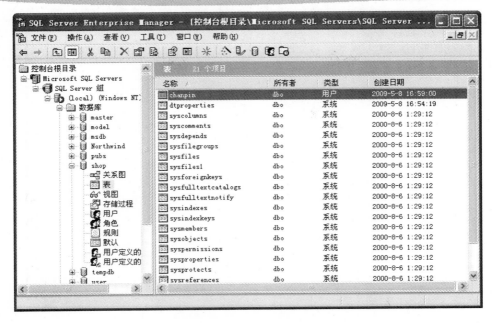

实战图 3-32　新建的表

8）选择新建的表，单击鼠标右键，在弹出的快捷菜单中选择"打开表"→"返回所有行"命令，如实战图 3-33 所示。

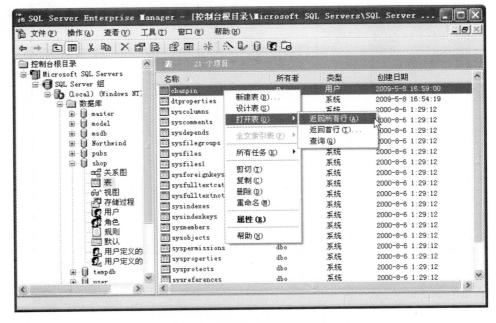

实战图 3-33　选择"返回所有行"命令

9）在打开的窗口中，用户可以输入记录，如实战图 3-34 所示。

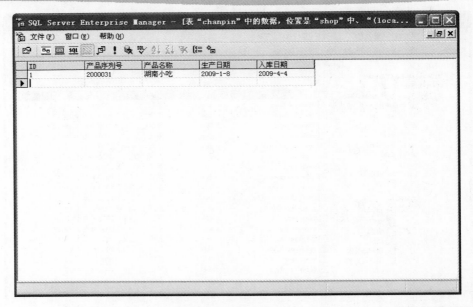

实战图 3-34　输入记录

10）用户可以输入多条记录，输入完成后，如实战图 3-35 所示。

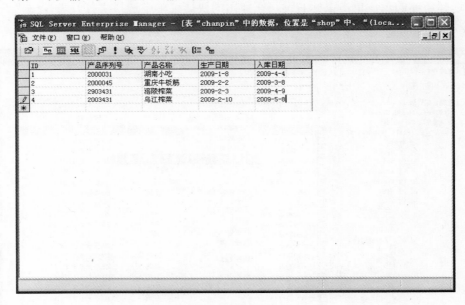

实战图 3-35　输入多条记录

第四篇 实 例 篇

第 21 章 图片管理系统

图片管理系统是众多网站最常用的管理系统，如博客、论坛、门户网站等都会用到。下面将简单讲解一个图片管理系统。

21.1 效果展示

图片管理系统比较简单，但是功能十分强大。图 21-1 所示为一个图片管理系统的首页。

图 21-1 图片管理系统的首页

在首页的左边的是一个导航器，在首页的底部是最近上传的图片，单击一幅图片，即可将它放大，如图 21-2 所示。

图 21-2　放大后的图片

用户在浏览时也可根据需要单击下一幅或者上一副图片，还可将图片进行管理和评论，如图 21-3 所示。

图 21-3　写出评论

用户还可以单击一幅图片，全屏浏览，以达到最好的观察效果，如图 21-4 所示。

图 21-4　全屏浏览

在左边的导航中，是相册的分类，用户可以单击分类导航，选择想看的图片，如图 21-5 所示。

图 21-5　分类相册

一个完整的图片管理系统一定能够对图片进行管理，在浏览器输入地址输入后台管理地址，如图21-6所示。

图21-6 后台管理

用户查看到系统后，可以看到所有图片，可以对其进行编辑，如删除、添加等操作，如图21-7所示。

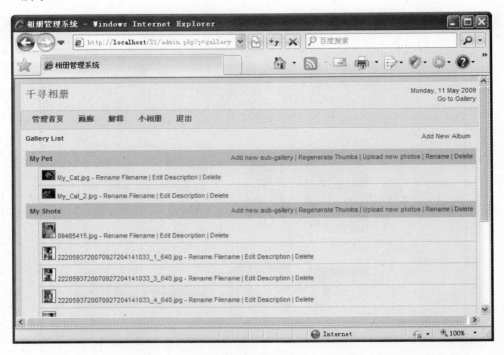

图21-7 相片管理

21.2　网站的架构

设计图片管理系统之前，用户需要规划一下这个网站需要建立多少个文件夹，在这个系统下，需要建立 4 个文件夹，如图 21-8 所示。

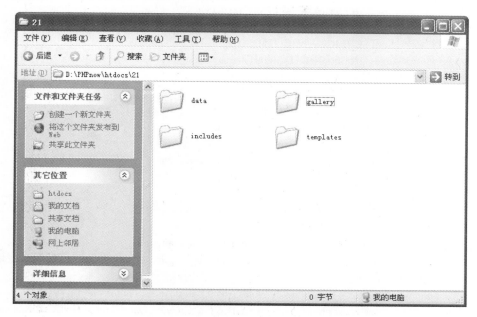

图 21-8　建立 4 个文件夹

21.3　网站的配置

这个网站是一个没有数据库的照片管理系统，但是它仍然需要对系统进行管理，用户需要新建一个 config.php 文件，在文件内输入以下的代码：

```
<?php
$sort_thumbs_by              = 'filename'; 'height', 'filesize', 'modified'
$sort_thumbs_order           = 'asc';
$strip_sort_number           = true;      thumbnails title.
$display_home_last_addition  = true;
$thumbs_per_page             = 10;
$tile_style                  = 'table';
$admin_username              = 'admin';
$admin_password              = '1111';
?>
```

提示

在这个系统中，用户名为"admin"，密码为"1111"，用户可以根据需要修改用户名和密码。

21.4 网站的皮肤

在 templates 文件夹下新建一个名为"default.html"的文件,在这个文件夹下建立了一个 default 文件夹,用来装置一个 Default 页面的信息,default.html 主要是用来管理网站页面信息。下面先讲解 default 页面的功能,其页面的代码如下:

```html
<!DOCTYPE html PUBLIC "-//W3C//DTD XHTML 1.0 Transitional//EN"
"http://www.w3.org/TR/xhtml1/DTD/xhtml1-transitional.dtd">
<html xmlns="http://www.w3.org/1999/xhtml">
<head>
<meta http-equiv="Content-Type" content="text/html; charset=gb2312" />
<title>&#21315;&#23547;&#30456;&#20876;</title>
<script type="text/javascript" src="includes/lightbox/lightbox.js"></script>
<link href="includes/lightbox/lightbox.css" rel="stylesheet" type="text/css" />
<script type="text/javascript">
function popup_latestupdate() {
    newwindow2=window.open('','name','height=270,width=150');
    var tmp = newwindow2.document;
    tmp.write('<html><head><title>Latest Added Photos</title>');
    tmp.write('<style type="text/css">html, body {font-family: Arial, Helvetica, sans-serif; font-size: 11px; color: #494949; background-color:#DDDDDD; text-align:center;}</style>');
    tmp.write('</head><body><p><b>Notes About Latest Added Photos</b></p>');
    tmp.write('The latest photos list are based on File Creation Date/Time in UNIX timestamp format, and after thumbnail image created.<br />On Windows platform, see file \'Properties\' and \'File Created\' attribute.<br /><br />PHP Ref : filectime();');
    tmp.write('<p><a href="javascript:self.close()">Close</a></p>');
    tmp.write('</body></html>');
    tmp.close();
}
</script>
<style type="text/css">
<!--
<!-- 页面所需的 CSS 样式-->
html, body
  {font-family: Arial, Helvetica, sans-serif;
   font-size: 11px;
color: #494949;
background-color:#DDDDDD; t
ext-align:cente
;}
<!-- 封面所需的 CSS 样式-->
#wrapper
  {width: 750px; border:1px solid #CCCCCC;
background-color: #EEEEEE;
text-align:left;
```

```css
padding-bottom:20px; margin:0 auto;
}
<!-- 导航样式-->

#nav {
width:130px; float:left; margin-left:-1px;
  background-color:#E5E5E5;
border:1px solid #CCCCCC;
line-height:18px;}
#nav ul {
margin:0px 0px 10px 0px;
padding:0px;
  list-style:none
;}
<!-- 导航项目样式-->
#nav li {
padding:3px 10px;
margin-bottom:1px;
}
#nav li.home_button {
background-color:#CCCCCC;
  margin-bottom:5px;
  list-style:none;}
#nav li.active {
background-color:#DADADA;
list-style:none;
  border-bottom:1px solid #CCCCCC;
margin-bottom:0px;}
<!-- 导航连接样式-->
#nav a{
color:#666666;
  text-decoration:none;
  font-weight:bold;}
#nav a:hover {text-decoration:underline;}
#content {margin-left:140px; padding:0px 8px 8px 8px;}
#header {margin-bottom: 0px;padding: 8px;}
#header_left {float:left;}
#header_right {text-align:right;}
#footer {clear:both; padding:8px;}
h3 {margin:0px; padding:0px; font-size:17px;}
#homepage {text-align:center;}
#homepage .latest {}
#homepage .latest .thumb_wrapper{margin:auto;}
<!-- 页面间隔样式-->
.clear
  {clear:both; height:1px;
```

```css
overflow:hidden;
margin-top:-1px;
padding:0;
font-size:0px;
 line-height:0px;}
a:link {color: #006699; text-decoration: none;}
a:visited {text-decoration: none; color: #006699;}
a:hover {text-decoration: underline; color: #000000;}
a:active {text-decoration: none; color: #006699;}
.thumb_wrapper {text-align:center;}
.thumb_wrapper .container {}
.thumb_wrapper .shadow {
background: url("templates/default/shadow_1.jpg")
 bottom no-repeat;
}
.thumb_wrapper .thumb {
background: url("templates/default/shadow_2.jpg") bottom no-repeat;
padding-bottom:14px;}
.thumb_wrapper .title {
width: 130px;
background:#E5E5E5;
border:1px solid #CCCCCC;
 margin:0px 3px 3px;
 padding:3px;
 color:#999999;
font-weight:bold;}
.tile {float:left; width: 147px;}
.tile_table {width: 147px;}
#fullsize {text-align:center;}
#fullsize .menu {width:550px; margin:auto; height:20px;}
#fullsize .menu .left {float:left; width:50%; text-align:left;}
#fullsize .menu .right {float:left; width:50%; text-align:right;}
#fullsize .image_wrapper {}
#fullsize .image_wrapper .shadow {
background: url("templates/default/shadow_1_one.jpg") bottom no-repeat;}
#fullsize .image_wrapper .image {
background: url("templates/default/shadow_2_one.jpg") bottom no-repeat;
padding-bottom:14px;}
<!-- 页标题样式-->
#fullsize .title {
margin:auto;
 width:550px;
 background:#E5E5E5;
border:1px solid #CCCCCC;
margin-top:5px;
padding:3px;
```

```css
color:#999999;
font-weight:bold;}
#fullsize .description {
width:550px;
  margin-bottom: 10px;
padding:10px;
font-size:11px;
border-bottom:1px dashed #CCCCCC;}
#fullsize .footer {width:550px; margin:auto;}
#fullsize .footer .prev {width:147px; float:left;}
#fullsize .footer .desc {
width:256px; float:left;
padding-top:20px;
text-align:left;
color:#999999;}
//页面字体，底部样式的处理
#fullsize .footer .desc ul{ list-style:none;}
#fullsize .footer .next {width:147px; float:left;}
.dir_icon { margin:8px 0px;}
.latest p{
width: 180px; background:#E5E5E5;
border:1px solid #CCCCCC;
margin:20px 3px 3px; padding:3px;
  font-size: 11px; color:#999999; font-weight:bold;}
.comments {}
.comments .list{
  border-top:1px dashed #CCCCCC;
  margin-top:10px;
  border-bottom:1px dashed #CCCCCC;
  margin-top:10px; text-align:left;
padding:5px 0px 10px 0px;}
.comments .entry { padding:5px 10px;}
.comments .entry .meta { padding:5px 0px 5px 10px;}
.comments .entry .comment {
background:#E3E3E3;
padding:10px; font-size:12px;
  line-height:20px; color:#666666;}
.comments .form{ text-align:left;
  padding-left:100px;}
.comments .form input{
border:1px solid #CCCCCC;
color:#666666; font-family: Arial, Helvetica, sans-serif;
font-size: 12px; padding:3px; width:200px;}
.comments .form textarea{
  border:1px solid #CCCCCC;
color:#666666; font-family: Arial, Helvetica, sans-serif;
```

```
         font-size: 12px; padding:3px;
          width:350px; height:100px;}
    -->
    </style>
    </head>
    <body>
            <div id="wrapper">
                    <div id="header">
                            <div id="header_left">
                                    <h3><font color="#FF6600">&#21315;&#23547;&#30456;&#20876;</font></h3>
                                    &#29980;&#34588;&#30340;&#24551;&#24833;
                            </div>
                            <div id="header_right">
                                    <?php html_stat(); ?>
                            </div>
                            <div class="clear"> </div>
                    </div>
                    <div id="nav"><?php html_nav(); ?></div>
                    <div id="content"><?php html_contents(); ?></div>
                    <div class="clear"> </div>
            </div>
            <div id="footer">
                    <div align="center">
                            &#21315;&#23547;&#30456;&#20876; &#29256;&#26435;&#25152;&#26377;
    <a href="admin.php"></a>
                    </div>
            </div>
    <!-- offsite thumbnail file creator -->
    <?php thumbs_generator(); ?>
    </body>
    </html>
```

21.5 管理图片的功能设计

管理图片主要分为前台展示和后台展示两大部分,在前台主要展示图片的样式,在后台主要是负责图片管理。

21.5.1 首页设计

首页主要是实现最近的图片展示、导航等功能,下面将讲解这个页面的代码。

1. 页面调入代码

在系统完成工作时,往往需要将一些单独的代码放在一些单独文件里,以方便管理与维护,其代码如下:

```
    <?php
```

```php
//调入配置文件
require('config.php');
define('SORT_BY', $sort_thumbs_by);
define('SORT_ORDER', $sort_thumbs_order);
define('STRIP_SORT_NUMBER', $strip_sort_number);
define('DISPLAY_HOMEPAGE_LAST_ADDTION', $display_home_last_addition);
define('THUMBS_PER_PAGE', $thumbs_per_page);
define('TILE_STYLE', $tile_style);
//调入网站公共文件
require('includes/functions.php');
require('includes/thumbnailer.php');
requirement_checker();
$template = 'default';
if(!is_file('templates/'.$template.'.html')){ errorMsg('Sorry, template '.$template.' does not exist.'); }
require('templates/'.$template.'.html');
function home_page(){
    ?>
```

2. 页面调入代码

在首页的那首徐志摩的诗和千寻相册（见图21-9）是通过以下代码实现的：

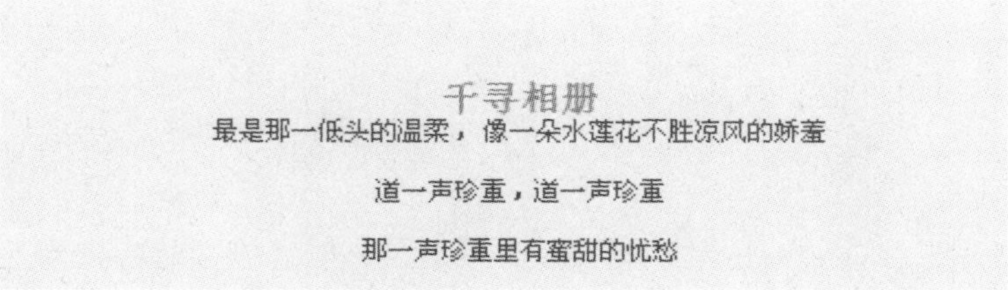

图21-9 图片展示

```
<div id="homepage">
        <h3><font color="#FF6600">千寻相册</font></h3>
    最是那一低头的温柔,
像一朵水莲花不胜凉风的娇羞<br /><br />
道一声珍重，道一声珍重<br /><br />
那一声珍重里有蜜甜的忧愁
<?php if(DISPLAY_HOMEPAGE_LAST_ADDTION){html_LastAddition();} ?>
    </div>
    <?php
}
//开始处理页面
function html_stat(){
}
//处理导航
function html_nav(){
    echo '<ul>';
    echo '<li class="home_button"><a href="?">Home</a></li>';
```

```php
            map_dirs('gallery/',0);
            echo '</ul>';
            $style_on_current = '';
        }
        //网站地图
        function map_dirs($path,$level) {
            if(is_dir($path)) {
                if($contents = opendir($path)) {
                    while(($node = readdir($contents)) !== false) {
                        if($node!="." && $node!="..") {
                            for($i=0;$i<$level;$i++) echo "  ";
                            if(is_dir($path."/".$node)){
                                if((urldecode(get_param('dir')) == str_replace('gallery//','',$path).'/'.$node) OR urldecode(get_param('dir')) == $node){$style_on_current = 'class="active"';}else{$style_on_current = '';}
                                if($i == 0){
                                    echo '<li '.$style_on_current.'><a href="?dir='.urlencode($node).'" title="'.$node.'">'.$node.'</a></li>';
                                }else{
                                    echo '<li '.$style_on_current.' style="margin-left:10px;"><a href="?dir='.str_replace('gallery//','',$path)."/".urlencode($node).'" title="'.$node.'" style="font-weight:normal;">'.$node.'</a></li>';
                                }
                            }
                            map_dirs("$path/$node",$level+1);
                        }
                    }
                }
            }
        }
        //页面内容处理
        function html_contents(){
            if(get_param('pic')){
                if(!get_param('dir')){ exit('<pre>Get dir error.</pre>'); }
                $current_image_list = readDirectory(get_param('dir'), true);
                $current_image_list = multi_array_sort($current_image_list, SORT_BY, SORT_ORDER);
                $total_images = count($current_image_list);
                $search_key = multi_array_search(get_param('pic'), $current_image_list);
                $current_key = $search_key[0];
                @$curr_image = $current_image_list[$current_key];
                @$prev_image = $current_image_list[$current_key-1];
                @$next_image = $current_image_list[$current_key+1];
                $max_width = 560;
                if($curr_image['width'] > $max_width){
                    $img_width = $max_width;
                }else{
                    $img_width = $curr_image['width'];
```

```
            }
            $curr_image_meta_id = str_replace('.jpg',",str_replace('data/thumbdata_',",$curr_image['thumb']));
            if(file_exists('data/desc_'.$curr_image_meta_id.'.desc')){
                $current_image_description = '<div class="description">'.implode (", file ('data/desc_'.$curr_image_meta_id.'.desc')).'</div>';
            }else{
                $current_image_description = '';
            }
            ?>
            <script language="JavaScript">
            <!-- Begin Image Preload
            image_prev = new Image();
            image_prev.src = "gallery/<?php echo $prev_image['dir']; ?>/<?php echo $prev_image['filename']; ?>";
            image_next = new Image();
            image_next.src = "gallery/<?php echo $next_image['dir']; ?>/<?php echo $next_image['filename']; ?>";
            // End -->
            </script>
            <div id="fullsize">
                <div class="menu">
                    <div class="left">
                        Photo <?php echo $current_key+1 ; ?> from <?php echo $total_images; ?>
                    </div>
                    <div class="right">
                        <?php if($current_key != 0){ ?><a href="?dir=<?php echo urlencode(get_param('dir')); ?>&pic=<?php echo urlencode($prev_image['title']); ?>" title="<?php echo $prev_image['title'];?>">Prev</a> | <?php }else{ ?> Prev | <?php }; ?>
                        <?php if($current_key+1 != $total_images){ ?><a href="?dir=<?php echo urlencode(get_param('dir')); ?>&pic=<?php echo urlencode($next_image['title']); ?>" title="<?php echo $next_image['title'];?>">Next</a><?php }else{ ?> Next <?php }; ?>
                    </div>
                    <div class="clear"> </div>
                </div>
                <div class="image_wrapper">
                    <div class="shadow"> </div>
                    <div class="image">
                        <a href="gallery/<?php echo urldecode($curr_image['dir']); ?>/<?php echo urldecode($curr_image['filename']); ?>" rel="lightbox">
                            <img src="gallery/<?php echo urldecode($curr_image['dir']); ?>/<?php echo urldecode($curr_image['filename']); ?>" width="<?php echo $img_width; ?>px" border="0">
                        </a>
                    </div>
                </div>
                <div class="title"><?php echo $curr_image['title']; ?></div>
```

```
            <?php echo $current_image_description;?>
            <div class="footer">
                    <div class="thumb_wrapper prev">
            <div class="content">
            <div class="shadow"> </div>
                            <div class="thumb">
                                    <?php if($current_key != 0){ ?>
                                    <a href="?dir=<?php echo urlencode($prev_image ['dir']); ?>&pic=<?php echo urlencode($prev_image['title']);?>" title="<?php echo $prev_image['title'];?>"><img src="<?php echo $prev_image['thumb'];?>" border="0"/></a>
                                    <?php }else{ ?>
                                    <img src="templates/default/first.jpg">
                                    <?php } ?>
                            </div>
                    </div>
            </div>
```

3. 图片评论

实现这个功能的代码如下：

```
            <?php
                                            $filename = 'data/comments.dat';
                            if(!is_file($filename)){$fp = fopen($filename, 'w'); fwrite($fp, ''); fclose($fp);}
                            if(@$_POST['com_id'] && @$_POST['com_name'] && @$_POST['com_email'] && @$_POST['com_comment']){
                                    $current_time = time();
                                    $form_id        = @$_POST['com_id'];
                                    $form_name      = @$_POST['com_name'];
                                    $form_email     = @$_POST['com_email'];
                                    $form_website   = @$_POST['com_website'];
                                    $form_comment   = @$_POST['com_comment'];
                                    $raw_content = implode ('', file ($filename));
                                    if($raw_content){
                                            $comments_old = $raw_content . '}|+|{';
                                    }else{
                                            $comments_old = '';
                                    }
            $comments_new = serialize(array('id'=>$form_id, 'time'=>$current_time, 'name'=>$form_name, 'email'=>$form_email, 'website'=>$form_website, 'comment'=>$form_comment));
                                    $comment_to_store = $comments_old . $comments_new;
                                    if (is_writable($filename)) {
                                            $handle = fopen($filename, 'w');
                                            if (fwrite($handle, $comment_to_store) === FALSE) {
                                                    echo 'Cannot write comment to comment data file';
                                                    exit;
                                            }
                                            fclose($handle);
```

```php
            }else{
                echo 'The file comment data file is not writable';
            }
        }
        $comments_data = implode ('', file ($filename));
        $comments_arr = explode('}|+|{', $comments_data);
        $current_image_id = str_replace('data/thumbdata_','',substr($curr_image['thumb'], 0, -4));
        foreach ($comments_arr as $comments_data){
            $comments_data = unserialize($comments_data);
            if($current_image_id == $comments_data['id']){
            ?>
            <div class="entry">
                <div class="meta"><b>
<?php echo $comments_data['name'];?>
</b>
<?php if($comments_data['website']){echo '(<a href="http://'.str_replace('http://','',$comments_data['website']).'" target="_blank">'.$comments_data['website'].'</a>)';}?>
on <?php echo date('l, j F Y', $comments_data['time']);?>
</div>
  <div class="comment"><?php echo $comments_data['comment'];?></div>
                </div>
                <?
            }
        }
        ?>
        </div>
        <div class="form">
            <form method="POST" action="./?dir=<?php echo urlencode(get_param('dir')) . '&pic=' . urlencode(get_param('pic')); ?>#comments">
                <input type="hidden" name="com_id" value="<?php echo str_replace('data/thumbdata_','',substr($curr_image['thumb'], 0, -4)); ?>">
                姓名<br />
                <input type="text" name="com_name" value="" />
                (必需填写)<br />
                电子邮件<br />
                <input type="text" name="com_email" value="" /> (will not be shown) (required)<br />
                网站地址<br />
                <input type="text" name="com_website" value="" /><br />
                评论<br />
                <textarea name="com_comment"></textarea><br /><br />
                <input type="submit" name="submit" value="提交" />
            </form>
        </div>     </div>       </div>      </div>
```

4. 最近图片的展示

实现这个功能的代码如下:

```php
<?php
    }elseif(get_param('dir')){
        $image_list_arr = readDirectory(get_param('dir'));
        $image_list_arr = multi_array_sort($image_list_arr, SORT_BY, SORT_ORDER);
        if($image_list_arr){
            $cols = 4;
            $i = 1;
            echo "<table align='center' width='50%' border ='0' cellpadding='0' cellspacing='0'><tr>";
            foreach($image_list_arr as $image_key => $image){
                if(TILE_STYLE == 'table'){
                    if (is_int($i / $cols)) {
                        $table_tile_header = '<td align="center" valign="top">';
                        $table_tile_footer = '</td></tr><tr>';
                    }else{
                        $table_tile_header = '<td align="center" valign="top">';
                        $table_tile_footer = '</td>';
                    }
                    $i++;
                    echo $table_tile_header;
                    ?>
                    <div class="thumb_wrapper tile_table">
                        <div class="container">
                            <?php
                            if($image['item_type'] == 'dir'){
                                ?>
                                <div class="dir_icon"><a href="?dir=<?php echo urlencode($image['dir']); ?>/<?php echo urlencode($image['title']);?>"><img src="directory.jpg" border="0"/></a></div>
                                <?
                            }else{
                                ?>
                                <div class="shadow"> </div>
                                <div class="thumb"><a href="?dir=<?php echo urlencode($image['dir']); ?>&pic=<?php echo urlencode($image['title']);?>"><img src="<?php echo $image['thumb']; ?>" border="0"/></a></div>
                                <?
                            }
                            ?>
                        </div>
                        <div class="title"><?php echo $image['title']; ?></div>
                    </div>
                    <?
                    echo $table_tile_footer;
                }elseif(TILE_STYLE == 'css'){
                    ?>
                    <div class="thumb_wrapper tile">
                        <div class="container">
```

```php
            <?php
                if($image['item_type'] == 'dir'){
            ?>
                <div class="dir_icon"><a href="?dir=<?php echo urlencode ($image['dir']); ?>/<?php echo urlencode($image['title']);?>"><img src="directory.jpg" border="0"/></a></div>
            <?
                }else{
            ?>
                <div class="shadow"> </div>
                <div class="thumb"><a href="?dir=<?php echo urlencode ($image['dir']); ?>&pic=<?php echo urlencode($image['title']);?>"><img src="<?php echo $image['thumb']; ?>" border="0"/></a></div>
            <?
                }
            ?>
            </div>
            <div class="title"><?php echo $image['title']; ?></div>
        </div>
            <?
        }
    }
    echo "</tr></table>";
    }else{
        echo ' Sorry. No photos found in this directory.';
    }
  }else{
      home_page();
  }
}
function thumbs_generator(){
  ?>
    <iframe id="thumbgen" name="thumbgen" style="width:0px; height:0px; border: 0px" src="thumb_generator.php?dir=<?php echo urlencode(get_param('dir')); ?>"></iframe>
  <?
}
function html_LastAddition(){
?>
    <div class="latest">
        <p>最近的照片</p>
        <?php
        $image_list_arr = readLastAddition();
        if($image_list_arr){
            foreach($image_list_arr as $image_key => $image){
                ?>
                <div class="thumb_wrapper tile">
                    <div class="container">
```

```php
            <div class="shadow"> </div>
            <div class="thumb"><a href="?dir=<?php echo urlencode($image['dir']); ?>&pic=<?php echo urlencode($image['title']);?>"><img src="data/thumbdata_<?php echo base64_encode($image['dir'] . ']|[' . $image['filename'] . ']|[' . $image['last_modify']); ?>.jpg" border="0"/></a></div>
        </div>
        <div class="title"><?php echo $image['title']; ?></div>
    </div>
    <?
        }
    }else{
        echo ' Sorry. No photos submitted yet.';
    }
    ?>
</div>
<?php
}
function readLastAddition(){
    $image_list_arr = array();
    $opendir = 'data';
    if ($handle = opendir($opendir)) {
        while (false !== ($file = readdir($handle))) {
            if ($file != '.' AND $file != '..' AND (substr($file,0,10) == 'thumbdata_')) {
                $file_data_arr = explode(']|[', base64_decode(str_replace('thumbdata_','',$file)));
                $file_data_arr[2] = str_replace('帕','',$file_data_arr[2]);
                $image_list_arr[] = array('dir' => $file_data_arr[0], 'filename' => $file_data_arr[1], 'title' => str_replace('_',' ',substr($file_data_arr[1],0,-4)), 'last_modify' => $file_data_arr[2]);
            }
        }
        closedir($handle);
        $image_list_arr = multi_array_sort($image_list_arr, 'last_modify', 'asc');
        $i = 1;
        $maximum_img_at_homepage = 4;
        $image_at_homepage = array();
        if($image_list_arr){
            foreach($image_list_arr as $image_list_key => $image_list_value){
                $image_at_homepage[$image_list_key] = $image_list_value;
                if($i == $maximum_img_at_homepage){ break; }
                $i++;
            }
        }
        return $image_at_homepage;
    }else{
        return false;
    }
}
?>
```

21.5.2 单幅图片的展示

在功能展示中，用户已经看出，单幅图片不但可以看大图，还可以实现全屏展示的功能，这个功能是如何的呢？在这个系统中，有一个文件夹 includes，主要是用来实现这个功能的，下面进行详细讲解。

1. 单幅图片的展示

由于篇幅关系，这里只展示部分，其他代码都放在光盘里面。其代码如下：

```php
class ThumbnailImage
{
//定义变量
    var $src_file;
    var $dest_file;
    var $dest_type;
    var $interlace;
    var $jpeg_quality;
    var $max_width;
    var $max_height;
    var $fit_to_max;
    var $logo;
    var $label;
//图片展示处理
    function ThumbnailImage ( $src_file = '' )
    {
        $this->src_file = $src_file;
        $this->dest_file = STDOUT;
        $this->dest_type = THUMB_JPEG;
        $this->interlace = INTERLACE_OFF;
        $this->jpeg_quality = -1;
        $this->max_width = 100;
        $this->max_height = 90;
        $this->fit_to_max = FALSE;
        $this->logo['file'] = NO_LOGO;
        $this->logo['vert_pos'] = POS_TOP;
        $this->logo['horz_pos'] = POS_LEFT;
        $this->label['text'] = NO_LABEL;
        $this->label['vert_pos'] = POS_BOTTOM;
        $this->label['horz_pos'] = POS_RIGHT;
        $this->label['font'] = '';
        $this->label['size'] = 20;
        $this->label['color'] = '#000000';
        $this->label['angle'] = 0;
    }
//分列颜色
    function ParseColor ( $hex_color )
    {
```

```php
        if ( strpos ( $hex_color, '#' ) === 0 )
            $hex_color = substr ( $hex_color, 1 );
        $r = hexdec ( substr ( $hex_color, 0, 2 ) );
        $g = hexdec ( substr ( $hex_color, 2, 2 ) );
        $b = hexdec ( substr ( $hex_color, 4, 2 ) );
        return array ( $r, $g, $b );
    }
    //获取图像地址
    function GetImageStr ( $image_file )
    {
        if ( function_exists ( 'file_get_contents' ) )
        {
            $str = @file_get_contents ( $image_file );
            if ( ! $str )
            {
                $err = sprintf( E_002, $image_file );
                trigger_error( $err, E_USER_ERROR );
            }
            return $str;
        }
        $f = fopen ( $image_file, 'rb' );
        if ( ! $f )
        {
            $err = sprintf( E_002, $image_file );
            trigger_error( $err, E_USER_ERROR );
        }
        $fsz = @filesize ( $image_file );
        if ( ! $fsz )
            $fsz = MAX_IMG_SIZE;
        $str = fread ( $f, $fsz );
        fclose ( $f );
        return $str;
    }
    //下载图像
    function LoadImage ( $image_file, &$image_width, &$image_height )
    {
        $image_width = 0;
        $image_height = 0;
        $image_data = $this->GetImageStr( $image_file );
        $image = imagecreatefromstring ( $image_data );
        if ( ! $image )
        {
            $err = sprintf( E_003, $image_file );
            trigger_error( $err, E_USER_ERROR );
        }
        $image_width = imagesx ( $image );
```

```php
        $image_height = imagesy ( $image );
        return $image;
    }
//设置翻阅中的图像大小
    function GetThumbSize ( $src_width, $src_height )
    {
        $max_width = $this->max_width;
        $max_height = $this->max_height;
        $x_ratio = $max_width / $src_width;
        $y_ratio = $max_height / $src_height;
        $is_small = ( $src_width <= $max_width && $src_height <= $max_height );
        if ( ! $this->fit_to_max && $is_small )
        {
            $dest_width = $src_width;
            $dest_height = $src_height;
        }
        elseif ( $x_ratio * $src_height < $max_height )
        {
            $dest_width = $max_width;
            $dest_height = ceil ( $x_ratio * $src_height );
        }
        else
        {
            $dest_width = ceil ( $y_ratio * $src_width );
            $dest_height = $max_height;
        }
        return array ( $dest_width, $dest_height );
    }
//添加图片水印
    function AddLogo ( $thumb_width, $thumb_height, &$thumb_img )
    {
        extract ( $this->logo );
        $logo_image = $this->LoadImage ( $file, $logo_width, $logo_height );
        if ( $vert_pos == POS_CENTER )
            $y_pos = ceil ( $thumb_height / 2 - $logo_height / 2 );
        elseif ($vert_pos == POS_BOTTOM)
            $y_pos = $thumb_height - $logo_height;
        else
            $y_pos = 0;
        if ( $horz_pos == POS_CENTER )
            $x_pos = ceil ( $thumb_width / 2 - $logo_width / 2 );
        elseif ( $horz_pos == POS_RIGHT )
            $x_pos = $thumb_width - $logo_width;
        else
            $x_pos = 0;
        if ( ! imagecopy ( $thumb_img, $logo_image, $x_pos, $y_pos, 0, 0,
```

```php
            $logo_width, $logo_height ) )
            trigger_error( E_004, E_USER_ERROR );
    }
//添加图像标签
    function AddLabel ( $thumb_width, $thumb_height, &$thumb_img )
    {
        extract ( $this->label );
        list( $r, $g, $b ) = $this->ParseColor ( $color );
        $color_id = imagecolorallocate ( $thumb_img, $r, $g, $b );
        $text_box = imagettfbbox ( $size, $angle, $font, $text );
        $text_width = $text_box [ 2 ] - $text_box [ 0 ];
        $text_height = abs ( $text_box [ 1 ] - $text_box [ 7 ] );
        if ( $vert_pos == POS_TOP )
            $y_pos = 5 + $text_height;
        elseif ( $vert_pos == POS_CENTER )
            $y_pos = ceil( $thumb_height / 2 - $text_height / 2 );
        elseif ( $vert_pos == POS_BOTTOM )
            $y_pos = $thumb_height - $text_height;
        if ( $horz_pos == POS_LEFT )
            $x_pos = 5;
        elseif ( $horz_pos == POS_CENTER )
            $x_pos = ceil( $thumb_width / 2 - $text_width / 2 );
        elseif ( $horz_pos == POS_RIGHT )
            $x_pos = $thumb_width - $text_width -5;
        imagettftext ( $thumb_img, $size, $angle, $x_pos, $y_pos,
            $color_id, $font, $text );
    }
//输出缩略图像
    function OutputThumbImage ( $dest_image )
    {
        imageinterlace ( $dest_image, $this->interlace );
        header ( 'Content-type: ' . $this->dest_type );
        if ( $this->dest_type == THUMB_JPEG )
            imagejpeg ( $dest_image, '', $this->jpeg_quality );
        elseif ( $this->dest_type == THUMB_GIF )
            imagegif($dest_image);
        elseif ( $this->dest_type == THUMB_PNG )
            imagepng ( $dest_image );
    }
//保存缩略图像
    function SaveThumbImage ( $image_file, $dest_image ){
        imageinterlace ( $dest_image, $this->interlace );
        if ( $this->dest_type == THUMB_JPEG )
            imagejpeg ( $dest_image, $this->dest_file, $this->jpeg_quality );
        elseif ( $this->dest_type == THUMB_GIF )
            imagegif ( $dest_image, $this->dest_file );
```

```php
    elseif ( $this->dest_type == THUMB_PNG )
        imagepng ( $dest_image, $this->dest_file );
}
function Output(){
    $src_image = $this->LoadImage($this->src_file, $src_width, $src_height);
    $dest_size = $this->GetThumbSize($src_width, $src_height);
    $dest_width=$dest_size[0];
    $dest_height=$dest_size[1];
    $dest_image=imagecreatetruecolor($dest_width, $dest_height);
    if (!$dest_image)
        trigger_error(E_005, E_USER_ERROR);
    imagecopyresampled( $dest_image, $src_image, 0, 0, 0, 0,
        $dest_width, $dest_height, $src_width, $src_height );
    if ($this->logo['file'] != NO_LOGO)
        $this->AddLogo($dest_width, $dest_height, $dest_image);
    if ($this->label['text'] != NO_LABEL)
        $this->AddLabel($dest_width, $dest_height, $dest_image);
    if ($this->dest_file == STDOUT)
        $this->OutputThumbImage ( $dest_image );
    else
        $this->SaveThumbImage ( $this->dest_file, $dest_image );
    imagedestroy ( $src_image );
    imagedestroy ( $dest_image );
    }
}
?>
```

除了上面这段代码，还需要另外一个 PHP 文件——functions.php，这个页面的主要功能是单幅图片的浏览。这个文件的重要代码如下：

```php
<?php
//页面处理参数
function post_param($get_param){
    if(@$return_filtered = $_POST[$get_param]){
    $return_filtered = str_replace('<','',$return_filtered);
        $return_filtered = str_replace('>','',$return_filtered);
        $return_filtered = str_replace('"','',$return_filtered);
        $return_filtered = str_replace("'",'',$return_filtered);
        $return_filtered = str_replace(";",' ',$return_filtered);
        $return_filtered = str_replace(":",' ',$return_filtered);
        $return_filtered = stripslashes($return_filtered);
        return $return_filtered;
    }else{
        return false;
    }
}
//清除目录
```

```php
function ClearDirectory($path){
    if($dir_handle = opendir($path)){
        while($file = readdir($dir_handle)){
            if($file == "." || $file == ".."){
                if(!@unlink($path."/".$file)){
                    continue;
                }
            }else{
                @unlink($path."/".$file);
            }
        }
        closedir($dir_handle);
        return true;
    }else{
        return false;
    }
}
//删除目录
function RemoveDirectory($path){
    if(ClearDirectory($path)){
        if(rmdir($path)){
            return true;
        }else{
            return false;
        }
    }else{
        return false;
    }
}

function directoryToArray($directory, $recursive) {
    $array_items = array();
    if ($handle = opendir($directory)) {
        while (false !== ($file = readdir($handle))) {
            if ($file != "." && $file != "..") {
                if (is_dir($directory. "/" . $file)) {
                    if($recursive) {
                        $array_items = array_merge($array_items, directoryToArray($directory. "/" . $file, $recursive));
                    }
                    $file = $directory . "/" . $file;
                    $array_items[] = preg_replace("/\/\\//si", "/", $file);
                } else {
                    $file = $directory . "/" . $file;
                    $array_items[] = preg_replace("/\/\\//si", "/", $file);
                }
```

```
                    }
                }
                    closedir($handle);
            }
            return $array_items;
    }
    //读取目录中的数据
    function readDirectory($current_dir = '', $exclude_dir = false){
            $image_list_arr = array();
        $opendir = 'gallery/'.$current_dir;
        if ($handle = opendir($opendir)) {
            while (false !== ($file = readdir($handle))) {
                    if (($file != '.' AND $file != '..') AND ((substr(strtolower($file),-3) == 'jpg' || substr(strtolower($file),-3) == 'gif' || substr(strtolower($file),-3) == 'png') OR (is_dir($opendir . '/' . $file) AND !$exclude_dir) )) {
                            $file_original_name = $file;
                            if(is_dir($opendir . '/' . $file_original_name)){
                                    $item_type = 'dir';
                                    $file_title_return = $file_original_name;
                                    $file = $file_original_name;
                                    $file_width= '';
                                    $file_height = '';
                                    $the_thumbnail = '';
                                    $file_size = '';
                                    $file_modified = '';
                            }else{
                                    $item_type = 'image';
                                    $file_title = substr($file,0,-4);
                                    list($file_width, $file_height, $type, $attr) = getimagesize('gallery/'.$current_dir.'/'.$file);
                                    if(is_file('data/thumbdata_'.base64_encode($current_dir . ')[' . $file . ']['  . filectime('gallery/'.$current_dir.'/'.$file)).'.jpg')){
                                            $the_thumbnail = 'data/thumbdata_'.base64_encode($current_dir . ')[' . $file . ']['  . filectime('gallery/'.$current_dir.'/'.$file)).'.jpg';
                                    }else{
                                            $the_thumbnail = 'img_holder.jpg';
                                    }
                                    if(STRIP_SORT_NUMBER AND (is_numeric(substr($file_title,0,1))) AND (substr($file_title,1,1) == '_')){
                                            $file_title_return = substr($file_title,2);
                                    }else{
                                            $file_title_return = $file_title;
                                    }
                                    $file_title_return = str_replace('_',' ', $file_title_return);
                                    $file_size = filesize('gallery/'.$current_dir.'/'.$file);
                                    $file_modified = filectime('gallery/'.$current_dir.'/'.$file);
```

```php
                    }
                    $image_list_arr[] = array(
                            'id' => md5($current_dir.$file.time()),
                            'dir' => $current_dir,
                            'filename' => $file,
                            'title' => $file_title_return,
                            'thumb' => $the_thumbnail,
                            'width'=> $file_width,
                            'height' => $file_height,
                            'filesize' => $file_size,
                            'modified' => $file_modified,
                            'item_type' => $item_type);
                }
            }
            closedir($handle);
                    return $image_list_arr;
        }else{
            return false;
        }
}
//读取分类系想你
function multi_array_sort($array='', $key='', $order='asc')
{
    if($array AND $key){
        foreach ($array as $i => $k) {
            $sort_values[$i] = $array[$i][$key];
        }
        if($order == 'desc'){
            rsort ($sort_values);
        }else{
            asort ($sort_values);
        }
        reset ($sort_values);
        while (list ($arr_key, $arr_val) = each ($sort_values)) {
            $sorted_arr[] = $array[$arr_key];}
        return $sorted_arr;
    }else{
        return false;
    }}
//读取搜索信息
function multi_array_search($search_value, $the_array)
{
    if (is_array($the_array)) {
        foreach ($the_array as $key => $value)   {
            $result = multi_array_search($search_value, $value);
            if (is_array($result)) {
```

```php
                $return = $result;
                array_unshift($return, $key);
                return $return;
            }
            elseif ($result == true)
            {
                $return[] = $key;
                return $return;
            }   }
        return false;    }
    else {
        if ($search_value == $the_array) {
            return true;}
        else return false;
}}
function pre($sting_to_pre = ''){
    if($sting_to_pre){
        echo '<pre>';
        print_r($sting_to_pre);
        echo '</pre>';    }}
?>
```

2. 需要的 JavaScript

在前面已经讲过，网页特性的实现往往离不开 JavaScript 和 CSS 样式，由于 CSS 样式十分简单，这里就不再赘述，需要的素材都在 lightbox 文件夹中。在 lightbox 文件夹新建一个 lightbox.js，输入如下的代码：

```javascript
//获取页面大小
function getPageSize(){
    var xScroll, yScroll;
    if (window.innerHeight && window.scrollMaxY) {
        xScroll = document.body.scrollWidth;
        yScroll = window.innerHeight + window.scrollMaxY;
    } else if (document.body.scrollHeight > document.body.offsetHeight){
        xScroll = document.body.scrollWidth;
        yScroll = document.body.scrollHeight;
    } else {
        xScroll = document.body.offsetWidth;
        yScroll = document.body.offsetHeight;
    }
    var windowWidth, windowHeight;
    if (self.innerHeight) {
        windowWidth = self.innerWidth;
        windowHeight = self.innerHeight;
    } else if (document.documentElement && document.documentElement.clientHeight) {
        windowWidth = document.documentElement.clientWidth;
```

```
                windowHeight = document.documentElement.clientHeight;
        } else if (document.body) {
                windowWidth = document.body.clientWidth;
                windowHeight = document.body.clientHeight;
        }
        if(yScroll < windowHeight){
                pageHeight = windowHeight;
        } else {
                pageHeight = yScroll;
        }
        if(xScroll < windowWidth){
                pageWidth = windowWidth;
        } else {
                pageWidth = xScroll;
        }
        arrayPageSize = new Array(pageWidth,pageHeight,windowWidth,windowHeight)
        return arrayPageSize;
}
//列空隙处理
function pause(numberMillis) {
    var now = new Date();
    var exitTime = now.getTime() + numberMillis;
    while (true) {
        now = new Date();
        if (now.getTime() > exitTime)
            return;
    }
}
function getKey(e){
    if (e == null) {
        keycode = event.keyCode;
    } else {
        keycode = e.which;
    }
    key = String.fromCharCode(keycode).toLowerCase();
    if(key == 'x'){ hideLightbox(); }
}
//图片特效
function showLightbox(objLink)
{
    var objOverlay = document.getElementById('overlay');
    var objLightbox = document.getElementById('lightbox');
    var objCaption = document.getElementById('lightboxCaption');
    var objImage = document.getElementById('lightboxImage');
    var objLoadingImage = document.getElementById('loadingImage');
    var objLightboxDetails = document.getElementById('lightboxDetails');
```

```javascript
            var arrayPageSize = getPageSize();
            var arrayPageScroll = getPageScroll();
            if (objLoadingImage) {
                    objLoadingImage.style.top = (arrayPageScroll[1] + ((arrayPageSize[3] - 35 - objLoadingImage.height) / 2) + 'px');
                    objLoadingImage.style.left = (((arrayPageSize[0] - 20 - objLoadingImage.width) / 2) + 'px');
                    objLoadingImage.style.display = 'block';
            }
            objOverlay.style.height = (arrayPageSize[1] + 'px');
            objOverlay.style.display = 'block';
            imgPreload = new Image();
            imgPreload.onload=function(){
                    objImage.src = objLink.href;
                    var lightboxTop = arrayPageScroll[1] + ((arrayPageSize[3] - 35 - imgPreload.height) / 2);
                    var lightboxLeft = ((arrayPageSize[0] - 20 - imgPreload.width) / 2);
                    objLightbox.style.top = (lightboxTop < 0) ? "0px" : lightboxTop + "px";
                    objLightbox.style.left = (lightboxLeft < 0) ? "0px" : lightboxLeft + "px";
            objLightboxDetails.style.width = imgPreload.width + 'px';
                    if(objLink.getAttribute('title')){
                            objCaption.style.display = 'block';
                                    objCaption.innerHTML = objLink.getAttribute('title');
                    } else {
                            objCaption.style.display = 'none';
                    }
                    if (navigator.appVersion.indexOf("MSIE")!=-1){
                            pause(250);
                    }
                    if (objLoadingImage) {objLoadingImage.style.display = 'none'; }
                    selects = document.getElementsByTagName("select");
                    for (i = 0; i != selects.length; i++) {
                            selects[i].style.visibility = "hidden";
                    }
                    objLightbox.style.display = 'block';
                    arrayPageSize = getPageSize();
                    objOverlay.style.height = (arrayPageSize[1] + 'px');
                    listenKey();
                    return false;
            }
            imgPreload.src = objLink.href;
}
//图片隐藏特效
function hideLightbox()
{
        objOverlay = document.getElementById('overlay');
        objLightbox = document.getElementById('lightbox');
        objOverlay.style.display = 'none';
```

```
        objLightbox.style.display = 'none';
        selects = document.getElementsByTagName("select");
        for (i = 0; i != selects.length; i++) {
             selects[i].style.visibility = "visible";
        }
        document.onkeypress = '';
}
//图片初始化特效
function initLightbox()
{
        if (!document.getElementsByTagName){ return; }
        var anchors = document.getElementsByTagName("a");
        for (var i=0; i<anchors.length; i++){
             var anchor = anchors[i];
             if (anchor.getAttribute("href") && (anchor.getAttribute("rel") == "lightbox")){
                  anchor.onclick = function () {showLightbox(this); return false;}
             }
        }
        var objBody = document.getElementsByTagName("body").item(0);
        var objOverlay = document.createElement("div");
        objOverlay.setAttribute('id','overlay');
        objOverlay.onclick = function () {hideLightbox(); return false;}
        objOverlay.style.display = 'none';
        objOverlay.style.position = 'absolute';
        objOverlay.style.top = '0';
        objOverlay.style.left = '0';
        objOverlay.style.zIndex = '90';
        objOverlay.style.width = '100%';
        objBody.insertBefore(objOverlay, objBody.firstChild);
        var arrayPageSize = getPageSize();
        var arrayPageScroll = getPageScroll();
        var imgPreloader = new Image();
        imgPreloader.onload=function(){
             var objLoadingImageLink = document.createElement("a");
             objLoadingImageLink.setAttribute('href','#');
             objLoadingImageLink.onclick = function () {hideLightbox(); return false;}
             objOverlay.appendChild(objLoadingImageLink);
             var objLoadingImage = document.createElement("img");
             objLoadingImage.src = loadingImage;
             objLoadingImage.setAttribute('id','loadingImage');
             objLoadingImage.style.position = 'absolute';
             objLoadingImage.style.zIndex = '150';
             objLoadingImageLink.appendChild(objLoadingImage);
             imgPreloader.onload=function(){};
             return false;
```

```
            }
            imgPreloader.src = loadingImage;
            var objLightbox = document.createElement("div");
            objLightbox.setAttribute('id','lightbox');
            objLightbox.style.display = 'none';
            objLightbox.style.position = 'absolute';
            objLightbox.style.zIndex = '100';
            objBody.insertBefore(objLightbox, objOverlay.nextSibling);
            var objLink = document.createElement("a");
            objLink.setAttribute('href','#');
            objLink.setAttribute('title','Click to close');
            objLink.onclick = function () {hideLightbox(); return false;}
            objLightbox.appendChild(objLink);
            var imgPreloadCloseButton = new Image();
            imgPreloadCloseButton.onload=function(){
                var objCloseButton = document.createElement("img");
                objCloseButton.src = closeButton;
                objCloseButton.setAttribute('id','closeButton');
                objCloseButton.style.position = 'absolute';
                objCloseButton.style.zIndex = '200';
                objLink.appendChild(objCloseButton);
                return false;
            }
            imgPreloadCloseButton.src = closeButton;
            var objImage = document.createElement("img");
            objImage.setAttribute('id','lightboxImage');
            objLink.appendChild(objImage);
            var objLightboxDetails = document.createElement("div");
            objLightboxDetails.setAttribute('id','lightboxDetails');
            objLightbox.appendChild(objLightboxDetails);
            var objCaption = document.createElement("div");
            objCaption.setAttribute('id','lightboxCaption');
            objCaption.style.display = 'none';
            objLightboxDetails.appendChild(objCaption);
            var objKeyboardMsg = document.createElement("div");
            objKeyboardMsg.setAttribute('id','keyboardMsg');
            objKeyboardMsg.innerHTML = 'press <a href="#" onclick="hideLightbox(); return false;"> <kbd>x</kbd></a> to close';
            objLightboxDetails.appendChild(objKeyboardMsg);
        }
        function addLoadEvent(func)
        {
            var oldonload = window.onload;
            if (typeof window.onload != 'function'){
                window.onload = func;
            } else {
```

```
            window.onload = function(){
            oldonload();
            func();
            }
        }
    }
```

21.5.3 后台管理

在前面的代码中主要讲解了前台管理，下面讲解后台管理。在后台依然需要大量的 CSS 样式和 JavaScript，这里就不再讲解它们，这里主要讲解 PHP 是如何实现的。后台管理主要有两个页面，一个是后台登录页面 admin.php，另一个是后台处理页面 admin_popup.php，下面对它们进行讲解。

1. 后台登录页面

后台登录页面就好比一个窗口，用户要对整个网站进行管理，必须先通过这个窗口登录，然后才能到后台进行管理。后台登录页面的重要代码如下：

```php
<?php
//调入配置文件
include('config.php');
//处理登录信息
if(@$_COOKIE['ifotocp'] == md5($admin_username.$admin_password)){
    if(@$_GET['p'] == 'logout'){
        logout();
    }else{
        html_interface();
    }
}else{
    if(@$_POST['login'] == $admin_username && @$_POST['password'] == $admin_password){
        setcookie('ifotocp', md5($admin_username.$admin_password), time()+3600, '/', false);
        echo '<meta http-equiv=refresh content=0;URL=?>';
    }else{
        html_login();
    }
}
function admin_contents(){
    $page_request = @$_GET['p'];
    switch($page_request){
        case 'gallery' : gallery(); break;
        case 'comments' : comments(); break;
        case 'thumbnails' : thumbnails(); break;
        case 'sentinal' : sentinal(); break;
        default : homepage(); break;
    }
}
```

```php
//首页处理
function homepage(){
    ?>


    <?php
//图片展示处理
function gallery(){
    ?>


                <?php
                $opendiryg_sub = "gallery/$file";
                if ($handle_sub = opendir($opendiryg_sub)) {
                    while (false !== ($file_sub = readdir($handle_sub))) {
                        if ($file_sub != "." && $file_sub != ".." && $file_sub != "Thumbs.db") {
if(is_dir($opendiryg_sub.'/'.$file_sub)){
                        ?>

                <?php
                    $opendiryg_file = $opendiryg_sub.'/'.$file_sub;
                    if ($handle_file = opendir($opendiryg_file)) {
while (false !== ($file_tri = readdir($handle_ file))) {
if ($file_tri != "." && $file_tri != ".." && $file_tri != "Thumbs.db") {

                        $file_id = base64_encode($file .'/' . $file_sub.')|['.$file_tri . ']|[' . filectime('gallery/'.$file .'/' . $file_sub.'/'. $file_tri));
                    ?>
                        <div style="margin-left:40px; border:1px solid #CCCCCC; border-bottom:0px; padding:5px;">
                            <img style="border:1px solid #666666;" src="data/thumbdata_<? echo base64_encode($file .'/' . $file_sub.']|['.$file_tri . ']|[' . filectime ('gallery/'.$file .'/' . $file_sub.'/'.$file_tri)); ?>.jpg" width="20">
                            <?=$file_tri?> -
                            <?if(is_writable($opendiryg.$file)){?>
                                <a href="#" onClick = "pop('file_rename','<?=$file_id?>')">Rename Filename</a> | <a href="#" onClick="pop('file_desc', '<?= $file_id?>')">Edit Description</a> | <a href="#" onClick="pop('file_delete','<?=$file_id?>')">Delete</a>
                            <?}else{?>
                                <span style= "border: 1px solid #FC9A9A; background:#FEDADA; padding:0px 10px; text-align:center;">File not writable (<a href="">?</a>)</span>
                            <?}?>
                        </div>
                    <?
                    }

                }
                closedir($handle_file);
                        }
                    }else{
                        $file_id = base64_encode($file . ']|['.$file_sub . ']|['.
```

```php
filectime('gallery/'.$file .'/' . $file_sub));
                                                                          ?>
                                                        <div style="margin-left:20px; border:1px solid #CCCCCC; border-bottom:0px; padding:5px;">
            <img style="border:1px solid #666666;" src="data/thumbdata_<? echo base64_encode ($file.')|['.$file_sub . ']|[' . filectime('gallery/'.$file.'/'.$file_sub)); ?>.jpg" width="20">
            <?=$file_sub?> -
            <?if(is_writable($opendiryg.$file)){?>
            <a href="#" onClick="pop('file_rename',' <?=$file_id?>')">Rename Filename</a> | <a href="#" onClick="pop('file_desc','<?=$file_id?>')">Edit Description </a> | <a href="#" onClick="pop('file_delete','<?=$file_id?>')">Delete</a>
            <?}else{?>
            <span style="border:1px solid #FC9A9A; background:#FEDADA; padding:0px 10px; text-align:center;">File not writable (<a href="">?</a>)</span>
            <?}?>
                                                        </div>
                                                        <?
                        }
                    }
                }
                    closedir($handle_sub);
                }
            }
        }
            closedir($handle);
        }
    }
    //图片评论管理
    function comments(){

        ?>
        <b>Comment List</b>
        <div class="comments">
            <div class="list">
            <?

            $filename = 'data/comments.dat';
            if(!file_exists($filename)){
                $fp = fopen($filename, 'w');
                fwrite($fp, '');
                fclose($fp);
            }
            $comments_data = implode ('', file ($filename));
            $comments_arr = explode('}|+|{', $comments_data);
            if(@$_GET['act'] == 'delete'){
```

```php
            $key_to_delete = $_GET['id'];
            unset($comments_arr[$key_to_delete]);
            $content_to_write = '';
            $total_comments = count($comments_arr);
            $i = 1;
            foreach ($comments_arr as $comments_data){
                if($i != $total_comments){$append_saperator = '}|+|{';}else{$append_saperator = '';}
                $content_to_write .= $comments_data.$append_saperator;
                $array[] = $comments_data;
                $i++;
            }
            $fp = fopen($filename, 'w');
            fwrite($fp, $content_to_write);
            fclose($fp);
            
            ?>
            <div style="border:1px solid #C6C6C6; padding:10px; width:200px; text-align:center; margin:0 auto;">
                Comment deleted.
            </div>
            <br />
            <?
        }
        if($comments_data){
            foreach ($comments_arr as $comments_key => $comments_data){
                $comments_data = unserialize($comments_data);
                ?>
                <div class="thumb"><a href="" target="_blank"><img src="data/thumbdata_<?=$comments_data['id']?>.jpg" width="50px" border="0" /></a></div>
                <div class="entry">
                    <div class="meta">
                        <b><?php echo $comments_data['name'];?></b> - <?php echo $comments_data['email'];?><?php if($comments_data['website']){echo ' (<a href="http://'.str_replace ('http://', '',$comments_data['website']).'" target="_blank">'.$comments_data['website'].'</a>)';}?> on <?php echo date('l, j F Y', $comments_data['time']);?>
                         - <a href="?p=comments&act=delete&id=<?php echo $comments_key;?>">Delete</a>
                    </div>
                    <div class="comment"><?php echo $comments_data['comment'];?></div>
                </div>
                <div class="clear"></div>
                <?
            }
        }else{
            echo 'No comment.';
        }
```

?>
```

### 2. 后台登录页面

后台的登录页面有一些处理后台的内容，但是真正处理后台的工作的是 admin_popup.php 页面，它具有大部分页面处理功能页面，其重要代码如下：

```php
<?php
//插入页面
include('config.php');
include('includes/functions.php');
if(@$_COOKIE['ifotocp'] == md5($admin_username.$admin_password)){
    html_interface();
}else{
    echo 'Please login.';
    exit();
}
//弹出页面处理
function popup_content(){
    $id_request = @$_GET['id'];
    define('ID_REQUEST', $id_request);
    $popup_case = @$_GET['pop'];
    switch($popup_case){
        case 'dir_masteradd' :   dir_masteradd();     break;
        case 'dir_add' :         dir_add();           break;
        case 'dir_genthumbs' :   dir_genthumbs();     break;
        case 'dir_upload' :      dir_upload();        break;
        case 'dir_rename' :      dir_rename();        break;
        case 'dir_delete' :      dir_delete();        break;
        case 'file_rename' :     file_rename();       break;
        case 'file_desc' :       file_desc();         break;
        case 'file_delete' :     file_del();          break;
    }
}
//目录管理
function dir_masteradd(){
    if(post_param('submit') && post_param('album_name')){
        $dir_to_create = post_param('album_name');
        if($dir_to_create == ''){
            exit('Please type the gallery name.');
        }
        if(is_dir('./gallery/'.$dir_to_create)){
            exit('Gallery named '.$dir_to_create.' already existed. Click <a href="#" onClick="window.history.go(-1)">here</a> to try again.');
        }
        if(mkdir('./gallery/'.$dir_to_create)){
            echo 'Gallery created!';
        }else{
```
```

```
                    echo 'Cannot create gallery. Please create it using FTP instead.';
                }
            ?>
        }
    }
    //上传目录
    function dir_upload(){
        if(post_param('submit')){
            $dir_target = get_param('id');
            if(!is_dir('./gallery/'.$dir_target)){
                exit('Gallery named '.$dir_target.' didn\'t exist. Click <a href="#" onClick="window.history.go(-1)">here</a> to try again.');
            }
    $uploaddir  = './gallery/'.$dir_target;
    $file_name = $_FILES['file_name']['name'];
    $true_name = str_replace(" ","_",$file_name);
    $file_name = str_replace("%20","",$true_name);
    $uploadfile = $uploaddir . '/' . $file_name;
    if (move_uploaded_file($_FILES['file_name']['tmp_name'], $uploadfile)) {
            chmod('./gallery/'.$dir_target, 0777);
            require('includes/thumbnailer.php');
            if(!file_exists('data/thumbdata_'.base64_encode($dir_target.']|['.$file_name.']|['.filectime('gallery/'.$dir_target.'/'.$file_name)).'.jpg') AND (substr(strtolower($file_name), -3) == 'jpg' || substr(strtolower($file_name), -3) == 'gif')){
                    $tis = new ThumbnailImage();
                    $tis->src_file   = 'gallery/'.$dir_target.'/'.$file_name;
                    $tis->dest_type = THUMB_JPEG;
                    //$tis->dest_file = 'data/thumbdata_'.base64_encode($current_dir.']|['.$file . ']|['. filemtime('gallery/'.$current_dir.'/'.$file)).'.jpg';
                    $tis->dest_file  = 'data/thumbdata_'.base64_encode($dir_target.']|['.$file_name . ']|['. filectime('gallery/'.$dir_target.'/'.$file_name)).'.jpg';
                    $tis->max_width = 120;
                    $tis->max_height = 4000;
                    $tis->Output();
            }
        echo 'File uploaded succcesfully. Click <a href="?pop=dir_upload&id='.get_param('id').'">here</a> to upload more file.';
        } else {
            echo 'Upload Error.';
            //print_r($_FILES);
        }
        ?>
        <br /><br /><a href="javascript:tutupWindow();">Close</a>
        <script language="JavaScript">
            <!--
```

```
//页面窗口处理
            function tutupWindow() {
                opener.location.reload();
                self.close();
            }
            // -->
        </script>
        <?
    }else{

        ?>
        <h1>Upload New File</h1>
        <form action="?pop=dir_upload&id=<?=get_param('id')?>" method="POST" enctype="multipart/form-data">
            <input type="file" name="file_name" /><br />
            <input type="submit" name="submit" value="Submit" onClick="this.value='Uploading...';" />
            <input type="button" name="cancel" value="Cancel" onClick="window.close();" />
        </form>
        Note : To upload more file, please use FTP instead.
        <?
    }
}
//目录命名管理
function dir_rename(){
    if(post_param('submit') && post_param('album_name')){
        $old_name = get_param('id');
        $new_name = post_param('album_name');
        if($old_name == '' OR $new_name == ''){
            exit('Please type the gallery name.');
        }
        if(!is_dir('./gallery/'.$old_name)){
            exit($dir_to_create.' is not a directory. Click <a href="#" onClick="window.history.go(-1)" >here</a> to try again.');
        }
        if(rename('./gallery/'.$old_name, './gallery/'.$new_name)){
            echo 'Gallery renamed! You need to re-generate the thumbnails.';
        }else{
            echo 'Cannot rename gallery. Please rename it using FTP instead.';
        }
        ?>
        <br /><br /><a href="javascript:tutupWindow();">Close</a>
        <script language="JavaScript">
        <!--
            function tutupWindow() {
                opener.location.reload();
```

```
            self.close();
        }
        // -->
    </script>
              <?
}else{
              ?>
```

到此为止，整个项目的主要功能介绍完毕。初学者可能会问：第一次看到有这么多代码的工程，该怎么做才能完成这些代码的编写？怎样才能理清这些代码的关系？其实再多的代码都是一行一行编写出来的，初学者在编写网页程序时，首先要用心规划网页的存放，也就是建立文件夹，如后台文件、前台文件的分类放置。其次，应尽量不写重复的代码，代码的重用性，对于一个系统也是十分重要。

第 22 章　在线投票系统

投票模块主要用于实现对浏览者的调查，这个模块的使用频率很高，如新浪、腾讯、网易等门户网站都设有调查页面。本章将讲解三个不同的调查模块，以帮助读者轻松编写出符合要求的完整的投票模块。

22.1　效果展示

下面向读者展示出本章将要讲解的投票模块。第一个调查系统，是 PHP 与纯文本结合的投票系统，是一个关于购房意愿的调查模块，如图 22-1 所示。

图 22-1　投票系统首页

在投票后，用户单击"提交"按钮，浏览者将自己的意愿传送给服务器，当用户不满，需要重新选择投票意愿时，可以单击"重置"按钮重新进行选择，当用户提交后，可以单击"查看"按钮，查看投票情况，如图 22-2 所示。

第四篇　实例篇

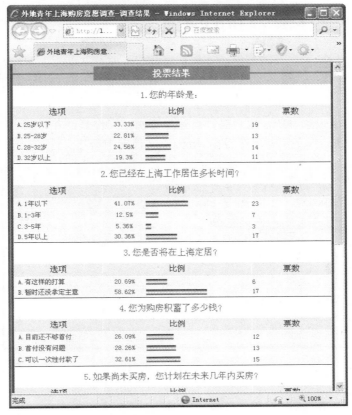

图 22-2　投票结果

下面这个系统更适合手机用户。由于 3G 的普及，手机上网将更受人们欢迎。这一款是针对手机的一个 Flash 投票系统，如图 22-3 所示。

最后一个系统是结合 MySQL 数据库和最新技术 Ajax，实现一个无刷新提交的数据库投票系统，如图 22-4 所示。

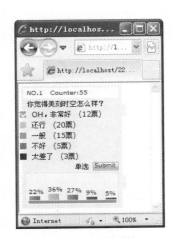

图 22-3　投票系统

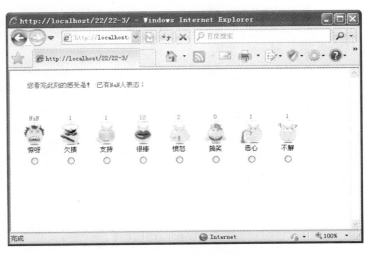

图 22-4　无刷新投票

481

22.2 购房投票系统模块的实现

这个系统没有数据库，它的一切信息都是通过文本保存下来的。下面对它进行讲解。

22.2.1 系统的布置

要实现这个购房投票系统，用户必须新建一个网站文件夹，并对其进行配置。在网站文件夹下建立一个"data"文件夹，然后在"data"文件夹中新建文件，如图 22-5 所示。

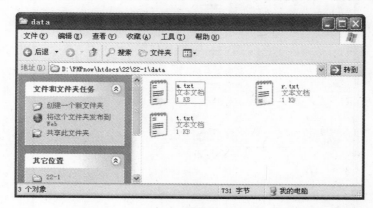

图 22-5 建立一个模块

22.2.2 投票的首页

投票的首页是一个面对浏览者的表单，它是收集浏览者信息的窗口，可通过下面的代码进行实现，index.php 代码如下：

```
<html>
<head>
<title>外地青年上海购房意愿调查-调查</title>
<meta http-equiv="Content-Type" content="text/html; charset=gb2312" />
<style type="text/css">
<!--
.hei12 {  font-family: "宋体"; line-height: 22px; color: 262626; text-decoration: none; font-size: 12px}
.hei13 {  font-family: "宋体"; line-height: 22px; color: 262626; text-decoration: none; font-size: 14px}
.hei16 {  font-family: "宋体"; line-height: 26px; color: 830000; text-decoration: none; font-size: 24px; font-weight: bold}
a:hover { text-decoration: underline}
td {  font-family: "宋体"; font-size: 12px; text-decoration: none}
.shui {  font-family: "宋体"; font-size: 12px; line-height: 16px; color: #262626; text-decoration: underline}
.bai12c {  font-family: "宋体"; font-size: 14px; line-height: 20px; font-weight: bold; color: #FFFFFF; text-decoration: none}
.bai12 {  font-family: "宋体"; font-size: 14px; line-height: 28px; font-weight: normal; color: #000000; text-decoration: none}
```

```
.hong12 { font-family: "宋体"; font-size: 14px; line-height: 20px; font-weight: normal; color: #BE1200; text-decoration: none}
.lan12 { font-family: "宋体"; font-size: 12px; line-height: 16px; color: 0004A0; text-decoration: none}
.gd { font-family: "宋体"; font-size: 12px; line-height: 20px; color: 2F6A03; text-decoration: none}
.bt { font-family: " 宋体 ";   font-size: 14px; color: #2F6A03; text-decoration: none; filter: Glow(Color=#ffffff, Strength=2); line-height: 22px; font-weight: bold; }
.bian01 { background-color: #FEFDE6; border: 1px #996600 solid}
.bian02 { background-color: #F4EEEE; border: 1px #AFAAAA solid}
-->
</style>
</head>
<body bgcolor="#FFFFFF" text="#000000" leftmargin="0" topmargin="0" bottommargin="0" marginwidth="0" marginheight="0">
<div align="center">
  <table width="800" border="0" cellspacing="0" cellpadding="0">
    <tr>
      <td width="800" class="bian01" valign="top">
        <table width="100%" border="0" cellspacing="0" cellpadding="0">
          <tr>
            <td height="26"> </td>
          </tr>
        </table>
        <table width="100%" border="0" cellspacing="0" cellpadding="0">
          <tr>
            <td height="40">
              <div align="center" class="hei16">
                <p align="center">外地青年上海购房意愿调查 </p>
              </div>
            </td>
          </tr>
        </table>
        <table width="95%" border="0" cellspacing="0" cellpadding="0" align="center" bgcolor="A0A0A0" height="1">
          <tr>
            <td></td>
          </tr>
        </table>
        <table width="100%" border="0" cellspacing="0" cellpadding="0">
          <tr>
            <td height="26"> </td>
          </tr>
        </table>
        <table width="100%" border="0" cellspacing="0" cellpadding="0">
          <tr>
            <td height="40">
```

```php
<form name="form1" method="post" action="?a=add" ;>
  <table width="678" align="center" cellpadding="2" cellspacing="2">

<?phpphpphp
//读取标题

 $t = file_get_contents("./data/t.txt");
 $t = explode("\n", $t);

//读取问题
 $a = file_get_contents("./data/a.txt");
 $a = explode("\n", $a);

//读取结果
    $r = file_get_contents("./data/r.txt");
    $r = explode("\n", $r);

//输出显示
     for($i=0; $i<count($t); $i++){
        echo "\n<tr><td height=\"22\" class=\"lan12\"><b>".$t[$i]."</b></td></tr>\n";
        $a1 = explode("|", $a[$i]);
        $r1 = explode("|", $r[$i]);
        for($k=0; $k < count($a1); $k++){

            echo   "<tr><td height=\"22\"><input type='radio'  name='a".$i."' id='a".$i."' value='".$k."' checked/>";
            echo $a1[$k];
            echo "\n</td></tr>\n";
         }
     }

//获取 GET
$l1 = $_GET['a'];
//投票
if($l1 == 'add'){
//print_r($_POST);
//print_r($r);
  for($j=0; $j<count($r); $j++){
        $r2 = explode("|", $r[$j]);
        $r2[$_POST[a.$j]] += 1;
        $r3[$j] = implode("|", $r2);
  }
  $r4 = implode("\n", $r3);
  $fp = fopen("./data/r.txt", "wb");
  fwrite($fp, $r4);
  fclose($fp);
```

```
            echo "<script>alert('感谢投票!');</script>";
            echo "<script>window.location.href='index.php';</script>";
        }
        ?>
        <tr>
        <td height="22"></td>
        </tr>
        <tr>
        <td align="center" height="22">
            <input type="submit" name="button" id="button" value="提交"> <input type="reset" value='重置' />
<input type="button" onClick="window.open('resault.php');" value='查　看' /></td>
        </tr>
        </table>
        </form>
        </td>
            </tr>
            </table>
            </td>
          </tr>
        </table>
        <td width="6"></td>
        <td width="218" class="bian02" valign="top">
            <div align="center"> </div>
        </td>
        <table width="800" border="0" cellspacing="0" cellpadding="0" bgcolor="#FFFFFF" height="68">
            <tr>
            <td valign="top"> </td>
            </tr>
        </table>
        </div>
        </body>
        </html>
```

22.2.3　投票首页的处理

当浏览者在首页进行投票后，服务器需要对这些信息进行处理，将信息存储到服务器，并将投票的总体信息显示出来，其代码如下：

```
<html>
<head>
<meta http-equiv="Content-Type" content="text/html; charset=gb2312">
<title>外地青年上海购房意愿调查-调查结果</title>
<style type="text/css">
<!--
body {
```

```
          margin-left: 0px;
          margin-top: 10px;
          margin-right: 0px;
          margin-bottom: 0px;
        }
      -->
      </style>
    </head>
    <body bgColor=#004994>
    <!--StartFragment-->
    <TABLE cellSpacing=0 cellPadding=0 width=570 align=center bgColor=#ffffff border=0>
      <TBODY>
        <TR>
          <TD align=middle bgColor=#ffb959 height=43><TABLE cellSpacing=0 cellPadding=0 width=570 border=0>
              <TBODY>
                <TR>
                  <TD width=145 height=27><TABLE cellSpacing=0 cellPadding=0 width=145 bgColor=#cc5f24 border=0>
                      <TBODY>
                        <TR>
                          <TD height=3></TD>
                        </TR>
                      </TBODY>
                    </TABLE></TD>
                  <TD width=280 height=27><TABLE cellSpacing=3 cellPadding=0 width=280 bgColor= #cc5f24 border=0>
                      <TBODY>
                        <TR>
                          <TD class=w14 vAlign=bottom align=middle height=20><div align="center"><FONT style="FONT-SIZE: 12pt"
          color=#ffffff><strong>投票结果</strong></FONT></div></TD>
                        </TR>
                      </TBODY>
                    </TABLE></TD>
                  <TD width=145 height=27><TABLE cellSpacing=0 cellPadding=0 width=145 bgColor= #cc5f24 border=0>
                      <TBODY>
                        <TR>
                          <TD height=3></TD>
                        </TR>
                      </TBODY>
                    </TABLE></TD>
                </TR>
```

```
            </TBODY>
        </TABLE></TD>
      </TR>
    </TBODY>
</TABLE>
<?phpphpphp
//读取标题
  $t = file_get_contents("./data/t.txt");
  $t = explode("\n", $t);
//读取问题
  $a = file_get_contents("./data/a.txt");
  $a = explode("\n", $a);
//读取结果
  $r = file_get_contents("./data/r.txt");
  $r = explode("\n", $r);
     for($i=0; $i<count($t); $i++){
       $a1 = explode("|", $a[$i]);
       $r1 = explode("|", $r[$i]);
?>
<TABLE cellSpacing=1 cellPadding=1 align=center width="570" bgColor=#ffffff border=0>
    <TR>
       <TD align=middle bgColor=#ffffff colSpan=3>
         <TABLE class=black12 cellSpacing=8 cellPadding=0 border=0>
            <TR>
               <TD vAlign=top><FONT style="FONT-SIZE: 12pt" color=#6B3301><?phpphp echo $t[$i]?></FONT></TD>
            </TR>
         </TABLE></TD>
      </TR>
      <TR>
         <TD width="28%" bgColor=#FFE7B9 align="center" height="24"><P><FONT style="FONT-SIZE: 11pt" color=#000000>选项</FONT></P></TD>
         <TD width="47%" bgColor=#FFE7B9 align="center"><FONT style="FONT-SIZE: 11pt" color=#000000>比例</FONT></TD>
         <TD width="25%" bgColor=#FFE7B9 align="center"><FONT style="FONT-SIZE: 11pt" color=#000000>票数</FONT> </TD>
      </TR>
<?phpphpphp
$r2 = 0;
for($j=0; $j<count($r1); $j++){
    $r2 += $r1[$j];
}
for($k=0; $k<count($a1); $k++){
?>
      <TR>
```

```
                <TD width="28%" bgColor=#F5F5F5><FONT style="FONT-SIZE: 9pt" color=#2F2F2F>
<?phpphpecho " ".$a1[$k]?></FONT></TD>
                <TD width="47%" bgColor=#F5F5F5>
                    <TABLE width="262" border=0 cellPadding=0 cellSpacing=0>
            <tr><td width="76" align="center"><FONT style="FONT-SIZE: 9pt" color=#2F2F2F><?phpphp echo round($r1[$k]*100/$r2, 2)?>%</FONT></td>
            <td width="186">
            <table width="<?phpphp echo round($r1[$k]*100/$r2, 2)?>%" border="0" cellpadding="0" cellspacing="0" background="http://202.123.110.196/govvote/vote/admin/images/vote/3.gif">
                <tr><td height="10"></td>
                </tr></table>
            </td>
            </tr>
                </table>
                </TD>
                <TD width="25%" bgColor=#F5F5F5><FONT style="FONT-SIZE: 9pt" color=#2F2F2F>
<?phpphpecho $r1[$k]?></FONT> </TD>
            </TR>
<?phpphp
}
?>
            <TR bgColor=#000000>
                <TD colSpan=4 height=1></TD>
            </TR>
        </TABLE>
<?phpphp
}
?>
        <TABLE cellSpacing=0 cellPadding=0 width=570 align=center bgColor=#ffffff border=0>
            <TBODY>
                <TR>
                    <TD align=middle bgColor=#ffb959 height=43></TD>
                </TR>
            </TBODY>
        </TABLE>
<!--EndFragment-->
</body>
</html>
```

22.3 Flash 投票模块

Flash 投票模块也不需要数据库，依然可以收集数据，这个投票模块最适合于手机用户，下面对它进行详细讲解。

22.3.1 系统的布置

在新建投票系统之前，一定要将文件分类，也就是建立必要的文件夹，例如将图片放在 image 文件夹，如图 22-6 所示为本系统文件的布置。

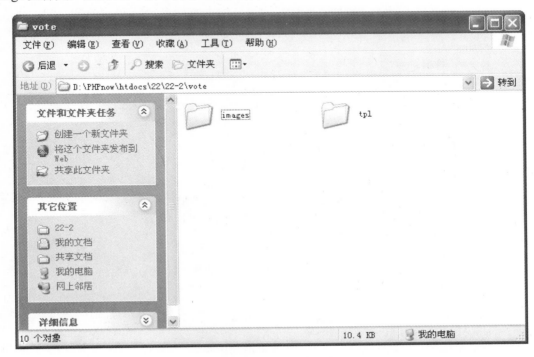

图 22-6 文件的布置

22.3.2 首页功能

本篇首页十分简单，用户只要将 Flash 播放调入首页即可，首页的代码如下：

```
<style>
* {
    margin:0;
    padding:0;
}
</style>
<object classid='clsid:D27CDB6E-AE6D-11cf-96B8-444553540000'
    codebase='http://download.macromedia.com/pub/shockwave/cabs/flash/swflash.cab#version=6,0,29,0'
width='180' height='220'>
    <param name='movie' value='flashvote.swf'>
    <param name='quality' value='high'>
    <param name='wmode' value='transparent'>
    <embed src='flashvote.swf' quality='high' pluginspage='http://www.macromedia.com/go/getflashplayer' type='application/x-shockwave-flash' width='180' height='220'>
```

```
</embed>
</object>
```

22.3.3 后台处理首页

后台处理首页是管理本系统的登录页，其页面代码如下：

```
<?phpphp
require './class.php';
require './adminclass.php';
require './config.php';
$mc = new admin;

$magic_quotes_gpc = get_magic_quotes_gpc();
$register_globals = @ini_get('register_globals');
if(!$register_globals || !$magic_quotes_gpc) {
        extract($mc->daddslashes($_GET ), EXTR_OVERWRITE);
        extract($mc->daddslashes($_POST), EXTR_OVERWRITE);
        if(!$magic_quotes_gpc) {
                $_SERVER = $mc->daddslashes($_SERVER);
                $_COOKIE = $mc->daddslashes($_COOKIE);
        }
}
//登陆判断，可以换成你自己的
$IS_ADMIN = FALSE;
session_start();
if($_SESSION['isadmin']){
   $IS_ADMIN = TRUE;
}

if ($_POST['Submit']){
  if ($username == $admin_name && $password == $admin_pw) {
     $_SESSION['isadmin'] = True;
     $IS_ADMIN = TRUE;
  }
}
if (!$IS_ADMIN) {
  include './tpl/login.php';
  exit;
}
//:::::::::::::::::THE END:::::::::::::::

if ($action == 'add') {
  if ($_POST['Submit']) {
     $err = array();
     $voteco = strip_tags($voteco);
```

```php
            if (!$voteco) {
                    $err['voteco'] = '投票议题为空。';
            }
                    $votecount = 0;
            for ($i=1;$i<=5;$i++) {
                    if (${"cs".$i}) {
                            $votecount++;
                            ${"cs".$i} = strip_tags(${"cs".$i});
                    }
            }
            if ($votecount == 0) {
                    $err['votecount'] = '请至少填写一个选项。';
            }
                    if (!count($err)) {
                    $bg_color = strip_tags($bg_color);
                    $word_color = strip_tags($word_color);
                    $word_size = strip_tags($word_size);

                    $newvote = array('', '', $voteco, $cs1, $cs2, $cs3, $cs4, $cs5, 0, 0, 0, 0, 0, 1, $bg_color, $word_color, $word_size, time(), 0, $sorm);
                    $mc->newvote($newvote);
                    $mc->msg('添加投票操作完成', '?');
            }
    }
    if ($sorm){
        $checktrue = "checked";
    } else {
        $checkfalse = "checked";
    }
    $title = '添加新投票';
    include './tpl/add.php';
} elseif ($action == 'edit') {
    if ($_POST['Submit']) {
        $err = array();
        $voteco = strip_tags($voteco);
        if (!$voteco) {
                $err['voteco'] = '投票议题为空。';
        }
                $votecount = 0;
        for ($i=1;$i<=5;$i++) {
                if (${'cs'.$i}) {
                        $votecount++;
                        ${'cs'.$i} = strip_tags(${"cs".$i});
                        ${'cs'.$i.'_num'} = strip_tags(${'cs'.$i.'_num'});
                }
        }
```

```php
            if ($votecount == 0) {
                    $err['votecount'] = '请至少填写一个选项。';
            }

            if (!count($err)) {
                    $bg_color = strip_tags($bg_color);
                    $word_color = strip_tags($word_color);
                    $word_size = strip_tags($word_size);

                    $newvote = array('', $id, $voteco, $cs1, $cs2, $cs3, $cs4, $cs5, $cs1_num, $cs2_num, $cs3_num, $cs4_num, $cs5_num, 1, $bg_color, $word_color, $word_size, '', '', $sorm);
                    $mc->editvote($newvote);
                    $mc->msg('修改投票操作完成', '?');
            }       }
    $vote = $mc->get_vote($id);
    if ($vote[19]){
        $checktrue = "checked";
    } else {
        $checkfalse = "checked";
    }
    $title = '修改当前投票项目';
    include './tpl/edit.php';
} elseif ($action == 'oorc') {
    $q = $mc->oorc($id);
?>
<script type="text/javascript">
    e = parent.document.getElementById("oorc_<?phpphp=$id?>");
    e.src = "images/<?phpphp=$q ? 'open' : 'close'?>.gif";
    e.alt = "<?phpphp=$q ? '关闭此投票' : '打开此投票'?>";
</script>
<?phpphp
} elseif ($action == 'del') {
    $mc->del($id);
    $mc->msg('删除投票操作完成', '?');
} elseif ($action == 'view') {
    $vote = $mc->get_vote($id);
    include './tpl/view.php';
} elseif ($action == 'editcvote') {
    if ($_POST['Submit']) {
        if (md5($password) != $admin_pw || !$username || !$n_password || !$a_n_password) {
            $mc->msg('表单填写不完整！', '        }
                $data = "<?phpphp\n".
"\$admin_name = '$username';              //管理员用户名\n".
"\$admin_pw = '".md5($n_password)."';              //管理密码\n".
"\$votetime = $votetime;          //防止重复投票的小时数，默认为一周\n".
"?".">\n";
```

```php
        $mc->wfile('./config.php', $data);
        $mc->msg('管理密码修改操作完成', '?');
    } else {
        $title = '修改管理密码';
        include './tpl/editcvote.php';     }
} elseif ($action == 'help') {
    $title = '帮助';
    include './tpl/help.php';
} elseif ($action == 'logout') {
    unset($_SESSION['isadmin']);
    $mc->msg('你已成功退出管理系统');
} else {
    $title = '显示管理投票';
    include './tpl/manage.php';
}
```

22.3.4 将数据写入文件

在后台管理首页第 2 行，有一个插入的页面 class.php，这个页面是用来收集信息的，将它写入文件，其页面代码如下：

```php
<?phpphp
class mc_vote {
 var $sep = "\x0E";
 var $file = './data.php';
    function mc_vote() {
        $this->data = file($this->file);
        $this->datanum = count($this->data);
    }
    //**********将字符串写入文件******
    //参数$method 为"W"时为换掉原文件内容
    function wfile($name, $data, $method = 'wb') {
        $num=@fopen($name, $method);
        if ($num) {
            flock($num, LOCK_EX);
            $data=fwrite($num,$data);
            $this->close($num);
            $this->wfnum++;
            return $data;
        } else {
            exit('文件写入错误。'.$name);
        }
    }
    //以二维数组方式返回最后一行数据
    function get_end_line() {
        $next = $n = 1;
```

```php
        while ($next) {
                $line=explode($this->sep,trim($this->data[$this->datanum-$n]));
                if (!$line[0] || $line[13]) {
                        $next = 0;
                } else {
                        $n++;
                }
        }
        $this->index = $this->datanum - $n;
        return $line;
}
//以二维数组方式返回指定 ID 的数据
function get_vote($id) {
    $a = 0;
    $b = $this->datanum;
    while($a < $b){
            $t = floor(($a + $b)/2);
            $line = explode($this->sep, trim($this->data[$t]));
            if ($line[1] == $id) {
                    $this->index = $t;
                    return $line;
            }

            if ($id > $line[1]) {
                    $a = $t;
            } else {
                    $b = $t;
            }
    }
    return False;
}
function get_preid() {
    $next = 1;
    $n = $this->datanum - $this->index + 1;
    while ($next) {
            $line= explode($this->sep, trim($this->data[$this->datanum-$n]));
            if (!$line[0] || $line[13]) {
                    $next = 0;
            } else {
                    $n++;
            }
    }
    return $line[1];
}
function get_nextid() {
    $next = 1;
```

```php
            $n = $this->index + 1;
            while ($next) {
                    $line = explode($this->sep, trim($this->data[$n]));
                    if (!$line[0] || $line[13]) {
                            $next = 0;
                    } else {
                            $n++;
                    }
            }
            return $line[1];

    }
    function updateview() {
        $vote = explode($this->sep, trim($this->data[$this->index]));
        $vote[18]++;
        $this->data[$this->index] = implode($this->sep, $vote);
        $this->writedata();
    }
    function updatevote($id, $choose) {
        $a = 0;
        $b = $this->datanum;
        while($a < $b){
                $t = floor(($a + $b)/2);
                $line = explode($this->sep, trim($this->data[$t]));
                if ($line[1] == $id && $line[13]) {
                        $this->index = $t;
                        $choose = explode(',', $choose);
                        for ($i=0;$i<count($choose);$i++) {
                                if ($choose[$i] == 'true') {
                                        $line[$i+8] = $line[$i+8] + 1;
                                }
                        }
                        $this->data[$t] = implode($this->sep, $line);
                        break;
                }
                                if ($id > $line[1]) {
                        $a = $t;
                } else {
                        $b = $t;
                }
        }
        $this->writedata();
    }
    function writedata() {
        $data = implode("\n", $this->data);
        $data = str_replace("\n\n", "\n", $data);
```

```
            $this->wfile($this->file, $data);
    }
    function close($num){
        eturn fclose($num);
    }
}
```

22.3.5 对输入的数据进行添加和修改

在后台登录首页，还涉及到了一个页面 adminclass.php，它的功能主要是对输入的数据进行添加、修改，其代码如下：

```
<?php
class admin extends mc_vote {
  function daddslashes($string, $force = 0) {
      if(!$GLOBALS['magic_quotes_gpc'] || $force) {
          if(is_array($string)) {
              foreach($string as $key => $val) {
                  $string[$key] = daddslashes($val, $force);
              }
          } else {
              $string = addslashes($string);
          }
      }
      return $string;
  }
  //添加
  function newvote($vote) {
      $lastvote=explode($this->sep,trim($this->data[$this->datanum-1]));
      $newid = $lastvote[1] + 1;
      $vote[0] = '<?phpdie();?'.'>';
      $vote[1] = $newid;
      $this->wfile($this->file, "\n".implode($this->sep, $vote), 'ab');

  }
  //修改
  function editvote($vote) {
      $a = 0;
      $b = $this->datanum;
      while($a < $b){
          $t = floor(($a + $b)/2);
          $line = explode($this->sep, trim($this->data[$t]));
          if ($line[1] == $vote[1]) {
              $this->index = $t;
              $vote[0] = $line[0];
              $vote[17] = $line[17];
```

```php
                        $vote[18] = $line[19];
                        $this->data[$t] = implode($this->sep, $vote);
                        break;
                    }
                                    if ($id > $line[1]) {
                        $a = $t;
                    } else {
                        $b = $t;
                    }
                }
                $this->writedata();
            }
            function oorc($id) {
                $vote = $this->get_vote($id);
                $vote[13] = $vote[13] ? 0 : 1;
                $this->data[$this->index] = implode($this->sep, $vote);
                $this->writedata();
                return $vote[13];
            }

            function del($id) {
                $this->get_vote($id);
                unset($this->data[$this->index]);
                $this->writedata();
                //print_r($this->data);
            }
            function msg($message, $url_forward = '') {
                if($url_forward) {
                        $message .= "<br><br><a href=\"$url_forward\">如果您的浏览器没有自动跳转，请点击这里</a>\n";
                        $message .= "<meta http-equiv=\"refresh\" content=\"2;url=$url_forward\">\n";
                }
                include './tpl/msg.php';
                exit;
            }
        }
    ?>
```

22.3.6 对投票的结果进行处理

浏览者进行投票后，编程者应该编写程序给浏览者一个提示信息，其代码如下：

```php
<?php
require './class.php';
require './config.php';
```

```
$mc = new mc_vote;
$mychose = $_POST['mychoose'];
$voteid = $_POST['voteid'];

if ($_COOKIE['vote'.$voteid] == 'pubvote_'.$voteid) {
  echo '&back=已经参与过投票，谢谢';
} else {
  setcookie('vote'.$voteid,'pubvote_'.$voteid,time()+$votetime*3600);
  $mc->updatevote($voteid, $mychose);
    echo '&back=投票已经送达，谢谢参与';
}
```

22.3.7 对读取数据进行处理

当页面的数据需要输入时，需要对数据库进行读出，对这些功能的处理代码如下：

```
<?php
require './class.php';

$voteid = $_GET['voteid'];
$mc = new mc_vote;

if (!$voteid) {
  $vote = $mc->get_end_line();
} else {
  $vote = $mc->get_vote($voteid);
}
//print_r($vote);
if (!$vote[13]) {
  echo '&back=连接数据发生错误'.$vote[13];
  exit;
}

$bgcolor = $vote[14] ? $vote[14] : 'EEEEEE';
$wordcolor = $vote[15] ? $vote[15] : '000000';
$wordsize = $vote[16] ? $vote[16] : '12';
$sorm = $vote[19] ? 'True' : 'False';

$votecount = 0;
for ($i=0;$i<5;$i++) {
  if ($vote[$i+3]) $votecount++;
}

//$mc->updateview();        //更新查看次数
```

```
header("Content-type: application/xml");
echo '<?phpxml version="1.0" encoding="GB2312"?'.'>';
?>

    <vote>
        <system>
            <voteid><?php=$vote[1]?></voteid>
            <voteco><![CDATA[<?php=$vote[2]?>]]></voteco>
            <votevi><?php=$vote[18]?></votevi>
            <votebgcolor><![CDATA[<?php=$bgcolor?>]]></votebgcolor>
            <votewordcolor><![CDATA[<?php=$wordcolor?>]]></votewordcolor>
            <votecount><?php=$votecount?></votecount>
            <word_size><?php=$wordsize?></word_size>
            <sorm><?php=$sorm?></sorm>
        </system>
<?php
for ($i=0;$i<5;$i++) {
    if ($vote[$i+3]) {
?>
        <cs>
            <csco><![CDATA[<?php=$vote[$i+3]?>]]></csco>
            <csnum><?php=$vote[$i+8]?></csnum>
        </cs>
<?php
    }
}
?>
        <prenext>
            <next><?php=$mc->get_nextid()?></next>
            <pre><?php=$mc->get_preid()?></pre>
        </prenext>
    </vote>
```

22.4 与数据有关的投票模块

前两种投票模块虽然功能不一样，但是都没有数据库，在下面的投票模块中需要数据库，无刷新、无提交都可以进行投票，使用十分方便，下面进行详细讲解。

22.4.1 新建数据库

数据库是存储数据的仓库，用户必须设计一个合理的数据库，用户需要登录 phpmyadmin 后台创建一个数据库，命名为"vote"，然后创建一个名为"mood"的表，用创建字段，如图 22-7 所示。

PHP 编程新手自学手册

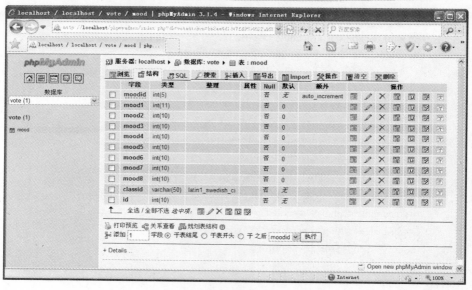

图 22-7 创建的字段

22.4.2 还原数据库

读者在练习实例时,也许会感到建立表很麻烦,其实用户只需要在 phpmyadmin 中建立 vote 数据库即可,然后单击 "SQL" 超级链接,然后在光盘中打开 vote.sql,将代码粘贴到 phpmyadmin 的文本框,执行即可,代码如下:

```
-- phpMyAdmin SQL Dump
-- version 3.1.4
-- http://www.phpmyadmin.net
--
-- 主机: localhost
-- 生成日期: 2009 年 05 月 12 日 07:39
-- 服务器版本: 5.1.31
-- PHP 版本: 5.2.8
SET SQL_MODE="NO_AUTO_VALUE_ON_ZERO";
/*!40101 SET @OLD_CHARACTER_SET_CLIENT=@@CHARACTER_SET_CLIENT */;
/*!40101 SET @OLD_CHARACTER_SET_RESULTS=@@CHARACTER_SET_RESULTS */;
/*!40101 SET @OLD_COLLATION_CONNECTION=@@COLLATION_CONNECTION */;
/*!40101 SET NAMES utf8 */;
--
-- 数据库: 'vote'
--

-- ----------------
CREATE TABLE IF NOT EXISTS 'mood' (
  'moodid' int(5) NOT NULL AUTO_INCREMENT COMMENT '主键',
  'mood1' int(11) NOT NULL DEFAULT '0',
  'mood2' int(10) NOT NULL DEFAULT '0',
  'mood3' int(10) NOT NULL DEFAULT '0',
```

```
    'mood4' int(10) NOT NULL DEFAULT '0',
    'mood5' int(10) NOT NULL DEFAULT '0',
    'mood6' int(10) NOT NULL DEFAULT '0',
    'mood7' int(10) NOT NULL DEFAULT '0',
    'mood8' int(10) NOT NULL DEFAULT '0',
    'classid' varchar(50) NOT NULL,
    'id' int(10) NOT NULL,
    PRIMARY KEY ('moodid')
) ENGINE=InnoDB  DEFAULT CHARSET=latin1 AUTO_INCREMENT=9 ;

--
-- 导出表中的数据 'mood'
--
INSERT INTO'mood'('moodid', 'mood1', 'mood2', 'mood3', 'mood4', 'mood5', 'mood6', 'mood7', 'mood8', 'classid', 'id') VALUES
    (8, 1, 1, 1, 10, 2, 0, 1, 1, 'news', 4623)
```

22.4.3 投票模块首页

投票模块首页，主要用来进行投票并很快显示投票的信息，其代码如下：

```
<script language="javascript">
var infoid = '4623';
var classid = 'news';
</script>
<script language = "JavaScript" src ="mood.js"></script>
```

22.4.4 实现无刷新的功能

无刷新是由 Ajax 完成的，这一技术目前十分流行，希望读者仔细掌握 mood.js 代码如下：

```
var moodzt = "0";
var http_request = false;
function makeRequest(url, functionName, httpType, sendData) {
  http_request = false;
  if (!httpType) httpType = "GET";
  if (window.XMLHttpRequest) { // Non-IE...
      http_request = new XMLHttpRequest();
      if (http_request.overrideMimeType) {
            http_request.overrideMimeType('text/plain');
      }
  } else if (window.ActiveXObject) { // IE
      try {
            http_request = new ActiveXObject("Msxml2.XMLHTTP");
      } catch (e) {
            try {
```

```javascript
                    http_request = new ActiveXObject("Microsoft.XMLHTTP");
                } catch (e) {}
            }
        }
        if (!http_request) {
            alert('Cannot send an XMLHTTP request');
            return false;
        }
         var changefunc="http_request.onreadystatechange = "+functionName;
         eval (changefunc);
         //http_request.onreadystatechange = alertContents;
         http_request.open(httpType, url, true);
         http_request.setRequestHeader('Content-Type','application/x-www-form-urlencoded');
         http_request.send(sendData);
    }
    function $() {
        var elements = new Array();
        for (var i = 0; i < arguments.length; i++) {
            var element = arguments[i];
            if (typeof element == 'string')
                element = document.getElementById(element);
            if (arguments.length == 1)
                return element;
            elements.push(element);
        }
        return elements;
    }
    function get_mood(mood_id)
    {
     if(moodzt == "1")
     {
         alert("您已经投过票,请不要重复投票! ");
     }
     else {
         url = "xinqing.php?action=mood&classid="+classid+"&id="+infoid+"&typee="+mood_id+ "&m=" + Math.random();
         makeRequest(url,'return_review1','GET','');
         moodzt = "1";
     }
    }
    function remood()
    {
     //以下代码由 CodeFans.net 作了修正:
     url = "xinqing.php?action=show&id="+infoid+"&classid="+classid+"&m=" + Math.random();
     makeRequest(url,'return_review1','GET','');
    }
```

```javascript
function return_review1(ajax)
{
  if (http_request.readyState == 4) {
      if (http_request.status == 200) {
            var str_error_num = http_request.responseText;
            if(str_error_num=="error")
            {
                    alert("信息不存在！");
            }
            else if(str_error_num==0)
            {
                    alert("您已经投过票，请不要重复投票！");
            }
            else
            {
                    moodinner(str_error_num);
            }
      } else {
            alert('发生了未知错误!!');
      }
  }
}
function moodinner(moodtext)
{
  var imga = "images/pre_02.gif";
  var imgb = "images/pre_01.gif";
  var color1 = "#666666";
  var color2 = "#EB610E";
  var heightz = "80";         //图片100%时的高
  var hmax = 0;
  var hmaxpx = 0;
  var heightarr = new Array();
  var moodarr = moodtext.split(",");
  var moodzs = 0;
  for(k=0;k<8;k++) {
        moodarr[k] = parseInt(moodarr[k]);
        moodzs += moodarr[k];
  }
  for(i=0;i<8;i++) {
        heightarr[i]= Math.round(moodarr[i]/moodzs*heightz);
        if(heightarr[i]<1) heightarr[i]=1;
        if(moodarr[i]>hmaxpx) {
          hmaxpx = moodarr[i];
        }
  }
  $("moodtitle").innerHTML = "<span style='color: #555555;padding-left: 20px;'>您看完此刻的感受
```

```
是！已有<font color='#FF0000'>"+moodzs+
        "</font>人表态：</span>";
    for(j=0;j<8;j++)
    {
        if(moodarr[j]==hmaxpx && moodarr[j]!=0) {
            $("moodinfo"+j).innerHTML="<span style='color:"+color2+";'>"+moodarr[j]+"</span><br><img src='"+imgb+"' width='20' height='"+heightarr[j]+"'>";
        } else {
            $("moodinfo"+j).innerHTML="<span style='color: "+color1+";'>"+moodarr[j]+"</span><br><img src='"+imga+"' width='20' height='"+heightarr[j]+"'>";
        }
    }
}
document.writeln("<table width=\"528\" border=\"0\" cellpadding=\"0\" cellspacing=\"2\" style=\"font-size:12px;margin-top: 20px;margin-bottom: 20px;\">");
document.writeln("<tr>");
document.writeln("<td colspan=\"8\" id=\"moodtitle\"    class=\"left\"></td>");
document.writeln("</tr>");
document.writeln("<tr align=\"center\" valign=\"bottom\">");
document.writeln("<td height=\"60\" id=\"moodinfo0\"></td><td height=\"30\" id=\"moodinfo1\">");
document.writeln("</td><td height=\"30\" id=\"moodinfo2\">");
document.writeln("</td><td height=\"30\" id=\"moodinfo3\">");
document.writeln("</td><td height=\"30\" id=\"moodinfo4\">");
document.writeln("</td><td height=\"30\" id=\"moodinfo5\">");
document.writeln("</td><td height=\"30\" id=\"moodinfo6\">");
document.writeln("</td><td height=\"30\" id=\"moodinfo7\">");
document.writeln("</td></tr>");
document.writeln("<tr align=\"center\" valign=\"middle\">");
document.writeln("<td><img src=\"images\/0.gif\" width=\"40\" height=\"40\"></td>");
document.writeln("<td><img src=\"images\/1.gif\" width=\"40\" height=\"40\"></td>");
document.writeln("<td><img src=\"images\/2.gif\" width=\"40\" height=\"40\"></td>");
document.writeln("<td><img src=\"images\/3.gif\" width=\"40\" height=\"40\"></td>");
document.writeln("<td><img src=\"images\/4.gif\" width=\"40\" height=\"40\"></td>");
document.writeln("<td><img src=\"images\/5.gif\" width=\"40\" height=\"40\"></td>");
document.writeln("<td><img src=\"images\/6.gif\" width=\"40\" height=\"40\"></td>");
document.writeln("<td><img src=\"images\/7.gif\" width=\"40\" height=\"40\"></td>");
document.writeln("</tr>");
document.writeln("<tr>");
document.writeln("<td align=\"center\" class=\"hui\">惊呀</td>");
document.writeln("<td align=\"center\" class=\"hui\">欠揍</td>");
document.writeln("<td align=\"center\" class=\"hui\">支持</td>");
document.writeln("<td align=\"center\" class=\"hui\">很棒</td>");
document.writeln("<td align=\"center\" class=\"hui\">愤怒</td>");
document.writeln("<td align=\"center\" class=\"hui\">搞笑</td>");
```

```
        document.writeln("<td align=\"center\" class=\"hui\">恶心<\/td>");
        document.writeln("<td align=\"center\" class=\"hui\">不解<\/td>");
        document.writeln("<\/tr>");
        document.writeln("<tr align=\"center\">");
        document.writeln("<td><input onClick=\"get_mood(\'mood1\')\" type=\"radio\" name=\"radiobutton\" value=\"radiobutton\"><\/td>");
        document.writeln("<td><input onClick=\"get_mood(\'mood2\')\" type=\"radio\" name=\"radiobutton\" value=\"radiobutton\"><\/td>");
        document.writeln("<td><input onClick=\"get_mood(\'mood3\')\" type=\"radio\" name=\"radiobutton\" value=\"radiobutton\"><\/td>");
        document.writeln("<td><input onClick=\"get_mood(\'mood4\')\" type=\"radio\" name=\"radiobutton\" value=\"radiobutton\"><\/td>");
        document.writeln("<td><input onClick=\"get_mood(\'mood5\')\" type=\"radio\" name=\"radiobutton\" value=\"radiobutton\"><\/td>");
        document.writeln("<td><input onClick=\"get_mood(\'mood6\')\" type=\"radio\" name=\"radiobutton\" value=\"radiobutton\"><\/td>");
        document.writeln("<td><input onClick=\"get_mood(\'mood7\')\" type=\"radio\" name=\"radiobutton\" value=\"radiobutton\"><\/td>");
        document.writeln("<td><input onClick=\"get_mood(\'mood8\')\" type=\"radio\" name=\"radiobutton\" value=\"radiobutton\"><\/td>");
        document.writeln("<\/tr>");
        document.writeln("<\/table>")
        remood();
```

22.4.5 对数据库进行处理

这个页面主要对数据库进行处理，如连接数据库，将信息写入数据库，将数据库内容读出，其代码如下：

```
<?php
header('Content-type: text/html; charset=utf-8');
header('Vary: Accept-Language');
//连接数据库
//include("conn.php");
$conn=mysql_connect("localhost","root","1234") or die("数据库服务器连接错误".mysql_error());//数据库地址、用户名、密码改为你自己的
    mysql_select_db("vote",$conn) or die("数据库访问错误".mysql_error());//vote 为数据库，更改为你自己的
    mysql_query("set character set gb2312");
    mysql_query("set names gb2312");
//下面的代码不懂就不要乱改了
$action=$_GET[action];
$id=$_GET[id];
$classid=$_GET[classid];
$typee=$_GET[typee];
    if($action=="show")
```

```php
        {
            $sql=mysql_query("Select * From Mood Where classid='$classid' and id='$id'");
                $info=mysql_fetch_array($sql);
                    if($info==false){
                $query="Insert into Mood(classid,id)values('$classid','$id')";
                $result=mysql_query($query);
                    echo "0,0,0,0,0,0,0,0";
                    }else{
                    echo "$info[mood1],$info[mood2],$info[mood3],$info[mood4],$info[mood5],$info[mood6],$info[mood7],$info[mood8]";
                    }
            }
        else{if($action=="mood"){
    if($typee=="mood1"){
        $query="Update Mood set mood1=mood1+1 where classid='$classid' and id='$id'";
        $result=mysql_query($query);}
    if($typee=="mood2"){
        $query="Update Mood set mood2=mood2+1 where classid='$classid' and id='$id'";
        $result=mysql_query($query);}
    if($typee=="mood3"){
        $query="Update Mood set mood3=mood3+1 where classid='$classid' and id='$id'";
        $result=mysql_query($query);}
    if($typee=="mood4"){
        $query="Update Mood set mood4=mood4+1 where classid='$classid' and id='$id'";
        $result=mysql_query($query);}
    if($typee=="mood5"){
        $query="Update Mood set mood5=mood5+1 where classid='$classid' and id='$id'";
        $result=mysql_query($query);}
    if($typee=="mood6"){
        $query="Update Mood set mood6=mood6+1 where classid='$classid' and id='$id'";
        $result=mysql_query($query);}
    if($typee=="mood7"){
        $query="Update Mood set mood7=mood7+1 where classid='$classid' and id='$id'";
        $result=mysql_query($query);}
    if($typee=="mood8"){
        $query="Update Mood set mood8=mood8+1 where classid='$classid' and id='$id'";
        $result=mysql_query($query);}
            $sql=mysql_query("Select * From Mood Where classid='$classid' and id='$id'");
            $info=mysql_fetch_array($sql);
            echo "$info[mood1],$info[mood2],$info[mood3],$info[mood4],$info[mood5],$info[mood6], $info[mood7],$info[mood8]";
            }else{
            echo "0,0,0,0,0,0,0,0";
            }        }
        mysql_close();
    ?>
```

第 23 章 在线留言系统

留言模块是众多模块中最为常用的模块之一，不管是什么样的网站，如门户网站、博客、论坛、视频网站等，都需要这样的留言的模块，都需要浏览者和自己交流。留言模块就是一个简单的平台。下面详细讲解这个模块的实现。

23.1 效果展示

本章将展示一个简单的留言本，留言本的首页如图 23-1 所示。

图 23-1 留言本首页

在留言本首页用户也可以留言，但是如果留言太多，因留言的窗口在网页的最底部，不太方便留言。用户可以单击"签写留言"超级链接，进入留言页面留言，如图 23-2 所示。

图 23-2　留言页面

不管是多么简单的留言都需要进行管理,因为在众多网民中,难免会有在你的留言系统上留下非法的言论和一些毁谤他人的言论。对于这种情况,管理员可以在后台管理,将不需要的言论删除,如图 23-3 所示为后台管理首页。

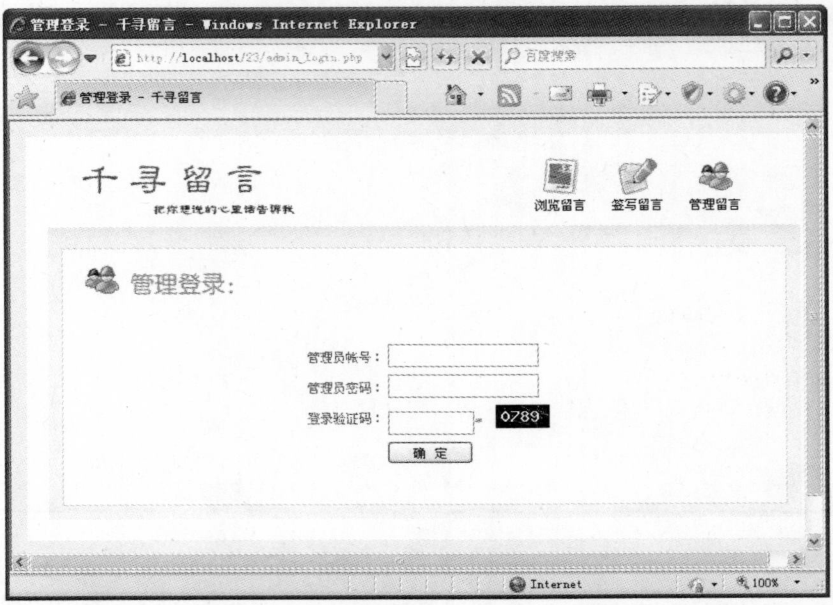

图 23-3　后台管理首页

管理员登录后，可以对留言进行删除，编辑或者回复留言，如图 23-4 所示。

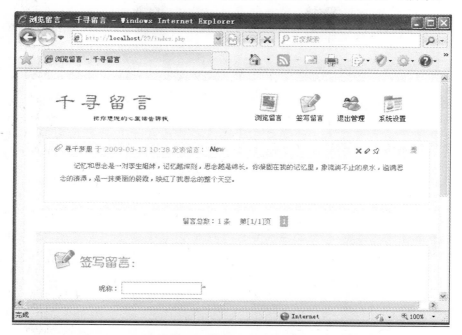

图 23-4　登录后台的首页

单击回复留言后，管理者将进入回复留言页面，如图 23-5 所示。

图 23-5　回复和编辑留言

这个留言系统的功能比较完善，管理员还可以根据需要修改密码，以便提高系统的安全性，如图 23-6 所示。

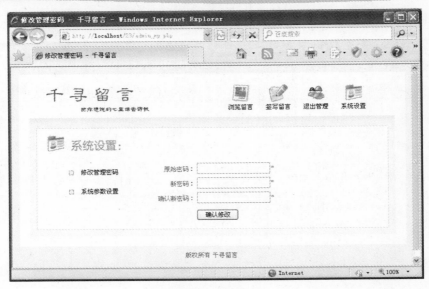

图 23-6 修改密码

这个系统还可以随时更改界面，如替换 logo，设置留言本的名称、每页留言的条数等，如图 23-7 所示。

图 23-7 设置系统

23.2 数据库

23.2.1 设计数据库

留言系统中有众多数据信息，设置它是离不开数据库的，所以用户在设计系统之前，一定要思考，这个数据库中需要哪些表，表的结构该怎样，只有这样，才会为建立一个系统打下坚实的基础。下面建立一个 gbook 的数据库，然后在数据库里设计两张表。

表 ly_gbconfig 的结构如图 23-8 所示。

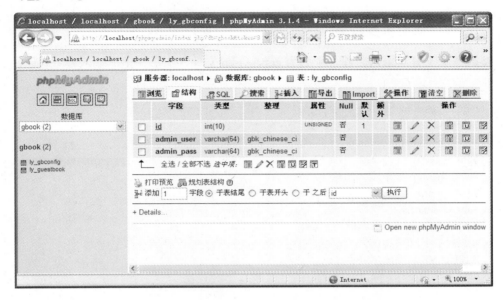

图 23-8　ly_gbconfig 表

上面的数据库是用来用户名和密码的，下面一张表 ly_guestbook 是用来管理留言的内容的，如图 23-9 所示。

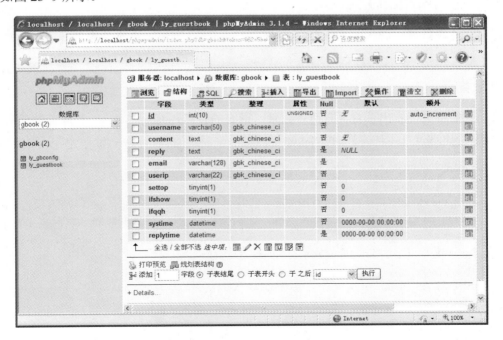

图 23-9　ly_guestbook 表

提示

如果用户已经清楚了表的结构，可以去光盘中选择 gbook 数据库的备份文件，然后新建一个数据库 gbook，将 SQL 语句粘贴进去执行即可。

23.2.2 设置连接数据库配置

连接数据库十分简单，新建一个名为 config.php 文件，然后在里面输入如下代码：

```php
<?php
require_once('include/sql_class.php');
$db=new db_Mysql();
$db->dbServer   = 'localhost';
$db->dbbase     = 'gbook';
$db->dbUser     = 'root';
$db->dbPwd      = '1234';
$db->dbconnect();
define('MCBOOKINSTALLED', true);
define('TABLE_PREFIX', "ly_");
if (PHP_VERSION > '5.0.0'){
date_default_timezone_set('PRC');
}
?>
```

23.3 留言功能的实现

建好并连接数据库后，用户就可以开始创建网页了，通过一个个的网页就可以实现留言的所有功能了。

23.3.1 首页

从上面的首页可看出，首页有留言记录，留言的窗口还有一些 logo 和底部的信息，这些是怎么实现的呢？它的代码（index.php）如下：

```php
<?php
error_reporting(E_ALL ^ E_WARNING);
error_reporting(E_ALL & ~E_NOTICE);
session_start(); include 'include/config.php';include 'include/para.php';include 'include/page_.php';
$pager = new Page;
$page=$_GET['page'];if(empty($page)) $page=1;
?>
<!DOCTYPE html PUBLIC "-//W3C//DTD XHTML 1.0 Transitional//EN" "http://www.w3.org/TR/xhtml1/DTD/xhtml1-transitional.dtd">
    <html xmlns="http://www.w3.org/1999/xhtml">
    <html>
    <head>
```

```php
<meta http-equiv="Content-Type" content="text/html; charset=gb2312">
<title>浏览留言 - <?php echo $gb_name?></title>
<script language="JavaScript" type="text/javascript" src="include/checkform.js"></Script>
<link href="css/css.css" rel="stylesheet" type="text/css">
</head>
<body onload="i=0">
<?php
if(!defined('MCBOOKINSTALLED')){?><div id="alertmsg">CodeFans.NET 留言本没有正确安装!<br /><a href="install/install.php">请点击这里安装</a></div><?php exit();}?>
<!--最外层主要区域开始-->
<div id="main">
<?php include 'include/head.php';?>
<div id="list">
<div id="listmain">
<?php
    $sql="select * from ".TABLE_PREFIX."guestbook order by settop desc,id desc";
    $total=$db->get_rows($sql);//直接取出记录集行数供分页用
    if($total!=0)//判断记录是否为空
    {
        $pager->pagedate($page_,$total,"?page");

        $rs=$db->execute($sql." limit $offset,$pagesize");
        while($rows=$db->fetch_array($rs))
        {
?>
<h2>
<span class="leftarea">
<img src="images/icon_write.gif" /> <?php echo $rows['username']?> <font style="color:#999;">于 <?php echo date("Y-m-d H:i",strtotime($rows["systime"]));?> 发表留言:</font>
<?php if(date("Y-m-d",strtotime($rows["systime"]))==date("Y-m-d"))  echo '<img src=images/new.gif>';?>
<?php if($rows['settop']!=0) echo '<img src=images/settop.gif alt=已置顶>';?>
</span>
<span class="midarea">
<?php if(!empty($_SESSION['admin_pass'])){
if($ifauditing==1){
if($rows['ifshow']==0){?>
<a href="admin_action.php?ac=setshow&amp;id=<?php echo $rows['id'];?>&page=<?php echo $page;?>"><img src="images/setshow.gif" alt="审核并显示" /></a>
<?php }else{?>
<a href="admin_action.php?ac=unshow&amp;id=<?php echo $rows['id'];?>&page=<?php echo $page;?>"><img src="images/unshow.gif" alt="隐藏此留言" /></a>
<?php }}?>
<a href="javascript:if(confirm('确认删除此留言?'))location='admin_action.php?ac=delete&amp;id=<?php echo $rows['id'];?>&page=<?php echo $page;?>'"><img src="images/icon_del.gif" alt="删除此留言" /></a>
<a href="edit.php?id=<?php echo $rows['id'];?>&page=<?php echo $page;?>"><img src="images/icon_rn.gif" alt="编辑/回复此留言" /></a>
```

```php
<?php if($rows['settop']==0){?>
    <a href="admin_action.php?ac=settop&amp;id=<?php echo $rows['id'];?>&page=<?php echo $page;?>"><img src="images/settop.gif" alt="将本留言置顶" /></a>
<?php }else{?>
    <a href="admin_action.php?ac=unsettop&amp;id=<?php echo $rows['id'];?>&page=<?php echo $page;?>"><img src="images/unsettop.gif" alt="取消置顶" /></a>
<?php }}?>
</span>
<span class="rightarea">
<?php if(!empty($rows['email'])){?>
    <a href="mailto:<?php echo $rows['email']?>"><img src="images/email.gif" alt="点击用OutLook发送邮件至：<?php echo $rows['email']?>"></a>
<?php }?><?php if(!empty($_SESSION['admin_pass'])){?>
    <img src="images/ip.gif" alt="留言者IP：<?php echo $rows['userip'];?>">
<?php }?>
</span></h2>
<div class="content">
<?php
if(empty($_SESSION['admin_pass'])){
    if($rows["ifqqh"]==1){
            echo '<span class=ftcolor_999>（此留言为悄悄话，只有管理员才能看哦……）</span>';
    }elseif($ifauditing==1){
        if($rows['ifshow']==0){
            echo '<span class=ftcolor_999>（此留言正在通过审核，当前不可见……）</span>';
        }else{
            echo $rows['content'];
        }
    }else{
        echo $rows['content'];
    }
}else{
  echo $rows['content'];
}
?>
</div>
<?php

if(!empty($rows['reply'])){?>
    <div class="reply"><p><span class="ftcolor_FF9"><b><?php echo $replyadmtit;?>：</b><?php echo date("Y-m-d H:i",strtotime($rows["replytime"]));?></span></p>
    <?php echo $rows['reply'];?>
    </div>
<?php
}}
//记录集循环结束
```

```
            $db->free_result($rs);
         }else{
         echo '没有留言……';
         }//外层判断记录集为空结束
         ?>
         </div><!--listmain 结束-->
      </div><!--list 结束-->
      <div class="clear"></div>
      <div id="pages" align="center">留言总数：<?php echo $total;?> 条    <?php $pager->pageshow();?>
</div>
      <div class="clear"></div>
      <div id="submit">
      <form name="form1" method="post" action="add.php" onSubmit="return FrontPage_Form1_Validator
(this)">
         <p><img src="images/i1.gif" /><img src="images/add.gif" /></p><br />
         <label for="user">昵称：</label><input type="text" id="username" name="username" value="" />*<br />
         <label for="email">Email：</label><input type="text" id="email" name="email" value="" /><br />
         <label for="comment">内容：</label><textarea id=content name="content"></textarea>*<br />
         <label for="comment">    </label><span>提交前请按 Ctrl+C 保存留言内容，以免程序出错而丢失！
留言内容不能少于 5 个字符！</span><br />
         <label for="email">悄悄话：</label>
         <input name="ifqqh" type="checkbox" id="ifqqh" value="1"> <span>当选中时，此留言只有管理员可
见</span><br />
         <label for="umum">验证码：</label><input name="unum" type="text" id="unum" size="10">* <img
src="include/randnum.php?id=-1" title="点击刷新"
         style="cursor:pointer" onclick="eval('this.src="include/randnum.php?id='+i+++'"')">
         <br />
         <input type="submit" id="sbutton" value="确  定" /><br /><input name="ac" type="hidden" id="ac"
value="add">
      </form>
      </div>
      <!--最外层主要区域结束-->
   </div>
   <?php include 'include/foot.php';?>
   </body>
   </html>
```

23.3.2 首页调进来的几个网页

在首页代码的第三行有这样一段程序，"include 'include/config.php';include 'include/para.php';include 'include/page_.php';"它表示插入三个网页，第一个是连接数据库，在前面已经讲过，下面对后面两个进行讲解。para.php 是用来设置后台管理系统的代码，就是图 23-7 所示页面实现的功能，其代码如下：

```
<?php
$gb_name='千寻留言';
```

```php
$gb_logo='images/logo.gif';
$index_url='/';
$page_ = '10';
$timejg='120';
$replyadmtit='管理员回复';
$ifauditing='';
?>
```

Page.php 主要是从数据库读出留言内容，然后根据不同的情况，进行分页，其代码如下：

```php
<?php
class Page{
    var $pagesize;
    var $numrows;
    var $pages;
    var $page;
    var $offset;
    var $url;
    function pagedate($str1,$str2,$str3){
        global $pagesize,$offset;
        $this->pagesize = $str1;
        $this->numrows = $str2;
        $this->url     = $str3;
        $this->pages   = intval($this->numrows/$this->pagesize);
        if($this->numrows%$this->pagesize){
            $this->pages ++;
        }
        $nPage = $_GET['page'];
        if($nPage != null && !preg_match("/^\d+$/",$nPage)){
            echo("错误的参数类型！ ");
            return false;
        }
        if(isset($nPage)){
            $this->page = intval($nPage);
        }
        else{
            $this->page = 1;
        }
        if($nPage < 1 || $nPage > $this->pages){
            $this->page = 1;
        }
        $this->offset = $this->pagesize * ($this->page - 1);
        $pagesize = $this->pagesize;
        $offset = $this->offset;
    }
    function pageshow(){
```

```php
        echo "第[" . $this->page . "/" . $this->pages . "]页    ";
        if($this->page > 4){
            echo"<a href='".$this->url."=1'><font style='font-family:Webdings;'>7</font></a>";
        }
        if($this->page != 1){
            $pageup = $this->page - 1;
            echo "<a href='" . $this->url . "=" . $pageup . "'><font style='font-family:Webdings;'> 3 </font></a>";
        }
        if($this->page <= 3){
            for($i = 1 ; $i <= 10 ; $i ++){
                if($i <= $this->pages){
                    if($i == $this->page){
                        echo "<span>".$i."</span>";
                    }
                    else{
                        echo"<a href='".$this->url."=".$i."'>".$i."</a>";
                    }
                }
            }
        }
        else if($this->page >= $this->pages-6){
            for($i = $this->pages-9 ; $i <= $this->pages ; $i ++){
                if($i == $this->page){
                    echo "<span>".$i."</span>";
                }
                else{
                    echo"<a href='".$this->url."=".$i."'>".$i."</a>";
                }
            }
        }
        else{
            for($i = $this->page-3 ; $i <= $this->page+6 ; $i ++){
                if($i == $this->page){
                    echo "<span>".$i."</span>";
                }
                else{
                    echo"<a href='".$this->url."=".$i."'>".$i."</a>";
                }
            }
        }
        if($this->page != $this->pages && $this->pages != 0){
            $pagedown = $this->page + 1;
            echo "<a href='" . $this->url . "=" . $pagedown . "'><font style='font-family: Webdings;'> 4 </font></a>";
        }
```

```
                    if($this->page < $this->pages-6){
                        echo "<a href='" . $this->url . "=" . $this->pages . "'>font style='font-family:Webdings;'>8</font></a>";
                    }
                }
            }
            ?>
```

23.3.3 首页导航菜单的实现

在页面右上角,始终有一个导航菜单,用户可通过该导航菜单随意地进行页面的跳转,实现该功能的页面是 head.php 页面,其代码如下:

```
            <div id="top">
            <!--logo-->
            <div id="logoarea"><a href="index.php"><img src="<?php echo $gb_logo?>" alt="<?php echo $gb_name?> - 留言本"></a></div>
            <!--菜单-->
            <div id="menu">
            <ul>
            <li><a href="index.php"><img src="images/i2.gif"><br>浏览留言</a></li>
            <li><a href="add.php"><img src="images/i1.gif"><br>签写留言</a></li>
            <?php if(empty($_SESSION['admin_pass'])){?>
            <li><a href="admin_login.php"><img src="images/i3.gif"><br>管理留言</a></li><?php }else{?><li><a href="javascript:if(confirm('您确认要退出吗?'))location='admin_action.php?ac=logout'"><img src="images/i3.gif"><br>退出管理</a></li><?php }?>
            <?php if(!empty($_SESSION['admin_pass'])){?>
            <li><a href="admin_set.php"><img src="images/admin_set.gif"><br>系统设置</a></li><?php }?>
            </ul>
            </div>
            </div>
```

23.3.4 处理留言

当浏览者在浏览的页面输入留言后,管理员要对程序进行处理,下面详细讲解留言处理功能的实现。

1. 留言内容的判断

通常情况下,判断表单的填写内容是否符合要求是通过 JavaScript 完成的,它的代码如下:

```
            function FrontPage_Form1_Validator(theForm)
            {
              if (theForm.username.value == "")
              {
                alert("请填写昵称!");
```

```
        theForm.username.focus();
        return (false);
    }
    if (theForm.username.value.length<3)
    {
        alert("昵称至少应为 3 个字符！");
        theForm.username.focus();
        return (false);
    }
    if(theForm.email.value!=""){
            var email1 = theForm.email.value;
            var pattern=/^([a-zA-Z0-9_-])+@([a-zA-Z0-9_-])+(\.[a-zA-Z0-9_-])+/;
            flag = pattern.test(email1);
            if(!flag){
            alert("邮件地址格式不对！");
        theForm.email.focus();
            return false;}
    }

    if (theForm.content.value == "")
    {
        alert("留言内容不能空！");
        theForm.content.focus();
        return (false);
    }
    if (theForm.content.value.length<5)
    {
        alert("留言内容最少 5 个字符！");
        theForm.content.focus();
        return (false);
    }
    if (theForm.unum.value == "")
    {
        alert("请输入验证码！");
        theForm.unum.focus();
        return (false);
    }
    return (true);
}
```

2．留言内容的再次处理

前面代码实现了对留言的基本处理，接着还要通过 functions.php 进行处理。代码如下：

```
<?php
/**判断标题长度函数
*$title 标题字符串
*$titlelen 标题不能超过的最大长度*/
```

```php
function titlen($title,$titlelen)
{
    $len = strlen($title);
        if ($len <= $titlelen)
            {
                $title1 = $title;
    } else {
                    $title1 = substr($title,0,$titlelen);
                    $parity= 0;

                    for($i=0;$i<$titlelen;$i++)
                    {
                            $temp_str=substr($title,$i,1);
                            if(Ord($temp_str)>127) $parity+=1;
                    }
                    if($parity%2==1)$title1=substr($title,0,($titlelen-1))."...";
                    else $title1=substr($title,0,$titlelen)."...";
    }
return $title1;
}



/**
* 截取中文部分字符串
*
* 截取指定字符串指定长度的函数,该函数可自动判定中英文,不会出现乱码
* @access public
* @param string $str 要处理的字符串
* @param int $strlen 要截取的长度默认为 10
* @param string $other 是否要加上省略号,默认为加上
* @return string
*/
function cutstr($str,$strlen=10,$other=true)
{
    $j=0;
    for($i=0;$i<$strlen;$i++)
    {
            if(ord(substr($str,$i,1))>0xa0)
            {
                    $j++;
            }
    }
    if(($j%2) != 0)
    {
    $strlen++;
    }
```

```
            $rstr=substr($str,0,$strlen);
            if(strlen($str)>$strlen && $other)
            {
                    $rstr.='......';
            }
            return $rstr;
    }
?>
```

3. 验证码的处理

在提交留言内容时，必须输入验证码，如果不输入验证码是不能提交的，验证码是如何实现的呢？randnum.php 是实现验证码的页面，其代码如下：

```
<?php
session_start();
$width=50;
$height=22;
$img=imagecreatetruecolor($width,$height);
$times=4;
//$arr1=range("a","z");
$arr2=range(0,9);
//$arr3=range("A","Z");
//$arr=array_merge($arr1,$arr2,$arr3);
$arr=array_merge($arr2);
$keys=array_rand($arr,$times);
$str="";
foreach($keys as $i)
$str.=$arr[$i];
$_SESSION["randValid"]=$str;
for($i=0;$i<$times*2;$i++)
{
$color=imagecolorallocate($img,rand(0,156),rand(0,156),rand(0,156));//干扰像素颜色
imageline($img,rand(0,$width),rand(0,$height),rand(0,$width),rand(0,$height),$color);
$color=imagecolorallocate($img,rand(0,255),rand(0,255),rand(0,255));
imagesetpixel($img,rand(0,$width),rand(0,$height),$color);
}
$color=imagecolorallocate($img,255,255,255);
imagestring($img,5,5,3,$str,$color);
header("content-type:image/png");
imagepng($img);
imagedestroy($img);
?>
```

4. 将留言内容写入数据库

对表单的内容判断无误后，就可以将此内容写入数据库了，将留言信息写入数据库的页

面是 add.php，其页面代码如下：

```php
<?php
error_reporting(E_ALL ^ E_WARNING);
error_reporting(E_ALL & ~E_NOTICE);
session_start();
include 'include/config.php';
include 'include/para.php';
?>
<!DOCTYPE html PUBLIC "-//W3C//DTD XHTML 1.0 Transitional//EN"
"http://www.w3.org/TR/xhtml1/DTD/xhtml1-transitional.dtd">
<html xmlns="http://www.w3.org/1999/xhtml">
<html>
<head>
<meta http-equiv="Content-Type" content="text/html; charset=gb2312">
<title>签写留言 - <?php echo $gb_name?></title>
<script language="JavaScript" type="text/javascript" src="include/checkform.js"></Script>
<link href="css/css.css" rel="stylesheet" type="text/css">
</head>
<body onload="i=0">
<div id="main">
<?php include 'include/head.php';?>
<div id="submit">
<?php if(session_is_registered('timer') && time() - $_SESSION['timer'] <$timejg){?>
<div id="alertmsg">
对不起，您不是刚留言过吗？请<?php echo $timejg;?>秒后再留言……您还需等待：<?php echo abs($timejg-(time()-$_SESSION['timer']))?>秒<br>
<a href="javascript:history.back();">如果没有自动返回，请点击此处手动返回</a>
</div>
<?php
  echo "<meta http-equiv=\"refresh\" content=\"3; url=index.php\">";
}else{
  if(empty($_POST['ac'])){
?>
<form name="form1" method="post" action="<?php $_SERVER['PHP_SELF']?>" onSubmit="return FrontPage_Form1_Validator(this)">
<p><img src="images/i1.gif" /><img src="images/add.gif" /></p><br />
<label for="user">昵称：</label><input type="text" id=username name="username" value="" />*<br />
<label for="email">Email：</label><input type="text" id=email name="email" value="" /><br />
<label for="comment">内容：</label><textarea id=content name="content"></textarea>*<br />
<label for="comment">    </label><span>提交之前请先按 CTRL+C 保存您的留言内容，以免程序出错而丢失！
留言内容最少 5 个字符！</span><br />
<label for="email">悄悄话：</label>
<input name="ifqqh" type="checkbox" id="ifqqh" value="1"> <span>当选中时，此留言只有管理员可见</span><br />
<label for="umum">验证码：</label><input name="unum" type="text" id="unum" size="10">* <img
```

```php
src="include/randnum.php?id=-1" title="点击刷新" style="cursor:pointer" onclick=eval('this.src="include/randnum.php?id='+i+++'"')><br />
            <input type="submit" id="sbutton" value="确  定" /><br /><input name="ac" type="hidden" id="ac" value="add">
        </form>
<?php }else{?>
        <div id="alertmsg">
                <?php
            if($_POST['unum']==$_SESSION["randValid"]){
                $username=addslashes(htmlspecialchars($_POST['username']));
                $email=addslashes(htmlspecialchars($_POST['email']));
                $content=addslashes(htmlspecialchars($_POST['content']));
                $userip=$_SERVER["REMOTE_ADDR"];
                $ifqqh=$_POST["ifqqh"];
                if(empty($ifqqh)) $ifqqh=0;
                $systime=date("Y-m-d H:i:s");
                if(!empty($content) or !empty($username)){
                    $ifshow="";
                    //还原空格和回车
                    if(!empty($content)){
                        $content=str_replace("  ","",$content);
                        $content=ereg_replace("\n","<br>     ",ereg_replace(" "," ",$content));
                    }
                    if($ifauditing==1){$ifshow=0;}else{$ifshow=1;}
                    //还原结束
                    $sql="insert into".TABLE_PREFIX."guestbook(username,email,content,userip,systime,ifshow,ifqqh) values('".$username."','".$email."','".$content."','".$userip."','".$systime."',".$ifshow.",".$ifqqh.")";
                    //echo $sql;
                        if(($db->insert($sql))>0){
                            $_SESSION['timer']=time();
                            echo "恭喜您留言成功，正在返回请稍候……<br><a href=index.php>您可以点此手动返回</a>";
                            echo "<meta http-equiv=\"refresh\" content=\"3; url=index.php\">";
                        }else{
                            echo "留言失败！信息中可能含有敏感字符或不利于程序运行的特殊字符……";
                            echo "<meta http-equiv=\"refresh\" content=\"5; url=".$_SERVER['PHP_SELF']."\">";
                        }
                }else  {
                    echo "昵称和留言内容不能空，请重填！正在返回……<br><a href=index.php>您可以点此手动返回</a>";
                    echo "<meta http-equiv=\"refresh\" content=\"3; url=".$_SERVER["HTTP_REFERER"]."\">";
                }
            }else  {
```

```
            echo "<script language=\"javascript\">alert(' 对 不 起， 验 证 码 不 正 确， 请 重 新 输 入 ……
');history.back()</script>";
          }
                ?>
    </div>
    <?php }}?>
    </div></div>
    <?php include 'include/foot.php';?>
    </body>
    </html>
```

23.3.5 后台登录

当用户需要对留言进行管理时，首先要有一定的权限，实现这个功能后，就可以登录后台进行身份认证，实现该功能的 admin_login.php 页面，其代码如下：

```
        <?php
        error_reporting(E_ALL ^ E_WARNING);
        error_reporting(E_ALL & ~E_NOTICE);
        session_start();
        include 'include/config.php';
        include 'include/para.php';
        ?>
        <!DOCTYPE html PUBLIC "-//W3C//DTD XHTML 1.0 Transitional//EN" "http://www.w3.org/TR/xhtml1/ DTD/xhtml1-transitional.dtd">
        <html xmlns="http://www.w3.org/1999/xhtml">
        <html>
        <head>
        <meta http-equiv="Content-Type" content="text/html; charset=gb2312">
        <title>管理登录  - <?php echo $gb_name?></title>
        <link href="css/css.css" rel="stylesheet" type="text/css">

          <script language=JavaScript>
          function FrontPage_Form1_Validator(theForm)
          {
            if (theForm.admin_user.value == "")
            {
              alert("请输入管理员帐号！");
              theForm.admin_user.focus();
              return (false);
            }
            if (theForm.admin_pass.value == "")
            {
              alert("请输入管理员密码！");
              theForm.admin_pass.focus();
              return (false);
            }
```

```
            if (theForm.unum.value == "")
            {
                alert("请您输入验证码！");
                theForm.unum.focus();
                return (false);
            }
            return (true);
        }
    </script>
</head>
<body onload="i=0;document.getElementsByName('unum')[0].value="">
<div id="main">
<?php include 'include/head.php';?>
<div id="submit">
<?php if(empty($_POST['action'])){?>
<form name="form1" method="post" action="<?php $_SERVER['PHP_SELF']?>" onsubmit="return FrontPage_Form1_Validator(this)">
    <p><img src="images/i3.gif" /><img src="images/login.gif" /></p><br />
    <div id="submit_div">
    <label for="admin_user">管理员帐号：</label><input name="admin_user" type="text" id="admin_user"> <br />
    <label for="admin_pass">管理员密码：</label><input name="admin_pass" type="password" id="admin_pass"><br />
    <label for="unum">登录验证码：</label>
    <input name="unum" type="text" id="unum" size="10">* <img src="include/randnum.php?id=-1" title="点击刷新" style="cursor:pointer" onclick=eval('this.src="include/randnum.php?id='+i+++'"')><br />
    <input type="submit" id="sbutton" value="确　定" /><br /><input name="action" type="hidden" value="add">
    </div>
</form>

<?php }else{?>
<div id="alertmsg">
<?php
        if($_POST['unum']==$_SESSION["randValid"]){
            $admin_user=$_POST['admin_user'];
            $admin_pass=md5($_POST['admin_pass']);
            $rs=$db->execute("select admin_user,admin_pass from ".TABLE_PREFIX."gbconfig where admin_user='".$admin_user."'");
            if($db->num_rows($rs)!=0){
                //Check PASSWORD
                ////////////////////////////////////////////////////
                $row=$db->fetch_array($rs);
                $db->free_result($rs);
                if($row['admin_pass']==$admin_pass){
```

```
                                    $_SESSION['admin_pass']=$admin_pass;
                                    echo "成功登录，请稍候……<br><a href=".$pageUrl.">如果浏览
器没有自动返回，请点击此处返回</a>";
                                    echo "<meta http-equiv=\"refresh\" content=\"2; url=index.php\">";
                                }else{
                                    echo "<script language=\"javascript\">alert('密码不正确！
');history.go(-1)</script>";
                                }
                            }else{
                                echo "<script language=\"javascript\">alert('管理帐号不正确！
');history.go(-1)</script>";
                            }
                        }else{
                            echo "<script language=\"javascript\">alert('验证码不正确，请重新输入……');history.go(-1)</script>";
                        }
                    ?>
                </div>
            <?php }?>
            </div>
        </div>
        <?php include 'include/foot.php';?>
    </body>
</html>
```

23.3.6 删除留言

前面曾经讲过，用户在登录后台后，可以删除不当的留言，这是通过 admin_action.php 实现的，其代码如下：

```
<!DOCTYPE html PUBLIC "-//W3C//DTD XHTML 1.0 Transitional//EN" "http://www.w3.org/TR/xhtml1/DTD/xhtml1-transitional.dtd">
<html xmlns="http://www.w3.org/1999/xhtml">
<?php
include 'check.php';
include 'include/para.php';
include 'include/config.php';
$pageUrl="index.php?page=".$_GET['page'];
?>
<html>
    <head>
        <meta http-equiv="Content-Type" content="text/html; charset=gb2312">
        <title>管理留言</title>
        <link href="css/css.css" rel="stylesheet" type="text/css">
    </head>
```

```php
<body>
<div id="main">
<?php include 'include/head.php';?>
<div id="list">
<div id="alertmsg">
  <?php if(!empty($_GET['ac'])){
$id=$_GET['id'];
$ac=$_GET['ac'];
if($ac=='delete'){
    $db->delete("delete from ".TABLE_PREFIX."guestbook where id=".$id);
    echo "留言已删除，3 秒后返回，请稍候……";
}elseif($ac=='settop'){
    $db->update("update ".TABLE_PREFIX."guestbook set settop=1 where id=".$id);
    echo "留言已置顶，3 秒后返回，请稍候……";
}elseif($ac=='unsettop'){
    $db->update("update ".TABLE_PREFIX."guestbook set settop=0 where id=".$id);
    echo "已取消置顶，3 秒后返回，请稍候……";
}elseif($ac=='setshow'){
    $db->update("update ".TABLE_PREFIX."guestbook set ifshow=1 where id=".$id);
    echo "留言已显示，3 秒后返回，请稍候……";
}elseif($ac=='unshow'){
    $db->update("update ".TABLE_PREFIX."guestbook set ifshow=0 where id=".$id);
    echo "留言已隐藏，3 秒后返回，请稍候……";
}elseif($ac=='logout'){
    session_unset('admin_pass');
    session_destroy();
    echo "您已经退出，3 秒后返回，请稍候……";
}else{
    echo '无此项操作……';
}
echo "<br><a href=".$pageUrl.">如果您的浏览器没有自动返回，请点击此处手动返回</a>";
echo "<meta http-equiv=\"refresh\" content=\"3; url=".$pageUrl."\">";
}?>
</div>
</div>
</div>
<?php include 'include/foot.php';?>
</body>
</html>
```

23.3.7 编辑/回复留言

对留言内容，用户可以简单编辑，如修改其中的错误，还可以对留言进行回复，实现这个功能的页面是 edit.php，代码如下：

```
<!DOCTYPE html PUBLIC "-//W3C//DTD XHTML 1.0 Transitional//EN" "http://www.w3.org/TR/xhtml1/DTD/xhtml1-transitional.dtd">
```

```php
<html xmlns="http://www.w3.org/1999/xhtml">
<?php
include 'check.php';
include 'include/config.php';
include 'include/para.php';
if(isset($_GET["page"]))$page=$_GET["page"];else $page=1;
$pageUrl="index.php?page=".$page;
$rs=$db->execute("select * from ".TABLE_PREFIX."guestbook where id=".$_GET["id"]);
if($db->num_rows($rs)!=0)
{
 $rows=$db->fetch_array($rs);
 $db->free_result($rs);
}
?>
<html>
<head>
<meta http-equiv="Content-Type" content="text/html; charset=gb2312">
<title>回复/编辑留言 - <?php echo $gb_name?></title>
<link href="css/css.css" rel="stylesheet" type="text/css">
</head>
<script language=JavaScript>
function FrontPage_Form1_Validator(theForm){
    if (theForm.content.value == ""){
        alert("您不能将留言内容编辑为空！");
        theForm.content.focus();
        return (false);
    }
    return (true);
}
</script>
<body>
<div id="main">
<?php include 'include/head.php';?>
<div id="submit">
<?php if(empty($_POST['ac'])){?>
    <form name="form1" method="post" action="<?php $_SERVER['PHP_SELF']?>" onSubmit="return FrontPage_Form1_Validator(this)">
    <p><img src="images/i1.gif" /><img src="images/edit.gif" /></p><br>
    <h2>
        <img src="images/icon_write.gif" /><?php echo $rows['username']?> <font style="color:#999;">于 <?php echo date("Y-m-d H:i",strtotime($rows["systime"]));?> 发表留言：</font>
    </h2>
        <textarea name="content" cols="70" rows="9" id="content"><?php echo ereg_replace("<br>","\n",ereg_replace(" "," ",$rows['content'])); ?></textarea><br>
                <span style="margin-left:80px;">管理员回复的内容：</span><br>
        <textarea name="reply"cols="50" rows="6" id="reply_textarea"><?php echo ereg_replace
```

```php
("<br>    ","\n",ereg_replace(" "," ",$rows['reply'])); ?></textarea><br>
                    <input type="submit" style="margin-left:80px;margin-top:10px;" value="编辑/回复" />
                    <input name="ac" type="hidden" id="ac" value="reply">
                    <input name="id" type="hidden" id="id" value="<?php echo $_GET['id'];?>">
                </form>
<?php }else{?>
<div id="alertmsg">
<?php
        $id=$_POST['id'];
        $content=addslashes($_POST['content']);
        $reply=addslashes($_POST['reply']);
        $systime=date("Y-m-d H:i:s");
        //还原空格和回车
        if(!empty($content)){
            $content=str_replace("    ","",$content);
            $content=ereg_replace("\n","<br>    ",$content);
        }
        if(!empty($reply)){
            $reply=str_replace("    ","",$reply);
            $reply=ereg_replace("\n","<br>    ",$reply);
        }
        //还原结束
        $db->update("update    ".TABLE_PREFIX."guestbook    set    content='".$content."',reply='".$reply."', replytime='".$systime."' where id=".$id);
        echo "编辑/回复成功，请稍候……<br><a href=".$pageUrl.">如果浏览器没有自动返回，请点击此处返回</a>";
        echo "<meta http-equiv=\"refresh\" content=\"2; url=".$pageUrl."\">";
?>
</div>
<?php }?>
</div></div>
<?php include 'include/foot.php';?>
</body>
</html>
```

23.3.8 管理员密码修改

当管理员觉得自己原来的密码不够安全时，可以修改密码，修改密码的页面是 admin_mp.php，其代码如下：

```php
<?php
include 'check.php';
include 'include/config.php';
include 'include/para.php';
    $rs=$db->execute("select * from ".TABLE_PREFIX."gbconfig where id=1");
```

```php
    if($db->num_rows($rs)!=0)
     {
      $rows=$db->fetch_array($rs);
      $db->free_result($rs);
     }
    $pageUrl=$_SERVER['PHP_SELF'];
?>
<!DOCTYPE html PUBLIC "-//W3C//DTD XHTML 1.0 Transitional//EN" "http://www.w3.org/ TR/xhtml1/DTD/xhtml1-transitional.dtd">
<html xmlns="http://www.w3.org/1999/xhtml">
<html>
<head>
<meta http-equiv="Content-Type" content="text/html; charset=gb2312">
<title>修改管理密码 - <?php echo $gb_name?></title>
<link href="css/css.css" rel="stylesheet" type="text/css">
</head>
<script language=JavaScript>
function FrontPage_Form1_Validator(theForm)
{
  if (theForm.admin_pass.value == "")
  {
    alert("请填写原密码！");
    theForm.admin_pass.focus();
    return (false);
  }
   if (theForm.admin_pass1.value == "") {
    alert("新密码还没有填呢！！");
    theForm.admin_pass1.focus();
    return (false);
  }
  if (theForm.admin_pass1.value.length<=2){
    alert("密码过于简单！最低3个字符");
    theForm.admin_pass1.focus();
    return (false);
  }
  if (theForm.admin_pass2.value == "")
  {
    alert("确认密码还没有填！！");
    theForm.admin_pass2.focus();
    return (false);
  }
  if (theForm.admin_pass1.value != theForm.admin_pass2.value)
  {
    alert("密码不一致！！！");
    theForm.admin_pass1.focus();
    return (false);
```

```
            }
            return (true);
        }
    </script>
    <body>
    <div id="main">
    <?php include 'include/head.php';?>
    <div id="submit">
    <?php if(empty($_POST['ac'])){?>
    <form name="form1" method="post" action="<?php $_SERVER['PHP_SELF']?>" onsubmit="return FrontPage_Form1_Validator(this)">
            <p><img src="images/admin_set.gif" /><img src="images/set.gif" /></p><br />
            <div id="submit_set_left"><ul>
        <li><a href="admin_mp.php">修改管理密码</a>
        <li><a href="admin_set.php">系统参数设置</a>
        </ul></div>
    <div id="submit_set_right">
        <label for="admin_pass">原始密码：</label><input type="text" name="admin_pass" />*<br />
        <label for="password">新密码：</label><input type="text" name="password" />*<br />
        <label for="admin_pass2">确认新密码：</label><input type="text" name="admin_pass2" />*<br />
        <input type="submit" id="sbutton" name="Submit" value="   确认修改   ">
        <input name="ac" type="hidden" id="ac" value="modify">
    </div>
    <div class="clear"></div>
    </form>
    <?php }else{?>
    <div id="alertmsg">
    <?php
        include 'include/config.php';
        //echo md5($_POST['admin_pass']);
        $rs=$db->execute("select admin_pass,admin_user from ".TABLE_PREFIX."gbconfig where admin_pass='".md5($_POST['admin_pass'])."' and id=1");
        if($db->num_rows($rs)!=0){
            $db->update("update ".TABLE_PREFIX."gbconfig set admin_pass='".md5($_POST["admin_pass1"])."' where id=1");
            echo "修改成功，请稍候……<br><a href=".$pageUrl.">如果浏览器没有自动返回，请点击此处返回</a>";
            echo "<meta http-equiv=\"refresh\" content=\"2; url=".$pageUrl."\">";
        }else{
            echo "操作失败！原始密码不正确，正在返回……<br><a href=".$pageUrl.">如果浏览器没有自动返回，请点击此处返回</a>";
            echo "<meta http-equiv=\"refresh\" content=\"2; url=".$pageUrl."\">";
        }
        $db->free_result($rs);
    ?>
    </div>
```

```
<?php }?>
</div>
</div>
<?php include 'include/foot.php';?>
</body>
</html>
```

23.3.9 对留言本进行设置

进入管理页面后，管理员可以对留言本进行设置，如每页显示的留言数目、留言本的标题等，实现这些功能的页面是admin_set.php，其代码如下：

```
<?php
include 'check.php';
include 'include/config.php';
include 'include/para.php';
$pageUrl=$_SERVER['PHP_SELF'];
?>
<!DOCTYPE html PUBLIC "-//W3C//DTD XHTML 1.0 Transitional//EN" "http://www.w3.org/TR/xhtml1/DTD/xhtml1-transitional.dtd">
<html xmlns="http://www.w3.org/1999/xhtml">
<html>
<head>
<meta http-equiv="Content-Type" content="text/html; charset=gb2312">
<title>设置留言本 - <?php echo $gb_name?></title>
<link href="css/css.css" rel="stylesheet" type="text/css">
</head>
<body>
<div id="main">
<?php include 'include/head.php';?>
<div id="submit">
<?php if(empty($_POST['ac'])){?>
<form name="form1" method="post" action="<?php $_SERVER['PHP_SELF']?>" onSubmit="return FrontPage_Form1_Validator(this)">
<p><img src="images/admin_set.gif" /><img src="images/set.gif" /></p><br />
  <div id="submit_set_left"><ul>
  <li><a href="admin_mp.php">修改管理密码</a>
  <li><a href="admin_set.php">系统参数设置</a>
  </ul></div>
  <div id="submit_set_right">
  <label for="gb_name">留言本的名称：</label><input type="text" name="gb_name" value="<?php echo $gb_name;?>" />* 将显示在IE标题栏<br />
  <label for="gb_logo">留言本LOGO：</label><input type="text"name="gb_logo" value="<?php echo $gb_logo;?>" />* 将显示在左上角<br />
  <label for="index_url">网站首页地址：</label><input type="text" name="index_url" value="<?php echo $index_url;?>" />* 点击"网站首页"的地址<br />
```

```php
<label for="email">每页留言条数：</label>
<select name="pageT" id="pageT">
  <?php //生成数组
  $page_array=array('5','8','10','15','20','25');
  foreach($page_array as $pageT){
      if($page_==$pageT){
      echo "<option value=".$pageT." selected>".$pageT."</option>\n";
      }else{
      echo "<option value=".$pageT.">".$pageT."</option>\n";
      }
  }
  ?>
</select>条 <br />
<label for="comment">连续留言间隔：</label>
<select name="timejgT" id="timejgT">
<?php //生成数组
$timejg_array=array('20','40','60','120','240','360');
  foreach($timejg_array as $timejgT){
      if($timejg==$timejgT){
      echo "<option value=".$timejgT." selected>".$timejgT."</option>\n";
      }else{
      echo "<option value=".$timejgT.">".$timejgT."</option>\n";
      }
  }
  ?>
</select>秒 (同一 IP 连续留言的时间间隔，以防滥发留言)<br />

<label for="replyadmtit">回复时显示：</label><input type="text"name="replyadmtit" value="<?php echo $replyadmtit;?> "><br />
<label for="gb_logo">留言需审开关：</label><input name="ifauditing" type="checkbox" id="ifauditing" <?php if($ifauditing==1) echo 'checked';?> value="1">选中此项后，新留言需要管理员审核后才能显示<br />
<input name="ac" type="hidden" id="ac" value="gb_set">
<input type="submit" style="margin-left:110px;" name="Submit" value=" 提 交 设 置 ">
</div>
<div class="clear"></div>
<script language=JavaScript>
function FrontPage_Form1_Validator(theForm){
    if (theForm.gb_name.value == "") {
       alert("留言本名称不能空！");
       theForm.gb_name.focus();
       return (false);
    }
    if (theForm.gb_logo.value == "")  {
       alert("留言本 LOGO 不能空！");
       theForm.gb_logo.focus();
```

```php
            return (false);
        }

        if (theForm.index_url.value == "")    {
            alert("网站首页地址不能空！");
            theForm.index_url.focus();
            return (false);
        }
         return (true);
    }
</script>
</form>
<?php }else{?>

<div id="alertmsg">
<?php
$gb_name= $_POST["gb_name"];
$gb_logo=$_POST["gb_logo"];
$index_url=$_POST["index_url"];
$pageT= $_POST["pageT"];
$timejgT=$_POST["timejgT"];
$replyadmtit=$_POST["replyadmtit"];
$ifauditing=$_POST["ifauditing"];
                $parafile="<"."?php
\$gb_name= '$gb_name';
\$gb_logo='$gb_logo';
\$index_url='$index_url';
\$page_ = '$pageT';
\$timejg='$timejgT';
\$replyadmtit='$replyadmtit';
\$ifauditing='$ifauditing';
?"."">";
$filenum = fopen ("include/para.php","w");
ftruncate($filenum, 0);
fwrite($filenum, $parafile);
fclose($filenum);
    echo "设置已保存，请稍候……<br><a href=".$pageUrl.">如果浏览器没有自动返回，请点击此处返回</a>";
    echo "<meta http-equiv=\"refresh\" content=\"2; url=".$pageUrl."\">";
?>
</div>
<?php }?>
</div>
</div>
<?php include 'include/foot.php';?>
</body>
```

</html>

23.3.10 对数据库的操作

对留言的各种处理，离不开一个文件，在这个文件里面，对数据库的内容进行判断，帮助用户处理留言的内容，这个页面是 sql_class.php。其页面代码如下：

```php
<?php
class db_Mysql {
    var $dbServer;
    var $dbDatabase;
    var $dbbase;
    var $dbUser;
    var $dbPwd;
    var $dbLink;
    var $result;// 执行 query 命令的指针
    var $num_rows;// 返回的条目数
    var $insert_id;// 传回最后一次使用 INSERT 指令的 ID
    var $affected_rows;// 传回 query 命令所影响的列数目
    function dbconnect(){
        $this->dbLink=@mysql_connect($this->dbServer,$this->dbUser,$this->dbPwd);
        if(!$this->dbLink) $this->dbhalt("不能连接数据库!");
        if($this->dbbase=="") $this->dbbase=$this->dbDatabase;
        if(!@mysql_select_db($this->dbbase,$this->dbLink))
        $this->dbhalt("数据库不可用!");
        mysql_query("SET NAMES 'gbk'");
    }
    function execute($sql){
        $this->result=mysql_query($sql);
        return $this->result;
    }
    function fetch_array($result){
        return mysql_fetch_array($result);
    }
    function get_rows($sql)
    {
        return mysql_num_rows(mysql_query($sql));
    }
    function num_rows($result){
        return mysql_num_rows($result);
    }
    function data_seek($result,$rowNumber){
     return mysql_data_seek($result,$rowNumber);
    }
    function dbhalt($errmsg){
        $msg="database is wrong!";
```

```php
        $msg=$errmsg;
        echo"$msg";
        die();
    }
    function delete($sql){
        $result=$this->execute($sql,$dbbase);
        $this->affected_rows=mysql_affected_rows($this->dbLink);
        $this->free_result($result);
        return $this->affected_rows;
    }
     function insert($sql){
    $result=$this->execute($sql,$dbbase);
    $this->insert_id=mysql_insert_id($this->dbLink);
    $this->free_result($result);
     return $this->insert_id;
    }
     function update($sql){
        $result=$this->execute($sql,$dbbase);
        $this->affected_rows=mysql_affected_rows($this->dbLink);
        $this->free_result($result);
         return $this->affected_rows;
    }
    function get_num($result){
        $num=@mysql_numrows($result);
        return $num;
    }
    function free_result($result){
        @mysql_free_result($result);
    }
    function dbclose(){
        mysql_close($this->dbLink);
    }
}// end class
?>
```

到此为止，整个项目的核心功能就介绍完了。这是一个基本的留言本，它只实现了留言本的基础功能，编辑格式和表情是可以的。实现格式和表情在网页中是通过 HTML 语言完成的，表情代码大多是通过 JavaScript 插入页面的。

温故而知新——第四篇实战范例

本篇中，结合前 3 篇的知识，编写了一些具有基本功能的 PHP 模块，读者可在其中体会编程的技巧与方法，下面通过范例讲解。

范例 1　让网站统计在线人数

这个模块在论坛中非常实用，许多论坛都会统计在线人数，用户可以根据需要对网站的在线人数进行统计。下面讲解实现这一功能的方法。

新建一个 online.php，输入下面代码：

```php
<?php
/*
    @ PHP 在线人数统计程序
    note: 一般独立在线人数统计程序都是统计在线的 IP 数，但这并不准确
    例如，局域网的访问者，比如公司、学校机房和网吧，虽然内网 IP 不同，但是外网 IP 都是一样
    的，同一个局域网无论有多少人访问你的网站，都只被认为是一个人
    这个小巧的程序解决了此问题，它以电脑为单位，每台电脑便算一个访问者
    当然因为使用的是 Cookie，如果你在同一台电脑上使用两种不同核心的浏览器访问，那就另当别论了
*/
$filename = 'online.txt';   //数据文件
$cookiename = 'VGOTCN_OnLineCount';   //cookie 名称
$onlinetime = 600;   //在线有效时间，单位：秒 (即 600 等于 10 分钟)

$online = file($filename);
$nowtime = time();
$nowonline = array();

/*
    @ 得到仍然有效的数据
*/
foreach($online as $line) {
    $row = explode('|',$line);
    $sesstime = trim($row[1]);
    if(($nowtime - $sesstime) <= $onlinetime) {   //如果仍在有效时间内，则数
                                                   据继续保存，否则被放弃不再统计
        $nowonline[$row[0]] = $sesstime;   //获取在线列表到数组，会话 ID 为键
                                            名，最后通信时间为键值
```

```php
        }
    }
    /*
        @ 创建访问者通信状态
            使用 Cookie 通信
            Cookie 将在关闭浏览器时失效，但如果不关闭浏览器，此 Cookie 将一直有效，
            直到超过程序设置的在线时间
    */
    if(isset($_COOKIE[$cookiename])) {   //如果有 Cookie 并非初次访问，则不添加人数并更新通信时间
        $uid = $_COOKIE[$cookiename];
    } else {   //如果没有 Cookie 即是初次访问
        $vid = 0;   //初始化访问者 ID
        do {   //给用户一个新 ID
            $vid++;
            $uid = 'U'.$vid;
        } while (array_key_exists($uid,$nowonline));
        setcookie($cookiename,$uid);
    }
    $nowonline[$uid] = $nowtime;   //更新现在的时间状态

    /*
        @ 统计现在在线人数
    */
    $total_online = count($nowonline);

    /*
        @ 写入数据
    */
    if($fp = @fopen($filename,'w')) {
        if(flock($fp,LOCK_EX)) {
            rewind($fp);
            foreach($nowonline as $fuid => $ftime) {
                $fline = $fuid.'|'.$ftime."\n";
                @fputs($fp,$fline);
            }
            flock($fp,LOCK_UN);
            fclose($fp);
        }
    }
    echo 'document.write("'.$total_online.'");';
?>
```

代码文件保存到服务器的环境下，用户可以进行浏览，得到如实战图 4-1 所示的结果。

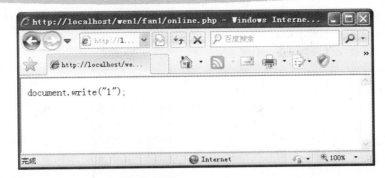

实战图 4-1　统计在线人数

范例 2　文件上传

文件上传是一个十分有用的模块，不管是论坛、博客、门户网站、邮箱等都有上传模块。下面讲解实现上传的功能。

新建一个 temp.html 网页，其代码如下：

```
<html xmlns="http://www.w3.org/1999/xhtml" xml:lang="zh_cn" lang="zh_cn">
<head>
<meta http-equiv="Content-Type" content="text/html; charset=gb2312" />
<title>多文件上传组件</title>
</head>
<body bgcolor="#ffffff" style="text-align:center;">
<!--影片中使用的 URL-->
<!--影片中使用的文本-->
<!-- saved from url=(0013)about:internet --><script language="JavaScript" type="text/javascript">
</script>
<script language="javascript">
function challs_flash_update(){ //Flash 初始化函数
    var a={};
    //定义变量为 Object 类型
    a.FormName = "Filedata";
    //设置 Form 表单的文本域的 Name 属性
    a.url="update.asp";
    //设置服务器接收代码文件
    a.parameter="bs=tyi&id=50";
    //设置提交参数，以 GET 形式提交
    a.typefile=["Images (*.gif,*.png,*.jpg)","*.gif;*.png;*.jpg"];
    //设置可以上传文件 数组类型
    //"Images (*.gif,*.png,*.jpg)"为用户选择要上载的文件时可以看到的描述字符串，
    //"*.gif;*.png;*.jpg"为文件扩展名列表，其中列出用户选择要上载的文件时可以看到的
Windows 文件格式，以分号相隔
    a.UpSize=0.5;
    //可限制传输文件总容量，0 或负数为不限制，单位为 MB
    a.fileNum=4;
```

//可限制待传文件的数量，0 或负数为不限制
a.size=0.2;
//上传单个文件限制大小，单位为 MB，可以填写小数类型
return a ;
//返回 Object
}

function challs_flash_onComplete(a){ //每次上传完成调用的函数，并传入一个 Object 类型变量，包括刚上传文件的大小、名称、上传所用时间、文件类型
　var name=a.fileName;
//获取上传文件名
　var size=a.fileSize;
//获取上传文件大小，单位为字节
　var time=a.updateTime;
//获取上传所用时间 单位为毫秒
　var type=a.fileType;
//获取文件类型，在 Windows 中，此属性是文件扩展名。 在 Macintosh 中，此属性是由 4 个字符组成的文件类型
　　document.getElementById('show').innerHTML+='<a href="'+name+'" target="_blank">'+name+' ---'+size+'字节 ----文件类型：'+type+'--- 用时 '+(time/1000)+'秒</a>

';//'
}

function challs_flash_onCompleteData(a){
//获取服务器反馈信息事件
　　document.getElementById('show').innerHTML+='<font color="#ff0000">服务器端反馈信息：</font>
'+a+'<br />';
}

function challs_flash_onStart(a){
//开始一个新的文件上传时事件，并传入一个 Object 类型变量，包括刚上传文件的大小、名称、类型
　var name=a.fileName;
//获取上传文件名
　var size=a.fileSize;
//获取上传文件大小，单位为字节
　var type=a.fileType;
//获取文件类型，在 Windows 中，此属性是文件扩展名。 在 Macintosh 中，此属性是由四个字符组成的文件类型
　　document.getElementById('show').innerHTML+=name+'开始上传！
';
}

function challs_flash_onCompleteAll(){
//上传文件列表全部上传完毕事件
　　document.getElementById('show').innerHTML+='<font color="#ff0000">所有文件上传完毕！</font>
';
　//window.location.href='#';
//传输完成后，跳转页面
}

```html
        </script>
        <object classid="clsid:d27cdb6e-ae6d-11cf-96b8-444553540000" codebase="http://download.macromedia.com/pub/shockwave/cabs/flash/swflash.cab#version=9,0,0,0" width="408" height="323" id="update_" align="middle">
            <param name="allowFullScreen" value="false" />
            <param name="allowScriptAccess" value="always" />
            <param name="movie" value="update_.swf" />
            <param name="quality" value="high" />
            <param name="bgcolor" value="#ffffff" />
            <embed src="update_.swf" quality="high" bgcolor="#ffffff" width="408" height="323" name="update_" align="middle" allowScriptAccess="always" allowFullScreen="false" type="application/x-shockwave-flash" pluginspage="http://www.macromedia.com/go/getflashplayer" />
        </object>
        <div id="show" style="margin-top:20px; width:500px; text-align:left;"></div>
    </body>
</html>
```

然后新建一个 update.php 文件，其代码如下：

```php
<?php
// 注意：使用组件上传，不可以使用 $_FILES["Filedata"]["type"] 来判断文件类型
mb_http_input("utf-8");
mb_http_output("utf-8");
$type=filekzm($_FILES["Filedata"]["name"]);
if ((($type == ".gif")
|| ($type == ".png")
|| ($type == ".jpeg")
|| ($type == ".jpg")
|| ($type == ".bmp"))
&& ($_FILES["Filedata"]["size"] < 200000))
    {
    if ($_FILES["Filedata"]["error"] > 0)
        {
        echo "返回错误: " . $_FILES["Filedata"]["error"] . "<br />";
        }
    else
        {
        echo "上传的文件: " . $_FILES["Filedata"]["name"] . "<br />";
        echo "文件类型: " . $type . "<br />";
        echo "文件大小:".($_FILES["Filedata"]["size"] / 1024) . " Kb<br />";
        echo "临时文件: " . $_FILES["Filedata"]["tmp_name"] . "<br />";

        if (file_exists( $_FILES["Filedata"]["name"]))
            {
            echo $_FILES["Filedata"]["name"] . " already exists. ";
            }
        else
```

```php
            {
                move_uploaded_file($_FILES["Filedata"]["tmp_name"],
                $_FILES["Filedata"]["name"]);
                echo "Stored in: " . $_FILES["Filedata"]["name"];
            }
        }
    }
    else
    {
        echo "上传失败，请检查文件类型和文件大小是否符合标准<br />文件类型：".$type. '<br />文件大小:'.($_FILES["Filedata"]["size"] / 1024) . " Kb";
    }

    function filekzm($a)
    {
        $c=strrchr($a,'.');
        if($c)
        {
            return $c;
        }else{
            return '';
        }
    }
?>
```

代码文件保存到服务器的环境下，用户可以进行浏览，得到如实战图 4-2 所示的结果。

实战图 4-2　上传首页

选择要上传的文件,进入的页面如实战图 4-3 所示。

实战图 4-3　上传选择文件

机工出版社·计算机分社读者反馈卡

尊敬的读者：

　　感谢您选择我们出版的图书！我们愿以书为媒，与您交朋友，做朋友！

　　　　参与在线问卷调查，获得赠阅精品图书

　　凡是参加在线问卷调查或提交读者信息反馈表的读者，将成为我社书友会成员，将有机会参与每月举行的"书友试读赠阅"活动，获得赠阅精品图书！

　　读者在线调查：http://www.sojump.com/jq/1275943.aspx

　　读者信息反馈表（加黑为必填内容）

姓名：		性别：□男 □女		年龄：		学历：	
工作单位：						职务：	
通信地址：						邮政编码：	
电话：		**E-mail：**			QQ/MSN：		
职业（可多选）：	□管理岗位 □政府官员 □学校教师 □学者 □在读学生 □开发人员 □自由职业						
所购书籍书名				所购书籍作者名			
您感兴趣的图书类别（如：图形图像类，软件开发类，办公应用类）							

（此反馈表可以邮寄、传真方式，或将该表拍照以电子邮件方式反馈我们）。

联系方式

通信地址：北京市西城区百万庄大街22号　　联系电话：010-88379750
　　　　　计算机分社　　　　　　　　　　传　　真：010-88379736
邮政编码：100037　　　　　　　　　　　　电子邮件：cmp_itbook@163.com

　　　　请关注我社官方微博：　http://weibo.com/cmpjsj

　　第一时间了解新书动态，获知书友会活动信息，与读者、作者、编辑们互动交流！